皖西白鹅高效养殖技术

主　编　左瑞华
副主编　蒋　平　马　超

合肥工業大學出版社

编　委　会

主　　编　左瑞华（皖西学院）

副 主 编　蒋　平（皖西学院）

马　超（河南省淮滨县农业农村局）

参　　编　（按姓氏笔画排序）

达庆哲（皖农鹅业科技（六安）有限公司）

李艳忠（安徽省皖西白鹅原种场有限公司）

佘德勇（皖西学院）

胡恒龙（六安市畜牧兽医局）

夏伦斌（皖西学院）

潘升勇（六安市畜牧兽医局）

前　言

皖西白鹅是我国优良的中型鹅品种之一，具有早期生长速度快、肉质好、耐粗饲、抗病能力强、羽绒质优等优点，无论是制成鹅肉食品还是羽绒制品，都非常受消费者的青睐，市场前景广阔。我国人多地少，土地资源紧缺，而鹅是草食动物，养鹅不存在与人争粮问题。可利用荒山、荒坡、草滩、林地、果园地、田间路旁、稻茬地、房前屋后的闲地放牧养鹅，也可以利用闲田、坡地种植牧草养鹅。一方面可提高土地资源的利用率，另一方面具有良好的社会效益和经济效益。

养殖皖西白鹅，设施简单、投资少、成本低、生产周期短，养殖技术容易掌握，不仅适合广大农村农户养殖，也适合规模化饲养，目前白鹅养殖是许多地方精准扶贫、农民脱贫致富的好项目。

本书从白鹅养殖的生产实际需要出发，包括概述、皖西白鹅的特性与解剖学特点、鹅的育种技术与良种繁育体系、鹅的孵化技术、鹅的饲养管理、鹅场的建造与环境卫生控制、鹅常用的饲料、鹅品质鉴定和加工工艺、常见鹅病的防控、鹅场的环境保护与废弃物利用等内容。本书内容通俗易懂，理论联系实际，可作为养鹅生产者及管理人员的参考书，还可作为大、中专学校和广播电视大学动物科学专业学生及农民培训的辅助教材和参考书。

本书由左瑞华担任主编，蒋平、马超担任副主编，达庆哲、李艳忠、佘德勇、胡恒龙、夏伦斌、潘升勇参与编写。其中左瑞华编写了第一章、第二章、第三章，蒋平编写了第四章、第五章，马超编写了第六章、第七章，达庆哲、李艳忠编写了第八章，佘德勇、夏伦斌编写了第九章，克垣龙、潘升勇编写了第十章。

本书在编写过程中，得到了安徽省皖西白鹅原种场有限公司、皖农鹅业科技（六安）有限公司、六安市畜牧兽医局等单位的支持，他们为本书提供了许多参考资料，在此一并向他们以及参考文献的作者表示诚挚的感谢。

由于编者水平有限、时间仓促，书中难免存在不足之处，恳请广大读者和同行批评指正。

编　者
2022 年 12 月

目　录

第一章　概　述 …………………………………………………………… (1)

第二章　皖西白鹅的特性与解剖学特点 ……………………………… (19)

第一节　皖西白鹅的特性 ……………………………………………… (19)
第二节　鹅的生物学特性与生活习性 ………………………………… (23)
第三节　皖西白鹅的解剖学特点 ……………………………………… (26)

第三章　鹅的育种技术与良种繁育体系 ……………………………… (46)

第一节　育种技术 ……………………………………………………… (46)
第二节　鹅的繁育技术 ………………………………………………… (48)
第三节　鹅的选种与选配 ……………………………………………… (53)
第四节　鹅的良种繁育体系 …………………………………………… (58)
第五节　鹅主要经济性状的遗传参数和生产性能的测定与计算方法 ………………………………………………………………… (60)
第六节　影响鹅繁殖力的因素及提高措施 …………………………… (66)

第四章　鹅的孵化技术 ………………………………………………… (71)

第一节　种蛋的形成与构造 …………………………………………… (71)
第二节　种蛋孵化前的管理 …………………………………………… (72)
第三节　种蛋孵化 ……………………………………………………… (76)
第四节　雏鹅雌雄鉴别 ………………………………………………… (88)

第五章　鹅的饲养管理 …………………………………………………… (90)
第一节　雏鹅的饲养管理 ………………………………………………… (90)
第二节　商品鹅的饲养管理 ……………………………………………… (100)
第三节　种鹅的饲养管理 ………………………………………………… (102)
第四节　鹅肥肝饲养管理技术 …………………………………………… (112)
第五节　鹅羽绒饲养管理技术 …………………………………………… (123)
第六章　鹅场的建造与环境卫生控制 …………………………………… (137)
第一节　鹅场建造 ………………………………………………………… (137)
第二节　鹅场环境控制 …………………………………………………… (145)
第三节　鹅场卫生管理 …………………………………………………… (151)
第七章　鹅常用的饲料 …………………………………………………… (166)
第一节　鹅常用的饲料原料及添加剂 …………………………………… (167)
第二节　鹅必须的营养物质和饲料标准 ………………………………… (171)
第三节　鹅饲料配方及配方设计 ………………………………………… (181)
第四节　鹅青绿饲料与牧草的调制加工 ………………………………… (217)
第五节　配合饲料质量控制 ……………………………………………… (224)
第八章　鹅品质鉴定和加工工艺 ………………………………………… (229)
第一节　鹅品质鉴定 ……………………………………………………… (229)
第二节　鹅的屠宰加工 …………………………………………………… (232)
第三节　鹅肉的分割方法 ………………………………………………… (237)
第四节　鲜熟食鹅肉的加工 ……………………………………………… (238)
第五节　腌干鹅肉的加工工艺 …………………………………………… (248)
第六节　鹅肉干制品 ……………………………………………………… (251)
第七节　鹅蛋制品的加工 ………………………………………………… (253)
第八节　鹅副产品的加工 ………………………………………………… (255)

第九章　常见鹅病的防控 …………………………………………………… (260)

第一节　鹅群疾病的综合预防措施 ……………………………………… (260)
第二节　鹅普通病 ………………………………………………………… (266)
第三节　鹅病毒病 ………………………………………………………… (278)
第四节　鹅的细菌病 ……………………………………………………… (287)
第五节　鹅寄生虫病 ……………………………………………………… (294)

第十章　鹅场的环境保护与废弃物利用 ………………………………… (299)

第一节　鹅场环境保护的内容和原则 …………………………………… (299)
第二节　鹅粪资源化利用技术 …………………………………………… (300)
第三节　鹅场污水的处理技术 …………………………………………… (306)
第四节　鹅尸体的处理 …………………………………………………… (309)

参考文献 ……………………………………………………………………… (311)

第一章 概 述

一、皖西白鹅的起源

鹅被认为是人类驯化的第一种家禽，在动物分类上属于鸟纲(Aves)、雁形目(Anseriformes)、鸭科(Anatidae)、雁属(*Anser*)。关于鹅的起源，有学者认为家鹅起源于非洲，距今4000多年，也有学者认为起源于欧洲，距今3000多年。据考古证明，我国鹅驯养于距今6000多年的新石器时代，这是目前世界上养鹅最早的证据。生物学家达尔文在他的《动物和植物在家养下的变异》一书中提到“在荷马史诗中就提到过早在古希腊时代鹅就被家庭化饲养了，而在古罗马时代的神庙里，人们饲养家鹅，作为奉献给神的牺牲”。大约4500年前，古埃及的壁画中就发现了埃及人填鹅的情景。我国古籍《南华经》中有这样的记载：“命竖子杀雁而烹之，竖子请曰，其一能鸣其一不能鸣，请奚杀。主人曰：杀不能鸣者。”说明在公元前400年以前我国就已经有成熟的家鹅驯养技术了。晋朝大书法家王羲之喜欢观赏鹅的姿态，《晋书·王羲之传》记载：“(羲之)爱鹅，会稽有孤居姥养一鹅，善鸣。求市未能得，遂携亲友命驾就观。姥闻羲之将至，烹以待之，羲之叹惜弥日。”考古学家研究发现，在殷商时代的墓葬中就有家鹅的玉石雕刻；在山西浑县李峪村出土的春秋晚期鸟兽龙纹图上就有家鹅的图纹，说明鹅在当时已与人类的生活有着密切的关系。这些表明家鹅的起源在世界上不限于一个地方、一个时间，也不是一个雁种驯化而来。从家鹅(*Domestic Goose*)漫长的驯化和选育历史中发现，雁(*Anser*)被公认为世界家鹅的野生祖先，以鸿雁(*A. cygnoides*)、灰雁(*A. anser*)和真雁(*A. albifrous*)为代表，而鸿雁和灰雁分别是我国两大系统家鹅——中国鹅和伊犁鹅的祖先。我国各种地方家鹅品种中，除伊犁鹅外，其他家鹅品种均由鸿雁驯化选育而成。由鸿雁驯化的各种地方鹅种，尽管有几千年的自然选择和人工选择历史，也经历了不同社会环境影响和地理条件作用，形成了不同体型、外貌和生产性能各异的品种，但是这些品种仍然留有鸿雁的基本特征。绝大多数欧洲鹅种和我国的伊犁鹅都由灰雁驯化而来，它们至今仍保持一定的野生特性，如耐寒、耐粗饲、繁殖能力低(且季节性很强)、性情较野、有一定飞翔能力等。在外形上，两种起源的家鹅有比较明显的区别，头部和颈部尤为明显。成年鸿雁家鹅头部有肉瘤，公鹅较母鹅发达，颈较细、较长，呈弓形；成年灰雁家鹅头浑圆而有疣状突起，颈粗短而直。同时前者体形斜长，腹部大，前躯拍起与地面呈明显的角度；后者前驱与地面近似平行等。

皖西白鹅（*Western Anhui White Goose*）是由鸿雁驯化选育而形成的一个优良的中型鹅地方品种，在明代嘉靖年间即有文字记载，至今已有400余年的历史。皖西白鹅原产于安徽西部丘陵山区及河南省固始一带，主要分布在安徽的霍邱、寿县、六安、舒城、肥西、长丰等县及河南省固始地区，是我国优良的中型鹅品种之一。皖西白鹅的品种形成与大别山地区人多地少、交通闭塞、河湖水草丰茂、丘陵草地广阔等历史自然条件密不可分，当地群众有选择2～3年体形健壮的老鹅留种的习惯，对该品种的体型发展有重要影响。每年春季采用自然孵化繁育雏鹅，因此该品种鹅具有很强的就巢性。皖西白鹅前期生长较快，在农村较粗放的饲养条件下，30日龄仔鹅体重可达1.5kg以上，60日龄达3.0～3.5kg，90日龄达5.0kg左右。成年公鹅平均体重6.8kg，最大公鹅可达9.5kg以上。母鹅平均体重5.0～6.0kg。8月龄放牧饲养和不催肥的鹅，其半净膛和全净膛屠宰率分别为79%和72.8%。至农历“小雪”前后，在宰前20天将鹅圈养，限制其活动，以稻谷等饲料进行催肥，称为“栈鹅”，可制作“烤鹅”和“腊鹅”，鲜嫩可口，风味独特。

皖西白鹅经过长期的驯化和不断的选育，在许多方面表现出与其他品种鹅或野生鹅不同的特点：皖西白鹅体态高昂，细致紧凑，全身羽毛白色，颈长，呈弓形，肉瘤橘黄色，圆而光滑无皱褶，喙橘黄色，喙端色较淡，虹彩灰蓝色，胫、蹼橘红色。约6%的鹅颌下带有咽袋。公鹅肉瘤大而突出，颈粗长有力；母鹅颈较细短，腹部轻微下垂。少数个体头顶后部生有球形羽束，称为“顶心毛”。由于长期采用自然抱孵，母鹅就巢性很强，一般每产一窝蛋就巢一次，年产蛋18～22枚。年平均就巢2～3次。在鹅群中也有2%～3%“常蛋鹅”，年产蛋可达40～50枚。由于该品种具有体型大、早期生长发育快、抗病力强、耐粗饲、耗料少、屠宰率高、肉质好，特别是产毛量高、羽绒蓬松质佳等特点，在国际市场上享有盛誉。每年皖西白鹅羽绒的出口量约占我国羽绒出口总量的10%，居全国第1位。皖西白鹅作为我国优质种质资源得到重点保护，并已被列入《中国家禽品种志》名录。近年来，该品种已被我国大多数地区引入。

二、国内外养鹅业生产现状

（一）我国养鹅业的生产现状

我国是传统的养鹅业生产大国，已多年占据世界鹅业生产第一大国的地位，鹅存栏量和出栏量远远超过其他各国的总和，约占世界总量的90%以上。

据统计，自1988年以来，养鹅数据直线上升，从最初的2.6亿只，7年时间增长到4亿只，2003年更是达到6亿只以上，2012年存栏数量近3.50亿只，出栏数量近6.29亿只。2014年，我国鹅存栏数量近3.52亿只，2015年种鹅增加25%。我国还是世界鹅品种资源最丰富的国家，我国优良的鹅种质资源众多，列入《中国畜禽遗传资源志——家禽志》中的大、中、小型鹅遗传资源有31个，其中，鹅地方品种26个。近20年来，我国在养鹅数量、鹅肉产量、羽绒及其制品数量等方面位居世界首位，尤其是近10年来，我国养鹅业飞速发展，养鹅生产正在向集约化、规模化和产业化的方向迈进。四川、江苏、吉林和广东是我国养鹅业生产大省，各省年饲养量达到8000万只以上。随着农业产业结构调整的不断深入，加上我国大部分地区有鹅品种、水源、水草丰富的自然条件和悠久的养鹅历史，目前我国年饲养量过亿只的省、2000万只的市(地区)、500万只的县以及年出栏100万只的县比比皆是。同时建立了许多地方品种原种场、扩繁场、养殖小区及年加工肉鹅100万只以上的龙头企业，这些企业在地方品种保护、遗传资源开发、市场开拓等方面做出了巨大贡献，同时部分企业也为养鹅户提供技术服务，使农户放心养鹅，使养鹅业成为农民增收的亮点。

1. 品种(配套系)培育

近年来，随着养鹅业的蓬勃发展，各科研单位和养殖企业在发挥原有地方鹅品种遗传资源的基础上，越来越重视地方鹅遗传资源的开发，加快优良鹅品种的选育，也已取得良好的社会效益。例如，四川农业大学利用四川白鹅与外来品种莱茵鹅培育了国家级新品种天府肉鹅，扬州大学等单位利用太湖鹅、四川白鹅、皖西白鹅等资源培育了国家级新品种扬州鹅，江苏省洪泽区林牧发展局与江苏省农科院畜牧研究所等单位采取浙东白鹅、皖西白鹅、雁鹅选育出洪泽湖鹅等。此外，安徽、山东、广东、上海等地，也积极开展地方鹅品种的选育与配套生产工作。近些年，已通过国家畜禽遗传资源审定委员会鉴定的新资源品种有定安鹅、云南鹅、平坝灰鹅和道州灰鹅等。

2. 饲养管理

近年来，各地养鹅业发展迅速，商品鹅养殖已由家庭散养逐渐走向规模化、集约化、产业化养殖。由于起步比较晚，商品鹅饲养管理方面必然存在一些问题。所幸各养鹅企业和科研院所已着手对鹅的品种、饲养方式、营养搭配及疾病防控等做出一定的努力，并取得了一定的成果。比如，鹅的传染病疫苗研制，鹅饲料生产企业生产符合各年龄段营养的专用饲料，有的地方已经制定了鹅的饲养管理标准或规程等。随着一些国外品种的引进，国外先进的营养和饲养管理技术也开始在我国普及。目前，我国的养鹅业已经出现了网养、笼养、厚垫料平养、塑料大棚饲养以及大群放牧饲养的多元化格局。饲养规模和集约化程度均大大提高，如在安徽、江苏、四川、河北、浙江、广东等有常年饲养种鹅10000

只以上的种鹅场，饲养肉鹅 10000 只以上的专业户越来越多。

3. 疫病防治

近几年来，鹅的疫病防治技术取得了重大进步。四川农业大学专家发现了雏鹅新型病毒性肠炎病并做了较系统的研究，研制出预防该病的疫苗和高免血清；扬州大学专家发现了鹅的副黏病毒病并做了较多研究，目前已经有疫苗和高免血清用于生产；另外，对鹅的禽出血性败血症、鹅大肠杆菌性腹膜炎、鹅流行性感冒、鹅的鸭瘟等传染病的防治方法也不断完善。对鹅的某些寄生虫病研制出了许多用于预防和治疗的广谱高效药物，有力地保障了鹅规模化生产。

4. 鹅肉加工

我国鹅肉的加工生产主要为原料和半成品的生产，如白条鹅、分割鹅和冷冻鹅的加工。长期以来，在鹅肉制品方面，大多为手工作坊式制作，生产规模较小，产量低，产品质量不稳定，规格不一致，同时存在防腐保鲜等问题。近几年，我国鹅肉加工业逐步从分散的作坊式的加工向工厂化、规模化和现代化演变。从加工的整体上来看，屠宰的加工比重大于深加工和精加工，鹅肉的深加工产品仍以中式传统鹅肉制品为主。高温杀菌保质技术仍占相当大比重，从保持鹅产品特色风味不变、满足现代消费者追求原汁特色风味来看，高温杀菌是一个很大的障碍，制约着我国鹅肉加工业向更高层次的发展，因此，低温加工鹅肉必将成为今后鹅肉加工的发展趋势。

5. 鹅肥肝生产

鹅肥肝是一种高科技含量、高附加值的鹅产品，是用特定的饲料和特定的工艺技术在活鹅体内培育而成，在安徽、山东、江苏、浙江等地均有生产。我国鹅肥肝生产从试验研究到试产出口，已有 20 多年。其间，一些农业院校和科研院所对影响鹅肥肝生产的各种因素进行了一系列试验研究，探索出了一套较为成熟、适合我国国情的鹅肥肝生产方法，研制成了几种较好的鹅、鸭肥肝填饲机，并创造出一套适宜中国鹅肥肝生产工艺。2016 年由青岛农业大学王宝维教授主持制定的《鹅肥肝生产技术规范》已顺利通过国家审定，这是国内首个鹅肥肝行业标准，标志着我国鹅肥肝生产技术体系的健全。近年来，我国鹅肥肝生产的势头良好，安徽、广西和河北等地已经建成了大批鹅肥肝大生产企业，产品远销欧美和日本。其中，广西与世界鹅肥肝巨头法国 MIDI 公司建立了合作关系。2006 年，我国鹅肥肝的产量为 500 吨，居世界第三位。

6. 羽绒生产

在高档羽绒生产中，鹅的羽绒仅次于野生的天鹅绒，其品质优良、绒朵结构好、富有弹性、蓬松、轻便、柔软、吸水性小，且保暖、耐磨，经加工后是服装和被褥的高级填充原料，刀翎、窝翎、大花毛等是制作体育用品和工艺美术品等不可或缺的优质原料。我国是世界上最大的羽绒生产及出口国，羽绒及其制品出口量占世界贸易量的1/3左右。另外,我国国内对羽绒及其制品的需求也越来越大,成为羽绒消费大国。20世纪80年代后期,我国科技工作者研究和推广了鹅、鸭活拔羽绒生产技术,大大提高了羽绒的产量和质量。我国鹅羽绒生产和加工较发达的地区集中在上海、浙江、安徽、广东和“中原白鹅带”上,其中安徽省的皖西白鹅羽绒以质好、加工产品丰富而闻名天下,该地鹅羽绒产、加、销结合,取得了良好的经济效益和社会效益。据中国海关2018年统计,1—6月份羽绒出口数量为25386吨,羽绒出口金额约4.6亿美元。

7. 产业发展

规模化养鹅业的兴起催生了许多鹅产品加工企业,包括鹅肉生产、鹅肥肝生产、羽绒生产等方面的专业化或联合企业。这些企业广泛分布在江苏、浙江、上海、广西、广东、安徽、河北及东北三省等地,有力地带动了当地养鹅业的规模化发展。有了龙头企业一头连农户、一头连市场,我国的养鹅业正向规模化、产业化的效益型和外向型方向迅速发展,养鹅业还被作为调整农业生产结构的产业来抓,与种植业有机结合,大大提高了单位土地面积的产出,增加了农民的收入。据测算,单位面积土地种草养鹅的经济收入是种粮食作物的5～8倍。

8. 皖西白鹅生产现状

皖西白鹅是安徽省优良的地方品种,为了保护地方特有的品种,安徽先后在六安市的金安区、淮南市的寿县建立2个省级以上皖西白鹅原种场,存栏纯种皖西白鹅种鹅1.6万只。同时,在全省90多个乡镇建立了一批规模在2000只以上的养鹅基地。六安是安徽皖西白鹅养殖加工主产市,饲养量维持在1800万只左右(其中皖西白鹅1100万只,白罗曼、郎德鹅、霍尔多巴吉、川白鹅等700万只),以金安区、裕安区、霍邱县3县区为重点的皖西白鹅生产格局已经形成,以金安区东桥镇、翁墩乡,裕安区固镇镇、罗集乡,霍邱县孟集乡、城西湖乡等20多个乡镇为重点的养鹅基地初具规模,全市规模化养鹅的比重达到50%以上。安徽水域总面积较大,饲草资源丰富,具有发展皖西白鹅产业的良好资源条件。各地充分发挥资源优势,发展优势产业,初步形成了江淮和沿江皖西白鹅产业优势带。其中,江淮地区主要分布在六安市金安区、裕安区、霍邱、霍山,淮南市寿县,合肥市肥东、肥西、长丰等地,沿江布局在巢湖、无为、庐江、和县等地。安徽皖西白鹅产业功能分区明显,形成了以六安市金安区、霍邱,淮南市寿县,合肥市巢湖、庐江为主的白鹅扩繁区,年孵化水禽2亿只以上,六安市在固镇、罗集、金安东桥、翁墩,霍邱孟集、城西湖以及淮南市的寿县保义、炎刘等30多个乡镇建立了一批大型养鹅基地。据统计,2016年,仅六安裕安区的罗集、江家店、丁集、徐集、单王、顺河等6个乡镇就有256个皖西白鹅散养户,年饲养种鹅17651只;规模养殖场44个,年饲养种鹅55568只。安徽白鹅全年饲养量在

5000 万只左右，年产白鹅羽毛绒 32000 吨，其中绒 8800 吨，羽毛绒总量居全国第 3 位。安徽还涌现出许多羽绒回收集散地及羽制品出口创汇的重要基地，仅安徽鸿润集团主导产品羽绒被的生产出口量就占全国出口量的 24.6%，连续 16 年在国内生产出口型企业中位居首位。多年来，安徽省成功探索并推广了商品鹅生产综合配套、雏鹅集中共育、种草养鹅、鹅病综合防治等先进适用技术，并在该品种的杂交选育、反季节鹅生产、人工孵化、鹅肉及羽毛制品的开发等基础研究上，取得了多项成果。其中，皖西白鹅高产蛋品系选育及推广应用取得初步成效，高产核心群年均产蛋量由 22 枚增加到 30 枚，获 2010 年度省科技进步二等奖；皖西白鹅的配套杂交与推广应用获 2008 年度省科技进步三等奖。优质白鹅配套系（富安白鹅）顺利通过省级品种审定；皖西白鹅绒肉兼用型综合高效养殖技术研究通过省级鉴定；颁布了国家标准（皖西白鹅饲养管理标准）1 项、地方标准 2 项。

（二）国外养鹅业生产现状

虽然我国是世界第一养鹅大国，但是养鹅的科技含量和良种繁育体系远不如国外发达，在世界养鹅业最发达的东欧，其培育的专门化品系主要有鹅肥肝专用品系、肉用仔鹅专用品系和烤鹅专用品系。随着商品经济的发展，东欧鹅的育种已经由国家单位转变为商业育种公司经营，鹅的育种更加科技化、商业化。在饲养管理工艺上，东欧许多国家养鹅生产已转向集约化、机械化，并且采用厚垫料平养、网养或笼养的多种饲养方式。在商品开发上，国外鹅产品的商业开发程度远高于国内，其特别注重鹅的商业开发；欧洲各国养鹅的目的包括生产鹅肉、羽绒、肥肝及其他副产品，还把鹅作为伴侣动物、观赏动物及果园的除草动物等。鹅肉也是欧美等国的高档食品，烤鹅主要是用于圣诞节和圣马丁节等重要节日的消费；分割鹅肉也用于节日的家庭聚会或接待尊贵的客人。羽绒是用于发展纺织业的高档产品。以匈牙利为例，标准的肉鹅在 16～23 周龄宰杀，之前进行 2～3 次人工辅助脱羽。生产的羽绒作为高档的纺织工业原料，开发出羽绒服、羽绒寝具等畅销产品。在鹅肥肝生产方面，法国、匈牙利和以色列是世界三大鹅肥肝生产国，其中法国在鹅肥肝加工工艺上处于垄断地位。法国既是世界鹅肥肝生产大国，也是鹅肥肝深加工和消费大国。但由于自然资源、劳动力成本以及动物保护组织的限制，这些国家的鹅肥肝生产能力已经接近极限。目前，大部分鹅肉生产国已经从整胴体方式出售转为分割肉销售，并把多余的脂肪用于香料制造业；产蛋结束后的淘汰鹅和取肥肝后的鹅肉则加工成鹅肉香肠、罐头、肉馅等畅销食品。

鹅类系列产品在国外人们生活中有着极其重要的作用，是一种比较重要的生活物资。近 20 年来，许多国家愈来愈重视养鹅和鹅产品加工。原来有养鹅基础的国家，如波兰、匈牙利、保加利亚、捷克、斯洛伐克等采取多种措施大力发展养鹅和鹅产品加工。原来养鹅不多的国家如英国、德国、丹麦等饲养量不断增加,鹅产品也在逐渐增加。

三、皖西白鹅发展趋势

(一)发挥地方品种资源优势,加速高产配套系的选育

为提高皖西白鹅的生产性能,做好地方品种选育、建立良种繁育体系等方面的工作十分必要。2000 年和 2006 年皖西白鹅分别被农业农村部列入国家级畜禽遗传资源保护名录。承担皖西白鹅遗传资源保种任务的是位于安徽省六安市金安区的皖西白鹅原种场,该场始建于 1986 年,是国家级重点畜禽繁殖场,现有基础群 2000 只,保种核心群 1200 只(其中公鹅 240 只,母鹅 960 只),组建 80 个家系。开展了完整的系谱记录和生产性能记录,建立并完善了管理制度和饲养、繁育、免疫等技术规程。同时采用了家系等量留种法进行皖西白鹅保种选育,运用微卫星标记等手段对保种群各世代进行监测,保障种群的遗传多样性。皖西白鹅性能尤佳,通过提纯复壮结合引进外来资源,开展品种、品系间的杂交,加速培育具有特色的肉用和肝用等配套系,可以满足我国日益增长的市场需求。笔者利用繁殖性能高的四川白鹅、太湖鹅、豁眼鹅分别作父本,以皖西白鹅为母本进行杂交,在用 3 个杂交组 F1 代为母本,以皖西白鹅为父本进行回交,再与皖西白鹅进行对照,结果表明四川白鹅、豁眼鹅与皖西白鹅杂交其后代繁殖性能提高。彭克森等以皖西白鹅作为父本,以四川白鹅等高产品种作为母本,进行杂交试验,结果将年产蛋由原来的 25 枚提高到 68 枚,商品代 60 日龄体重可达 3.25～3.75kg,成活率达 94.8%,鹅苗成本大大降低,养殖利润显著提高。近年来,引进的良种朗德鹅、莱茵鹅等与我国地方鹅种进行二系或三系杂交配套生产,已取得了较好的生产效果,今后应加大力度,以提高生产性能和饲养效益。此外,加深专门化品系培育和杂交配套繁育研究,掌握先进的鹅人工授精技术和孵化技术,精选种鹅,改善种鹅饲养管理,提高鹅的繁殖率将成为鹅产业发展的重要内容。

(二)加速养鹅业产业化进程,促进皖西白鹅持续稳定发展

安徽省皖西地区一直将皖西白鹅作为畜牧业的支柱产业和产业化的重中之重来抓,初步建立了皖西白鹅原种场及羽绒产品深加工体系,成为全国最大的羽绒出口区域之一。但由于产业观念的落后,皖西白鹅规模化养殖比例还不到 1%,以农户的自繁自养为主;虽然有许多养鹅专业大户,采用舍饲与放牧、种草养鹅与天然草场利用、配合饲料与牧草相结合的规模养鹅模式,并取得一定成效,但是没有规模较大的龙头企业牵动整个皖西白鹅产业链的发展,不利于皖西白鹅产业化的进程。因此,要加快培育皖西白鹅生产的龙头企业,实现养鹅、加工、产品流通一体化经营,以实现养鹅业的稳定发展。

(三)生产安全优质鹅产品,占领国内外市场制高点

我国加入世界贸易组织(WTO)后,随着经济和市场的全球化格局的形成,对无污染、无残留、无疫病、优质而有营养的禽产品的需求日益增加,已成为不可逆转的必然趋势。因此,将皖西白鹅产品质量及生产全程定位于有机食品的标准,尽快建立和完善皖西白鹅产品质量管理体系,做好质量认证和品牌标识,生产量多、质优的鹅产品,占领国内外消费市场已成为关注的热点问题。只有加快这方面的进程,才能确保皖西白鹅产业今后健康可持续发展。

四、发展皖西白鹅养殖的意义

皖西白鹅养殖业是大别山地区及其辐射地带重要的家庭养殖或集约化养殖重要的畜禽品种资源,也是我国具有地方特色的优势资源品种,主要包括安徽的六安、合肥、淮南等地以及河南的固始一带。其对加快我国生态农业、绿色农业、健康农业建设及扶贫产业的开发具有重要的意义,对发展农村经济、提高人民生活质量和增强农产品的国际竞争力,具有十分重要的作用。但是,皖西白鹅养殖的产业链还处于比较粗放的阶段,其产业开发、科技含量和附加值有待进一步提高。

(一)促进农业生态系统资源的合理配置

人口、资源和环境的合理配置是影响我国农业生态系统的三大主导因素。在我国的“三农”政策以及脱贫攻坚政策下,将有机农业和现代农业的建设与生态农业建设紧密地结合在一起,不仅建立了以经济效益、社会效益和生态效益为目的的综合经营和有效管理体系,而且可持续地利用农业资源,使之成为我国农业经济健康持久发展的决定性因素。在我国退耕还草、还林的大背景下,如何利用草上、林下资源,发展新型生态养殖模式,是实现农业生态系统良性循环的重要途径。利用牧草饲料大力发展皖西白鹅养殖业,不但能降低对能量饲料和蛋白质饲料的需求量,减少畜牧业的发展对粮食的依赖性,加快我国农村、农业、农民经济的合理配置,而且对于农村人口的创业和再就业也有重要作用。

(二)调整农业产业结构

目前,我国的农业结构多以“粮食作物+经济作物”的二元结构为主,即农业主要是以种植粮食、经济作物为主的农业经济模式,这种经济模式不利于我国生态农业产业的整体布局和高效发展,因此,将我国农业经济从“粮食作物+经济作物”的二元结构向“粮食作物+经济作物+饲料作物”的三元结构转变,改革发展我国农业,让新技术、新产业、新管理成为我国农业革命的制高点。“如何以有限的土地供养更多的人口”成为我国农业发展持之以恒的重要命题。因此,专家们认为,发展节粮型畜牧业,符合我国国情,可以逐步实现粮食与饲料粮分开,而皖西白鹅作为我国传统草饲节粮型禽类,具有体型大、早期生长发

育快、抗病力强、耐粗饲、耗料少、屠宰率高、肉质好，特别是产毛量高、羽绒蓬松质佳等特点，不仅解决了人们的肉食需求，而且还可以提供优良的纺织原料。因此，发展养鹅业可以带动我国农业种植结构调整，优化我国农业的产业结构。

此外，世界上许多发达国家的肉食主要来源于草食动物，如美国人的肉食中有73%由草转化而来，澳大利亚约90%，新西兰接近100%，而我国只有6%～8%，其余90%是依靠粮食转换来的。从畜牧业结构看，我国粮草型、节粮型家畜占总数的42%，耗粮型家畜（主要是猪）约占家畜总数的58%，而全世界两者的比例分别为90%和10%。我国这种养殖结构与人多地少、人均粮食低于世界水平的情况极不相称。因此，长期以来，我国人畜争粮和畜牧业高成本运行的困难局面一直存在，成为社会发展和畜牧业前进的严重障碍。因此，建立以草食畜禽为主体的节粮型畜牧业生产结构，变以粮食换畜牧产品为以草换畜牧产品，这是发展我国畜牧业的正确方向。鹅为草食性节粮型家禽，发展养鹅业符合畜牧业生产结构调整的方向。养鹅还可以与林、果、水产养殖结合，形成良性生态循环，提供大量绿色食品。

（三）满足国民的饮食需求

鹅肉一直是高档肉食产品的代表，鹅肉不仅蛋白质和不饱和脂肪酸含量高，而且中医认为，鹅肉有补虚益气、暖胃生津和缓解铅毒之功效。还有许多各具特色的鹅肉食品，味道鲜美且具独特香味，令人回味无穷，如六安的皖西风鹅、定远的炉桥卤鹅、长丰的吴山贡鹅等均是以皖西白鹅作为原料，发展成为知名特色地方名优小吃。此外，还有许多各具特色的鹅肉食品，如烤鹅、腊鹅、盐水鹅、鹅肉火腿肠、鹅肉香肠等，这些产品消费市场大，并可出口创汇。鹅的副产品如鹅掌、翅、肫、肝、肠和血等均可加工成畅销的食品。高质量的鹅羽绒制品轻便、柔软、保暖性好，鹅羽绒以外的羽毛还可制成羽毛球、装饰品等。特别是近年来消费者对鹅肥肝细嫩鲜美、香味独特、营养丰富以及滋补身体等认识的逐渐形成，使消费市场越来越大。鹅肥肝与正常鹅肝比较，卵磷脂增加4倍、甘油三酯增加176倍、脱氧核糖核酸和核糖核酸增加1倍、酶的活力增加3倍，还含有多种维生素。鹅肥肝在国际市场上一直供不应求，而且价格昂贵，鲜肝20～40美元/千克，因此鹅肥肝被称为“软黄金”。养鹅业生产发展可以优化肉食品结构，提高肉类的品种和质量，还可开发出许多高档产品来繁荣市场。

（四）促进鹅产品的对外贸易

在国际禽产品市场上，我国拥有三大优势产品，即精细分割产品、优质黄羽肉鸡和水禽产品。其中水禽产业是我国目前家禽生产中最具发展潜力和最容易取得突破的产业，我国鹅的饲养量占世界总量的90%以上，潜力巨大。皖西白鹅作为我国地方的优特品种，年产白鹅羽毛绒32000吨，其中绒8800吨，羽毛绒总量居全国第3位；羽绒出口已占到全国羽绒出口的10%左右。当前，我国鹅产品的加工产品众多，如何抓住机遇，将皖西白鹅发展成世界性鹅产品的生产和供应的重要品种是我省皖西白鹅发展的重要任务。此外，我国拥有国际上最丰富的鹅种基因资源和自然优势，更具有东欧养鹅发达国家无法相比的廉价劳动力。利用我国优势的种质资源改善皖西白鹅的性能，促进皖西白鹅产品效益的最大化，最终走上国际化的发展道路，以满足国内外市场的需求，也是我们发展的任务之一。

五、皖西白鹅产业化现状及发展中存在的问题

（一）产业化现状

1. 基础工作进展顺利

20 世纪 80 年代初，在原产地六安市政府发出的“大力发展皖西白鹅、振兴皖西经济”的号召下，农业部门先后承担了皖西白鹅的提纯复壮、杂交选育、人工孵化、人工辅助脱羽、鹅病综合防治等项目，并将研究成果进行示范推广。近年来，六安市委、市政府积极支持成立了六安市皖西白鹅产业协会，并按照“民办、民管、民受益”的原则组建了皖西白鹅产业合作社；农牧部门积极开展标志认证，皖西白鹅的商品商标、羽绒商标、地理标志性商标先后获得国家认证。这些都为皖西白鹅的产业化发展奠定了基础。

2. 饲养量位居安徽省首位

近年来，皖西白鹅饲养量一直保持在 1800 万只上下，占安徽省白鹅饲养量的三分之一。目前，六安市以金安、裕安、霍邱和淮南寿县四县（区）为重点的皖西白鹅生产格局已经形成，以裕安区固镇、金安区孙岗、霍邱县户胡、寿县保义等 30 多个乡镇为重点的养鹅基地初具规模，六安市规模化养鹅的比重已达 20％以上。

3. 反季节鹅生产技术取得突破

皖西白鹅产蛋率低，生产季节性明显，鹅苗不能常年均衡供应，影响了皖西白鹅产业化的生产。2008 年，六安市政府邀请有关专家来六安进行反季节鹅生产的专题研究，通过建立环控鹅舍、采用反季节鹅生产技术等，皖西白鹅不能常年均衡供应鹅苗的瓶颈问题已经得到解决，促进了皖西白鹅产业化的发展。

4. 鹅产品丰富多样、深加工初具规模

六安市每年提供的大量活鹅、腌制腊鹅、白条鹅及白鹅系列熟制品畅销全国，深受消费者喜爱。目前，六安市鹅肥肝生产厂家已有 11 家，2011 年鹅肥肝产量已达 100 吨，占有全国市场的近三分之一。在羽绒加工领域，六安市相继兴建了各类羽绒及其制品、羽毛工艺品等加工企业近 60 家，年生产能力达 2000 多吨，其中年产值 2000 万以上的企业 6 家，总产值超 5 亿元，出口创汇 3500 万美元，占全市出口总额的 50％以上，是安徽省最大的羽绒加工基地，年产皖西白

鹅羽毛绒 1.1 万吨，其中纯绒 8000 吨，羽绒产量占全省的三分之一，全国的九分之一。六安的羽毛球已占全国 40%的训练球市场，羽绒服、羽绒被、鹅毛扇等各种羽绒和羽毛制品花样繁多，远销美国、日本、德国、加拿大等国。

一只皖西白鹅通过人工辅助脱羽及屠宰后胴体和附件的出售，可获纯利润 120 元；养一只种鹅可获纯利润 200 元。目前皖西白鹅雏鹅的价格为 40 元/只，活鹅的价格高达 40 元/公斤。皖西白鹅腌制品，一只可卖到 300 元以上，效益相当可观；与此同时，羽绒市场价格也在不断攀升，目前市场售价为 460～560 元/公斤。皖西白鹅通过精深加工后，效益更是成倍增长。

预计随着经济的发展，大众消费水平的提高，各类鹅产品（鹅肉、鹅绒制品、鹅肥肝）的消费量将保持 5%以上的增长速度。由此，皖西白鹅正常出栏年增长量将在 65 万只以上。

（二）皖西白鹅产业化生产中存在的问题

1. 皖西白鹅产蛋量低

皖西白鹅繁殖率低，产蛋量少，造成商品鹅苗生产成本居高不下，制约了皖西白鹅产业化生产。

2. 良种选育落后及繁育体系的发展不完善

（1）鹅的选育研究投入较少

安徽省具有丰富的皖西白鹅种质资源，但由于皖西白鹅自身生产性能和繁殖性能存在缺陷，供种能力不足，影响了养鹅生产的经济效益，市场占有率逐年下降，使得皖西白鹅的选育工作刻不容缓。安徽省各级政府也意识到皖西白鹅产业发展中所存在的问题，先后投入一定的资金和技术力量开展工作，特别是进入十一五期间，省科技厅加大了对皖西白鹅产业的扶持力度，在安徽农业大学动物科技学院指导下进行了皖西白鹅高产品系选育及种鹅主要营养需求参数的研究，开展了皖西白鹅原种场的改扩建工程，现已取得一定成绩。但由于资金投入的匮乏以及技术力量短缺，皖西白鹅的选育及研究工作始终停留在初级阶段，致使皖西白鹅的产业化发展出现技术瓶颈，同一个品种内的个体，在遗传结构、核心群数量、体型外貌和生产性能等方面还存在着较大差异，这些因素严重地制约了皖西白鹅产业化生产的进程，因此对于皖西白鹅的选育及研究工作应进一步加大投入力度。

（2）皖西白鹅繁育体系建设落后

我国鹅业规模化生产起步晚、饲养规模小、生产设施简陋、技术人员匮乏。皖西白鹅的生产也存在同样的问题，种鹅场数量少、规模小，没有针对皖西白鹅繁殖性能低下的特点进行有针对性的选育工作，导致皖西白鹅原种场的供种能力不足。加之用于鹅繁育工程建设的投入较少等原因，种鹅场存在着不按制种体系繁育，大量使用商品鹅留种等现象；此外，近年来产区从外地引入其他品种杂交和盲目活鹅拔毛，导致皖西白鹅表现个体发育参差不齐、外貌体型差异大。特别是种鹅繁殖率有下降趋势，有的种鹅群年产蛋仅18～20枚，且种蛋的受精率和孵化率均较低。

3. 饲养方式落后

长期以来，我省皖西白鹅的饲养规模小、千家万户分散饲养，上规模的种鹅场(户)不多。目前在皖西白鹅的饲养中由于受传统饲养习惯和认识上的误解影响，饲养规模小、分散，饲养管理粗放，饲料单一。大多放牧饲养，饲草单调，种植的牧草也仅有黑麦草、苦麦菜等少数品种。精料补料以稻谷为主，饲料配制和日粮营养结构不合理，导致鹅的生长速度和种鹅的繁殖性能较低，鹅产品质量差，缺乏对有关鹅的生理、营养、饲养及饲养方式、防疫、饲料配制等配套技术的系统性研究。一些经营者的短期行为比较明显，再加上在养鹅业中小规模生产所占的比重较大，信息不灵，生产带有一定的盲目性，严重影响皖西白鹅的经济效益和鹅业生产的健康发展。主要表现在：一是少数示范户对先进的饲养管理技术掌握不到位，致使仔鹅的成活率低；二是大多数养殖户仍然采取自然放牧的方式，一味地追求低成本，不采用科学的饲养方法，不注重营养平衡，圈舍简陋，环境卫生条件差，导致种鹅生产能力低；三是由于示范户文化水平不高，接受新技术、新方法的意识不强，许多先进适用技术与养殖环节脱节；四是新技术示范短缺，也限制了皖西白鹅生产向产业化方向发展。

4. 研发滞后于生产

我省养鹅历史悠久，鹅产品加工种类多种多样，但多数是采用民间传统烹调技术，难以进入国际市场，因此，在总结我省民间传统加工技术的基础上，开展鹅产品的深加工、包装等技术的研制与开发，增加鹅产品的附加值，实现鹅产品多元化，高、中、低档产品并存，以适应不同层次消费者的需求，扩大消费市场，促进我省养鹅业的可持续发展。对于皖西白鹅产品的研发工作除了羽绒的深加工研发已开始进行，其他的关于皖西白鹅副产品包括肉仔鹅、方便食品、工艺羽毛制品、羽毛球、羽绒被服、户外活动防寒装备等的研发工作始终停滞不前。皖西白鹅产品的深加工前景广阔，但限于没有龙头企业和整个产业链的带动，研发滞后于市场需求。

5. 疫病防控问题依然突出

虽然鹅的抗病力较强，疫病较少，但随着总体养殖数量的增加，在生产中普遍缺乏隔离、消毒、预防和治疗等疫病防治的基本知识和措施；疫病预防不得力、治疗欠科学、盲目用药，导致了产区常出现各种疾病的流行，随着皖西白鹅及羽绒交易的活跃，随之而来的是疫病的传播速度相应加快。2017年禽流感疫情的暴发，使许多养鹅户谈病色变。新的疫病危害性大，且具有潜伏期，一旦遇到应激反应，立即暴发，具有毁灭性。老病发病率增加，新病不断出现，给养鹅业造成较大的危害，也给食品安全带来隐患。

6. 屠宰加工水平低

尽管我国市场上目前加工的皖西白鹅产品有一定种类，各具特色，深受广大消费者的青睐，但这些多属初加工，产品附加值较低，除鹅绒外产品的保存期较短。鹅的屠宰加工，大多还在沿用落后的手工作坊式生产，引进国外的屠宰设备大多闲置，并不能完全适应我国鹅屠宰的实际情况。这些状况制约了皖西白鹅产业的规模化、产业化发展及出口创汇能力。

7. 龙头企业带动能力弱

养殖业的出路在于实现产业化生产，龙头企业在产业化发展中具有重要的牵动作用。皖西白鹅产业化的本质是贸、工、养一体化经营，目前只有在羽绒加工方面存在一些龙头企业，皖西白鹅养殖和屠宰深加工的龙头企业尚少，农户由于担心人工辅助脱羽后皖西白鹅的活体销售存在问题，且仅靠羽绒销售饲养效益较低，故对于饲养皖西白鹅存在顾虑，因此仅靠羽绒产业是无法带动整个皖西白鹅产业链的发展。

六、皖西白鹅产业化发展的主要任务与策略

皖西白鹅产业化发展是以市场为导向，以经济效益为中心，以主导产业、产品为重点，优化组合各种生产要素，实行区域化布局、专业化生产、规模化建设、系列化加工、社会化服务、企业化管理，形成种养加、产供销、贸工农、农工商、农科教一体化经营体系的现代化经营方式和产业组织形式。它的实质是对传统养鹅业进行技术改造，推动现代养鹅业科技进步的过程。这种经营模式从整体上推进传统农业向现代农业的转变，是加速农业现代化的有效途径。农业产业化的基本思路是：确定主导产业，实行区域布局，依靠龙头带动，发展规模经营；实行市场牵龙头，龙头带动基地，基地连农户的产业组织形式。其农业产业化的基本特征是立足本地优势，依靠科技的进步，形成规模经营。实行专业化分工，贸工农、产供销密切配合，充分发挥“龙头”企业开拓市场、引导生产深化加工、配套服务功能的作用，并且采取现代企业的管理方式。

（一）加强良种选育与繁殖体系的建设

建立健全良种繁育是皖西白鹅产业化的基础。首先要加强皖西白鹅品种的保护，建立具有代表性的保种群，运用先进的保种技术和方法；其次要针对皖西白鹅的特点，开展高产配套系的选育，培育专门化的高产品系；再次要建立皖西白鹅的制种体系，充分发挥品种（系）的杂交优势，实行商品鹅杂交化，生产规格一致的商品鹅苗，满足产业化发展对种源的需求。

从我国目前鹅肉的需求市场来看，不同的消费市场对鹅产品的需求不同，广东、广西、云南、江西等地需要灰色鹅种，且要求头上额疱、脚胫为黑色或深

色，而我国大部分消费市场要求羽毛为白色。我国鹅种资源丰富，灰色、白色以及大、中、小型品种皆有，但其生产性能差异很大，现有的鹅种难以适应不同消费市场的需要，因此，应根据不同市场的需求特点，加强皖西白鹅品种的保种选育、专门化品系培育和鹅种开发的力度，育成我省自己的高产肉鹅配套系，以避免商品蛋鹅、肉鹅生产种源几乎由国外育种公司所垄断的局面。同时，我省应加大投入，加快优良鹅种良繁体系的建立，保证我省养鹅业快速发展对种源的需求。

（二）加强配套生产技术的研究，促进产业升级

坚持建设与利用并举，积极争取各方面的支持，进一步加大对皖西白鹅种质资源基因库建设的投入力度，形成基因库建设的合力。加大对皖西白鹅品种选育重大成果的奖励力度，进一步激发广大农业科技工作者的积极性。

在皖西白鹅产业化生产中，从科技培训入手，搞好相关配套服务。应将最新的科技成果配套组装，细化技术管理措施，不断推广新的科技成果，实行皖西白鹅的标准化、规范化生产，提高生产总体水平。运用先进的调控技术，逐步做到全年均衡生产，保障皖西白鹅的产品常年供给。针对现阶段生产力和技术水平低下的状况，加速科学普及，做到科技兴鹅。目前国内外关于密闭式鹅舍的研究已取得一定的进展，我省皖西白鹅繁殖性能较低，可采用密闭鹅舍进行产蛋期饲喂。其重点是加强皖西白鹅营养需要标准的研制和日粮标准的制订、皖西白鹅产品的综合开发利用、传染病和常见病的防治、产供销协调和规模效益研究等。大力推广科学养鹅技术，继续举办人工孵化、自温育雏、鹅病防治、经营管理等培训班。大力开展孵化、育雏、疫病综合防治、饲料配方、销售“五统一”活动。如改变育雏的方式，改变温育雏为供温育雏，改单一饲料为全价配合饲料，种草养鹅等。实施皖西白鹅新品系的培育及其产业化的研究科技攻关项目，建立皖西白鹅规范化生产配套体系，通过项目实施产业化，统一供雏、统一饲料、统一饲养技术、统一防疫、统一收购，实施集约化的生产模式。按照优质、高产、高效、安全、环保的要求，实行产前全程监控、产中严格按照标准和规程进行生产、产后加强管理。严格控制投入饲料、兽药、添加剂等的安全性，彻底解决水禽生产滥用药物和产品药物残留问题，大力发展无公害白鹅生产基地，促使其产品达到安全、无疾病污染和低（无）残留，精心打造白鹅无公害食品、绿色食品、有机食品品牌，提高产品品质和竞争力，从而促进产业升级。

（三）积极推进饲养方式的根本转变，把安全、优质、高效作为发展的最终目标

随着经济的快速发展，过去一家一户的饲养方式已十分落后，不仅产品数量没有保障，产品的质量就更无法保证。尽管少数企业和个人投资规模化养殖皖西白鹅，人工种植牧草，进行补饲配合精料，但仍是一种粗放的饲养模式，产品的质量安全监控成问题。因此我国应积极推进饲养方式的根本转变，把安

全、优质、高效作为皖西白鹅产业发展的最终目标。对饲养户进行组织培训，对于实施规模养殖的给予政策和经济上的扶持。在皖西白鹅产业化生产中，应将最新的科学成果配套组装，细化技术管理措施；不断推广新的科技成果，实行皖西白鹅的标准化、规范化生产，提高生产总体水平。要对皖西白鹅开展有关的饲养管理技术的研究，根据皖西白鹅生长发育的特点，制定不同饲养阶段的饲养标准，配制全价的精料补料，优化和调整牧草种植结构，制订科学的饲养技术规程，制订科学的免疫程序和防病、治病方案，加强和落实疫病防治综合措施，健全和完善综合疫病防治体系，加强检疫执法，做到“以检促防”，严格控制疫病的发生。建立专门的科技队伍对皖西白鹅的饲养全过程进行监督，保证产品的质量和食品安全。

（四）努力提高皖西白鹅产品的加工能力

皖西白鹅产品十分丰富，羽绒、裘皮、鹅掌、鹅胆、鹅油、鹅头、鹅舌、鹅翅、鹅肠、鹅筋骨、鹅血等都是值钱的俏销产品，以“产业化”集团公司为龙头，建立鹅类食品加工厂，集鹅肉产品研究开发、活鹅屠宰、胴体鹅肉生产、方便熟制小包装食品加工、保健冷藏、副产品综合利用等系列产品开发于一体，能对皖西白鹅产业起到支撑和牵动作用；对现有羽绒加工企业进行重组和技术改造，整合品牌，打出皖西白鹅品牌，促进羽毛及其制品加工业的发展。通过发展门类齐全、领域广泛、规模适度、外向度高、机制灵活的鹅产品加工体系，既能增加产品的附加值，又能使农户分散规模养鹅与国内外市场联结起来，延伸白鹅产业链条。

（五）大力培育龙头企业，建立多元化的产业模式，创建知名品牌

农业产业化作为一种农业经营运作机制，是我国农村经济改革和农村生产力发展的必然产物，随着农业生产社会化、农业经营市场化和城乡一体化进程的加快，需要农业产业化提供制度支持。我国的农业产业化处于起步阶段，但相对于传统农业而言，已经迈出了影响深远的第一步。但我们也应该正视农业产业化的制度现状，当前存在的许多尚待完善的方面，在不同的地区和产业中，因为区位、经济、人才等因素的影响，农业产业化的发展呈现出明显的不平衡性。推动农业产业化经营，要做到因地制宜，科学规划，合理布局，稳步发展。优化组合农业产业链条，依靠科技进步，遵循市场规律，努力打造核心技术和优势产品，以市场优势来赢得市场份额，树立起人才是最关键资本的观念。加快政府职能的转变，充分发挥政府的宏观调控能力，规范市场，出台支持农业产业化发展的相关法律和政策，不断完善市场体系，积极开拓国内外市场，唯有如此，农业产业化才会得以健康、持续、高速发展。

多年来的养禽发展历程已证明，“龙头”企业在产业化发展中起关键作用，皖西白鹅产业的发展也不例外。要把龙头企业建设作为皖西白鹅产业化的首

要环节，在龙头企业发展上，突出大（规模）、高（水平）、外（向型）、强（带动）四点，对规模大、起点高、外向型的鹅产品加工企业实行政策倾斜，从财力、物力、人力上给予扶持，促其更快、更好、更省地发展，坚持大、中、小型并重，高、中、低档齐上的方针，鼓励支持多层次、多成分、多形式发展龙头企业。通过“龙头”企业的带动，在养殖户与市场之间架起桥梁，把分散的养殖与统一的市场连接起来，把养殖、产品加工、销售有机结合在一起，延伸产业链，实现皖西白鹅产品的多层次增值，创品牌和实行品牌战略，提高白鹅产业的综合效益，增强市场竞争能力和抵御风险能力，促进我国皖西白鹅产业持续发展。

六安市应建立一个以皖西白鹅品牌为核心的龙头企业，从育种、供种、生产、加工、销售及服务等多环节拓展皖西白鹅的市场空间，并在面向市场、依靠科技、打造品牌三个环节上勤练内功，要把提高皖西白鹅品质和开拓皖西白鹅市场放在首位，发展“公司＋农户”的经营模式，提高皖西白鹅存栏量。以名牌吸引中外客商和企业前来投资皖西白鹅系列开发：一是与国内外白鹅相关企业沟通联系，寻求合作伙伴，优势互补，联手开发；二是引进外资企业，与有关科研单位共同研制开发鹅肉小包装食品；三是在羽绒羽毛开发方面，积极与国内及欧洲国家各大企业搞好合作，开拓国际市场；四是进一步引进国外生产保鲜技术，研制高附加值鹅肉种类新产品。在传统养殖业中，农户是最基本的经营主体和利益主体，组织结构简单。现代养殖业则不同，经营主体和利益主体多元化，公司、合作社、家庭农场（农户）都是经营主体和利益主体，但它们的相对地位和作用是不一样的，公司和合作社扮演着主要角色，家庭农场（农户）在决策上处于次级地位，相应的组织结构也变得比较复杂。

产业化是动态的，具有不断发展演进的性质，按联结和发育程度看，目前畜牧业产业化经营有三种类型。一是“松散型”。“龙头”凭其传统信誉为农牧户提供各种服务，联结基地和农户，主要是市场买卖关系，没有约束关系，该种类型可谓产业化雏形，有希望向一体化过渡，但目前还没有形成一体化经营。二是半“紧密型”。龙头企业与农牧户或基地有契约关系，但不够稳定，属过渡类型。三是“紧密型”。龙头企业与农牧户或基地有较稳定的合同（契约）关系或股份合作关系、股份制关系等约束方式，进行一体化经营。

畜牧业产业化经营通常采用三种组织模式：一是公司企业模式，如牧工商综合体；二是合作社模式；三是“公司＋农户”模式。

“公司＋农户”模式：以企业为龙头，参与农户按照产业化的需要持续地提供合格的原料（初级产品），而不必自己租买土地创办牧场，省去大量资金，相应地降低了企业成本。在不改变土地权属的前提下，使分散的土地等资源得到了规模化的使用，既发挥了规模经营的优越性，又吸纳家庭经营细致的优点。有效地利用了农民手中的土地、劳动力等资源，并支配大量的低成本的民间资本，农户将资金、土地和劳动力等生产要素融入产业链管理中，从而降低了生产成本，实现了产能的快速扩张。参与农户依托龙头企业将其初级产品经过加工销售出去，等于有了稳定的市场，而不必担心产品卖出去的困难，并能分享部分加工销售利润，其核心是利润的分配。从原农业部产业化办公室两次调查情况看，我国各地区农业产业化经营目前多以“公司＋农户”为主要发展模式。

“公司农工商一体化”模式：产品生产与质量控制、组织化、利润最大化，但是投资大、风险大、经营成本高、管理团队要求高，发展速度慢。“合作社”模式：组织化程度低、松散，规模小。在农牧企业的产业化进程中，采用“公司＋农户”模式的企业也有不少，为何有的能经久不衰、越办越红火，我们从中能受到哪些启迪呢？为何有的生命力不强、发展慢，甚至发展不久即出现衰退或消失，我们从中又能得到哪些经验教训呢？这是需要我们认真深入思考的问题，同时也要思考龙头企业如何发挥其作用，带动畜牧产业化的快速发展。

从成功的产业化企业的发展来看，“公司＋农户”模式成功的基本条件有下面几点：一是要求公司具有产品销售优势、技术优势和资金优势；二是对农户实行企业化的标准管理；三是建立合理的利益分配机制，这也是成功与否的关键。在农业产业化经营过程中，投资者、农户、销售员、企业员工都是利益共同体中的一员，如何充分调动各方参与者的积极性，最关键的是利益分配。但是有一点要搞清楚，就是农业产业化经营系统的利润是多元参与主体共同创造的，不能看成龙头企业独家的利润，因而“风险应当共担，利益应当共享”，此乃天经地义。否则，就不能正确理解和把握龙头企业与参与农户的相互关系，也就谈不上正确理解和把握农业产业化经营。

在“公司＋农户”的产业化经营模式中，构建公司企业和参与农户认同合理的利益分配机制，始终是农业产业化经营健康发展的基础。农业产业化经营系统采取多种利益联结方式，体现着龙头企业与参与农户之间不同程度的共同利益关系。参与农户分享到一部分加工、销售利润，这不是谁对谁的恩赐，或谁占谁的便宜，而是以公司与农户相互需要为基础的共同利益使然。龙头企业从国家享受到各种产业政策和资金的支持，龙头企业就应主动承担社会责任，也要让广大农户分享，要平衡各方利益，建立风险防范与分担机制。

（六）加大政策扶持力度，充分发挥行业组织的纽带作用

各级政府要加大政策、资金的扶持力度，充分发挥专家大院作用，选派一线具有丰富实践经验、理论水平及素养高、能吃苦耐劳的科技骨干人员，作为科技特派员进行实际操作。农业产业化的发展需要国家的支持，国家应加大政府对农业的支持力度，各级财政应进一步调整财政支出结构，增加农业投入。在目前国家初步完成了工业建设后，应按世贸规则和加入世贸的承诺，制定相关政策，加快农业和农村经济的发展。首先，应减轻农民负担，进一步精简机构，尽

快实施农村税费改革，有效地制止“三乱”现象。其次，要制定优惠政策加快土地流转，促进规模化现代化农业的发展。

(1)以皖西白鹅原种场为核心，以资产为纽带，引导项目区内的种鹅场、羽绒加工企业、鹅肉产品加工企业强强联合，抓紧组建皖西白鹅系列集团开发公司，设立董事会，为龙头企业带动全市皖西白鹅系列化开发奠定基础。形式上以股份合作，性质上多种合作并存，用人上择优聘用。在专家大院的牵头下，申报绿色食品标识，发挥传统品牌和资源的整合优势，促进白鹅产业的快速发展，促进皖西白鹅早日腾飞。各县区相应成立皖西白鹅开发系列子公司，上下联动，全市一盘棋。

(2)成立皖西白鹅产业协会，组织龙头企业、养鹅大户、运销大户、科研专家，沟通信息，为白鹅生产提供产前、产中、产后服务。六安市皖西白鹅产业协会要充分发挥其组织功能，各县区也要成立专门组织，建立健全皖西白鹅市场信息网络，形成管理规范、运作科学、服务优良的皖西白鹅产品信息网络。建设市级皖西白鹅研究及疫病监测中心、县区级推广中心、乡镇级服务站三级技术服务网络，以产业化经营为载体，把白鹅领域的新成果、新技术、新工艺配套推广到产前、产中、产后的每一个生产经营环节，促进白鹅生产科技水平全面提高。

(3)建立皖西白鹅科研中心，聘请专家教授对皖西白鹅养殖、牧草种植、疫病防治、产品开发等方面进行专门研究，以保障皖西白鹅生产的健康发展，同时对农民的生产技能进行培训。农民是建设社会主义新农村的生力军，在新农村建设中，培养懂科技、会经营的农民非常重要。通过发展“一村一品”，促进农业产业化发展以及组建合作经济组织来培养农村科技户、种养殖专业户。通过发展一村一品来培训新型农民，提高农民政策水平和科技文化素质，进一步提高广大农民建设新农村的本领，促进农村生产力的提高。

第二章　皖西白鹅的特性与解剖学特点

皖西白鹅具有体型大、早期生长发育快、抗病力强、耐粗饲、耗料少、屠宰率高、肉质好，特别是产毛量高、羽绒蓬松质佳等特点，非常适合当前人们对食品安全的需求，因而得到快速发展。尤其是在大别山及其辐射的广大农村，养殖皖西白鹅能够很好地利用空闲的房舍、场地、青草和农作物秸秆，是发展生态养殖、促进农民致富的产业。了解皖西白鹅的解剖特点和生物学特性，可以更好地为皖西白鹅的饲养管理创造条件，为其提供适宜的生活环境条件和生理需要，更能发挥皖西白鹅品种优势，提高其生产性能和经济效益。

第一节　皖西白鹅的特性

安徽地方家禽品种资源是我省畜牧业生产的宝贵财富，是家禽业可持续发展、培育新品种的重要物质基础。1987 年，安徽省农业厅制定、省标准计量局公布了《安徽省地方家畜家禽蜜蜂品种标准》，共有 19 个地方畜禽品种被列入其中。安徽省地方家禽品种资源比较丰富，地方鸡种 4 个、鸭种 1 个、鹅种 2 个。皖西白鹅是安徽省重要的优良地方家禽品种之一，2001 年被农业部列入首批国家级畜禽保护品种名录。

一、主要特性

皖西白鹅属中型鹅品种，具有体型大、早期生长发育快、抗病力强、耐粗饲、耗料少、屠宰率高、肉质好，特别是产毛量高、羽绒蓬松、绒朵大等特点，在国际市场上享有盛誉。皖西白鹅体态高昂，气质英武，颈长呈弓形，胸深广，背宽平；全身羽毛洁白，头顶肉瘤呈橘黄色，圆而光滑无皱褶，喙橘黄色，喙端色较淡，虹彩灰蓝色，胫、蹼均为橘红色，爪白色，约 6％的鹅颌下带有咽袋(声袋)。少数个体头颈后部有球形羽束，即顶心毛。公鹅肉瘤大而突出，颈粗长有力，母鹅颈较细短。腹部轻微下垂。皖西白鹅的类型有：咽袋腹皱褶多；咽袋腹皱褶少；无咽袋有腹皱褶；无咽袋无腹皱褶等。

二、主产区及分布

图 2-1　皖西白鹅(左母右公)

皖西白鹅(图 2-1)是我国重要的地方家禽品种，原产于安徽省西部丘陵山区和河南省固始县一带，主要分布在安徽的霍邱、寿县、肥西、舒城、长丰等地以及河南的固始等地。皖西白鹅的形成历史较早，在明代嘉靖年间即有文字记载，距今已有 400 余年历史，这与当地社会、经济和自然生态条件有密切关系。该地区历史上人少地多、交通闭塞，以自给经济为主，气候环境温和，雨水充沛，盛产稻、麦等作物，河湖水草丰茂，丘陵草地宽阔，放牧条件较为优越，这些都为皖西白鹅的繁衍生息提供了得天独厚的条件。

三、生产性能

(一)产肉性能

皖西白鹅前期生长较快，在农村较粗放的饲养条件下，30 日龄仔鹅体重可达 1.5kg 以上，60 日龄达 3.0～3.5kg，90 日龄达 5.0kg 左右。成年公鹅平均体重 6.8kg，最大公鹅可达 9.5kg 以上。母鹅平均体重 5.0～6.0kg。8 月龄放牧饲养和不催肥的鹅，其半净膛和全净膛屠宰率分别为 79%和 72.8%。肉质好，可制作“烤鹅”“风鹅”和“腊鹅”，鲜嫩可口，风味独特，尤以鹅掌最受人们青睐。肉物性参数的滴水损失率(3.95%～5.53%)、系水力(74.90%～85.50%)、烹煮损失率(39.65%～44.50%)、宰杀后 24 小时后肉的 pH 值(5.80～6.07)。

(二)产蛋性能

在农村较粗放的饲养条件下，一般母鹅年产两期蛋，孵两窝雏鹅，年产蛋量为 18～25 个。产三期蛋、孵三窝鹅的较少，还有 3%～4%的鹅可连产 30～50 个蛋而不抱窝，群众称为“常蛋鹅”，但不符合当地自然孵化的繁殖习惯，多被淘汰。鹅蛋重 140～160g，蛋壳白色，最大的蛋重 215g。公鹅 6 月龄性成熟，但配种多在 8～10 月龄以后；母鹅 6 月龄也可开产，但当地习惯早春孵化，有利于仔鹅的生长，故人为地将开产期控制到 9～10 月龄。由于长期采用自然孵化，母鹅就巢性很强，有就巢性的母鹅占 98.9%，使得繁殖性能受到严重的影响。

公母配种比例为 1∶5～1∶4，组成一个小的配种群，常年饲养在一起，任其自然交配，群众称之为“一架鹅”。有些地区也有每户留养一只母鹅，十几户或一个自然村合用一只公鹅，繁殖季节将母鹅送到公鹅群体进行人工辅助交配。种蛋受精率平均达88.7%。由于采用自然孵化，一般孵化率较高，受精蛋孵化率达91.1%，健雏率为97%。近年来皖西白鹅的孵化主要采用人工孵化，依靠皖西白鹅原种场和展羽公司等的设备和技术力量，农户将自家的种蛋送至原种场孵化，这样既提高了种蛋的孵化率，又节省了由于种鹅自然孵化而浪费的饲料消耗。

（三）产羽绒性能

皖西白鹅羽绒质地洁白、质量好、产量高、绒朵大、弹性好、保暖性能强，尤其以绒毛的绒朵大和羽绒裘皮性能好而著称。一只鹅每年能辅助脱羽绒300～500g，其中产绒毛量为40～50g。产区每年出口羽绒量占全国总量的10%，为全国第一位，占全世界羽绒贸易量的3.3%。皖西白鹅的平均羽绒产量最高，占体重的6.34%，绒朵直径达到28.05mm×21.13mm，均显著高于其他品种。皖西白鹅羽绒的含水率、含脂率、透明度以及耗氧指数和每克羽绒所含的绒朵数分别是1.4066%、0.068%、9.751%、0.5968%和1267.7朵左右。其羽绒按照其形态和结构可分为正羽、绒羽、绒形羽、毛羽（或纤羽）、粉绒羽和须羽等。

（四）鹅皮的利用

鹅是在我国饲养量很大的家禽，羽绒洁白美观，柔软保暖，皮板轻薄，强度较大，每平方米重量仅有700g左右，是制作服装、工艺品等的优质材料，具有良好的制裘价值，开发利用鹅将收到良好的经济效益。制作鹅皮对鹅有一定的要求，在选鹅时，剥取生鹅皮的鹅，应选择毛绒生长致密、体型大、营养好、色泽纯白、饲养两年以上的成年鹅，体重应达到5kg左右，鹅全身的毛绒要丰富，有光泽，且已长齐，分布均匀，绒丝和绒朵的分布也较均匀、结实、无秃斑。

鹅皮鞣制基本工艺：

1. 剥皮

剥皮前拔掉大羽毛，从腹中线开皮，去头，去翅膀。后肢皮保留到大腿下，要求不伤皮，无破口。不足加工量则去脂防腐保存待加工。

2. 浸水

浸水的目的是使干生皮充水回鲜以利机械加工及化学反应。条件：液比15，食盐40g/L，平平加1g/L，温度20℃，时间以浸透为准。

3. 脱脂

目的是除净脂肪以利化学材料进入生皮纤维之间。首先是机械法，用铲皮机或手工铲去皮下脂肪，然后是化学法脱脂。条件：料液比1∶15，脱脂剂6g/L，pH值为10.5，温度35℃，时间45min。操作：准备工作液，投皮，搅拌。脱净后，温水洗2～3次。要求脱脂要净，1次不净可再次脱脂，时间适当缩短。

4. 软化

鹅皮纤维比哺乳动物纤维细小，较容易松散，故酶的用量不宜过大，时间不易过长。条件：料液比 1∶8，酸性白酶 200 单位/L，食盐 40g/L，芒硝 40g/L，硫酸 1g/L，JFC0.5g/L，pH 为 2.8，温度 35℃。操作：准备工作液，投皮，不断搅拌，腹毛略有松动时终止，出皮脱水。

5. 浸酸

目的是使纤维进一步松散，使皮板软化。条件：料液比 1∶8，食盐 40g/L，芒硝 40g/L，硫酸 2g/L，醋酸 2g/L，JFC0.5g/L，温度 30℃，时间 20～24h。操作：准备工作液，投皮，每隔 1h 划动 15min，待皮松软后出皮，脱水静置 12h。

6. 鞣制

鹅的羽毛洁白美观，不适合铬盐鞣，较适合醛鞣或铝鞣及醛铝结合鞣。本工艺介绍甲醛鞣。条件：料液比 1∶10，食盐 40g/L，芒硝 40g/L，JFC0.5g/L，甲醛 5g/L，pH 为 8.5，用适量纯碱调节，温度为 30℃～35℃，时间 36～48h。操作：准备工作液，投皮，划动 30min，以后每隔 1h 划动 15min。出皮静置 6h，脱水。

7. 中和

中和碱性，使皮毛处于偏酸性状态。条件：料液比 1∶8，硫酸 0.5～1g/L，硫酸铵 1g/L，温度 30℃，时间 5～6h，pH 为 5.5～6.5(终点)。操作：准备工作液，投皮，每隔 1h 搅拌 15min，检查 pH，达到要求出皮脱水。

8. 加脂

目的是使皮进一步柔软、丰满。条件：水∶加脂剂为 10∶2，平平加 2g/L，氨水 2g/L，温度 40℃。操作：加脂液配好后，用毛刷在皮板上均匀涂刷 1 次，静置 2h。

9. 干燥

自然和人工干燥均可，自然干燥时防止日光暴晒。人工干燥以温度 20℃～30℃，湿度 40%～65%为宜。通风良好，应避免干燥过速。达 8～9 成干时铲软伸拉后，再进行干燥。

10. 滚转

目的是进一步摔软和洗净皮板及羽绒。硬杂木锯末 10kg/100 张皮，汽油 2kg/100 张皮。在转鼓内滚转 2h，转笼 1h。

11. 磨里

用磨皮机或粗砂布磨去皮下结缔组织及肌肉等，可使皮板更柔软、洁净。

12. 拔羽验收

将羽毛中的中羽及断根拔去，验皮包装入库，长期保存应加防虫剂。

第二节　鹅的生物学特性与生活习性

一、生物学特性

1. 新陈代谢

鹅的新陈代谢旺，正常体温为41℃～42℃，以每千克体重计算，单位时间内消耗的氧气及排出的二氧化碳量是大家畜的2倍。鹅每分钟心跳200次，公鹅每分钟呼吸20次，母鹅每分钟呼吸40次。鹅活动性强，氧气消耗量大，消化能力强，需要大量青绿饲料，并需频繁饮水。

2. 平喙型

鹅属于平喙型禽类，饮水、采食主要通过喙来铲（鸡是啄食），同时其颈部伸长、与料面或水面保持平行，采食、饮水才方便。因此，在设置鹅的食槽和水槽时，应特别予以注意。

3. 无汗腺

与鸟类相同，鹅也没有汗腺，所以其耐热性差。但鹅与鸡一样，具有多个气囊，可用于加强、改善呼吸，故可通过呼吸散发一定的热量。此外，鹅是水禽，可以在水中散热，因此，其抗暑能力强于鸡。

4. 无膀胱

鹅和其他鸟类一样，没有膀胱。泌尿汇集在输尿管，形成白色结晶的尿酸盐与粪便，同时排出体外。

5. 卵生

鹅的胚胎发育主要在母体外进行，种蛋可进行人工孵化。近年来养鹅业的快速发展，就是由于实施了人工孵化，使得母鹅有更多时间产蛋，提高其生产性能及繁殖能力。

6. 生长快、性成熟较早、仔鹅增重快

在农村较粗放的饲养条件下，30日龄仔鹅体重可达1.5kg以上，60日龄达3.0～3.5kg，90日龄达5.0kg左右。成年公鹅平均体重6.8kg，最大公鹅可达9.5kg以上。母鹅平均体重5.0～6.0kg。公鹅6月龄性成熟，但配种多在8～10月龄以后；母鹅6月龄也可开产。

7. 对粗纤维的消化能力较强

鹅适于放牧饲养，以便其食用大量天然青绿饲料，从而节约饲养成本、提高饲料报酬，更适合我国人多地少、粮食比较紧缺的国情。

8. 大部分体表覆盖正羽

正羽可以阻挡皮肤表面的热量散失，具有良好的保温性能，并且鹅的腿部及下腹部还有绒羽，使其能在冬季下水游泳，鹅的耐寒性高于鸡。

二、生活习性

1. 喜水性

鹅为水禽，喜欢在水中戏耍、清洁羽毛、觅食和求偶交配，良好的水源是养好鹅的重要条件。1周内的雏鹅稍加训练就可以成为戏水高手。肉鹅虽然在无水池的条件下也能生长良好，但种鹅一般需要有适当的水池才能保持较高的受精率。放牧鹅群最好选择在水域宽阔、水质良好的地带。舍饲养鹅，特别是养种鹅时，要设置洗浴池或水上运动场，供鹅群洗浴和交配之用。天然的湖、塘、河等是养鹅的好场所。适当的水中活动有助于减少体表寄生虫（如螨类等）病的发生，也有助于促进羽毛的生长。值得注意的是，目前在北方一些缺水地区，在饲养密度较低、有良好放牧条件的情况下，种鹅也可获得理想的受精率。

2. 喜干性

尽管鹅是水禽，有喜水的天性，但是也有喜干燥的另一面。夜间鹅总是喜欢选择到干燥、柔软的垫草上休息和产蛋。因此，其休息和产蛋的场所必须保持干燥，否则对鹅的健康、产蛋量以及蛋壳质量都会产生不良影响。如果鹅舍内潮湿、垫草泥泞会使鹅的羽毛非常脏乱，容易造成羽毛的脱落和折断。鹅下水活动时，羽毛上的泥巴被洗掉的同时也会洗去羽毛上的油脂，失去沥水性，影响其保温性能。

3. 草食性

喜食青草是鹅的天性。鹅开食时可用嫩绿的菜叶喂食，1周后可食青草，1月龄后可大量采食青草。传统养鹅采用放牧的方式，让鹅大量采食青草，所谓“青草换肥鹅”。当然，鹅的草食性与反刍动物有很大的区别，鹅对粗纤维的消化能力非常有限，青草中的叶蛋白、维生素等才是鹅采食青草的主要收获。在集约化饲养时，从理论上讲，只要营养充足，不用青草，鹅群也可生长良好。鹅是节粮型家禽，能大量利用青绿饲料和部分粗饲料。鹅在自由采食牧草的情况下，一般可节省精饲料70%，而保持生长速度不下降。鹅采食牧草的这种能力，还可提高精料利用率10%以上。鹅之所以能采食大量牧草是由鹅自身生理构造决定的。鹅肌胃压力大，是鸭的1.5倍、鸡的2倍，肌胃有两层较厚的角质膜，通过胃的压力和沙石研磨，能有效地裂解植物细胞壁，使细胞汁流出来进行消化；鹅小肠内环境呈微碱性，能使细胞壁的纤维易于溶解；鹅盲肠十分发达，含有较多的微生物，尤其是厌氧纤维分解菌，能使纤维素分解成低级脂肪酸。鹅对青草中粗蛋白的吸收率与绵羊相似，达76%。鹅的放牧能力很强，青草、蔬菜等都可以吃得很干净。六安市部分地区利用冬闲田种草养鹅，先刈割饲喂，最后放牧，鹅群甚至可以把草根都吃掉。在一些天然草地资源丰富的地区，其料重比可达1∶1。

4. 合群性

皖西白鹅由野雁驯化而来，因雁喜群居和成群结队飞行，所以，家鹅天性喜群居生活。鹅群在放牧时前呼后应，互有联系，出牧、归牧有序不乱。从小养在一起的鹅，即使是数千羽的群体，也很少有打斗的现象，这种合群性有利于鹅的规模化、集约化饲养。

5. 警觉性

鹅的听觉敏锐，反应迅速，叫声响亮，特别是在夜晚时，稍有响动就会全群性高声鸣叫。长期以来，农家喜养鹅守夜看门。据报道，制造威士忌酒的苏格兰瓦兰庭公司，曾于 1987 年引进 90 只鹅作为警卫，使储酒仓库内的 1.3 亿升有 30 年历史的醇酒一直安然无恙，成为趣闻。鹅的警觉性还表现为容易受惊吓、惊群等，管理上应注意。

6. 耐寒性

鹅的羽绒厚密、贴身，具有很强的隔热、保温作用。此外，鹅的皮下脂肪较厚、掌上有特殊的结构和角质层等，均可抵御严寒的侵袭。在我国东北寒冷地区，鹅甚至能在户外过夜，并能正常繁殖和生长。与此相反，鹅是怕热的动物。鹅有羽绒、厚的皮脂但没有汗腺，气温高时，只能张开双翅和张口来散热，或到水中游泳散热。饲养时，炎热夏季要注意防暑降温。

7. 节律性

鹅具有良好的条件反射能力，每日的生活表现出明显的节律性。放牧鹅群的出牧—游水—交配—采食—休息，相对稳定的循环出现；舍饲鹅群的交配—戏水—采食—休息—交配—采食—休息，也呈周期性。它们对饲养程序习惯之后很难改变，所以，一经实施的饲养管理规程就不要随意改变，特别是在种母鹅的产蛋期中更要注意，否则会引起应激，导致产蛋率下降等。

8. 抗逆性

鹅的适应性很强，世界各地几乎都有家鹅分布，其生活区域非常广泛。鹅对饲养管理条件要求不高，茅草棚、塑料大棚和其他简易建筑均可饲养。在我国一些农村，传统养鹅甚至没有固定的鹅舍，鹅群在户外休息。鹅疾病少，对养禽业威胁较大的传染性疾病，鹅自然感染发病的种类比鸡少 1/3。

9. 速生性

肉食畜禽从初生到宰杀上市为一个生产周期，肉牛一般为 18 个月，肉羊为 5～6 个月，肉兔为 3～3.5 个月，鹅生长周期最短，为 2～3 个月。目前，我国肉鹅上市日龄为 70～80 天，皖西白鹅 60 日龄达 3.0～3.5kg，90 日龄达 5.0kg 左右；采用全进全出的饲养方式，1 年可养鹅五六批。由于肉鹅育雏一般 3 周可完全脱温，实际养鹅生产中，1 年可养鹅 10 批以上。因此，肉鹅饲养周期短、见效快，60～80 天就可有回报。

10. 长寿性

据报道，鹅的自然寿命可达20年以上，可见鹅是长寿家禽。不仅如此，母鹅的产蛋量一般在1～3年是逐年提高的，而且初产年的种蛋不如以后年份所产种蛋质量好、重量大、合格率高。因此，种鹅可以利用3～4年，这是鸡和鸭无法比拟的。鹅的寿命长短与品种、体型大小和饲养方式等有关，体型较小的中国鹅和埃及鹅的寿命长于大型鹅种，如非洲鹅和图卢兹鹅等。另外，集约化饲养，通过加强饲养管理提高产蛋量等生产指标会降低鹅的寿命。

11. 就巢性

就巢性（也称抱窝性）是禽类在进化过程中形成的一种繁衍后代的本能，其表现是雌禽伏卧在有多个种蛋的窝内，用体温使蛋的温度保持在37.8℃左右，直至雏禽出壳。我国的大多数鹅种都保持了抱窝的习性，某些鹅种的抱窝性很强。鹅在抱窝期间卵巢和输卵管萎缩，停止产蛋，采食量也明显下降。抱窝的时间可持续5～6周，甚至更长。抱窝性强的鹅产蛋量必然少。皖西白鹅就巢性强、产蛋率低，一般年产蛋期、抱窝期各两次，其中抱窝和恢复期约占全年平均产蛋季节的三分之二以上，以致产蛋量少、饲养效率低。因此，要提高鹅的产蛋量就必须通过各种形式消除鹅的抱窝习性。

第三节　皖西白鹅的解剖学特点

一、骨骼系统

鹅的骨骼结构具有骨骼致密、轻而坚实、多数骨骼内部有气腔的特点，这种结构上的特点，既起着全身支柱和减轻体重的作用，又有利于游水。全身骨骼依其所在部位可分为：头部骨骼、躯干骨骼和四肢骨骼。皖西白鹅的骨骼结构如图2-2所示。

（一）头部骨骼

皖西白鹅头骨以眼眶为界，分为颅骨和面骨。

1. 颅骨

颅骨较厚的为含气骨，形成不大的颅腔，由枕骨和蝶骨以及成对的顶骨、额骨和颞骨等构成。枕骨构成颅腔后壁大部分，中间有一枕骨大孔，枕骨腹侧形成一个结节状枕骨髁与第一颈椎成关节；蝶骨构成颅腔底壁大部分，分前后两部，蝶骨颅面中央有一垂体窝；顶骨构成颅腔顶壁后部，顶骨两侧与颞骨相接；额骨构成颅腔前部，形成一发达的隆起，公鹅的隆起较母鹅发达，额骨还构成眼眶背侧大部分，颞骨呈四边形，构成颅腔两侧壁、前下壁和眼眶后壁，并有与方骨相接的关节面和向下突出的颧突。

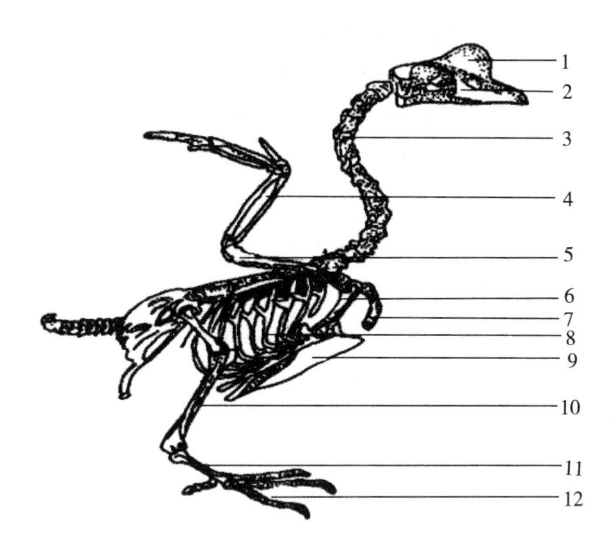

图 2-2 皖西白鹅全身骨骼(金光明等,1999)

1—隆骨;2—头骨;3—颈椎;4—前肢;5—臂骨;6—乌喙骨;

7—锁骨;8—肋骨;9—胸骨;10—胫腓骨;11—大跖骨;12—趾骨

2. 面骨

面骨由筛骨、颌前骨、上颌骨、鼻骨、泪骨、犁骨、腭骨、翼骨、颧骨、方骨、下颌骨、舌骨、鼻甲骨等组成,除筛骨和舌骨外,其余均为对骨。筛骨分水平部和垂直部,水平部较小,位于眼窝近背侧,前接额骨,后连蝶骨体,垂直部较宽阔,位于左右眼窝之间形成眶间隔。颌前骨较宽阔,骨体背凸腹凹被薄缘隔开,前端钝圆,腭面有一卵圆孔,鼻突较大,从鼻骨体背侧向后伸展止于筛骨水平部,上颌突和腭突较小。

上颌骨位于颌前骨的上颌突和颧骨之间,上颌骨上无齿槽,上颌骨体呈三角形薄板状,从骨体发出板状腭突构成鼻腔和口腔的骨质间隔。鼻骨较小,位于颌前骨鼻突和上颌骨之间,额骨前方,构成鼻孔后方顶壁。泪骨较大,呈阔三角形,位于额骨与鼻骨之间,从内侧向外侧伸展,并急转向下方。犁骨位于左右鼻腔中央,两腭骨中线上,一部分骨性,一部分软性,前接颌前骨,后连蝶骨喙突,背侧与鼻中隔相遇,皖西白鹅犁骨较鸡发达。腭骨较大,分前后两部分,前部为水平的横板,后部为垂直的纵板,两腭骨间形成纵长的鼻后孔。颧骨位于眼眶腹侧缘,分前后两部分,前部为轭骨,后部为方轭骨,两者共同构成细长杆状颧弓。方骨为禽类特有的一枚复杂骨,呈不正四边形,位于颞骨、翼骨与下颌骨之间并与之成关节。下颌骨由前部愈合而成的骨体和一对长骨支组成,骨体背腹压扁,前端钝圆,略呈铲形,骨支后部有下颌髁,与方轭骨成关节,冠状突较大,角状突长。舌骨细长,由舌骨体和一对细而弯曲的舌骨支构成,舌骨体较发达，舌骨支由前向后分为舌内骨、基舌骨、尾舌骨，从基舌骨上向两侧发出细而弯曲的角舌骨和外舌骨，舌骨不与颅骨成关节。

（二）躯干骨骼

躯干骨包括脊柱、肋骨和胸骨。

1. 脊柱

脊柱包括颈椎、胸椎、腰椎、荐椎和尾椎。

（1）颈椎。颈椎由 17～18 枚组成，静止时形成“乙”状弯曲，颈椎活动范围较大，有利于啄食、警戒、梳理羽毛、衔取尾脂腺分泌物油润羽毛。第一和第二颈椎形状特殊，第一颈椎小，呈狭环状，前面有与单个球形枕骨髁成关节的凹形关节面，后腹侧有与第二颈椎齿状突成关节的半月形关节面；第二颈椎侧扁，棘突明显，前面有大的齿状突，后面有与第三颈椎成关节的关节面；第三至最后颈椎形态相似，椎体长，关节突发达，前关节突位于横突背侧，关节面朝上，后关节突关节面朝下，横突短而厚，基部有横突孔。

（2）胸椎。胸椎有 9 枚，第一胸椎游离，第二至第七枚胸椎愈合成一整体，后两枚胸椎与腰荐骨愈合。胸椎椎体较短，棘突发达，横突呈板状向两侧伸出，前后关节突与颈椎相似，椎体前外侧部有与肋骨成关节的小关节面，横突游离缘有与肋骨结节成关节的小关节面。

（3）腰椎、荐椎。腰椎、荐椎与最后的胸椎和第一尾椎合成单块的腰荐骨，腰荐骨的侧面有椎间孔和横突；腰荐骨背面愈合形成椎管顶壁，椎管向后逐渐变细；腰荐骨两侧与髂骨紧密相接形成不动关节，因此，腰荐部几乎没有活动性。

（4）尾椎。尾椎 7 枚，第一尾椎与腰荐骨愈合，其余均游离，尾椎椎体短，棘突大且分两支，横突短而大，前后关节突退化，最后一枚尾椎最大，由多枚尾椎愈合而成，称“尾综骨”，呈扁三棱形，它是构成尾脂腺和尾羽的支架。

2. 肋骨

肋骨呈侧扁长骨，排列成对，对数与胸椎数一致，骨干弯曲，构成胸廓侧壁，第一、二对肋骨为浮肋，其余各对肋骨均与胸骨相连接，每根肋骨可分为椎肋和胸肋两段，几乎成直角连接，椎肋较长与胸椎相接，连接处形成半圆形关节面与胸椎椎体成关节；胸肋较短与胸骨相接，连接处形成横行关节面。除最后 1～2 对肋骨外，每对椎肋中部发出一支斜向后上方的钩突，延伸到后一椎肋外表面，以加固胸廓。最后 1～2 对肋骨不直接与胸骨相接，而连接到前一肋骨上。

3. 胸骨

构成鹅的胸底壁和腹底壁的骨质基础，由胸骨体和几个突起构成，骨体呈背凹的四边形，表面有许多较大的气孔，胸骨体两侧有与胸肋成关节的关节面。突起包括喙突、剑突、肋突和斜突，喙突位于胸骨体前端，短而侧扁，相似于哺乳动物胸骨柄，气孔较大；剑突大，位于胸骨体后端，向后伸延到骨盆部，支持腹壁肌肉，保护腹腔内脏，胸骨嵴位于胸骨体腹侧正中向腹侧突出，称龙骨；肋突位于胸骨体前端斜向前上方，肋突向后发出斜突和后外侧突，外侧突较小。

（三）四肢骨骼

四肢骨骼主要分为前肢骨骼和后肢骨骼。

1. 前肢骨

皖西白鹅的前肢为翼，分为肩带部和游离部。肩带部由肩胛骨、乌喙骨和锁骨组成，三枚骨之间彼此由韧带牢固接合在一起，以支持游离部。

肩胛骨较大，狭长而扁，形似马刀，位于胸廓侧壁，向后延伸到髂骨翼，与脊柱几乎平行。近端较厚，与肱骨头成关节，肩峰处有一气孔。乌喙骨最大，呈长柱状，位于胸腔前口两侧，下端与胸骨的乌喙构成关节，上端向前上方与肩胛骨几乎成直角相连，骨干下端有一气孔。锁骨为一稍弯曲的细棒状，两侧锁骨下端相互愈合形成“U”字形，远端不形成叉突，骨干向前凸出，锁骨上端与乌喙骨和肩胛骨紧密相连。

游离部由肱骨、前臂骨和前脚骨三部分组成，形成翼，平时翼折叠成“Z”字形紧贴胸腹壁，远端达髋关节，前脚骨包括腕骨、掌骨和指骨。

肱骨粗大，稍弯曲，骨干呈圆筒状，表面光滑，近端有一大的卵圆形肱骨头与肩胛骨的肩臼成关节，外侧有大结节，内侧有一气孔，远端形成两个髁，内侧髁较小呈球形，外侧髁较大，伸展到骨干前表面，两髁与前臂骨成关节。

前臂骨由桡骨和尺骨构成，桡骨较细而直，位于尺骨内侧，近端与肱骨的内侧髁成关节，远端略弯，与尺骨和桡腕骨成关节。尺骨较发达，骨体稍弯曲，凹面朝向挠骨，近端的肘突不发达，与肱骨远端两个髁成关节，远端较粗，与桡骨、桡腕骨、掌骨和尺腕骨成关节。

前脚骨分腕骨、掌骨和指骨三部，但多退化。腕骨分两列，近列腕骨仅保留挠腕骨和尺腕骨两块，远列腕骨与掌骨愈合，桡腕骨呈四边形，尺腕骨形状不规则。掌骨仅保留第二、第三、第四掌骨，第二掌骨不发达仅保留一小突起，第三掌骨最大，称大掌骨，第四掌骨细而弯曲，位于第三掌骨内侧，并与其等长，两端均与第三掌骨愈合。指骨也包括第二、第三、第四指骨，并与相应掌骨连接，第三指骨最发达，第二和第四指较小，第二、第三、第四指骨分别由两枚、三枚、两枚指节骨组成，指骨活动性较小。

2. 后肢骨

后肢骨主要起支持躯体、行走和栖息等作用，因此较为发达，分骨盆骨和游离部骨。

骨盆骨与家畜相似，包括髂骨、坐骨和耻骨，三骨相互愈合而成髋骨。与哺乳动物比较具有以下特征：髋骨与腰荐骨形成牢固地结合，两髋骨在骨盆底不形成骨盆联合，而是形成相距较远的开放性骨盆。这主要是与其运动习性和产卵较大有关。

髂骨为三骨中最大一枚，呈不正长方形板状，前面稍凹到达后几枚肋骨，构成腹腔和骨盆腔背壁，后部隆起，盆腔面有一肾窝。坐骨构成髋骨的后半部，与髂骨完全愈合，呈三角形，构成盆腔侧壁，坐骨与髂骨之间形成坐骨孔，供血管神经通过，前角与髂骨、耻骨共同形成较大较深的髋臼。耻骨细长，从髋臼沿坐骨腹侧缘向后延伸，耻骨与坐骨仅部分愈合，耻骨形成髋臼腹侧部分和闭孔下界。

游离部骨分股骨、小腿骨和后脚骨三部分，股骨呈圆柱状，稍弯曲，近端内侧有股骨头，外侧有大转子，远端有内、外侧髁，外髁大，内髁小，与小腿骨成关节，前方有一滑车，滑车间有髁间窝，髌骨位于窝上，呈三角形，背腹略高。小腿骨包括胫骨和腓骨，胫骨粗而长，近端膨大，具有两个关节面，与股骨成关节，胫骨远端已与近列跗骨愈合。腓骨细长，位于胫骨外侧面，近端膨大形成腓骨头，远端逐渐退化，约达胫骨中段。

后脚骨由跖骨和趾骨组成，皖西白鹅无独立跗骨，近列跗骨与胫骨愈合，远列跗骨与跖骨愈合。

跖骨有两枚，第一枚跖骨小，位于大跖骨内侧下部向后向下伸延。第二、第三和第四跖骨愈合成大跖骨，大跖骨近端呈三角形，远端有三个髁，三髁间有间隙隔开，分别与第二、第三和第四趾骨近端成关节。趾部有四趾，即第一、第二、第三和第四趾，第一趾最短，伸向后下方，有两枚指节骨，第二、第三和第四趾向前，第三趾最长，第二、第三和第四趾分别有三枚、四枚和五枚趾节骨，最后一枚指节骨呈爪状，位于角质爪鞘内。

二、消化系统

皖西白鹅的消化系统主要包括消化器官和消化腺，其中，消化器官包括喙、口腔、舌、咽、食道、腺胃、肌胃、肠（小肠、盲肠、大肠）和泄殖腔等，缺少嗉囊和结肠。消化腺主要分布于唾液腺、肝脏和胰脏等处。皖西白鹅的消化系统协助鹅完成采食、消化食物、吸收营养和排泄废物等过程。

（一）消化器官

1. 口咽部

由角质化的喙、硬腭、舌和口腔底等组成，缺少唇、齿和软腭。喙扁而长，末端钝圆，角质层发达形成坚硬的角质套，其余部分覆有厚而柔软的皮称“蜡膜”，分布有丰富的触觉小体；上下缘的边缘形成锯齿状横褶，可截断青草，并将固体和颗粒饲料留于口腔中，水从两侧流出。舌位于口腔底，呈长条形，舌背前方有一纵行正中沟，与硬隔黏膜上纵行正中相对应，舌背外侧有大乳头，大乳头间有小乳头；舌神经对水温反应极为敏感，鹅通常不喜欢高于气温的水，但不拒饮冰冷水。饲料在口腔内停留的时间很短，不经咀嚼即咽入食管。舌内具有发达的舌内骨，参与采食和吞咽。

2. 食管

食管长约 40～60cm，起自口咽部，行于颈腹侧正中略偏右，由胸前口入胸腔，连接腺胃，无嗉囊，从颈中部至胸段食管膨大，食管与腺胃的分界线不清。食管黏膜形成 8～12 条纵行皱襞，当食物通过时，管腔增大，皱襞消失，起到类似嗉囊的作用，也具有贮存食物和软化食物的作用。在正常情况下，食物在嗉囊内停留 3～4 小时。

食管腔大，壁薄，分为 4 层结构，即黏膜、黏膜下层、肌层和外膜。其中黏膜层较厚，表面形成许多纵行皱襞，其上皮为角化的复层扁平上皮。其固有层由结缔组织构成，内有许多较大的管泡状的食管腺，还有血管和神经。食管腺之间的结缔组织内，有散在的平滑肌束和一些弥散的淋巴组织及淋巴小结，在接近腺胃处，淋巴组织发达，可形成食管淋巴集结。黏膜肌层较发达，由纵行平滑肌构成，并可分出肌束伸至食管腺之间；而黏膜下层则非常薄，由疏松结缔组织构成。肌层为平滑肌，分内环外纵两层；外膜颈段为纤维膜，胸段为浆膜。

3. 胃

胃可分为腺胃和肌胃。

(1)腺胃。呈纺锤形，位于食管和肌胃之间，体中线左侧，长约 3～5cm，最宽处约 2～3cm，腺胃左侧和腹侧与肝相接，右背后部与脾相接。腺胃壁较食管壁厚，黏膜表面具有许多细小乳头，黏膜内含有大量腺体，直接开口于黏膜表面的小乳头上。腺胃壁也分四层，黏膜上皮为单层柱状上皮，与固有层一起形成皱襞。固有层内含管状腺和较多的淋巴组织，黏膜肌是由两层纵行的平滑肌构成；黏膜下层比较厚，内有数量较多的腺胃腺，腺胃腺体积较大，形成圆形或椭圆形的小叶，小叶的中央为集合窦，腺小管呈辐射状排列在集合窦的周围，集合窦再汇成大的导管，开口于黏膜乳头。腺上皮为单层柱状上皮，胞核呈圆形或卵圆形，位于细胞基部，胞质具有较强的嗜酸性；肌层由内纵、中环、外纵 3 层平滑肌构成，内外纵肌厚度相近。中环肌较厚，在中环肌和外环肌之间有神经丛分布；外膜为浆膜。

(2)肌胃。肌胃亦称砂囊，呈椭圆形双凸体，长约 7～11cm，最宽处 5～8cm，前接腺胃，后接十二指肠，斜位于腹腔左腹侧，肌胃前端与肝相邻，左腹侧与十二指肠和胰腺相邻。贲门(腺胃开口)位于前背侧，幽门(十二指肠开口)位于左腹侧，两口相距很近。肌胃壁厚，黏膜内含肌胃腺，分泌物与脱落的黏膜上皮细胞黏合共同形成黏膜表面厚而坚硬的类角质膜，称肫皮，起保护肌胃壁的作用。肌层特别发达，由一对发达的球形背侧肌和腹侧肌与一对中间肌构成。因此，肌胃收缩力强，能把植物细胞壁挤压破裂，吸收利用细胞营养物质。

肌胃同样分 4 层，黏膜是由上皮和固有层构成，没有黏膜肌层，在黏膜表面覆盖一层厚而且粗糙的类角质膜，黏膜上皮为单层柱状上皮，有上皮下陷形成许多漏斗状的隐窝，其黏膜固有层是由疏松结缔组织构成，内有许多平行排列的细而直的腺体，即肌胃腺；黏膜下层很薄，由致密结缔组织构成，内含有较多的胶原纤维和弹性纤维；肌层由特别发达的平滑肌构成，主要为环行肌，外膜为浆膜，而在浆膜下见有大量神经丛分布。

4. 小肠

小肠较短，可分为十二指肠、空肠和回肠。

十二指肠。长为 30～40cm，直径为 0.6～1.0cm，位于肌胃右侧，形成“U”字肠袢，分降支和升支两段。降支较升支粗，胰腺位于“U”字形弯曲内，降支起自肌胃右侧前端，沿肌胃右侧后行，达肌胃后端，反折为升支，沿降支背侧前行至肌胃前端弯向背侧延续为空肠，胰管和胆囊管开口于十二指肠末端，开口处为十二指肠和空肠分界线。

空肠。长为 80～100cm，直径为 0.8～1.0cm，大部分位于腹腔右侧，由背系膜悬吊于腹腔背侧，空肠形成多个肠袢，空肠末端开成一小突起，长约 1cm，呈短棒状，幼年鹅较发达，称卵黄囊憩室，是胚胎时期卵黄囊柄的遗迹，也是空肠与回肠的分界线。

回肠。长为 80～110cm，直径为 0.6～0.9cm，大部分位于腹腔右侧，回肠较空肠略长，直径略细，较为平直，末端稍增粗，与盲肠和直肠相接。

十二指肠、空肠和回肠的管壁均分四层。黏膜层的黏膜上皮和部分固有层向肠腔突出，形成许多绒毛，即肠绒毛，其中以十二指肠的绒毛最长，数量最多。绒毛表面为单层柱状上皮细胞，杯状细胞数量从十二指肠至回肠不明显增多。绒毛中轴为固有层的结缔组织，固有层内充满肠腺，肠腺由柱状细胞和杯状细胞组成，黏膜肌层很薄。黏膜下层为疏松结缔组织，十二指肠在此层不含有十二指肠腺，整个肠的固有层和黏膜下层内富含弥散淋巴组织，局部形成淋巴小结成集合淋巴结。肌层由内环、外纵两层平滑肌组成，环行肌较厚，纵行肌较薄。外膜为薄层结缔组织外覆以间皮构成为浆膜。

5. 大肠

分为盲肠与直肠。

盲肠。盲肠为一对长为 20～30cm 的盲管，以回盲系膜附着于回肠末端两侧，在回肠与直肠交界处开口于回肠。左侧盲肠略长于右侧，盲肠可分为基部、体部和尖部三段，基部直径较细，肠壁厚，内含丰富的淋巴组织；体部直径较粗，黏膜形成多条纵行皱襞，尖部较细。盲肠各段均含有淋巴组织，说明皖西白鹅免疫力较强。

直肠。直肠为长约 10～18cm 的直形管道，直径约 1.0～1.6cm，前接回盲直接合部，后通泄殖腔。直肠由直肠系膜悬吊于腹腔顶壁。直肠壁厚，黏膜形成许多“V”字形皱襞。

大肠壁与小肠壁相似，也是由黏膜层、黏膜下层、肌层和浆膜组成，同小肠一样有绒毛结构，上皮中杯状细胞较多，固有层内大肠腺发达，杯状细胞也很多。盲肠管壁内分布有淋巴组织，即为盲肠扁桃体。

6. 泄殖腔

泄殖腔为消化、生殖、泌尿三个系统的共同通道，屎道与大肠相连，输尿管、输精管或输卵管开口于泄殖腔背壁的左侧，在未成熟的鹅泄殖腔背壁有一个腔上囊（法氏囊），完全发育的腔上囊体积比泄殖腔大，随着年龄的增长而逐渐退化。肛道是消化道的最后一段，开口于体外，肛道口为肛门，鹅的肛门部有淋巴结分布。泄殖腔内有两个不完全环形黏膜壁。

（二）消化腺

1. 唾液腺

皖西白鹅的唾液腺种类多，体积小，分布于口腔和咽部黏膜下方，主要包括上颌腺、颌下腺、舌腺、口角腺、颚腺等，腺导管直接开口于口腔或咽黏膜表面，分泌黏液，以润滑口腔黏膜便于吞咽。

2. 肝脏及胆囊

皖西白鹅的肝脏位于腹腔前部，胸骨背侧，前方与心脏相邻，呈红褐色，质地脆弱，分左叶和右叶，由腹膜悬吊于背部的肝腔内，左叶较右叶小，左叶呈菱形，右叶呈心形。肝脏壁面凸而平滑，与体壁外侧和腹侧相接，壁面有许多内脏器官的压迹，左叶和右叶各有一肝门部。公鹅的肝脏位置比母鹅略偏后方。胆囊呈长椭圆形，位于肝脏右叶脏面。脾脏下方，胆囊只与肝右叶肝管相连接，自胆囊发出的胆囊管开口于十二指肠末端，不经过胆囊。

肝脏较大，分左右两叶。鹅在肝脏中可以聚存大量的脂肪，有利于肥肝生产，采取填肥的方法，可使鹅的肝脏增加到原来重量的几倍到十几倍。胆汁在肝脏内产出，并由两条胆管输入十二指肠末端的下方，肝脏右叶的胆管扩大成胆囊。胆囊呈三角形，胆囊起贮存胆汁的作用，当十二指肠有食物时，胆囊即行收缩并排空胆汁使之进入肠道，左叶的胆管没有扩大，肝分泌的胆汁直接同胆管内的胆汁一起进到小肠。

3. 胰腺

胰腺位于十二指肠降支和升支之间的系膜内，呈长条状，分背腹两叶，呈灰白色，背叶和腹叶各有一条腺导管开口于十二指肠末端。皖西白鹅的胰腺由外分泌部和内分泌部组成：外分泌部由腺泡构成，分泌胰液，胰液含有淀粉酶、蛋白分解酶和脂肪分解醇；内分泌部为胰岛，属内分泌腺，分泌胰岛素。鹅的胰岛特别发达。胰岛细胞与哺乳动物一样，在没有胰液存在的情况下即出现消化不良。

饲料的消化依靠体内分泌的各种酶。除腺胃、胰腺分泌酶外，小肠黏膜分泌的肠液也含有肠肽酶、肠脂肪酶、肠激酶以及分解糖类的酶。消化和吸收主要是在小肠进行，小肠的黏膜以一连串的折叠为其特征，肠壁上有很多长而扁平的绒毛以加大吸收面积。小肠以后的绒毛逐渐变短、变粗，到回肠处又较长。肠道绒毛较短。小肠内吸收单糖、脂肪和氨基酸。盲肠能吸收水分、含氮物质和少量脂肪，此外，泄殖腔也参与水分的吸收。

（三）营养物质的消化利用

皖西白鹅的觅食力强、食性广、消化率高，能充分利用青粗饲料，如野草，农作物的副产品，残留田间的落谷、遗麦，甚至深埋在污泥中的草根、块茎等，都能被其很好地采食利用。皖西白鹅十分耐粗饮，这是由它独特的生理构造和消化特点所决定的。其消化器官可分为喙、口腔、食道及其膨大部、腺胃、肌胃、十二指肠、空肠、回肠、盲肠、直肠、肝脏、胆囊、胰腺等，鹅的一切生理活动，如采食、消化吸收、排泄、呼吸、血液循环、肌肉和骨骼的运动以及维持体温等，都需要不断从饲料中得到营养物质的补充。饲料中的蛋白质、脂肪、碳水化合物都是大分子物质，多半不溶于水，不能被鹅机体直接吸收，必须在鹅的消化道内，经物理、化学和生物的复合作用，使其转变成比较简单的、可溶于水的低分子物质，才能被鹅机体吸收、利用。被鹅吸收的营养物质，一部分用于维持鹅的正常生命，进行新陈代谢，另一部分则形成蛋、肉、羽毛、骨骼等。

皖西白鹅没有牙齿，用喙采食。饲料在口腔中，首先由口腔和咽分泌的黏液与之混合，然后在食管和食管膨大部进一步软化和湿润，再通过肌膜产生蠕动，将食物逐渐向后推移。饲料在膨大部停留时，由于微生物和食物本身所含酶的作用，养分可发生部分分解作用。食物在胃中与腺胃分泌含有胃蛋白酶和盐酸的胃液混合，并靠吞食在肌胃中的沙砾磨碎，呈糜糊状物质进入肠道。胃能吸收少量水分和无机盐。大部分营养物质的吸收则在肠道内发生。在小肠内，饲料中各种营养物质（碳水化合物、脂肪和蛋白质）在各种消化酶的作用下，最后分解为葡萄糖、脂肪酸和氨基酸，被吸收到血液和淋巴液中，然后进入肝脏。矿物质在食管膨大部和胃中转化为溶液，主要在小肠内吸收。由于直肠逆蠕动，可将肠道一部分内容物挤入盲肠内，盲肠内栖居有微生物，能对纤维素进行发酵分解，产生低级脂肪酸而被肠壁吸收。直肠主要吸收一些水分和盐类，余下不能吸收利用的饲料残渣等形成粪便后通过泄殖腔，排出体外。泄殖腔也有吸收少量水分的作用。

综上所述，鹅属于草食家禽。鹅的消化利用特点是：消化道发达，食管膨大部较宽，富有弹性，肌胃肌肉厚实，肌胃压力比鸡大 2 倍。消化道长度为其体长的 10 倍，食量大，每日每只成年鹅约可采食青草 2kg。鹅盲肠比鸡、鸭发达，对青粗饲料的消化能力比鸡鸭强，纤维素利用率达 45％～50％。

三、泌尿系统

皖西白鹅泌尿器官缺少膀胱和尿道，尿液由输尿管直接导入泄殖腔内

（图 2 -3）。

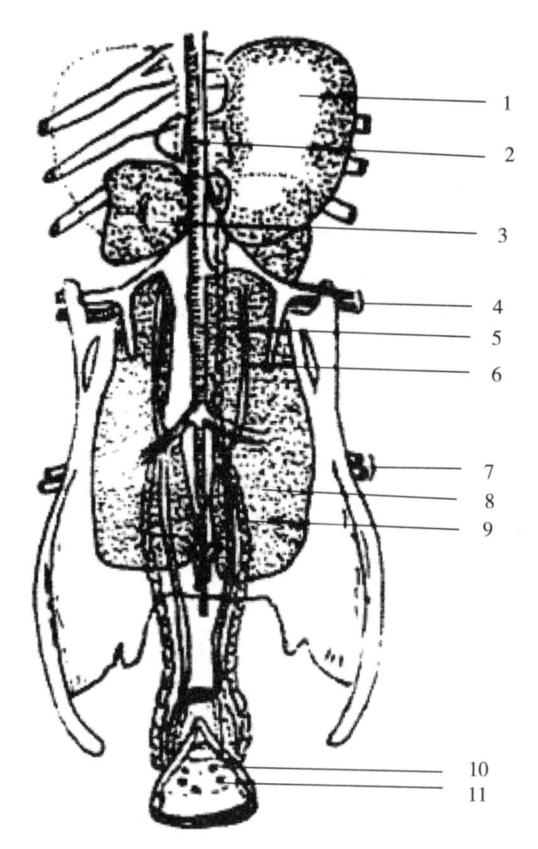

图 2－3　皖西白鹅泌尿器官腹侧观(金光明等,1995)

1－睾丸;2－主动脉;3－肾前部;4－髋外动脉、静脉;5－肾中部;6－输尿管;
7－坐骨静脉、动脉;8－肾后部;9－输尿管;10－输尿管口;11－输尿管乳头

(一)肾脏

肾脏位于腰荐骨和髂骨所形成的凹陷内,腹膜的外面,在肺后第六肋后方沿主动脉两侧后行达腰荐骨的后端。肾脏的背侧壁与骨骼之间隔着腹气囊憩室,起保护作用,肾脏的腹侧与内脏器官以及睾丸(肾前部,公鹅)或卵巢(肾前部,母鹅右侧已退化)相邻。肾脏周围没有哺乳动物的脂肪囊结构,肾脏无肾门,血管、神经和输尿管直接从肾脏表面不同部位进出,输尿管在肾内不形成肾盂或肾盏。每侧肾的前部钝圆且最小,肾中部狭长,肾后部最宽大,肾前部和肾中部以其背侧的髂外动脉压迹沟为界。在肾脏的腹面还有髂外静脉,肾后静脉和输尿管形成的压迹沟。皖西白鹅肾脏是由肾叶构成,肾叶轮廓在肾表面可见,呈横枕形,每个肾叶分皮质区和髓质区,但由于肾叶分布有浅有深,整个肾不能区分出皮质和髓质。肾叶是由无数个上皮性小管即肾单位构成,几个相邻

的肾叶的集合管相结合包住结缔组织形成一个肾叶的髓质部，相当于哺乳动物的肾锥体。肾脏表面被以结缔组织构成的薄膜，局部区域有浆膜，不发达的结缔组织伸入肾实质内，形成小叶间结缔组织和肾小管间结缔组织。

皖西白鹅肾的血管有两个血液循环系统，即肾动脉系统和肾门静脉系统，最后形成肾前静脉和肾后静脉，再汇入后腔静脉。肾动脉有三对，包括肾前、中和后动脉，肾前动脉起自腹主动脉分支分布于肾前部，肾中动脉和肾后动脉均起自从股动脉分支分布于肾中部和肾后部。肾门静脉有两对即前肾门静脉和后肾门静脉，均起自髂外静脉，前肾门静脉分支分布于肾前部，后肾门静脉分支分布于肾中部和肾后部。肾门静脉与肾动脉一样在肾内反复分支形成毛细血管网。

（二）输尿管

皖西白鹅的输尿管可分为肾部和骨盆部；输尿管左右两侧对称，自然长度约7.25±0.85cm，直径约为0.20±0.04cm。起自肾中部，沿肾脏腹侧面向后延伸，后开口于泄殖道顶壁两侧。输尿管在延伸过程中与公鹅的输精管或母鹅输卵管（左侧）一起位于腹膜褶中，输尿管管壁薄。

四、生殖系统

皖西白鹅生殖系统的功能主要是产生生殖细胞（精子和卵子）、分泌激素和繁殖后代。

（一）雄性生殖器官

雄性皖西白鹅的生殖器官包括睾丸、输精管和交媾器等组成。成年公鹅的睾丸呈椭圆形（图2-4），乳白色，左右各一个，左侧睾丸较右侧稍大。睾丸由短的睾丸系膜悬吊于腹腔体中线背侧，肾前部的腹侧，前与胸腹膈和肺相邻，后缘达髂总静脉，内侧与主动脉、后腔静脉和肾上腺相邻。左侧睾丸的腹面与腺胃和肌胃相邻，右侧睾丸与十二指肠、小肠末端、盲肠和肝脏相邻。睾丸的体表投影位置约在倒数第二至第三椎肋上部，突向前方，性成熟的睾丸长约3.5～4.5cm，宽约2.0～3.0cm，厚约1.8～2.5cm，重量平均5～10g。睾丸在性活动期体积比静止期略增大，切开睾丸流出由脂蛋白和精子共同组成的乳白色液体。

睾丸外被结缔组织形成的白膜所包围，睾丸内的结缔组织不发达，没有隔膜和小叶，其内主要由大量的精细管所构成，精子即在精细管里面形成。精细管相互汇合，最后形成若干输出管，若干输出管盘曲而形成睾丸。睾丸的精细管之间分布成群的间质细胞，分泌雄性激素。雄性激素可控制其第二性征的发育、雄性活动、交配动作的表现等。

睾丸旁导管系统位于睾丸背内侧缘，呈长纺锤形，膨大，与睾丸紧密相接，相对于哺乳动物的附睾，由睾丸输出管和睾丸旁导管构成，后接输精管。与哺乳动物比较，皖西白鹅的睾丸旁导管系统不如附睾发达。

输精管为一对高度弯曲的导管，与输尿管并列而行，长为14～18cm。输精管起自睾丸旁导管系统，沿肾脏内侧面和输尿管一起后行，在肾脏后端越过输尿管腹侧面，进入骨盆腔，在泄殖腔外侧壁输尿管口的腹侧开口，在开口处形成输精管乳头或射精管。输精管的黏膜形成多条纵行皱襞，环行肌在末端增厚形成括约肌。

公鹅的交媾器（图2-5）由一对输精管乳头和较发达的阴茎体组成，输精管乳头呈圆锥形，位于泄殖腔两输尿管口的后方，尖端突向后方；阴茎位于肛道腹侧略偏左，解剖长为8～10cm，阴茎表面形成螺旋状阴茎沟，阴茎的游离部在平时因退缩肌的作用而缩入基部内，位于肛道外壁的囊中，自然交配时勃起并伸出，阴茎沟几乎闭合成管。鹅的阴茎较发达，具有伸出性特征，由一个大螺旋纤维淋巴体、一个小螺旋纤维淋巴体和一个黏液腺管构成。在大、小螺旋纤维淋巴体之间，形成一螺旋排精沟，深约0.2cm。当淋巴体内充满淋巴液时，阴茎勃起，排精沟两侧缘上的乳头相互交错，紧密嵌合，形成暂时性的封闭管道，精液此时射出。鹅的阴茎长5～8cm。精子一般不贮存在附睾内，而是贮存于输精管中，并在输精管内达到成熟。

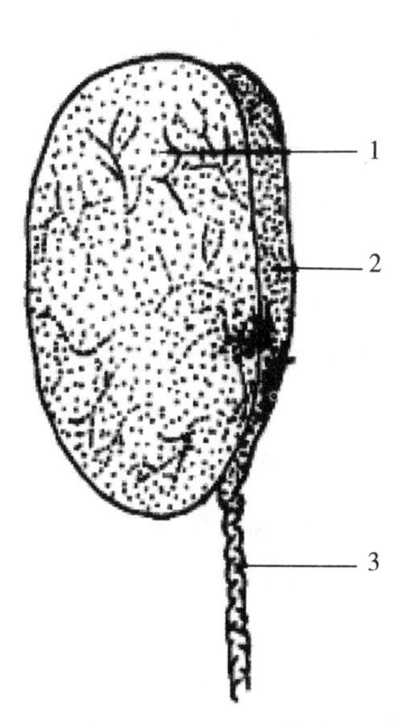

图2-4 睾丸（左）（金光明等，1995）
1—睾丸；2—睾丸旁导管系统；3—输尿管

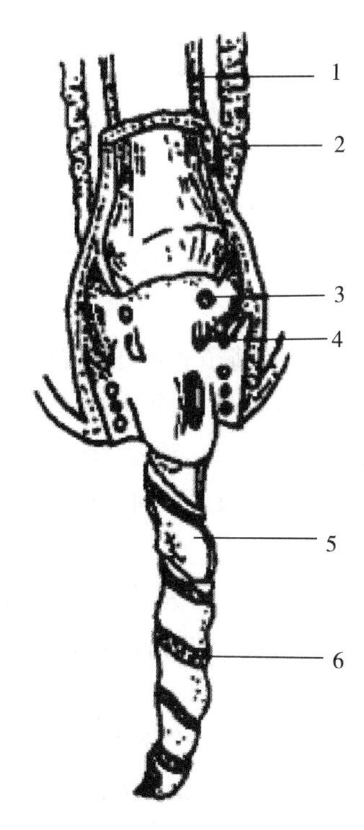

图2-5 公鹅交媾器（金光明等，1995）
1—输尿管；2—输精管；3—输尿管口；
4—输精管乳头；5—阴茎；6—阴茎沟

(二)雌性生殖器官

皖西白鹅母鹅生殖器官包括卵巢和输卵管两部分,成年母鹅仅左侧卵巢和输卵管发育正常,右侧已退化,如图 2－6 所示。

成年母鹅的左侧卵巢形似一串葡萄,由许多大小不等的黄色卵泡构成,结缔组织疏松地连在一起,卵巢前后径为 4～5cm,横径为 1.5～2.5cm,重为40～50g。进入产蛋期卵巢前后径 6～8cm,横径约 45cm,重为 70～90g,有 4～6 个体积依次递增的大卵泡,直径约 4cm,卵泡表面有一宽大的弓状灰白色狭带,称卵带。在卵巢的腹面还有成串的似葡萄样的小卵泡,直径为 0.1～0.2cm,以极短的柄与卵巢相连。卵巢由短的卵巢系膜悬吊在腰椎腹侧,前端与胸腹膜和左肺相邻,腹侧接腺胃和脾,卵巢与左腹壁间由腹气囊隔开;背侧略偏左,与左肾前部、主动脉和后腔静脉相接触。卵巢与左肾上腺关系紧密,部分左肾上腺伸至卵巢背侧,并有纤维结缔组织囊把两者包围起来。卵巢背侧平滑,有血管和神经等出入处,称卵巢门。雏鹅卵巢小,呈椭圆形,黄白色,表面呈桑葚状,随年龄的增长体积逐渐增大。产蛋停止后,卵巢回缩到休闲期的形状和大小,再次产蛋期到来时(图 2－7),卵泡开始生长,卵巢体积和重量又开始增加。

母鹅左侧输卵管发育正常,为一条长而弯曲的管道,其大小因生殖状态而异,雏鹅细而长,性成熟后的未产蛋母鹅输卵管相应回缩,产蛋母鹅输卵管弯曲引长并迅速增大,长为 50～70cm,几乎占据腹腔大部分。输卵管背侧与左肾腹侧面相邻,左外侧接左腹壁,右侧接肠管,腹侧与肌胃和脾相邻。输卵管由背韧带悬吊于腹腔顶壁;腹韧带的腹缘游离,腹韧带向后逐渐增厚,形成坚实的肌索,肌索与子宫部腹侧和阴道部前曲融合。根据形态结构和功能特点,由前向后依次将输卵管分为漏斗部、蛋白分泌部、峡部、子宫部和阴道部五个部分。

漏斗部。为精子和卵子受精的部位,位于卵巢正后方,漏斗部前端扩大,呈漏斗状,其游离缘呈薄而软的皱襞,称输卵管伞,向后逐渐过渡为狭窄的漏斗管。漏斗中央有一口,称输卵管腹腔口,呈长裂隙状,长为 7～9cm,紧接在卵巢后方,伞部黏膜皱襞低而不规则;管部的管壁比伞部厚,黏膜皱襞逐渐增高,并多为纵行。

蛋白分泌部。它为输卵管中最长也最为弯曲的一段,产蛋母鹅平均长30cm。蛋白分泌部的特征是管径大,管壁厚,黏膜形成高而宽大的纵行皱襞,在这些皱襞间有时出现短矮的次级皱襞。蛋白分泌部末端直径变小,黏膜皱襞变矮。蛋白分泌部的分泌物为卵白。

峡部。此部短而细,管壁坚实,产蛋母鹅长为 5～10cm,直径约 1.5cm。黏膜形成多片低而少的纵行皱襞,峡部分泌物形成卵内、外壳膜。

子宫部。休闲期母鹅子宫壁厚,内腔小;产蛋母鹅子宫内腔增大,呈膨大的囊状,平均长为 10～15cm,黏膜皱襞不规则,有的呈环行,有的呈斜行,皱襞游离缘呈不规则锯齿状。子宫部后部进入子宫阴道连接部，呈“S”状弯曲，并以尖端突入阴道。

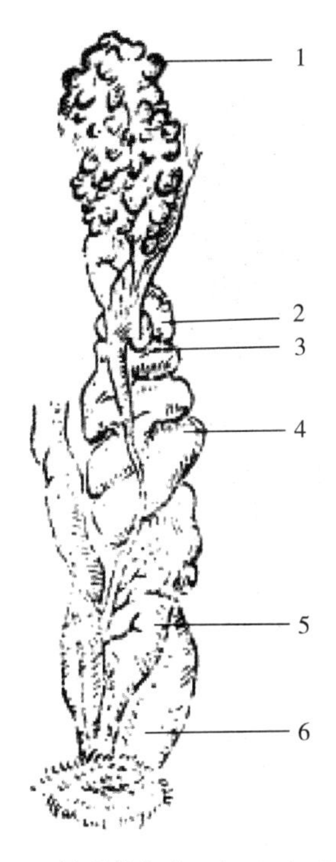

图 2－6　母鹅休闲期（腹面）生殖器官

1—卵泡；2—输卵管伞；3—漏斗管；
4—蛋白分泌部；5—子宫部；6—阴道部

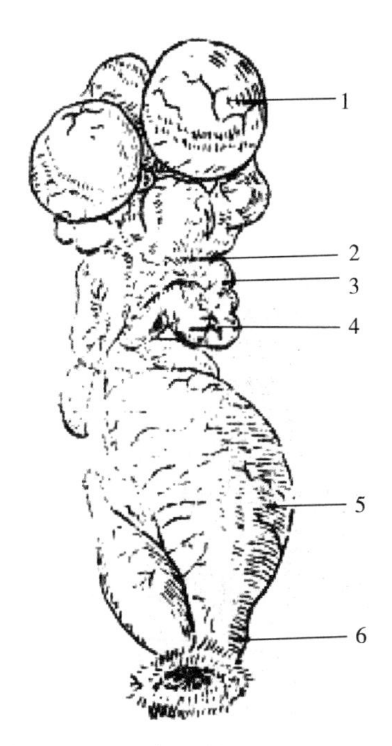

图 2－7　母鹅产蛋期（腹面）生殖器官

1—卵泡；2—输卵管伞；3—漏斗管；
4—蛋白分泌部；5—子宫部；6—阴道部

阴道部。为输卵管的最末段，呈特有的“S”状弯曲，位于子宫与泄殖腔之间的厚壁狭管，产蛋母鹅长为 4～6cm，直径约 3cm，最后开口于泄殖道的左侧，左输尿管开口的外侧。阴道部前端与子宫部连接的背侧直接与阴道壁融合，仅腹侧突入阴道腔内，因此，阴道弯窿呈半环状，阴道部黏膜形成细而低的纵行皱襞。

五、淋巴系统

皖西白鹅的淋巴器官包括胸腺（图 2－8）、法氏囊（腔上囊）、脾脏、淋巴结（图 2－9）和盲肠扁桃体等。胸腺和法氏囊属中枢淋巴器官，脾脏和淋巴结属周围淋巴器官。

（一）胸腺

胸腺沿颈部气管两侧或沿颈静脉颈前部约 1/3 处向后至胸前部分布，呈灰白色，分叶明显，而分叶数量差异较大，左侧 4～9 叶，右侧 3～8 叶，最后 1 叶通常较大(这可能与皖西白鹅个体退化程度有关)。各叶平均体积为2cm、1.5cm、0.5cm,重30～70g。接近性成熟的鹅,胸腺发育达峰值,随后由前向后逐渐退化,成年后仍留后几叶(未退化掉)。

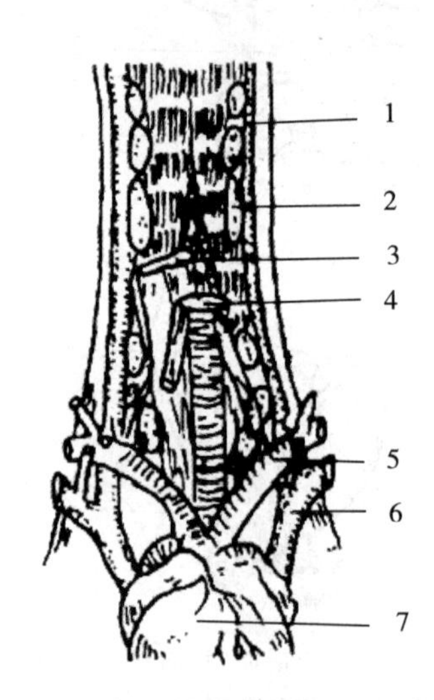

图2-8 鹅胸腺及颈部结构

1—颈静脉;2—胸腺;3—食管;4—气管;5—臂头动脉;6—前腔静脉;7—心脏

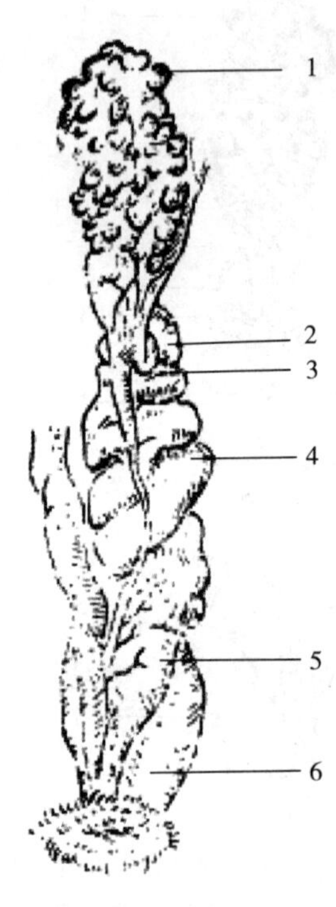

图2-9 鹅淋巴结位置

1—甲状腺;2—颈胸淋巴结;3—心脏;4—肺脏;5—腰淋巴结;6—主动脉

(二)法氏囊

不同发育阶段和不同个体的鹅,法氏囊差异较大。法氏囊呈圆柱形盲囊状,位于泄殖腔背侧,开口于肛道。4～6月龄鹅体积最大,性成熟后逐渐退化,但退化速度较慢。性成熟时(约6月龄)平均体积为3.0cm、1.0cm、1.0cm,重20～25g。

(三)脾脏

脾脏呈三角形,棕红色,位于肌胃和腺胃交界处的右背侧。公鹅的体积较母鹅略大,平均体积为2.45cm、1.8cm、1.25cm,重4.5～5.5g。

(四)颈胸淋巴结

皖西白鹅的颈胸淋巴结有一对,位于颈基部胸前口处颈静脉和椎静脉所形成的夹角内,呈血红色条索串珠状,条索有分支,“小珠”间由淋巴管、结缔组织及平滑肌相连。右侧的淋巴结位于颈静脉内侧,右锁骨下动脉与颈总动脉汇合处的前方背侧，迷走交感神经干的外侧下方；左侧的位于左锁骨下动脉与颈总动脉汇合处的背侧。公鹅的颈胸淋巴结较母鹅的略大，左侧的长 3.5～4.5cm，宽 0.35～0.55cm；右侧的长 3.0～4.0cm，宽 0.35～0.55cm。重 0.4±0.15g。

(五)腰淋巴结

皖西白鹅的腰淋巴结有一对，呈肉红色，形似长三角形，前部较宽，后部渐细。其位于肾脏与腰荐骨之间的主动脉两侧，前端伸至髂外动脉前方，后端达坐骨动脉后方，通常被肾前部掩盖。左右各一，呈长条状，灰白色，公母鹅之间无差异，左侧和右侧体积基本相同，长 1.95±0.55cm，宽 0.55±0.10cm，厚 0.30±0.10cm，重 0.55±0.05g。右侧的淋巴结较左侧者前移 0.3cm。

(六)盲肠扁桃体

盲肠分基部、体部和盲端三段。基部较细，在与回、直肠交界处，有肉眼可见的隆起，切片见其管壁内分布淋巴组织，即为盲肠扁桃体。皖西白鹅盲肠壁内的淋巴组织很发达。雏鹅即有弥散的淋巴组织和少量淋巴小结；30 日龄组淋巴小结增多；150 日龄成体鹅盲肠的三段管壁内均分布有大量淋巴组织，以盲端更为发达，有的淋巴集结从黏膜直伸至浆膜内面，并见有明显的生发中心。

(七)其他淋巴组织

1. 食管扁桃体

食管扁桃体位于食管与腺胃连接处。在食管的固有膜和黏膜下层内，雏鹅仅有弥散淋巴组织；30 日龄的仔鹅分布弥散淋巴组织和淋巴孤结；150 日龄成体鹅的管壁内淋巴组织增多，除弥散淋巴组织，还可见到淋巴集结。

2. 小肠淋巴集结

在 150 日龄成体鹅的空肠、回肠段，间隔数厘米、数十厘米不等，局部肠管浆膜表面有肉眼可见的隆起，直径约 1 厘米左右，隆起处有针尖大小白色点状结构。组织切片见此处肠壁内分布着大量淋巴组织。固有膜内有弥散淋巴组织和淋巴孤结，淋巴集结穿过黏膜肌、黏膜下层和肌层，直伸达浆膜内面，并有明显的生发中心。

3. 卵黄囊憩室

卵黄囊憩室为位于空回肠交界处一小的盲管，是胚胎时期卵黄柄的遗迹，新鲜时长 8～10mm，直径 4～6mm，切片见有明显的囊腔。囊管开口于空肠。囊壁的结构亦分四层。黏膜层较厚，主要成分为淋巴组织，有短小的绒毛，肠腺少且小，肌层很薄。雏鹅的囊腔内仍有少量卵黄颗粒；30 日龄者固有膜内分布大量弥散的淋巴组织；150 日龄鹅卵黄囊憩室的囊壁几乎全部被淋巴组织占据，含弥散淋巴组织和淋巴集结。

4. 淋巴结结构特征

淋巴结表面光滑，有完整的被膜，被膜表面有间皮被覆，有些部位被膜较厚,含数层平行排列的胶原纤维束。未见小梁结构。实质由中央窦、淋巴小结、淋巴窦、淋巴索和淋巴细胞聚集区构成。分为中央区和周边区。

(1)中央区

中央窦。贯穿整个淋巴结,多居中央,也有偏于一侧穿行。窦腔大小及形态均不规则,有分叉,与周围淋巴窦相通。窦腔有的空虚,有的有很多细胞成分,主要为淋巴细胞、巨噬细胞及红细胞。

淋巴细胞聚集区。沿中央窦周围分布,细胞密集,染色较深。既无周边界限和生发中心,也无明显的淋巴索和淋巴窦结构。沿中央窦有数层扁平的网状细胞平行排列,其间充满淋巴细胞、巨噬细胞等。

淋巴小结。呈圆形或椭圆形,大小不一,无规律地散在分布,有的数个连在一起或孤立存在,有的可见生发中心,有的小结边缘有扁平的网状细胞形成明显的隔层。

淋巴索。呈不规则的条索状,由淋巴细胞、巨噬细胞、浆细胞、网状细胞及网状纤维等组成,索内富含小血管。

淋巴窦。淋巴窦与淋巴索相间排列,窦腔较小,与中央窦相连。形态不规则,其中含淋巴液、淋巴细胞、巨噬细胞、浆细胞及血细胞。窦腔内还含有多突起的网状细胞,其胞核较大,淡染,胞突横跨窦腔,窦壁衬有扁平的内皮细胞。

(2)周边区

此区主要为淋巴窦,也有少量散在的淋巴小结,有的小结紧贴被膜。淋巴索和淋巴窦分布于小结之间。周边区的淋巴窦窦腔大,其中含有较多的细胞成分。颈胸淋巴结的周边窦内红细胞较多。

六、其他系统

1. 被皮系统

皖西白鹅羽区皮肤由表皮、真皮、皮下组织构成,各层结构与裸区有很大不同。

(1)表皮。很薄,染色深,表面凹凸不平。厚度不一,12～2μm,由角质层和生发层构成。角质层淡染,呈波纹状,无细胞结构,由数层角质物平行排列构成,厚6～10μm。生发层5～15μm,由3～5层细胞构成,基底一层砥柱状细胞,中间2～3层棘状细胞,表面1～2层扁平细胞,有的背部皮肤可见颗粒层。

(2)真皮。厚60～1050μm。可分为浅层、深层和弹性纤维层。

① 浅层。紧靠表皮下方,厚20～60μm,胶原纤维细密,排列交织较紧。其中含小血管及少量绒羽的羽囊,从240日龄起,此层结构增厚至60～120μm。

② 深层。厚度占真皮的80%左右,结构疏松,排列无规则,主要含羽囊、羽肌、脂肪组织、较大的血管、神经及连于各种结构间的疏松结缔组织。

a. 羽肌。分布于羽囊周围，一端附于羽囊根部，另一端连于相邻羽囊的颈部，成束甚至成层分布，肌束直径 20～35μm，羽肌厚 280～400μm，最厚者达 650μm。

b. 羽囊。真皮内可见正羽和绒羽的横切及纵切面。正羽的羽囊粗大，斜行分布于真皮内，根部可达皮下组织，直径 280～450μm，最粗者达 620μm。绒羽的羽囊较细小，分布位置浅，直径 50～10μm，周围的羽肌不发达甚至无，血管毛的羽囊末端组织中，盘曲着小血管，组织显微观察可见一丛丛小动脉的横切面。

c. 脂肪组织。厚 30～50μm，最厚者达 70μm，在羽囊之间，羽囊与羽肌之间以及无羽囊和羽肌的部位均被脂肪组织填充。疏松结缔组织连接各种结构。

③ 弹性纤维层。为真皮与皮下组织的分界，厚 4～10μm，有的部位形成连续的一层，有的部位断续存在，用 Weigert 弹性纤维染色法染色呈清晰蓝黑色。

(3)皮下组织。紧靠弹性纤维层下方，由较薄的纤维层和厚的脂肪层构成。

2. 呼吸系统

皖西白鹅的呼吸器官由鼻孔、鼻腔、喉、气管、鸣管、支气管、气囊和肺等组成。

(1)鼻孔与鼻腔

鼻孔位于后上方，呈狭长圆形，长 7～9mm，背腹方向宽约 3mm，无鼻盖，从鼻外孔可见前鼻甲的前部。鼻腔被鼻中隔软骨不完全分开。鼻中隔上有一狭长形的孔，且鼻中隔不伸延至鼻外孔处。鼻孔周围有柔软的蜡膜包围着。鼻腔以鼻外孔与外界相通，鼻泪管口较大，呈裂隙状，位于鼻腔中部与鼻后孔侧缘附近。鼻后孔较长，后部较宽，呈纺锤形，前部呈狭裂隙状，周围有尖端向后的角化乳头分布。

鼻腺为复管状腺，呈新月形，位于眼球背侧后壁，横断面呈不规则三角形，结缔组织伸入腺体内，将腺体分隔成许多小叶。腺管有两条：内侧腺管开口于鼻中隔腹侧，外侧腺管开口于前鼻甲腹侧。分泌物主要为氯化钠。

(2)喉

分前喉和后喉，前喉位于气管的起始部，后喉即鸣管，位于气管末端。前喉向背侧突出称喉突，鹅喉突较长，呈长菱形，前方平滑与咽底壁相融合。喉软骨仅有环状软骨和杓状软骨两种。环状软骨相当于哺乳动物的环状软骨与甲状软骨的合并体，缺少会厌软骨和甲状软骨。

(3)气管

气管颈段较长，前部接前喉，后部接鸣管。起始部位于食管腹侧正中，在颈中部随同食管一起偏向右侧，近胸腔入口处，又转到食管腹侧正中。气管越过锁骨气囊，约在心脏基部止于鸣管。构成气管的软骨环有 120～150 个。

鸣管是禽类的发声器官，位于气管末端与左右支气管分叉处、胸腔入口内侧、心脏基部背侧，悬挂左右锁骨气囊间。鸣管有雌雄之别。公鹅的鸣管有一特殊的向左突出的、膨大的骨性鸣腔泡，具有共鸣作用。成年母鹅没有鸣腔泡。鸣管由三种软骨组成：前软骨、鸣管膨大部软骨环和鸣骨。

支气管气管进入胸腔后，分叉成左右支气管。每个支气管又分肺外和肺内两段。气管软骨环不完整，呈"C"形，内侧开放。

(4)气囊

气囊是禽类的特有器官，可作为空气贮存器。可加强肺的气体交换，减轻体重，平衡体位，加强发音气流，调节体温等。气囊是极薄的膜性囊，有9个，对颈气囊(1对)、锁骨气囊(单个)、前胸气囊(1对)、后胸气囊(1对)、腹气囊(1对)。

(5)肺

肺脏与哺乳动物截然不同，左右肺均深埋于肋间隙内，呈扁平的长四边形海绵样结构。内侧缘厚、外侧缘薄，可分为三面、三缘和两端。肺内导管除肺内支气管段外，其余各级支气管均无软骨支撑。

3. 内分泌系统

(1)脑垂体。它是鹅体内最复杂、最重要的内分泌器官，能分泌多种激素，调节鹅的生长发育、繁殖和代谢功能。皖西白鹅的脑垂体呈卵圆形，位于蝶骨体的垂体窝中，间脑底壁，视神经交叉的正后方。能分泌抗利尿激素、生长激素以及多种促激素，包括促甲状旁腺激素、促黑激素、促性腺激素等。

(2)甲状腺。成对，位于胸腔入口处气管两侧，颈总动脉与锁骨下动脉汇集处前方，呈椭圆形或卵圆形，色暗红。其分泌的甲状腺素具有促进机体代谢、生长发育及提高神经系统兴奋性的作用。

(3)甲状旁腺。左右各一对，每侧前后各一个。前甲状旁腺紧位于甲状腺后方，以结缔组织与甲状腺相连后甲状旁腺位于甲状腺后方约1cm处，呈椭圆形，色黄。甲状旁腺分泌的甲状旁腺素起调节机体钙磷代谢的作用，它一方面抑制肾小管对磷的重吸收，促进肾小管对钙的重吸收；另一方面促进骨细胞放出磷和钙进入血液。这样提高血液中钙的含量，所以甲状旁腺的正常分泌使血液中的钙不致过低，血磷不致过高，因而，使血液中钙与磷保持适宜的比例。

(4)肾上腺。一对，橘黄色或黄色，位于肾的前方，在髂总静脉和后腔静脉汇合处前方。右肾上腺呈三角形，左肾上腺呈长椭圆形。肾上腺的腹侧面被睾丸(公鹅)或卵巢(母鹅)覆盖。主要分泌糖皮质激素和盐皮质激素及少量的性激素。

肾上腺糖皮质激素对糖代谢一方面促进蛋白质分解，使氨基酸在肝中转变为糖原；另一方面又有对抗胰岛素的作用，抑制外周组织对葡萄糖的利用，使血糖升高。糖皮质激素还具有对四肢脂肪组织分解增加，使腹、面、两肩及背部脂肪合成增加的作用。

肾上腺盐皮质激素主要作用为调节水、盐代谢。在这类激素中以醛固酮作用最强，去氧皮质酮次之。这些激素一方面作用于肾脏，促进肾小管对钠和水的重吸收并促进钾的排泄；另一方面影响组织细胞的通透性，促使细胞内的钠和水向细胞外转移，并促进细胞外液中的钾向细胞内移动。

此外，肾上腺髓质位于肾上腺中心。分泌两种激素：肾上腺素和去甲肾上腺素，它们的生物学作用与交感神经系统紧密联系，作用很广泛。当机体遭遇紧急情况时，如恐惧、惊吓、焦虑、创伤或失血等情况，交感神经活动加强，髓质分泌肾上腺素和去甲肾上腺素急剧增加，使心跳加强加快，心输出量增加，血压升高，血流加快；支气管舒张，以减少改善氧的供应；肝糖原分解，血糖升高，增加营养的供给。

(5)松果体。松果体亦称脑上腺，位于大脑半球与小脑之间的三角形区域内，有一柄与间脑相连，色淡红，呈三角形小体，颅腔打开时易于见到。成年皖西白鹅松果体重约 5mg，长 3～5mm，宽约 2mm。

(6)胰腺。位于十二指肠降支和升支之间的系膜内，呈长条状，分背腹两叶，呈灰白色，背叶和腹叶各有一条腺导管开口于十二指肠末端。皖西白鹅的胰腺由内分泌部和外分泌部组成，内分泌部为胰岛，属内分泌腺，分泌胰岛素，具有调节糖、脂肪及蛋白质的代谢，促进全身各组织，尤其能加速肝细胞和肌细胞摄取葡萄糖，并且促进它们对葡萄糖的贮存和利用。

(7)胸腺。胸腺沿颈部气管两侧或沿颈静脉颈前部约 1/3 处向后至胸前部分布，呈灰白色，分叶明显，而分叶数量差异较大，左侧 4～9 叶，右侧 3～8 叶，最后 1 叶通常较大(这可能与皖西白鹅个体退化程度有关)。各叶平均体积为 2cm、1.5cm、0.5cm，重 30～70g。接近性成熟的鹅，胸腺发育达峰值，随后由前向后逐渐退化，成年后仍留后几叶(未退化掉)。胸腺的网状上皮细胞可分泌胸腺素，它可促进具有免疫功能的 T 细胞的产生和成熟，并能抑制运动神经末梢的乙酰胆碱的合成与释放。

(8)性腺。雄性主要指的是睾丸，雌性主要指卵巢。睾丸分泌雄性激素睾丸酮(睾酮)，其主要功能是促进性腺及其附属结构的发育以及副性征的出现，还有促进蛋白质合成的作用。卵巢主要分泌卵泡素和雌激素，促进卵泡的发育和输卵管的成熟。

第三章　鹅的育种技术与良种繁育体系

第一节　育种技术

皖西白鹅育种技术的开发明显落后于其他品种鹅，但近些年，国内外不少学者加快对皖西白鹅育种技术的研究，也发现了一些问题。但总体上讲，我国的鹅主要是从鸿雁驯化而来，存在诸多的共性，当然也包括育种技术。随着我国养鹅产业的壮大，其相关技术的建立与运用也得到了极大的发展，就鹅育种技术而言，主要分为常规育种技术和现代育种技术两大类。

一、鹅的常规育种技术

(一)个体与家系记录

对鹅个体及家系资料的记录是进行品种选育的基本要求，一般包括个体编号、生长发育记录、屠宰性能测定记录、产蛋记录、繁殖力记录以及饲料使用记录等。它通过分析鹅群生长情况来推测其后代可能出现的品质，以便确定鹅的选育。

(二)后裔测定

根据后裔的生产性能和外貌等特征来估测鹅的育种值和遗传组成，以评定其种用价值，这是鹅育种的重要方法之一。后裔测定内容包括体尺测量、生长速度测定、繁殖性能测定等。

(三)综合指数选择法

综合指数选择法是根据育种目标的要求，把所要选择的性状，按其遗传力和经济重要性经加权后，综合成一个指数，然后以该指数为指标，对所培育的对象进行选择，根据指数高低进行选留或淘汰，期望在于每代获得最大的遗传进展。

(四)BLUP 选择法

BLUP 选择法即最佳线性无偏预测(Best Linear Unbiased Prediction)选择

法，该方法能显著提高遗传进展，特别是对于低遗传力性状和限性性状，其效果更加明显。这一方法已在许多国家牛的遗传改良中得到了广泛应用，目前已成为许多国家畜禽育种的常规方法。

二、鹅的现代育种技术

（一）分子遗传标记辅助育种

20 世纪 80 年代以来，随着限制性内切酶消化、分子杂交、PCR、DNA 序列快速分析等分子生物学实验技术的建立，形成了分子标记技术。该技术优点非常明显。

(1)直接以 DNA 形式表现，在畜禽体的各个组织、各发育时期均可检测到，不受季节、环境限制，不存在表达与否的问题。

(2)数量极多，遍及整个基因组。

(3)多态性高，自然存在许多等位变异，不需专门创造特殊的遗传材料。

(4)表现为“中性”，即不影响目标性状的表达，与不良性状无必然的连锁。

(5)有许多分子标记表现为共显性，能够鉴别出纯合基因型与杂合基因型，提供完整的遗传信息。

目前，常用于鹅的分子遗传标记主要有：限制性长度片段多态、DNA 指纹、随机扩增多态 DNA、微卫星 DNA、单核苷酸多态性等。

（二）多基因聚合育种

多基因聚合育种就是通过遗传学上的杂交或育种学上的杂交、回交等技术将有利基因聚合到同一个基因组中，从而实现优良基因聚合的一种育种方法。多基因聚合一般通过传统杂交方法、分标记辅助选择的基因聚合以及转基因技术等途径实现基因聚合。该育种技术已在植物育种中进行了大量的研究，在动物育种中目前还没有相关的报道，目前还局限于简单的标记辅助育种。

（三）转基因育种

转基因技术是用 DNA 重组技术将人们所需要的目的基因导入动物的受精卵或早期胚胎内，使外源目的基因随细胞的分裂而增殖并在体内表达，且能稳定地遗传给后代动物的一种育种方法，以期提高动物的生长速度、抗病能力等。目前，转基因育种在植物上已成功运用，而在动物上还没有用于生产的转基因畜禽。

（四）抗病育种

采用遗传学方法从遗传素质上提高畜禽对病原的抗性，具有治本的效能，这就是抗病育种。抗病育种是个十分复杂的问题，它至少牵涉禽类对疾病的抗性以及对抗病性状的选择方法两个方面的内容。人们在这方面所做的研究还不多，认识还很肤浅，但是抗病育种巨大的潜在经济效益以及某些禽病可作为研究人类疾病动物模型的诱人前景，致使一些发达国家将选种目标转向提高适应性、抗病性和繁殖力上，采用遗传学方法从家禽种质上提高抗病已成为减少疾病损失、提高畜禽产量新的研究热点。

第二节　鹅的繁育技术

一、自然交配

(一)大群配种

一定数量的种公鹅按比例配以一定数量的种母鹅，让每只公鹅均可和群中的每只母鹅自由组合交配。种鹅群的大小视鹅舍容量或放牧群的大小而定，从几百只到上千只不等。大群配种一般受精率较高，尤其是放牧的鹅群受精率更高。这种配种方法多用于农村种鹅或鹅的繁殖场。

(二)小间配种

这是育种场常用的配种方法。在一个小间内只放1只公鹅，按不同品种最适的配种比例放入适量的母鹅。公母鹅均编脚号或肩号。设有闭巢箱集蛋，其目的在于收集有系谱记录的种蛋。在鹅育种中，采用小间配种，主要是用于建立父系家系。也可用探蛋结合装蛋笼法记录母鹅产蛋。探蛋是指每天午夜前逐只检查母鹅子宫内有无将产的蛋的方法。

二、人工授精技术

鹅的人工授精技术日益受到重视，特别是在提高鹅的受精率方面起到了积极的作用。

(一)鹅的采精方法

1. 电刺激法

这是采用专用的电刺激采精仪产生的电流，刺激公鹅射精的一种采精方法。采精时先将公鹅固定，打开仪器开关，正电极探针(尖针)置于公鹅荐骨部的皮肤上，负电极探针(短轴杆)插入泄殖腔内，用40～80mA，30～80V的电流，开始时给予较弱的电流，每隔2～3s刺1次，每次持续3～5s，重复4～5次，当公鹅阴茎勃起后，用手挤压泄殖腔即可使阴茎伸出射精。也可把正极探针刺入公鹅髂骨部的皮层下，负极探针插入直肠约4cm进行刺激，也可使公鹅射精。

2. 假阴道法

采用台禽对公鹅诱情，当公鹅爬跨台禽伸出阴茎时，迅速将阴茎导入假阴道内而取得精液。其结构与其他家禽假阴道类似，但它不需在内外管道之间充以热水和涂润滑油。

3. 台鹅诱鹅法

首先将母鹅固定于诱情台上(离地 10～15cm),然后放出经调教的公鹅,公鹅立即爬跨台鹅,当公鹅阴茎勃起伸出交尾时,采精人员迅速将阴茎导入集精杯而取得精液。有的公鹅爬跨台鹅而阴茎不伸出时,可迅速按摩公鹅泄殖腔周围,使阴茎勃起伸出而射精。

4. 按摩法

按摩采精法中以背腹式效果最好。采精员将公鹅放于膝上,公鹅头伸向左臂下,左手掌心向下,大拇指和其余 4 指分开,稍弯曲,手掌面紧贴公鹅背腰部;从翅膀基部向尾部方向有节奏地反复按摩,同时用右手拇指和食指有节奏地按摩腹部后面的 4cm 柔软部,一般 8～10s。当阴茎即将勃起的瞬间,正进行按摩着的左手拇指和食指稍向泄殖腔背移动,在泄殖腔上部轻轻挤压,阴茎即会勃起伸出,射精沟闭锁完全,精液会沿着射精沟从阴茎顶端快速射出,用集精管(杯)接入,即可收集到洁净的精液。熟练的采精员操作 20～30s,并可单人进行操作。按摩时引起公鹅性兴奋的部位在尾根部。

按摩法采精要别注意公鹅的选择和调教。要选择那些性反应强烈的公鹅作采精之用,并采用合理的调教日程,使公鹅迅速建立起性反射。调教良好的鹅只需背部按摩即可顺利取得精液,同时可减少由于对腹部的刺激而引起粪尿污染精液。

上述几种采精方法中以按摩法最为简便易行,是最常采用的一种方法。对于采精过程中出现的一些问题进行总结后发现,在采精过程中应特别注意以下几点:

(1)采精时要防止粪便污染精液,故采精前 4h 应该停水停料,集精杯勿太近泄殖腔,采精宜在上午放水前进行。

(2)采集的精液不能曝于强光之下,15min 内使用最好。

(3)采精前公鹅不能放水活动,防止相互爬跨而射精。

(4)采精要保持安静,抓鹅的动作不能粗暴。

(5)采精杯每次使用后都要清洗消毒。寒冷季节采精时,集精杯夹层内应加 40℃～42℃暖水保温。

(二)精液品质检查

1. 外观检查

主要检查精液的颜色是否正常。正常无污染的精液呈乳白色,是不透明的液体。混入血液呈粉红色,被粪便污染呈黄褐色;有尿酸盐混入时,呈粉白色棉絮块状;过量的透明液混入,则见有水渍状。凡被污染的精液,精子会发生凝集或变形,不能用于人工授精。

2. 精液量检查

采用有刻度的吸管或结核菌素注射器等度量器，将精液吸入，测量一次射精量。射精量随品种、年龄、季节、个体差异和采精操作熟练程度而有较大变化。公鹅平均0.1～1.38mL。要选择射精量多、检定、正常的公鹅供用。

3. 精子活力检查

精子的活力是以测定前进运动的精子数为依据。所有精子都是直线前进的运动评为10分，有几成精子是直线前运动的就评几分。

具体操作方法：于采精后20～30min，取同量精液及生理盐水各1滴，置于载玻一端，混匀后放上盖玻片。精液不宜过多，以布满载玻片而又不溢出为宜，在镜检箱内温37℃左右的条件下，用200～400倍显微镜检查。精子呈直线运动，有受精能力；精子进行圆周运动的均无授精能力。活力高、密度大的精液，在显微镜下精子呈旋涡翻滚状态。

4. 精子密度检查

可分血球计数法和精子密度估测法两种检查方法。

(1)血球计数法

用血球计数板计算精子数，具体操作方法：将精液用3%氯化钠溶液做200倍稀释，混匀后，吸取10μL左右的稀释后的精液滴入计数板与盖玻片的缝隙，精液会在计数板与盖玻片缝隙虹吸的作用下进入计数板计数室，可在显微镜下进行精子计数。计数5个方格应在一条对角线上的四格加上中间一个方格，计数时，按照头部3/4或全部在方格中的精子才算。

公式：每毫升精子数(亿个)＝5个方格中的精子总数/10。

(2)密度估算法

在显微镜下观察，可根据精子密度分为密、中等、稀三种情况。密是指在整个视野里布满精子，精子间几乎无空隙，每毫升精液有6亿～10亿个精子；中等是指在整个视野里精子间明显，每毫升精液有4亿～6亿个精子；稀是指在整个视野里，精子间有很大的空隙，每毫升精液有3亿个以下的精子。

5. 计算机辅助测定法

精子活力是评价精子质量的重要指标，传统精子活力的评价方法并不代表精子在鹅机体内生殖道的真实运动情况，准确性差。精子迁移率(Mobility)的测定方法模拟精子在鹅体内液体环境和温度下的运动情况，能够反映精子在体内真正的活力。精子迁移率和精子运动相关参数的分析中，精子直线运动速度、精子平均路径速度以及直线性等与精子迁移率密切相关的因素是反映鹅精子质量的重要指标。计算机辅助精液质量分析(CASA)可对鹅的精液质量进行快速、客观的分析。在精子测定时主要注重以下指标：轨迹速度也称曲线速度(VCL)：精子头部沿其实际行走曲线的运动速度。平均路径速度(VAP)：精子头沿其空间平均轨迹的运动速度,这种平均轨迹是计算机将精子运动的实际轨迹平均后计算出来的,可因不同型号的仪器而有所改变。直线运动速度(VSL):也称前向运动速度,即精子头部直线移动距离的速度。直线性(LIN):也称线性度,为精子运动曲线的直线分离度,即VSL/VCL。精子侧摆幅度(ALH):精子头实际运动轨迹对平均路径的侧摆幅度,可以是平均值,也可以是最大值。值得注意的是不同型号的CASA系统由于操作方式、计算方法执行标准等方面的不一致,因此,相互之间不可直接比较。前向性(STR):也称直线性,计算公式为VSL/VAP,亦即精子运动平均路径的直线分离度。鞭打频率(BCF):也称摆动频率,即精子头部跨越其平均路径的频率。平均移动角度(MAD):精子头部沿其运动轨迹瞬间转折角度的时间平均值。但是,目前关于公鹅精子质量的参考值并未给出,因此,在实际操作过程中,应根据实际特点,建立适当的参考标准。

(三)精液的稀释和保存

稀释液(表3-1)的主要作用是为精子提供能源,保障精细胞的渗透平衡和离子平衡,稀释液中的缓冲剂可以防止乳酸形成时的有害作用。在精液的稀释保存液中添加抗菌剂可以防止菌的繁殖。同时精液中加入稀释液还可以冲淡整合精液中的有害因子,有利于精子在体外存活更长的时间。常规输精时,鹅精液的稀释倍数用1∶1、1∶2、1∶3的效果较好。实践表明,以pH值为7.1的Lake液和BPSE液稀释好。稀释后的精子一般应立即进行输精,天气较冷的季节要注意多精液的保温,防止精液活力降低,倘若过段时间在进行输精,那么在30℃温水中保持一会,再放入2℃~5℃冰箱,可使精液在24h内的活力保持在90%以上。此外,精液长期保存可使用专门的精子保存液,并在液氮中保存,可使精液保存半年乃至几年之久,仍有活力。

表3-1 常用精液稀释液成分表

种类	葡萄糖	果糖	一水谷氨酸钠	六水氯化镁	四水醋酸镁	三水醋酸钠	柠檬酸钾	1mol/L氢氧化钠	BES
Lake液	/	1.000	1.920	0.068	/	0.857	0.128	/	/
BPSE液	0.600	/	1.520	/	0.080	/	0.128	5.8	3.050

注:表中单位为g,均为100mL稀释液之用量。BES:2-(二乙醇氨基)乙磺酸或N,N-双(2-羟乙基)-2-氨基乙磺酸。

(四)输精

鹅的泄殖腔较深,阴道部不像母鸡那样容易外翻进行输精。所以,常规输精以泄殖腔输精法最为简便易行。泄殖腔输精法是助手将母鹅仰卧固定,输精员用左手挤压泄殖腔下缘,迫使泄殖腔张开,再用右手将吸有精液的输精器从泄殖腔的左方徐徐插入，当感到推进无阻挡时，即输精器已准确进入阴道部，一般深入3～5cm时左手放松，右手即可将精液注入。经实践证明效果良好，熟练的输精员可以单人操作。

输精注意事项：

(1)鹅的输精时间以上午9:00～10:00最佳，下午4:00～6:00也可。

(2)由于鹅的受精持续期比较短，一般在受精后6～7天受精率急速下降。因此，要获得高的受精率，以5～6天输精一次为宜。

(3)鹅每一次输精量可用新鲜精液0.1mL，每次输精量中至少应有3000万～5000万个精子。第一次的输精量加大1倍可获得更好效果。

三、配种年龄和种性比

(一)配种年龄

鹅配种年龄过早，不仅对其本身的生长发育不良影响，而且受精率低。通常早熟品种的公鹅以不早于150日龄为宜；晚熟品种的公鹅不晚于240～270日龄为宜。

(二)配种比例

鹅的配种性比随品种类型不同而差异较大，公鹅与母鹅的配种比例一般是：小型鹅为1∶6～1∶7，中型鹅为1∶4～1∶5(皖西白鹅属于中型鹅)，大型鹅为1∶3～1∶4。配种比例除了因品种、类型而异之外，还受以下因素的影响。

1. 季节

早春和深秋，气候相对寒冷，性活动受影响，公鹅应提高2%左右(按母鹅数计)。

2. 饲养管理条件

在良好的饲养条件下，特别是放牧鹅群能获得丰富的动物性饲料时，公鹅的数量可以适当减少。

3. 公母鹅合群时间的长短

在繁殖季节到来之前，适当提早合群对提高受精率极为有利。合群初期公鹅的比例可稍高些。大群配种时，部分公鹅因较长时期不分散于母鹅群中配种，经10多天才合群，因此，在大群配种时将公鹅及早放入母鹅群中十分必要。

4. 种鹅的年龄

1岁的种鹅性欲旺盛，公鹅数量可适当减少，实践表明公鹅过多常常造成鹅群受精率降低。

此外，还要注意克服公母鹅固定配偶交配的习惯。据观察，有的鹅群中有40%母鹅和22%的公鹅是单配偶。克服这种固定配偶交配的办法是先将公鹅偏爱的母鹅挑出，拆散其单配偶，公鹅经过几天后就会逐渐和其他母鹅交配，也可采用控制种，每天让一公鹅与一母鹅轮流单配。

鹅是长寿家禽，控制好其利用年限和鹅群结构，对于发挥最大的经济效益具有重要的作用。种鹅的繁殖年龄比其他家禽长。第一个产蛋年母鹅产蛋量低，第二年比第一年多产蛋15%～25%，第三年比第一年多产蛋30%～45%，4～6岁以后逐渐下降。所以种鹅的利用年限一般为3～4年。一般种鹅群的组成比例如下：1岁母鹅占30%，2岁母鹅占35%，3岁母鹅占25%，4岁母鹅占10%。种公鹅利用年限一般为3～6年。

第三节 鹅的选种与选配

一、选种方法

对种鹅的选择称为选种。种鹅的选择可从以下7个方面进行。

（一）根据外貌与生理特征进行选择

种鹅的外貌、体形结构和生理特征反映出各部位生长发育和健康状况，可作为判断性能优劣的参考依据。外貌选择首先要符合品种特征，其次要考虑生产用途。

皖西白鹅在生产中主要是利用其产肉性能，选种总的要求是：喙宽而直，头大宽圆，颈粗、中等长，胸部丰满向前突出，背长而宽，腹深，脚粗稍短，两脚间距宽。对公鹅着重选择个大体长、背直而宽、胸骨正直、体形呈长方形与地面近于水平、尾上翘、腿的位置近于体躯中央、雄壮稳健者留种。

（二）根据个体表型值进行选择

根据个体本身表型值的优劣决定选留与淘汰。个体选择时，有的性状应向上选择，即数值大代表成绩好，如产蛋量、增重速度；有的性状应向下选择，即数值小代表成绩好，如开产日龄等。个体选择适用于遗传力高、能够在活体上直接度量的性状，如日增重、饲料利用率等性状。即使同一性状，公母鹅选种方法也不尽相同，如产蛋性状，母鹅用性能测定法，公鹅用同胞测定法。个体选择的方法通常有三种。

1. 一次记录的选种方法

当被选个体同一性状只有一次成绩记录时，应先校正到相似标准情况下，然后按表型值顺序选优汰劣。

2. 多次记录的选种方法

当所有被选个体同一性状有多次成绩记录时，先把多次记录进行平均，然后按平均数进行排序选种。

3. 部分记录的选种方法

选种时可以使用早期、短期的成绩来代替全期成绩进行选种。这种方法可加快世代进展。

(三)根据系谱资料进行选择

系谱测定是通过分析各代祖先的生产性能、发育情况及其他材料来推测其后代可能出现的品质,以便基本确定种鹅的选育。这种选择法适合于幼年和青年时期尚无生产性能记录的鹅或选择公鹅时采用。从遗传学原理可知,血缘关系愈近的祖先对后代的影响愈大,因此,在运用系谱资料选择种鹅时,祖先中最主要的是父母,一般着重比较亲代和祖代即可。此外,以生产性能为主进行全面比较,即以比较生产性能、体质外形为主,同时应注意有无近交和杂交情况、有无遗传缺陷等。这种方法在使用时,应尽量结合其他一些方法同时进行,可以使选种的准确率得以提高。

(四)根据同胞成绩进行选择

同胞测定是根据其同胞平均表型值(不包括被选个体本身成绩)来对某一个体作出选留与淘汰的决定。在选择种鹅尤其是早期选择种公鹅时,种公鹅既不产蛋,又无女儿产蛋,如要鉴定该种公鹅的产蛋性能,就只能根据该种公鹅的全同胞(共同的父母)或半同胞(共同的父或母)的成绩进行选择。由于种公鹅与其全同胞或半同胞在遗传结构上有一定的相似性,故其生产性能理应与其全同胞或半同胞的平均成绩接近。当全同胞或半同胞数越多时,同胞均值的遗传力愈大。所以,对于一些遗传力低的性状,用同胞资料进行选种的可靠性更大。此外,对于屠宰率和屠体品质等不能活体度量的性状,同胞选择就更有意义。但是同胞测验只能区别家系间的优劣,而同一家系内的个体就难以鉴别好坏。

(五)根据后裔成绩进行选择

后裔测定是根据后裔各方面的表现情况来评定种鹅好坏的一种选种方法,它是评定种鹅最可靠的方法。后裔测定多用于公鹅。根据后裔成绩选择种鹅历时较长,一般至少在两年半以上。应注意的是,由于后裔测定所需时间长,故改进速度较慢。后裔测定的方法主要有母女对比法和后代间比较法等,前者主要通过母女成绩的对比对公鹅做出评价,后者是对两个或两个以上的公鹅在同一时期分别与其他母鹅交配,后代在相同的管理条件下饲养,根据后代的性状来判断公鹅的优劣。

(六)家系选择与合并选择

1. 家系选择

根据家系(半同胞、全同胞、半同胞与全同胞混合同胞)性状平均值的高低进行选择,即以整个家系为单位,根据家系性状平均值的高低进行留种或淘汰:这种方法适用于遗传力低、家系大、共同环境造成的家系间差异小的情况。

2. 合并选择

对鹅个体性状平均值及家系内偏差两部分进行加权，以便最好地利用两种来源的信息，称之为合并选择。

(七)根据综合指数进行选择

前面介绍的各种选择方法，如性能测定法、同胞测定法、后裔测定法等，都是对单个性状的选择，但在实际选种工作中，经常要同时对多个性状进行综合选择，如繁殖、生长速度、饲料利用率、品质等性状的综合选择。对于多个性状的选择，常采用综合选择指数法。当同时选择几个不相关性状时，常用简化选择指数来进行选择。即

$$I=\sum_{i=1}^{a}\frac{w_i h_i^2 P_i}{\overline{P}_i \sum w_i h_i^2}$$

式中：I—— 简化选择指数；w_i—— 各性状的经济加权值；$h_i{}^2$—— 各性状的遗传力；P_i—— 各性状的个体表型值；$\overline{P}_i$—— 各性状的群体均值。

二、选配方法

选配是家禽育种工作中最为重要的一个环节。选配一般分为个体选配和种群选配，其主要作用有两个方面：一是稳定遗传，二是创造必要变异。

(一)个体选配

个体选配是考虑交配双方个体品质对比和亲缘关系远近的一种选配方式，主要包括同质选配、异质选配和近交等。

1. 同质选配

同质选配就是选用经济性能特点、性能表现或育种值相近的优秀个体配种，以期获得相似的优秀后代。选择的双方越相似，越有可能将共同的优点遗传给后代。

同质选配的作用，主要是使亲本的优良性状稳定地遗传给后代，使优良的性状得以保持与巩固。同质选配的个体，只有在基因型是纯合子的情况下，才能产生相似的后代。如果交配双方的基因型都是杂合子，即使是同基因型交配，后代也可能分化，性状不能巩固。如果能准确判断基因型，根据基因型选配，则可收到预期的效果。

同质选配不良结果是群体内的变异性相对减少，有时适应性和生活力也可能有所下降等。为了防止这些不利影响，要特别加强选择，淘汰体弱或有遗传缺陷的个体。

2. 异质选配

异质选配可分为两种情况：一种是选择有不同优异性状的公母鹅相配，以期使两个性状结合在一起，从而获得兼有双亲不同优点的后代。例如，选生长

快的公鹅和产蛋量多的母鹅相配。另一种是选同一性状但优劣程度不同的公母鹅相配，在后代中以一方的优秀性能代替另一方不理想表现，即所谓以优改劣。例如，有些母鹅蛋壳质量差，可选经测定过的具有优质蛋壳质量遗传潜力的公鹅与之交配，以期后代这一缺点得以改进。

值得一提的是，同质选配与异质选配互为条件，不能截然分开，即在某一方面是异质，在其他方面可能是同质，反之亦然。这两种方法经常密切配合，交替使用，可以不断提高和巩固整个群体品质。

3. 近交

根据公母鹅的亲缘关系进行的选配称为亲缘选配。公母鹅间的亲缘关系有近有远，有直系有旁系。与配公母亲缘系数 $R<1.56\%$ 为远交，$P>6.25\%$ 为近交。

近交的主要作用有固定优良性状、揭露有害基因、保持优良血统和提高群体同质性。

(二)种群选配

种群是指一个类群、品系、品种或种、属等种用群体的简称。种群选配是根据双方隶属于相同或不同的种群面进行的选配。种群选配，分为纯种繁育与杂交繁育两大类，而杂交繁育又可进一步分为育种性杂交和经济性杂交两类。

纯种繁育简称纯繁，是指在本种群范围内，通过选种选配、品系繁育、改善培育条件等措施，以提高种群性能的一种方法。其基本任务是保持和发展一个种群的优良特性，增加种群内优良个体的比重，克服该种群的某些缺点，达到保持种群纯度和提高整个种群质量的目的。纯繁有以下两个作用：一是巩固遗传性，使种群固有的优良品质得以长期保持，并迅速增加同类型优良个体的数量；二是提高现有品质，使种群水平不断稳步上升。

杂交繁育简称杂交，是选择不同种群的个体进行配种。不同品种间的交配常叫作杂交；不同品系间的交配叫作系间杂交；不同种或不同属间的交配叫作远缘杂交。杂交类型通常有以下几种。

1. 级进杂交

级进杂交(包括改良杂交、改造杂交、吸收杂交)是指用高产的优良品种公鹅与低产品种母鹅杂交，所得的杂种后代母鹅再与高产的优良品种公鹅杂交。一般连续进行 3～4 代，就能迅速而有效地改造低产品种。当需要彻底改造某个种群(品种、品系)的生产性能或者是改变生产性能方向时，常用级进杂交。

在进行杂交时应注意：

① 根据提高生产性能或改变生产性能方面选择合适的改良品种。

② 对引进的改良公鹅进行严格的遗传测定。

③ 杂交代数不宜过多，以免外来血统比例过大，导致杂种对当地的适应性下降。

2. 导入杂交

导入杂交就是在原有种群的局部范围内引入不高于1/4的外血，以便在保持原有种群的基础上克服个别缺点。当原有种群生产性能基本上符合需求，局部缺点在纯繁下不易克服，此时宜采用导入杂交。在进行导入杂交时应注意：

① 针对原有种群的具体缺点，进行导入杂交实验，确定导入种公鹅品种。

② 对导入种群的种公鹅严格选择。

3. 育成杂交

育成杂交是指用两个或更多的种群相互杂交，在杂种后代中选优固定，育成一个符合需要的品种。当原有品种不能满足需要，也没有任何外来品种能完全替代时常采用育成杂交。进行育成杂交时应注意：

① 要求外来品种生产性能好、适应性强。

② 杂交亲本不宜过多，以防遗传基础过于混杂，导致固定困难。

③ 当杂交出现理想型时应及时固定。

4. 二元杂交(二系配套，图3-1)

两个种群进行杂交，利用F1代的杂种优势进行商品鹅生产。进行经济杂交时应注意：

① 在大规模地杂交之前，必须进行配合力试验。配合力是通过不同种群的杂交所能获得的杂种优势程度，是衡量杂种优势的一种指标。

② 配合力有一般配合力和特殊配合力两种，应筛选最佳特殊配合力的杂交组合。

5. 三元杂交(三系配套，图3-2)

三元杂交是指两个种群的杂种一代和第3个种群相杂交，利用含有3个种群血统的多方面的杂种优势进行商品鹅生产。此方法在使用时应注意：在三元杂交中，第一次杂交应注意繁殖性状；第二次杂交强调生长等经济性状。

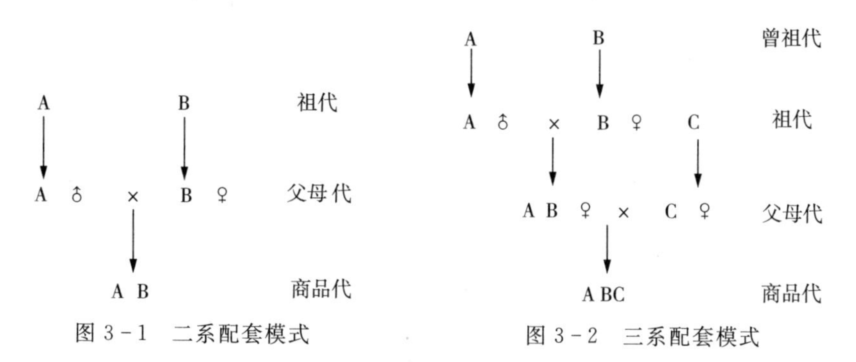

图3-1　二系配套模式　　图3-2　三系配套模式

6. 生产性双杂交(四系配套,图 3-3)

生产性双杂交是指 4 个种群分为两组,先各自杂交,在产生杂种后杂种间再进行第二次杂交。现代育种常采用近交系(近交系数达 37.5%以上的品系)、专门化品系(专门用于杂交配套生产用的品系)或合成系(以优良品系为基础,通过品系间多代正反交,对杂种封闭选育形成的新型品系)相互杂交。

这种方法优点是因遗传基础广泛,优良基因互作的概率提高,产生显著的杂种优势。此外,整个繁育体系中纯种少、杂种多。不足之处在于培育曾祖代和祖代成本高、风险大、配合力测定复杂。

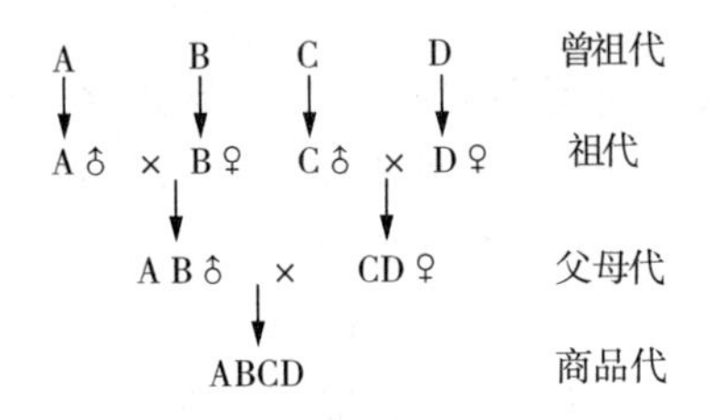

图 3-3　四系配套模式

第四节　鹅的良种繁育体系

现代鹅种的繁育过程主要包括保种、育种、配合力测定和制种 4 个基本环节,整个过程需通过繁育体系来实现(图 3-4)。鹅的繁育体系是现代鹅种繁育的基本组织形式。为了获得生产性能高、有突出特点且具有市场竞争能力的优良鹅种,必须进行一系列的育种和制种工作,需要把品种资源、纯系培育、配合力测定以及曾祖代、祖代、父母代、商品代的组配与生产等环节有机地配合起来,从而形成一套体系,这套体系就是鹅的良种繁育体系。

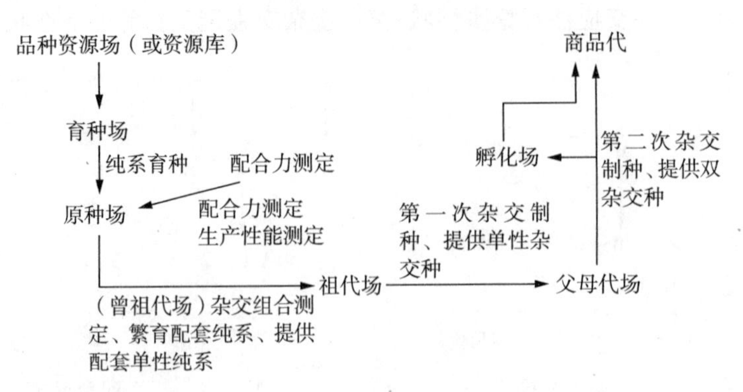

图 3-4　鹅良种繁育体系

在杂交繁育体系中，将育种工作和杂交扩繁任务划分给相对独立而又密切配合的育种场和各级种鹅场来完成，使各部门的工作专门化。现以四系配套杂交为例，将良种繁育体系中各场的主要任务和相互关系概述如下。

（一）品种资源场（基因库）

保存和繁殖某些原有品种或品系，研究它们的特征、特性及其遗传规律，发掘可能利用的优良基因，并提高原有品种或品系的生产性能，为育种场提供育种素材。因此，品种资源场也称基因库，是鹅各种各样基因的保存仓库。

（二）育种场

充分利用品种资源场提供的育种素材，进行纯系培育。为使鹅群的基因纯合化，用近交法或用闭锁群选育法等进行家系选育。纯系培育后，通过品系间的配合力测定，选出最佳杂交组合，然后将成功的配套组合中的父系和母系提供给曾祖代场，从而进入繁育体系。

（三）原种场

原种场（曾祖代场）由育种场提供的配套纯系种蛋或种雏，在曾祖代场安家落户。曾祖代场进行配套纯系的选育、扩繁，继续进行杂交组合的测定。将优秀组合中的单性纯系提供给祖代场。例如四系配套的曾祖代场，将A、B、C、D 4个纯系在进行纯繁保种的同时，为祖代场提供一定公母比例单一性别的祖代种鹅，如A♂、B♀、C♂、D♀。目前，我国的曾祖代场与育种常结合在一起，称之为原种场。

（四）祖代场

祖代场不进行育种工作，主要任务是用从曾祖代场得到的单性鹅，进行品系间的杂交制种，即A♂与B♀杂交、C♂与D♀杂交，然后将单性杂交种向父母代场提供。祖代场可以向父母代场单性的杂交雏，如AB♂和CD♀，也可以提供种蛋。

（五）父母代场

父母代场将祖代场提供的父母代进行第二次杂交制种，即用AB♂和CD♀进行杂交。父母代场要把AB♀和CD♂淘汰，决不能用反交方式进行杂交。也不能利用祖代场提供的种蛋进行自繁，这样会降低商品代鹅的质量，是违背繁育体系的本意。规定祖代场每年必须由祖代场进鹅，父母代场每年必须由祖代场进鹅。父母代场经过杂交制种，向商品代鹅场提供杂交代鹅ABCD。

（六）商品代场

饲养由父母代场提供的双杂交商品鹅（ABCD），进行商品生产，为市场提供商品鹅蛋或鹅肉。

总之，一种定型的高产配套杂交种鹅，不建立和健全繁育体系，就不可能推广和普及。其中某一环节失灵，就意味着繁育体系的不健全。没有健全的繁育体系，再好的配套系也不能在生产中发挥其应有的作用。

第五节　鹅主要经济性状的遗传参数和生产性能的测定与计算方法

一、鹅主要经济性状的遗传参数

经济性状的遗传参数是数量遗传理论应用于现代育种工作的重要基础，现将鹅主要经济性状的遗传参数介绍如下。

(一)遗传力(表 3-2)

鹅主要经济性状是遗传力(h^2)。

表 3-2　鹅的主要经济性状的遗传力

性状	遗传力	性状	遗传力
产蛋率	0.09～0.64	阴茎长、射精量	0.32、024
蛋重	0.56～0.86	体重、60 日龄体重	0.67、0.38
大肝率	0.63	受精蛋孵化率	0.09

(二)性状间的相关(表 3-3)

表 3-3　鹅部分性状之间的相关性(r)

相关性状	r 值	相关性状	r 值
酮体净肉重与大腿长	0.6	仔鹅体重与受精率	0.34
酮体净肉重与胸骨长	0.65	蛋重与 2 日龄体重	0.49
酮体净肉重与腿围	0.68	蛋重与 54 日龄体重	0.34～0.38
酮体净肉重与屠体重	0.73	蛋重与 56 日龄体重	0.52
酮体净肉重与尺骨重	0.74	蛋重与成年体重	0.12
酮体净肉重与脚重	0.75	/	/
酮体净肉重与酮体重	0.72～0.94	仔鹅体重与孵化率	0.97
酮体净肉重与头重	0.77	仔鹅体重与出壳体重	0.42～0.58
酮体净肉重体长	0.80	6 周龄体重与 8 周龄体重	0.75
酮体净肉重与胸围	0.81	8 周龄体重与 10 周龄体重	0.60
酮体净肉重与肩膀重	0.91	胸肌＋腿肌肉重与活重	0.59～0.73
酮体净肉重与胸肉重	0.98	胸肌＋腿肌肉重与酮体重	0.50～0.75

（续表）

相关性状	r值	相关性状	r值
蛋重与出壳体重	0.79～0.92	新加＋腿肌肉重与胸肉厚	0.07～0.43
蛋重与12日龄体重	0.53～0.72	胸肌＋腿肌肉重与胸骨长	0.40～0.72
蛋重与16日龄体重	0.38～0.57	肥肝重与填饲前体重	0.50
蛋重与29日龄体重	0.60	肥肝重与填饲前长短	0.44
仔鹅体重与孵化季节	－0.41	肥肝重与填饲期摄料量	0.42

二、鹅生产性能的测定与计算方法

全国家禽育种委员会1982年颁布了《家禽生产性能指标名称和计算方法（试行标准）》，现介绍与鹅有关的部分，供参考。

（一）体尺测定

体尺是用计量数字和单位表示的外形指标。体尺可以比较客观地反映外形特征情况，在做品种资源调查时是一项重要的指标。

1. 体斜长

用皮尺测定从肩关节前缘至坐骨结节后缘的距离，体斜长反映鹅体在长度方面的发育情况。

2. 胸宽

用卡尺测定左右两肩关节间的距离，胸宽反映鹅胸腔及胸肌发育的情况。

3. 胸深

用卡尺测定从第一胸椎至胸骨前缘间的距离，胸深反映鹅胸腔、胸肌、胸骨的发育情况。

4. 胸骨长

用皮尺测定胸骨前后两端的距离，胸骨长反映鹅体躯长度情况，也反映胸骨胸肌发育情况。

5. 背宽

背宽又称骨盆宽，用卡尺测量左右两腰角外缘的距离，反映骨盆宽度和后躯反映情况。

6. 胫长

用卡尺测量从趾骨上关节到第三与第四趾间的直线距离，反映骨干的发育情况。

7. 胫围

用皮尺测量胫中部的周径，反映骨干的情况。

8. 半潜水长

用皮尺测量。鹅颈向前拉直，由喙前段至第一胸椎的距离。反映鹅在半潜水时，没入水中部分的最大垂直深度，与喙长、颈长有关。

9. 颈长

用皮尺测量第一颈椎前缘至最后一颈椎后缘的直线距离，反映颈部的发育情况。

(二)肉用性能

1. 活重

活重指在屠宰前禁食12小时后的重量(克)。

2. 屠体重

放血去羽毛后的重量(克)，湿拔法需沥干。

3. 半净膛重

屠体去气管、食道、嗉囊(鹅无嗉囊)、肠、脾、胰和生殖器官，留心、肝(去胆)、肺、肾、腺胃、肌胃(去内容物及角质膜)、腹油(包括腹部板油和肌胃周围的脂肪)的重量(克)。

4. 全净膛重

半净膛去心、肝、腺胃、肌胃、腹脂后的重量(克)。鹅保留头、脚。

5. 常用的几项屠宰率的计算方法

$$\text{屠宰率}=\frac{\text{屠体重}}{\text{活重}}\times 100\%$$

$$\text{半净膛率}=\frac{\text{半净膛重}}{\text{活重}}\times 100\%$$

$$\text{全净膛率}=\frac{\text{全净膛重}}{\text{活重}}\times 100\%$$

$$\text{胸肌率}=\frac{\text{胸肌重}}{\text{全净膛重}}\times 100\%$$

$$\text{腿肌率}=\frac{\text{大小腿净肌肉重}}{\text{全净膛重}}\times 100\%$$

(三)饲料转化比

$$\text{产蛋期料蛋比}=\frac{\text{产蛋期耗料量(千克)}}{\text{总蛋重量(千克)}}$$

$$\text{肉用仔鹅耗料比}=\frac{\text{肉用仔鹅全程耗料量(千克)}}{\text{仔鹅总活体重量(千克)}}$$

(四)繁殖性能

1．孵化

(1)种蛋合格率

种蛋合格率是指种母鹅在规定的产蛋期内(70 周龄)所产符合本品种、品系要求的种蛋数占产蛋总数的百分比。

$$种蛋合格率=\frac{合格种蛋数}{产蛋总数}\times100\%$$

(2)种蛋受精率

受精蛋数占入孵蛋数的百分比。血圈、血线蛋按受精蛋计算，散黄蛋按无精蛋计算。

$$种蛋受精率=\frac{受精蛋数}{入孵蛋数}\times100\%$$

(3)孵化率(出雏率)

① 受精蛋孵化率：出雏数占受精蛋数百分比。

$$受精蛋孵化率=\frac{出雏数}{受精蛋数}\times100\%$$

② 入孵蛋孵化率：出雏数占入孵蛋数的百分比。

$$入孵蛋孵化率=\frac{出雏数}{入孵蛋数}\times100\%$$

(4)种母鹅提供健雏数

每只种母鹅在规定产蛋期内提供的健康雏鹅数。

2．成活率

(1)雏鹅成活率：指育成期末成活雏鹅数占入舍雏鹅的百分比。

$$雏鹅成活率=\frac{育雏期末成活蛋雏鹅数}{入舍雏鹅数}\times100\%$$

(2)育成期成活率：指育成期末成活育成鹅数占育雏期末入舍雏鹅数的百分比。

$$育成期成活率=\frac{育成期末成活蛋育成鹅数}{育雏期末入舍雏鹅数}\times100\%$$

3．称重

育雏和育成期需称体重三次，即初生、育雏期末和育成期末。每次称重数量至少 100 只(公母各半)。称重前鹅断料 6 小时以上。成年体重分为开产期体重和产蛋期体重。

(五)产蛋性能

1. 开产日龄

个体记录群以产第一个蛋平均日龄计算。群体记录中,按日产蛋率达5%日龄计算。

2. 产蛋量

(1)按入舍母鹅数统计

$$入舍母鹅产蛋量(枚)=\frac{统计期内蛋总产蛋量}{入舍母鹅数}$$

(2)按母鹅饲养日数统计

$$母鹅饲养日产蛋量(枚)=\frac{统计期内蛋总产蛋量}{统计期内日平均饲养母鹅数}$$

或

$$母鹅饲养日产蛋量(枚)=\frac{统计期内蛋总产蛋量}{统计期内日饲养只数累加数 \div 统计期日数}$$

如果需要测定个体产蛋记录,则在晚间,逐只捉住母鹅,用中指伸入泄殖腔内,向下探查有无硬壳蛋进入子宫部或阴道部,即探蛋。将有蛋的母鹅放入自闭产蛋箱内关好,待次日产蛋后放出。

3. 产蛋率

母鹅在此期间内的产蛋百分比

(1)按饲养日计算

$$饲养日产蛋率=\frac{统计期内的总产蛋量}{实际饲养日母鹅只数的累加数}\times 100\%$$

(2)按入舍母鹅数计算

$$入舍母鹅产蛋率=\frac{统计期内的总产蛋量}{入舍母鹅数 \times 统计日数}\times 100\%$$

4. 蛋重

(1)平均蛋重

从300日龄开始计算,以克为单位。个体记录者须连续称取3个以上的蛋,求平均值;群体记录时,则连续称取3天总产量求平均值。

(2)总蛋量

总蛋量是指每只种母鹅在一个产蛋期内的产蛋总量。

$$总蛋重(千克)=\frac{平均蛋重(克)\times 平均产蛋数量}{1000}$$

5. 母鹅存活率

入舍母鹅数减去死亡数和淘汰数后的存货数占入舍母鹅数的百分比。

$$母鹅存活率=\frac{入舍母鹅数-(死亡数+淘汰数)}{入舍母鹅数}\times 100\%$$

六、蛋的品质

测定蛋数不少于50枚，每批种蛋应在产出后24小时内进行测定。

1. 蛋形指数

用蛋形指数测定仪或游标卡尺测量蛋的纵径与最大横径，求其商。以毫米为单位，精确度为0.5毫米。

$$蛋形指数=\frac{纵径}{横径}$$

2. 蛋壳强度

用蛋壳强度测定仪测定，单位为千克/平方厘米。

3. 蛋壳厚度

用蛋壳厚度测定仪测定，分别测量蛋壳的钝端、中部、锐端三个厚度，求其平均值。测量时应剔除内壳膜。以毫米为单位，精确到0.01毫米。

4. 蛋的密度

蛋重级别以溶液对蛋的浮力的密度来表示。蛋的密度级别很高，则蛋壳较厚，质地较好。蛋的密度用盐水漂浮法测定，其溶液各级密度见表3-4。

表3-4 盐溶液各级密度(克/立方厘米)

级别	0	1	2	3	4	5	6	7	8
密度	1.068	1.072	1.076	1.080	1.084	1.088	1.092	1.096	1.100

5. 蛋黄色泽

按罗式比色扇的15个蛋黄色泽等级比色，统计每批蛋各级的数量和百分比。

6. 蛋壳色泽

按白色、浅褐色、褐色、深褐色、青色等表示。

7. 哈式单位

用蛋白高度测定仪测量蛋黄边缘与浓蛋白边缘的中点，避开系带，测3个等距离中点的平均值为蛋白高度。

$$哈式单位=100\lg(H-1.7W^{0.37}+7.57)$$

式中，H——浓蛋白高度(毫米)；

W——蛋重(克)。

已知蛋重和浓蛋白的高度后可查哈式单位表，或用哈式单位计算尺算出。

8. 血斑率和肉斑率

统计测定总蛋数中含有血斑和肉斑的百分比。

$$\text{血斑和肉斑率}=\frac{\text{含有血斑和肉斑的蛋的总数}}{\text{测定总蛋数}}\times 100\%$$

第六节　影响鹅繁殖力的因素及提高措施

一、影响鹅繁殖力的因素

(一)性成熟迟于体成熟

一般情况下，性成熟要晚于体成熟3～5个月。主要是因为性器官发育和性腺活动受始祖鹅原产寒带、长期低温驯化、发育缓慢的遗传因素影响，从而使性成熟相对要滞后于身体发育，而其他的大多数畜禽体成熟与性成熟基本同步或略晚。有报道认为，鹅的性器官发育不但呈单侧性，而且其发育完全与性腺激活要比体成熟时间晚一半，造成第一个产蛋(配种)年的持续时间仅4～6个月，单位时间内产蛋(配种)量要比鸡、鸭低得多。

(二)生殖障碍多

鹅具有先天性缺陷，从而导致不育。究其原因，主要有阴茎发育畸形，如性器官的不完整性和性腺的静止性等。

(三)产蛋性能低

母鹅产蛋行为受先天野性返祖现象以及特有的产蛋习性等因素影响，使鹅在每个产蛋季节的产蛋量都比其他禽类要低。例如，每窝开产的第一个蛋常生在野外放牧地的草丛、荆棘灌木丛下，且以首个蛋的产蛋处为长期产窝。又如，鹅属水禽，对相对湿度及光照都较为敏感，太高和太低都会严重影响鹅的产蛋。但是，国内大部分地区都能在不同程度上满足鹅对环境条件的要求。

(四)配种障碍

鹅在配种上因部分公鹅先天性阳痿或不育的发生频率高，其公、母配种比例一般在1∶3～1∶5。此外，在实际生产中还存在如下问题。

1. 心理阳痿

鹅的祖先在野生条件下习惯于一雌一雄，在长期驯化选育过程中，才逐步向一雄多雌演变，但那种固定交配对象的习性仍然遗传下来。这样，往往除个别占群体位序优势的头鹅外，其他公鹅多数处于心理阳痿状态，这在新鹅并入或借鹅配种时常见。

2. 环量不适

公鹅的配种行为严格限定在同群母鹅有产蛋行为的前15天，而同样提早结束于产蛋终止的前15天，表现出很大的季节性。当配种现场出现拥挤、气候过冷或过热、光照不足、休息场地不良、水质不好以及外来声响的扰乱时，都会不同程度地影响鹅的交配，从而发生性行为紊乱。

3. 恋伴特异

公鹅与母鹅长期在一起，会引起异常的恋伴反应，即对长期相守的母鹅表现出性冷淡，不与之交配；如果有陌生母鹅的出现，则公鹅又会出现排斥现象，躲避陌生母鹅，而不出现性反射。

(五)孵化技术要求高

鹅属大型水禽，其产蛋量少，蛋体较大，中型鹅蛋每个为140～170g，蛋壳厚0.5～0.55mm。无论是自然孵化还是人工孵化，都会出现孵化中后期胚胎死亡多、孵化末期雏鹅出壳难的问题。因此，在孵化时应注意以下问题：

一是对种蛋进行消毒，以提高孵化率，对种蛋的消毒方法很多，如用5%的新洁尔灭溶液加水50倍制成0.1%的溶液，用喷雾器直接喷洒在种蛋表面即可；二是为种鹅自然孵化准备好设施，按照产蛋窝的规格准备好抱窝箱，铺垫的稻草要柔软，并要保持干净；三是根据母鹅体重确定孵化蛋数，一般每窝选择均匀的种蛋12～16个，总的原则是蛋要能被抱窝的种鹅羽毛遮盖；四是中途要进行三次照蛋，第一次在孵化5～7d后，剔除没有血丝的无精蛋和血丝很细的弱精蛋，第二、三次照蛋分别在孵化15～18d和27～28d，主要作用是剔除死胚蛋；五是控制母鹅洗浴，如让其洗浴，因羽毛不易干燥，使蛋温降低，湿度增大，直接影响孵化率和小鹅成活率；六是限量饲喂孵化期母鹅，一般喂六七成饱即可，否则容易使母鹅醒抱，造成孵化失败；七是做好出雏工作，通过30～31天的孵化，雏鹅即可破壳，为防止母鹅踩死雏鹅，应及时转移雏鹅，减少因母鹅踩死雏鹅造成的损失，也可在“三照”后把种蛋移入出雏机内继续孵化，达到安全出雏的目的。

二、提高鹅繁殖性能的措施

(一)严格选种

鹅的选种除了按常规选种要求进行外，还要选留外貌特性与生产性能符合本品种特征特性的早春雏鹅，有条件的还应根据个体和系谱记录，选择那些产蛋量、蛋重、受精率和配种成绩及后代生长速度等指标都好的后代。更主要的是，务必翻肛检查雄性生殖器官，要把阴茎发育正常、粗壮有力、纤毛螺旋状、淋巴体颜色深白、第二性征明显、体质健壮、配种旺盛、受精率高和精液品质优良者留作种用。一般按初选→预选→精选→定种等几个基本步骤进行。

1. 初选

出壳时按预留数的2～2.5倍选留双亲性能优良、出壳早、初生体重大、体质健壮、外貌优良者。

2. 预选

2月龄时按预留数1.5～2倍的比例进行全面的外貌、体型、体质、生殖器鉴定后确定。

3. 精选

3月龄时按预留数1～1.5倍的比例选择换羽早而快的留种。

4. 定种

经过1个产蛋期，根据配种力、受精率和产蛋量、蛋重、蛋质选择优异的最后确定留作种用。

（二）加强饲养管理

在鹅的营养上，首先要满足鹅对蛋白质的需求。在雏鹅阶段，日粮中蛋白质含量应不少于22%；20日龄以后日粮中蛋白质也不应少于15%；同时，还要平衡氨基酸，主要考虑赖氨酸、精氨酸、蛋氨酸等。能量要保证在雏鹅和种鹅阶段的饲料中含有2.9MJ/kg的能量，育成鹅的饲料中能量浓度为3.0MJ/kg的能量。对于补饲的鹅，要注意饲料中维生素A、维生素D、维生素E的补充，这几种维生素对鹅精子的品质有影响。同时主要矿物质的补充，钙、磷比例一般以1∶1～1.5∶1为宜。加强鹅的日常管理能有效地降低鹅的繁殖障碍，保证性器官发育正常，促进性腺活动及满足产蛋（配种）的需要。种鹅除要做好放牧、游泳、补饲、保温、防暑等日常管理外，还要做好以下工作。

1. 科学分群，优化鹅群结构

为减轻斗争造成雄鹅的心理障碍，从产蛋前1个月开始，规模养鹅场（户），要按20～30只种鹅组建1个小群，分开饲养管理，公、母比仍按1∶3～1∶5，一般不宜大群混养。在生产中应及时淘汰过老的公、母鹅。一般来说，使用超过3年的母鹅和使用超过4年的公鹅都要淘汰。

2. 配种方法优化

配种2个月后，应让公鹅休息10天左右。这种措施可提高选育规划种鹅的受精率，又保持高产蛋量。有些品种的公、母鹅体格相差悬殊，自然交配困难，受精率低，此时可采用人工辅助的配种方法。此外，人工授精也是提高种鹅受精率最有效的方法之一。

3. 搞好产蛋期管理

对进入产蛋期的母鹅要勤观察，每天放牧时凡发现伸颈鸣叫、神态不安、东张西望、思念归巢者应捉起检查，如有蛋应抱回产蛋窝产蛋。经过1～2次如此处理，野性返祖乱生蛋现象就能克服。

4. 保证适宜湿度

鹅舍的相对湿度以50%～65%为宜，过高或过低均会严重影响鹅的繁殖功能，其调节方法是湿度过高则以木箱盛放生石灰降湿；湿度过低则以盆盛水或1天喷雾2～3次增湿。从26天起每天用36℃左右温水漂蛋3min，带水放回窝内或直接用温水喷洒孵蛋1～2次，可促进起嘴啄壳出雏。

5. 克服厌伴

对同群的公、母鹅采取白天一起放收配种，夜间分别关笼，实行同屋不同笼，仅闻其声，造成夜间的性隔离，可大幅度提高受精率和孵化率。

6. 人工辅助脱羽

当母鹅产蛋量明显下降或将要停产时，将公、母鹅分别饲养，先停食1天，第二天停水，洗净擦干鹅体，每只喂给白酒12～15mL，10min后按颈下部、胸腹部、体侧、双肋、腿、肩、背部的顺序，先脱毛片、后脱羽绒。注意保暖，加强营养，7～10天后可下水游泳，多补充精料，使其尽快进入下一个繁殖周期。

7. 保证光照

种鹅从产前1个月开始，每天要保持14～16h的光照，冬末春初入夜后要补充人工光照4个小时，照度为10～15lx（2～3W/m^2），光源离地面1.75m。

8. 注重保健

定期饲喂补肾益精、填髓生精、补虚益气等类的中药保健品，以促进公鹅生殖机能的良好恢复。

9. 及时淘汰

在产蛋期间，如果出现瘸腿、公鹅掉鞭、母鹅脱肛等不可逆转的情况，应及时淘汰；早停产、产蛋性能不佳的也应予以淘汰。

10. 产蛋后期分群饲养

产蛋后期，鹅群中大量母鹅陆续停止产蛋，此时，应将停产和未停产的及时分群，采取不同的饲养管理方式。此时区分是否产蛋可通过看采食情况及体貌特征判断，如采食狼吞虎咽，食欲旺盛，吃食不挑食，动作迅速，背较宽，胸部阔深，躯体长，羽毛蓬乱、不油亮，肛门湿润且有弹性的母鹅为产蛋鹅。

（三）注意环境卫生，搞好疫病预防

鹅舍的选址应远离居民点、主干公路、铁路、工厂等具有较大噪声的地方，以确保种鹅能在安静的鹅舍内生活。提供充足的水源，并保证水质的洁净，以使种鹅有机会接触水面，发挥其天性，提高生产性能。鹅的运动空间要大，要防止营养过剩，造成种鹅肥胖。对本地区鹅的常发疾病，一定要进行疫苗接种或药物预防治疗，并注意鹅群日常的清洁工作，不能喂给发霉变质的饲料，在饲料中要定期投放一些广谱抗菌药物或中药保健产品。除此之外,应禁止非工作人员进出种鹅场,场内的工作人员进入鹅场前要进行严格的消毒,以防止带进病原。

鹅经历产蛋期的时间较长,消耗能量大,容易感染各种疾病。产蛋期种鹅常见疾病主要有禽霍乱、鹅大肠杆菌病、鹅虱、母鹅输卵管脱垂病、公鹅阴茎脱垂病和脚趾脓肿病等疾病,应积极做好各种疾病的预防与治疗工作。应在种鹅产蛋期前 1 个月,积极做好有关疾病的预防工作。在产蛋期治疗上述疾病时应禁止使用对产蛋有抑制作用的磺胺类、呋喃类、抗球虫类、金霉素、四环素类药物。在治疗时可用土霉素等药物,或每天在饲料中添加相似功能中药产品替代抗生素,也能起到良好的效果。

第四章　鹅的孵化技术

第一节　种蛋的形成与构造

一、种蛋的形成

母鹅的卵子成熟后从卵巢排出，被漏斗部接纳，在输卵管内运行的过程中形成蛋白、壳膜、蛋壳等，最后排出体外，即成蛋。这种蛋是无精蛋。

鹅交配后，精子向输卵管上部运行，至漏斗部与卵子结合受精。精子在输卵管内能存活2～3周左右甚至更长时间，所以交配后能维持8～10天受精的可能，有的一次交配后30天仍能获得受精蛋。进入卵内的精子只有1个精子能形成雄原核与雌原核，它们结合后形成受精卵，同时开始早期的发育。受精卵通过细胞的分化和分层，便形成了内胚层和外胚层。此时已发育到原肠胚的早期，蛋也已全部形成而产出体外。蛋产出体外后由于温度下降，胚胎停止发育。一旦条件成熟就继续发育，最终发育成雏鹅出壳，形成新的个体。

鹅的生殖细胞在卵黄表面。未受精的卵生殖细胞在蛋的形成程中，一般不再分裂，在蛋黄表面（卵黄膜的下面）有一白点，称为胚珠。受精后的卵，经分裂形成中央透明、周围暗区的盘状型的原肠胚，叫胚盘，这种蛋就是受精蛋。

二、种蛋的构造

种蛋包括蛋壳、蛋壳膜、蛋白、蛋黄和胚盘（胚珠）五部分。

1. 蛋壳

蛋壳是蛋最外面的一层。蛋壳的主要成分是碳酸钙，还有少量的碳酸镁、磷酸钙及有机物。它的作用是保护蛋的内容物，并供给胚胎发育所需要的矿物质。蛋壳上有许多气孔与外界相通，便于蛋内外的气体交换、水分蒸发和吸收。蛋壳表面有水溶性的胶护膜，它能封闭蛋壳的气孔，减少水分蒸发，阻止细菌等侵入，但如果长期保存或洗涤，可导致胶质膜溶解。种蛋入孵后，胶护膜逐渐消失而使气孔畅通，增强胚胎的气体交换。

2. 蛋壳膜

蛋壳膜分内壳膜和外壳膜。外壳膜紧靠蛋壳，内壳膜包围蛋白，两层膜在蛋的钝端分离，形成一个气室。刚产的蛋气室很小，因温度下降，蛋白、蛋黄收缩，气室就大一点。随着保存时间的延长，营养的消耗和水分的蒸发，气室会逐渐增大。因此气室的大小是检验蛋新鲜程度的标志之一。内外两层壳膜都有气孔，外层较大，内层较小，对外界微生物的侵入起一定的屏障作用。内壳膜只有在受到蛋白酶的破坏而使气孔增大时，微生物才能侵入蛋内，引起内容物腐败变质。

3. 蛋白

蛋白分 4 层，由外到内分别为外稀蛋白层，它是稍有黏性的液体，约占蛋白的 23%。紧接着是胶状的外浓蛋白层，约占蛋白的 57%，内稀蛋白层约占 17%，内浓蛋白层靠近蛋黄，约占 3%，此层在蛋黄两端呈螺旋状胶冻样结构的称为系带。系带一端系于蛋黄膜上，另一端系于内壳膜上。系带有固定蛋黄的作用。新鲜蛋浓蛋白较多，存放时间延长，浓蛋白就逐渐变稀。经受剧烈震动后种蛋系带常常受损，致使孵化率下降。蛋白的作用主要是供应胚胎发育所需的营养。

4. 蛋黄

其由薄而透明的蛋黄膜包围。蛋黄深、浅黄色（或红色）相间，脂肪含量多密度小，常上浮。深、浅蛋黄层是由于鹅昼夜代谢节律不同而形成的，白天形成的较深，夜间形成的较浅。新鲜蛋的蛋黄膜能使蛋黄保持一定的形状。陈旧蛋常因蛋黄膜破裂而成为散黄蛋。蛋黄主要供给胚胎营养。雏鹅出壳后，剩余的蛋黄残留在腹腔内，以供应雏鹅早期营养，并随着雏鹅日龄的增加而消失，形成卵黄囊憩室。

5. 胚珠或胚盘

蛋黄表面有一个淡白色小圆点称为胚珠，受精后次级卵母细胞经过分裂即形成胚盘，比胚珠略大，内层透明而边缘浑浊，是胚胎体外发育的起点。由于胚珠或胚盘密度较蛋黄小，因此将种蛋平放静置 3～5min 后，打开蛋壳可见一盘状或米粒状物，即为胚盘或胚珠。胚盘为受精后发育而成的直径 5mm 左右的圆盘状结构，胚珠即米粒状为未受精蛋所有。

第二节　种蛋孵化前的管理

一、种蛋的选择

选择质量好的种蛋，并妥善管理，能提高入孵蛋的质量，防止疫病的传播，从而提高孵化率并获得品质优良的雏鹅。鹅产蛋较少，种蛋的成本较高，把好种蛋关显得尤为重要。

1. 种蛋的来源

种蛋应来源于生产性能好、繁殖力高和健康的鹅群。种鹅在开产前1个月，应注射小鹅瘟疫苗，最好相隔1周再接种1次，加强免疫；同时要求种鹅的饲养管理正常粮的营养物质全面，以保证胚胎发育时期的营养需求。引种蛋要了解当地的疫病情况，不要从有传染病疫区引进种蛋。

2. 种蛋的受精率

一看种蛋的鹅群年龄，公母比例要适当，饲养管理要科学，鹅群应有适当面积进行水面配种活动；二看第一批种蛋孵化情况。

3. 种蛋的新鲜度

种蛋保存时间越短，蛋越新鲜，胚胎生活力越强，孵化率越高。新鲜种蛋气室小，蛋壳干净无光泽，附有石灰质的微粒，好似附有一层霜状粉末。陈旧蛋气室变大，蛋壳发亮、颜色发暗或斑点，还常沾一些脏物。以产后1周内的蛋作种蛋较为合适，3～5天最好，若超过2周则孵化期延长。种蛋贮存时间越长，孵化率越低，弱雏越多。种蛋可在亮处照看，新鲜蛋气室小。也可抽查打开蛋看，新鲜蛋蛋黄圆形清晰，蛋白黏稠。

4. 种蛋外观选择

(1)清洁度。种蛋应该清洁，蛋壳上不得有粪便或其他脏物污染。蛋壳表面如受到粪便和污泥等污染，病原微生物可侵入蛋内，引起种蛋变质腐败，同时污物堵塞蛋壳上的气孔，影响孵化率。产蛋窝经常保持清洁干燥，并及时收集种蛋，这样可将种蛋受污染程度缩减到最低程度。轻度污染的蛋用40℃左右温水稀释成0.1%新洁尔灭液洗擦并抹干后可以作为种蛋入孵。

(2)蛋重。蛋重应符合品种要求，过大过小的蛋孵化效果都不好。小型鹅蛋重120～135g，中型鹅蛋重135～150g，大型鹅蛋重150～210g。皖西白鹅蛋重一般在130g左右，可在标准蛋重上下浮动5～10g。

(3)蛋形。蛋形应以椭圆形为好，大小头明显，不能过长、过圆。凡畸形蛋(如细长、短圆、橄榄形两头尖、腰箍等蛋)一律不用于孵化，这些蛋孵化率低，甚至会出现畸形雏。评价蛋形用蛋形指数，即蛋的纵径与横径之比。蛋形指数为1.4～1.5，孵化率最高(88.2%～88.7%)，健雏率也高(97.8%～100%)。蛋形指数在1.39和1.6之外的蛋，死胎率高，健雏率降低。

(4)蛋壳。蛋壳质地应致密均匀，表面光滑，颜色符合品种要求。蛋壳厚薄适度，厚度一般为0.4～0.5mm。蛋壳过厚、过硬的“钢皮蛋”，蛋壳过薄、质地不均匀、表面粗糙的“砂壳蛋”以及皱纹蛋等都不宜做种蛋入孵，破壳蛋更不行。因为蛋壳过厚孵化时受热缓慢蛋内水分不易蒸发，气体不易交换，出雏也困难；

而蛋壳过薄蛋内水分蒸发快，也不利于胚胎发育。

二、种蛋的保存

种蛋保存得好坏直接影响到孵化率的高低和雏鹅的成活率。因此，种蛋的保存除要有专门的保存种蛋的蛋库外，同时也应符合一定的保存条件。

1. 温度

温度是种蛋保存最重要的条件。鹅胚胎发育的临界温度（又叫生理零度）为23.9℃，超过这个温度胚胎就会恢复发育。温度过低（如0℃），虽然胚胎发育仍处于静止休眠状态，但胚胎的活力下降。－2℃时胚盘致死。因此，孵化前种蛋的保存温度不能过高或过低。一般认为种蛋适宜的保存温度是13℃～16℃，如果保存期超过5天，10℃～11℃的保存温度最好。

2. 湿度

种蛋保存过程中既要防止蛋内水分大量蒸发，又不能让种蛋受潮乃至发霉。较理想的保存种蛋的相对湿度为75％～85％，这种湿度和鹅蛋的含水率比较接近，蛋内水分不会大量蒸发，湿度过低蛋内水分大量蒸发，会影响孵化效果，若湿度过高又会使蛋发霉而变质。用水洗过的种蛋不易保存。

3. 翻蛋

蛋黄密度较小，总是浮在蛋白的偏上部。为了防胚盘和蛋壳粘连，影响种蛋品质，在种蛋保存期内要定期翻蛋。一般认为，保存时间在1周内可以不翻蛋，超过1周每天至少翻动1～2次，翻动蛋位角度为90°以上。

4. 通风

保存种蛋的房间，要保持通风良好，清洁，无特别气味，无阳光直射，无冷风直吹。要将种蛋码放在蛋盘内，蛋盘置于蛋盘架上，并使蛋盘四周通气良好。堆放化肥、农药或其他有强烈刺激性物品的地方，不能存放种蛋，以防这些异味经气体交换进入蛋内，影响胚胎发育。种蛋也要预防蝇吮、蚊叮。

5. 保存方法

蛋库可设空调，或在条件较好的地窖保存。常温下可采用不透气的聚乙烯塑料袋，大小为71cm×118.5cm，每袋可装50～70个种蛋，其间应经常解开袋口通气，定时翻蛋。据调查，这种简易方法比一般常温保存法孵化率可提高18％，但只能保存1～2周。

6. 保存时间

种蛋保存时间愈短，对提高孵化率愈有利。在适当的条件下，保存时间一般不应超过7天。长时间保存时即使保存条件适宜，孵化效果也受影响。因为长期保存后，蛋白本身的杀菌能力会急剧降低，水分蒸发多，引起系带和蛋黄膜变脆，酶的活动使胚胎衰老，蛋内营养物质变性，蛋壳表面细菌繁殖波及胚胎。

因此在可能条件下，种蛋入孵越早越好。保存时间最好在5天以内，一般不超过7天，最长不超过14天，但当天的种蛋最好不入孵。保存时间在2周以内，孵化率下降幅度小；保存2周以上，孵化率下降显著；保存3周以上，孵化率急剧下降。有时为了满足育种、生产的需要或遇到其他特殊情况，种蛋保存不得不超过适宜保存期。在这种情况下，对种蛋定期加温，间断启动胚胎发育，可以降低早期死胚率，减少血环蛋数。具体做法是：在保存的第一天以及以后每隔5天，将种蛋放入37.8℃和相对湿度77%的孵化器中，加温5小时。种蛋保存时还应避免阳光直射。

三、种蛋的消毒

种蛋消毒的目的是杀灭蛋壳表面的病原微生物，一般蛋壳上都或多或少带有微生物，哪怕刚产下的蛋也不例外，如不及时消毒，这些微生物会很快繁殖，经过1小时就能增加几十倍，并容易侵入蛋内传播各种疾病。因此，种蛋消毒是提高种蛋孵化率的重要措施，并防止疾病交叉传染。种蛋的消毒方法较多，常用的有以下几种。

1. 甲醛熏蒸消毒法

甲醛熏蒸消毒法是目前使用最为普遍的一种种蛋消毒法，其操作简单，效果良好。种蛋在消毒室内或孵化机内均可应用。其方法是将浓度为40%的甲醛(福尔马林溶液与高锰酸钾按一定比例混合放入适当的容器中，甲醛气味急剧产生，通过熏蒸来消毒。每立方米空间用20～30mL甲醛溶液和10～15g高锰酸钾，烟熏蒸20～30min，要求温度20℃～24℃、相对湿度75%～80%。熏蒸后应充分通风。

2. 新洁尔灭消毒法

可用新洁尔灭进行喷雾或浸泡消毒。将5%的新洁尔灭溶液加水50倍即成0.1%的溶液，用喷雾器喷洒在种蛋表面或在40℃～45℃该溶液中浸泡3min，即可达到毒效果。也可用1∶5000浓度溶液喷洒或擦拭孵化用具。新洁尔灭溶液能在几分钟里杀灭葡萄球菌、伤寒沙门氏菌、大肠杆菌及霉菌；但忌与肥皂、碘、碱、升汞和高锰酸钾等配用，以免药物失效。

3. 百毒杀喷雾消毒法

百毒杀是含有溴离子的双链四级胺化合物，对细菌、病毒、霉菌等均有消毒作用，没有腐蚀性和毒性。孵化机与种蛋的消毒，可在每10L水中加入50%的百毒杀3mL，喷雾或浸渍。

4. 高锰酸钾或碘液浸泡消毒

可用0.2%的高锰酸钾溶液或者0.1%的碘液浸泡种蛋1min，取出沥干。碘液配置方法：取碘片10g溶于15g碘化钾中，再溶丁1000mL水中，再加入

9000mL 水即成 0.1%的碘溶液。种蛋保存前不能用溶液浸泡法消毒，此法会破坏胶护膜，加快蛋内水分蒸发，细菌也容易进入蛋内，故用于种蛋入孵前消毒。此外，还有臭氧消毒法、氯异氰尿酸钠烟熏剂消毒法等。

四、种蛋的包装与运输

1. 种蛋的包装

引进种蛋时常常需要长途运输，如果保护不当，往往引起种蛋破损和系带松弛、气室破裂等，进而导致孵化率降低，因此应注意种蛋的包装。包装种蛋最好使用专门制作的蛋托和纸箱，蛋托和纸箱要求强度好，纸箱四壁有孔可通气，种蛋放置时要大头朝上，小头朝下。如果没有蛋托和纸蛋箱，也可用木箱或竹筐装蛋，装蛋时，每层蛋间和蛋的空隙间用干燥、干净整洁的锯末、稻糠、稻草填充防震。不论使用什么工具包装，尽量使大头向上或平放，排列整齐，以减少蛋的破损。

2. 种蛋的运输

运输种蛋的工具要求快速、平稳、安全，要避免日晒、雨淋和防止因剧烈颠簸而影响种蛋品质。因此，在夏季运输时，要有遮阴和防雨设备；冬季运输应注意保温，以防冻。装卸时轻装轻放，严防强烈震动，强烈震动可导致气室移位，蛋黄膜破裂，系带折断等。经长途运输的种蛋到达目的地后应尽快消毒装盘入孵，不可再作贮存。

第三节　种蛋孵化

一、胚胎的发育

鹅的精子和卵子在输卵管的喇叭部受精后，就开始了胚胎发育。受精卵在母鹅输卵管内向后移行过程中，就开始了早期的胚胎发育。受精卵在峡部开始第一次细胞分裂，并由卵裂经囊胚期，直到原肠期形成外胚层和内胚层。这个过程大约需要 24～28 小时。当受精蛋产到体外时，遇冷胚胎发育暂时停止。基本停止发育的受精蛋，在一定的时间限度内，只要提供适宜的孵化条件，胚胎就会恢复发育，经过 31 天左右的时间，胚胎发育成雏出壳。

（一）胚胎发育的早期

1. 内部器官发育阶段

在鹅蛋孵化的第 1～6 天，先在内胚层与外胚层之间很快形成中胚层，此后由这三个胚层形成各种组织和器官。外胚层形成皮肤、羽毛、喙、趾、眼、耳、神经以及口腔和泄殖腔的上皮等。内胚层形成消化道和呼吸器官的上皮以及内分泌腺体等。中胚层形成肌肉、生殖器官、排泄器官、循环系统和结缔组织等。

2. 早期胚胎发育及照蛋特征

(1)1～2 天。胚盘重新开始发育,器官原基出现,雏形隐约可见,但肉眼很难辨清。照蛋时蛋黄表面有一颗颜色稍深、四周稍亮的圆点,俗称"鱼眼珠"或"白光珠"。

(2)3～3.5 天。血液循环开始,卵黄囊血管区出现心脏,开始跳动,卵黄囊、羊膜和浆膜开始出现。照蛋时,可见卵黄囊的血管区形状很像樱桃,俗称"樱桃珠"。

(3)4.5～5 天。胚胎头尾分明,内脏器官开始形成,尿囊增大到肉眼可见。卵黄由于蛋白水分的继续渗入而明显扩大。照蛋时可见胚胎及伸展的卵黄囊血管,形状似一只蚊子,俗称"蚊虫珠"。卵黄颜色稍深的下部似月牙状,俗称"月牙"。

(4)5.5～6 天。胚胎头部明显增大,并与卵黄分离,各器官和组织都已具备,脚、翼、喙的雏形可见。尿囊迅速生长,从脐部向外凸出,形成一个有柄的囊状。卵黄囊血管所包围的卵黄达 1/3。羊水增加,胚胎已能自由地在羊膜腔内。照蛋时蛋黄不易随着转,卵黄不易跟随着转动,俗称"钉壳"。胚胎和卵黄囊血管形状像一只小蜘蛛,故俗称"小蜘蛛"。

(二)胚胎发育的中期

1. 外部器官形成阶段

在鹅蛋孵化的第 7～18 天,胚胎的脖颈伸长,翼、喙明显,四肢形成,腹部愈合,全身覆毛,胫后腿趾上出现鳞片。

2. 中期胚胎发育及照蛋特征

(1)7 天。胚胎头弯向胸部,四肢开始发育,已具有鸟类外形特征,生殖器官生成,公母已定。尿囊与浆膜、壳膜接近,血管网向四下发射,如蜘蛛足样。照蛋时可明显看到胚胎黑色的眼点,俗称"起珠""单珠""起眼"。

(2)8 天。胚胎的躯干部增大,口部形成,翅与腿可按构造区别,胚胎开始活动,引起羊膜有规律地收缩。卵黄囊包围的卵黄在一半以上,尿囊增大迅速。照蛋时可见头部及增大的躯干部形似"电话筒",一端是头部,另一端为弯曲增大的躯干部,俗称"双珠"。可以看到羊水。

(3)9 天。胚胎已出现明显的鸟类特征,颈伸长,翼、喙明显,脚上生出趾,呈水禽结构样。卵黄增大达最大,蛋白重量相应下降。照蛋时,由于羊水增多,胚胎活动尚不强,似沉在羊水中,俗称"沉"。正面已布满扩大的卵黄和血管。

(4)10 天。胚胎的肋骨、肺、肝和胃明显,四肢成形,趾间有蹼。用放大镜可以看到羽毛原基分布于整个体躯部分。照蛋时,正面可见胚胎在羊水中浮动,俗称“浮”；卵黄扩大到背面，蛋转动时两边卵黄不易晃动，俗称“边口发硬”。

(5)11～12天。胚胎眼裂呈椭圆形，脚趾上现爪，绒毛原基扩展到头、颈部，羽毛突起明显，腹腔愈合，软骨开始骨化。尿囊迅速向小头伸展，几乎包围了整个胚胎。气室下边血管颜色特别鲜明，各处血管增加。照蛋时转动蛋，两边卵黄容易晃动，俗称“晃得动”。接着背面尿囊血管迅速伸展，越出卵黄，俗称“发边”。

(6)13～15天。胚胎的头部偏向气室，眼裂缩小，喙具一定形状，爪角质化，全部躯干覆以绒羽。尿囊在蛋的小头完全合拢。照蛋时，尿囊血管继续伸展，在蛋的小头合拢，整个蛋除气室外都布满了血管，俗称“合拢”“长足”。

(7)16天。胚胎各器官进一步发育，头部和翅上生出羽毛，腺胃可区别出来，下眼睑更为缩小，足部鳞片明显可见。照蛋时，血管开始加粗，血管颜色开始加深。

(8)17天。胚胎嘴上可分出鼻孔，全身覆有长的绒毛，肾脏开始工作。小头蛋白由一管状道(浆羊膜道)输入羊膜囊中，发育快的胚胎开始吞食蛋白。照蛋时，血管继续加粗，颜色逐渐加深。左右两边卵黄在大头端连接。

(三)胚胎发育的后期

1. 胚胎逐渐生长阶段

在鹅蛋孵化的第19～29天，由于蛋白全部被吸收利用，胚胎逐渐长大，肺血管形成，尿囊及羊膜消失，卵黄囊收缩进入体内，开始用肺呼吸，并在壳内鸣叫、啄壳。

2. 后期鹅胚胎发育及照蛋特征

(1)18天。胚胎头部位于翼下，生长迅速，骨化作用急剧。小头蛋白不进入羊膜囊中，胚胎大量吞食稀释的蛋白，尿囊中有白絮状排泄物出现。由于蛋白水分蒸发，气室逐渐增大。照蛋时，小头发亮的部分随着胚胎日龄的增加而逐渐缩小。

(2)19～21天。胚胎的头部全在翼下，眼睛已被眼睑覆盖，横着的位置开始改变，逐渐与长轴平行。卵黄与蛋白显著减少，羊膜及尿囊中液体减少。照蛋时，小头发亮的部分逐渐缩小，蛋内黑影部分则相应增大，说明胚胎身体在逐日增长。

(3)22～23天。胚胎嘴上的鼻孔已形成，小头蛋白已全部输入到羊膜囊中，蛋壳与尿囊极易剥离。照蛋时，以小头对准光源，看不到发亮的部分，俗称“关门”“封门”。

(4)24～26天。喙开始朝气室端，眼睛睁开。吞食蛋白结束，煮熟胚蛋观察胚胎全身已无蛋白粘连，绒毛清爽，卵黄已有小量进入腹中，尿囊液浓缩。照蛋时可以看到气室朝一方倾斜，这是胚胎转身的缘故，俗称“斜口”“转身”。

(5)27～28 天。胚胎两腿弯曲朝向头部，颈部肌肉发达，同时大转身，颈部及翅突入气室内，准备啄壳。卵黄绝大部分已进入腹中，尿囊血管逐渐萎缩，胎膜完全退化。照蛋时，可见气室中有黑影闪动，俗称“闪毛”。

(6)29～30 天。胚胎的喙进入气室，开始啄壳见嘌，卵黄收净，可听到雏的叫声，肺呼吸开始。尿囊血管枯萎。少量雏鹅出壳。起初是胚胎部穿破壳膜，伸入气室内，称为“起嘴”，接着开始啄壳，称“见嘌”“啄壳”。

(7)30.5～31 天。出壳。

二、蛋孵化的条件

鹅胚胎发育大部分是在母体外完成的，因此要想获得理想的孵化效果，就必须根据胚胎发育的特点，提供适宜的孵化条件，以满足胚胎发育的要求。孵化条件主要包括温度、湿度、通风、翻蛋和晾蛋。

(一)温度

温度是鹅胚胎发育的重要条件。只有在适宜的温度条件下，才能保证鹅蛋中各种酶的活性，从而保证胚胎正常的物质代谢和生长发育。鹅胚胎对于温度有一个较大的适应范围。一般情况下，鹅胚胎发育的温度范围为 36.7℃～37.2℃。变温孵化在孵化初期需要较稳定相对稍高的温度 36.7℃，9～18 天温度为 37.3℃，19～26 天温度为 37℃，27～31 天温度为 36℃。温度过高或过低都会影响胚胎的生长发育，严重时可造成胚胎死亡。高温对胚胎的致死界限较窄，危险性较大。温度偏高时，胚胎发育加快，孵化期缩短，但孵出的雏鹅体质弱。当胚胎温度达 42℃时 3～4 个小时就可使胚胎全部死亡；低温对胚胎的致死界限较宽，危险性相对小些。当胚蛋温度低于 20℃以下，经过 30 个小时鹅胚胎才会死亡。因此遇到特殊情况，如停电，应及时采取措施，小胚龄种蛋重保温，大胚龄种蛋应及时打开孵化机门，开门时间由胚蛋温度决定。温度应随着鹅胚不同的发育阶段而变化。孵化初期，胚胎物质代谢处于低级阶段，自身产生的体热很少，因而需要较高的孵化温度，一般在 15℃室温下，需 38℃左右；孵化中期以后，随着胚龄的延长，物质代谢日益增强，尤其是孵化末期，脂肪代谢增强，胚胎自身产生大量体热，需更低一些的温度，为 36.9℃～37.2℃。孵化温度受多种因素影响，随季节、气候、孵化法和入孵日龄不同而略有差异，应在温度范围内灵活掌握。孵化温度的控制通常采用恒温孵化制度和变温孵化制度两种方案。

1. 恒温孵化

这种方法多在分批入孵时采用，将“老蛋”(孵化中、后期的胚蛋)和“新蛋”(孵化前期的胚蛋)间隔放置，使用相对稳定的温度孵化，这是一种将“老蛋”的余热量用“新蛋”来吸收的方式，解决了“老蛋”温度偏高、“新蛋”温度偏低的矛盾，可以满足不同胚龄种蛋的需要。这种方法适用于种蛋来源少或者室温偏高的情况，既能减少自温超温，又能节省能源。皖西白鹅分批上蛋时，应用恒温孵化，温度为37.2℃～38.3℃。

2. 变温孵化

变温孵化是根据不同胚龄胚胎发育的情况，采取适宜的孵化温度。由于鹅蛋较大，蛋内脂肪含量较高，在孵化的14～15天以后，代谢热上升较快，如不调整孵化机内的温度，会出现机内局部超温而引起胚胎的死亡。变温孵化多用于种蛋来源充足或者室温偏低时，整箱次装满时用，有利于胚胎发育。需要强调的是，室温不仅是对温度这个因素的调控，还是对以温度为主的多种因素的综合调控，应根据具体情况综合平衡。

皖西白鹅一次性上蛋，采取分段变温孵化，室温15℃～20℃时，温度36.5℃～38.5℃。施温程序：1～8天，38.3℃～38.5℃；9～16天，37.8℃～38℃；17～24天，37℃～37.2℃；25～31天，36.5℃～36.8℃，与其他中型鹅变温孵化施温标准基本一样(表4－1)。

表4－1 中型鹅变温孵化施温标准

季节	孵化室温度(℃)	孵化机内温度(℃)				
		1～6d	7～12d	13～18d	19～28d	29～31d
冬季、早春	23.9～29.5	38.1	37.8	37.8	37.5	37.2
春季		38.1	37.8	37.5	37.2	36.9
夏季	29.5以上	37.8	37.5	37.5	37.2	36.9

(二)湿度

种蛋在孵化过程中，蛋内水分通过蛋壳表面的气孔不断向外蒸发，蒸发量的大小与孵化器内相对湿度有关。适当的湿度可以调节蛋内水分蒸发和物质代谢，在温度掌握适当的情况下，鹅胚胎对湿度的适应范围比较宽。尽管如此，胚胎发育仍要求有合适的相对湿度。如湿度过高，蛋内水分不易蒸发，影响胚胎发育，出壳后苗鹅大肚脐多，活力也较差；湿度过低，胚胎易与壳膜粘连，影响苗鹅正常出壳，出壳的苗鹅干瘦，绒毛稍短，不易育雏。

鹅胚在孵化中所需的相对湿度比鸡蛋要高5%～10%，整批入孵时前、后期要高，中期要低。一般孵化初期湿度为65%～70%，孵化中期可降低到60%～65%，孵化后期提高到65%～75%。前期温度高有利于胚蛋吸收热量以及胚胎中羊水和尿囊液的形成；孵化中期，胚胎要排除羊水和尿囊液，可适当降低幅度；后期湿度高有利于胚胎散热和雏鹅出壳。分批入孵，因孵化器内同时有不同的胚龄的胚蛋，相对湿度应维持在55%～65%，出雏时增至65%～68%。自动调节湿度的孵化机，入孵湿度可掌握在60%～65%，出雏湿度在65%～75%。

皖西白鹅的参考湿度为：湿度应掌握两头高、中间低的原则。初期（1～8天）相对湿度为60%～70%；中期（9～24天）为55%～60%；后期（25～30天）为60%～70%，出壳期间为70%～75%。恒温孵化，相对湿度应控制在60%～64%。

（三）通风

在孵化过程中，鹅胚胎不断吸入氧气，排出二氧化碳。通风的目的就是排出二氧化碳，供给新鲜空气，以保证胚胎的正常气体代谢，促进胚胎正常发育。因此，机内要求氧气含量不少于18%，最佳含量为21%，胚胎周围空气中二氧化碳含量不得超过0.2%～0.5%。当通风不良时，二氧化碳急剧增加到1%，可使胚胎发育迟缓，或胎位不正，或招致畸形和引起中毒死亡。孵化后期臭蛋、死胎及出壳时污秽空气增多，更有加强通风换气的必要。一般死胎大多发生在出雏前夕，通风换气不良是一个重要原因。

通风换气的程度随着胚胎发育时期不同而异。初期物质代谢低，需要氧气较少，胚胎只通过蛋黄囊血液循环系统利用蛋黄内的氧气。孵化中期，胚胎代谢作用逐渐加强，对氧气的需要量增加。尿囊形成后，通过气室、气孔利用空气中的氧气。孵化后期，胚胎从尿囊呼吸转为利用肺呼吸，每昼夜需氧量为初期的110倍以上。因此孵化器内的通风量，应按胚龄的大小，开启通气孔，孵化前期开1/4～1/3，中期开1/3～1/2，后期全开。如分批孵化，孵化器内有两批以上的蛋，而外界气温不是很低，可以全部打开通气孔。

此外，调节通风量还应考虑孵化器内的温度和湿度状况。因通风、温度、湿度三者之间有着密切关系，通风好，散热快，湿度小；通风不良，空气不流通，湿度升高，温度也升高。此外，还应注意通风要均匀，判断通风均匀与否可以从孵化器内各处种蛋的孵化率来进行，如果各处孵化率一致，则表明孵化器内空气流通均匀。

（四）翻蛋

胚胎密度最小，浮在蛋黄表面，长期不动易与壳膜粘连，影响胚胎发育。翻蛋可防止胚胎与蛋壳粘连，促进胚胎运动，保持正常胎位，同时增加了卵黄囊血管、尿囊血管与蛋黄、蛋白接触的面积，有利于养分的吸收。翻蛋经常改变蛋的位置，使胚蛋受热和通风更加均匀，有利于胚胎生长发育，提高孵化率。

入孵时种蛋在蛋盘中要平放或大头向上立放或斜立放，不可以小头向上。入孵第1周每2小时翻1次，以后每天4～6次，一直到孵化第28天移盘后停止翻蛋。翻蛋角度较鸡蛋为大，向各侧翻蛋的角度应大于45°，一般控制在45°～55°。翻蛋时动作要轻、稳、慢。一般来讲，翻蛋角度大，翻蛋次数宜少；翻蛋角度小，翻蛋次数宜多些。翻蛋在孵化前期和中期对孵化效果影响较大，第1～2周翻蛋更为重要，尤其是第1周。如用立体式机械孵化器，内设有翻蛋装置，只要定时转换胚胎角度,每 2 小时自动翻蛋 1 次,可以通过调节蛋盘角度完成。

(五)晾蛋

鹅蛋因含有较多脂肪,在孵化 14 天后就要产生大量余热,此时蛋温急剧增高,对氧气需要量增大,由于蛋较大,而蛋表面积相对较小,散热能力差,常要通过晾蛋才能降温散热,晾蛋是孵化后期保持胚胎正常温度的主要措施。晾蛋还可以促进气体交换,刺激胚胎发育。

从 15 天起每天应进行两次晾蛋,每天上午和下午各进行一次晾蛋,晾蛋的时间随季节、室温、胚龄而异,通常为 20～30 分钟,晾到眼皮感觉胚胎蛋温略凉,晾好后向胚胎蛋上喷洒约 30℃温水,使蛋表面见有露珠即可,然后放回孵化机中继续孵化。早期及寒冷季节晾蛋时间不宜过长。常用的晾蛋方法有以下几种。

1. 机器内晾蛋

晾蛋时将机门打开,关闭电路、风扇鼓风,至蛋表面温度下降至 30℃～33℃以后重新关上机门继续孵化。这种方法操作方便,一般在外界环境温度较低时采用。

2. 机器外晾蛋

将蛋从孵化机中拉出进行晾蛋,晾蛋时到用眼皮测试蛋温感觉稍凉时即可放回孵化机内,也可喷上 40.5℃左右的温水,直到用眼皮感触蛋温,再送入机内。这种方法操作烦琐,一般在外界环境温度较高时采用。

上述的孵化条件彼此之间有着密切的联系和影响,实际工作中通常是互相结合进行。其中温度起着决定作用,翻蛋和晾蛋对调节温度、湿度和通气起着辅助作用,通风良好会促进热量和水分蒸发散失,反之亦然;温度高使水分蒸发量大,湿度小会促使气流加快,温度降低。

三、机器孵化方法

(一)孵化前的准备

1. 制订孵化计划

根据设备条件、种蛋来源、雏禽销售等具体情况进行制订。在安排孵化计划时,应尽量把费力费时的工作错开,如入孵、验蛋等不能集中在一天进行。

2. 检修孵化机

在孵化前,要认真检查孵化机内的电热装置、风扇叶、轴承、电动机、指示灯、调节器等是否正常。特别要对温度计进行校正,确定正常后才能使用。首次使用前先进行试运转,时间不少于 1 小时,以后使用前试运转不少于半小时。

3. 准备好孵化机零配件和附属用品

为了使孵化工作顺利进行,孵化机的易损电气元件要有备件,电动机也要有备件。对孵化机要事先做好试运转和试温工作。此外，消毒药品、记录表格等都应准备进好。在孵化前1周对孵化室、孵化器及用具进行彻底消毒。孵化器可采用福尔马林加高锰酸钾熏蒸。每立方米用20～30mL福尔马林，加入高锰酸钾10～15g，经过20～30min后，打开机门，取出消毒用的容器，开动风扇，尽快将甲醛气体吹散。这种熏蒸消毒可用于种蛋和机器同时消毒，方法简单，效果好。还要准备好记录本或表格等。

(二)种蛋入孵

一切准备就绪后，即可上蛋正式开始孵化。但是在种蛋孵化过程中要注意以下几点。

1. 种蛋预热

在冬季和早春时，种蛋的温度往往较低。最好在入孵前放到22℃～25℃的环境下预热4h左右，有利于种蛋的苏醒和胚胎的发育，也可在机内进行，更有利于提高孵化效果。

2. 种蛋装盘

在入孵前把种蛋放在蛋盘上，一般把种蛋的钝端向上放，这样放占地方小，还可以提高孵化率。但鹅蛋比较大，种蛋要平放，其合拢率、孵化率和健雏率均较高。

3. 蛋盘编号

每个蛋盘前面设1个插放记录卡用的金属小框。种蛋上盘后，就要把种蛋品种、入孵日期、批次等项目填写在卡片上，并插入金属框内。这样便于对分批入孵种蛋换位，管理人员也便于管理，避免发生差错。

4. 入孵时间的安排

入孵时间最好是在下午4时以后，这样，大批出雏时可以赶上白天，工作比较方便。

(三)孵化机的日常管理

1. 温度的变化

每隔30分钟观察孵化机的温度1次，每小时记录温度1次。观察调节器的灵敏程度，遇有温度上升或下降时，可以及时调节并定时记温。若发现水银导电表的水银柱有断裂现象时，应立即修理或调换。

2. 注意孵化机中的湿度

一般自动调湿的要保证有水，非自动调湿的孵化机，每天要定时往水盘加温水。要注意的是，湿度计的纱布在水中容易因钙盐作用而变硬或沾染灰尘和绒毛，影响水分的蒸发，故须经常清洗或更换。

3. 应经常检查机件的运转情况

如电动机是否发热，孵化机内有无异常的音响。孵化器的轴杠、电动机应定期加油，以减少摩擦。

4. 照蛋

孵化期内应照蛋3次，以便及时验出无精蛋和死胚蛋，并观察胚胎发育情况。第一次照蛋在孵化第7～8天进行，第二次照蛋在第15～16天进行，第三次照蛋是转到出雏器前（第24～25天）进行。观察胚珠发育快慢，以调整孵化机温度。具体照蛋情况可参见鹅胚胎发育部分内容。如果对孵化机温湿度掌握好，一般不做三照，必要时可以抽测。

5. 落盘

鹅蛋孵化至27～28天，应将孵化机中的蛋移入出雏机的出雏盘。此后停止翻蛋，增加水盘，提高湿度，准备出雏，落盘时期可依胚胎发育具体情况掌握。有的结合最后一次照蛋即进行落盘。

6. 出雏的处理

一般鹅种蛋孵化至30天时，雏鹅就会大量出壳。大约每4小时左右打开机门出雏1次，并拣出空蛋壳，以免扣在其他胚蛋上影响出雏。此时应该关闭照明灯，以免因雏禽骚动而影响出雏。出雏期间视出雏情况，拣出绒毛已干的雏鹅，以利继续出雏。但为了不致温度、湿度降低而影响出雏，最好不要经常打开出雏机门。对出雏困难的胚蛋，后期要进行人工助产，助产时要注意，先将啄壳裂痕处轻轻掀开一点，看尿囊膜是否干枯无血。发现尚未干枯时只打开1小孔保证雏鹅呼吸不被窒息即可；当尿囊膜干枯时将鹅雏全扒开。出雏期如果气候干燥，孵化室地面应经常洒水，以保持室内足够的湿度。出雏结束后，应抽出水盘和出雏盘，清理出雏机的底部。出雏盘、水盘要彻底清洗、消毒和晒干，准备下次出雏时使用。

7. 停电时应采取的措施

大型孵化场应有自备发电机。如没有这种条件，在发生暂时停电时应根据停电时间及胚龄的长短、室温的高低，采取相应的措施。如在早春室温低要用生火炉来提高室温，用打开上、下通气孔的方法放温。每隔30分钟用人工摇动1次风扇，使机内温度均匀。否则，热空气聚集在上部，使机内上部过热下部过凉。若胚龄较大、自温高，则应立即将机门打开散热，每隔1小时转蛋1次，以免种蛋产生的热量过多，胚胎因温度过高而死亡。如停电时间过长，特别是胚龄较小的蛋，则必须设法加温，改变孵化形式。如果胚龄大可设临时摊床，利用自温进行孵化。停电期间，生物学检查一律移后。供电正常后的第二天，应抽盘检查孵蛋，根据胚胎发育情况，适当增加温度。

8. 做好孵化记录

每批孵化，应将上蛋日期、蛋数、种蛋来源、照蛋情况、孵化结果、孵化期内的温度变化等记录下来，以便统计孵化成绩或做总结工作的参考。

四、孵化的效果与分析

(一)孵化效果的检查

在整个孵化过程中,要检查胚胎发育的情况,以便及时发现问题,不断改善种鹅营养和管理条件及种蛋孵化条件,从而提高孵化效果和雏鹅的品质。孵化效果的检查主要有照蛋、胚蛋失重、出壳和死胎蛋等4项检查。

1. 照蛋检查

(1)照蛋次数

每批蛋在整个孵化过程中共进行3次。第一次约在6～7日龄时进行,也叫头照。主要目的是了解蛋的受精率、早期的胚胎发育和死亡情况,及时找出无精蛋、死胚蛋、破裂蛋。第二次叫二照,约在鹅胚15～16日龄时进行,二照的目的是了解中期的胚胎发育情况,查出死胎蛋。第三次叫三照,约在鹅胚24～25日龄时进行,三照的目的是了解孵化后期的发育情况,查出死胎蛋。

(2)发育正常的胚蛋与各种异常胚蛋的辨别

① 发育正常的活胚蛋。头照时正常胚蛋应达到"起珠",气室边缘界限清楚,蛋身泛红,下部色泽较深,可见明显的放射状血管网及其中心的活动黑点,胚胎时刻在活动;二照时正常胚蛋应已"合拢",即尿囊血管在锐端合拢,包围整个胚蛋(除气室外),在强光刺激下可见胎动,气室大小适中,边缘平齐清楚;三照时活胚蛋的气室显著增大,边缘的界线更加明显,除可见到粗大的血管外,全部发暗,蛋的小头部分无发亮透光部分,叫作"封门"。

② 弱胚蛋。头照时弱精蛋发育迟缓,血管网扩布面小,血管也较细,色淡。二照时胚蛋小头淡白(尿囊未合拢),三照时弱胚蛋小头有部分发亮,气室边缘弯曲度小。

③ 无精蛋。除蛋黄呈淡黄色朦胧浮影外,气室和其余蛋身透亮,旋转孵蛋时,可见扁圆形的蛋黄浮动,速度较快。

④ 死胚蛋。边缘界限模糊,看不到正常的血管,有血环、血点或灰白色凝块,胚胎不动,有时散黄。气室界限模糊,胚蛋颜色较亮,胚胎呈黑团状。死胎蛋的气室界线不明显,发黄,血管也模糊不清。显著增大,边界不明显,蛋内半透明,无血管分布,中央有死胚团块,随转蛋而浮动,无蛋温感觉。三照死胚蛋气室更增大,边界不明显,蛋内发暗,浑浊不清,气室边界有黑色血管。小头色浅,蛋不温暖。

(3)照蛋应注意的问题。鹅胚在1～10日龄内,照蛋主要观察正面,即有胚盘的这一面,以后重点观察背面。照蛋的动作应迅速,以免胚蛋温度下降过多,影响胚胎的生长发育。如果进行大批照蛋,要注意室内加温。照蛋时应注意重点观察和一般检查相结合。

2. 胚蛋失重检查

在孵化过程中，由于蛋内水分蒸发，胚蛋逐渐减轻，其失重多少，与孵化机中的相对湿度大小有关，同时也受其他因素的影响。蛋的失重一般在孵化开始时较慢，以后迅速增加。

3. 出壳检查

雏鹅是发育完全的胚胎。对雏鹅出壳情况进行检查，也是一种看胎。出壳时间在30.5天左右，出壳持续时间（从开始出壳到全部出壳为止）约40小时，死胎蛋的比例在10%左右，说明温度掌握得当或基本正确。死胎蛋超过15%，二照胚胎发育正常，出壳时间提前，弱雏中有明显胶毛现象，说明二照后温度过高。如果死胎蛋集中在某一胚龄时，说明某天温度过高。出壳时间推迟，雏鹅体软肚大，死胎比例明显增加，二照时发育正常，说明二照后温度偏低。出雏后蛋壳内胚胎残留物（主要是废弃的尿囊、胎粪、内壳膜）如有红色血样物，说明温度不够。

4. 死胎蛋的解剖和诊断

如果在孵化过程中没有照蛋，当发现孵化成绩下降，或者在照蛋中发现死胎蛋，但原因不明，可以通过解剖进行诊断。随意取出一些死胎蛋，煮熟后剥壳观察。检查死胚外部形态特征，判断死亡日龄。注意观察其病理变化，如充血、出血、肥大、水肿、萎缩、畸形等，从而分析胎致死的原因，判断其死亡日龄，绘制出死亡曲线，找出胚峰期，以便在此时期加强管理，降低死亡率。

（二）孵化效果的分析

1. 胚胎死亡原因分析

一般在孵化正常时，鹅胚胎发育过程中有两个死亡高峰时期。第一个高峰是在孵化的7天左右，第二个高峰是在孵化的25～28天。通常按入孵蛋计算，其孵化率在85%左右，其中无精蛋数量不超过5%，头照的死胚蛋占2%，8～17日龄的死胚蛋占2%～3%，18日龄以后的死胚蛋占6%～7%，后期死胚率约为前、中期的总和。这是正常死胚的分布情况。第一个死亡高峰正是胚胎生长迅速、形态变化显著的时期，各种胎膜相继形成而作用尚未完善。胚胎对外界环境的变化是很敏感的，稍有不适，胚胎发育便受阻，以至夭折。第二个死亡高峰正处于胚胎从尿囊绒毛膜呼吸过渡到肺呼吸时期。胚胎生理变化剧烈，需氧量剧增，其自温猛增，传染性胚胎病的威胁更突出。对孵化环境（尤其是氧）要求高，若通风换气、散热不好，势必有一部分本来较弱的胚胎不能顺利破壳出雏。

孵化率的高低受内部因素（种蛋的品质）和外部因素（种蛋管理和孵化条件）两个方面的影响。自然孵化的情况下，胚胎死亡率低，而且第一、第二高峰死亡率大体相同，主要是内部因素的影响。而人工孵化，胚胎死亡率高，特别是第二高峰更显著。胚胎死亡是内外因素共同影响的结果。从某种意义上讲，外部因素是主要的。内部因素对第一死亡高峰影响大，外部因素对第二死亡高峰影响大。一般胚胎的死亡原因是复杂的，较难确认。归于某一因素是困难的，往往是多种原因共同作用的结果。

2. 影响种蛋孵化的因素

在检查孵化效果时，常用种蛋受精率和孵化率来评定。孵化率高，孵出雏鹅多，孵化效果就好；反之，孵化效果就差。

(1)遗传因素。由于鹅的种类、品种、品系的遗传结构不同，因而种蛋的孵化效果也有差异。一般蛋用鹅孵化率较高，肉用鹅则略低。如果是近亲繁殖母鹅所生的蛋，孵化率就低。据估计，近交系数提高1%，孵化率就下降0.4%，孵化率的遗传力平均为0.1～0.2。因此，要提高孵化率，个体选育成效不大。当采用杂交繁殖时，不管是品种间、品系间，杂种鹅产下的蛋孵化率通常都可提高。

(2)种鹅群健康的影响。只有健康、活泼、反应灵敏、生产力高的种鹅群所生产的种蛋，才能获得高的孵化率。倘若种鹅群患有或患过这样或那样疾病，都会使蛋的质量下降，孵化率降低，种鹅轻度患病，也会使矿物质代谢紊乱，薄壳蛋、畸形蛋显著增多。另外，孵化用具和种蛋消毒不严以及在产蛋期进行疫苗接种和用药不当，均会使种蛋品质下降，孵化率降低。

(3)饲料的营养。鹅蛋的养分是由母鹅将饲粮中养分分解转化提供的，胚胎生长发育必须依靠蛋中养分。特别是种鹅在产蛋期间，日粮中保持维生素、微量元素等营养物质的平衡非常重要。若缺乏某种维生素和微量元素，如维生素A、维生素B_2、维生素B_{12}、维生素D_3、泛酸、钙、磷、锌、锰等，都会造成种蛋受精率降低，鹅胚胎在发育过程中发生畸形、死亡，孵化后期无力破壳，体弱，先天不足的死胎明显增加，从而降低孵化效果。

(4)种鹅的年龄。开产不久的母鹅所产的蛋孵化率低。一般来说，中、小型鹅在10～16月龄时产的蛋孵化率最高。此后，鹅蛋孵化率随母鹅月龄增加而下降。

(5)种鹅的管理。鹅舍的温度、通风、垫草状况都与孵化率有。通风是减少鹅舍内微生物的有效措施。垫草脏污、积蛋不取会污染种蛋，从而影响孵化率。

(6)不同产蛋季节对孵化率的影响。在2～5月，因温度适中，饲料丰富，种鹅活力强，种蛋质量好，孵化率高。在7～8月，因气温高，种鹅活力低，种蛋保存条件差，蛋壳薄、蛋白稀，所以孵化率低。11月至翌年1月，气温低，种鹅容易受冻，种鹅活力低，也会降低孵化率。

3. 鹅蛋孵化不良现象

(1)无精蛋增多。由于鹅的品种差异，鹅蛋的受精率平均为85%～90%，如果无精蛋超过10%～15%，就是一种异常现象，形成的原因主要有：种鹅的公母比例不合适，公鹅过多或过少，种鹅年老、肥胖、跛脚，缺少交配时需要的水池，繁殖季节青饲料供应不足，缺乏营养等。这些因素影响了种鹅的正常交配，降低了精子活力。

(2)残胚增多。种蛋入孵后7～25天,死胚增多,是因为种鹅日粮营养不足,影响种蛋内胚胎正常发育;种鹅近亲繁殖,导致胚胎质弱;孵化温度不当,造成胚胎发育受阻。为此,要加强产蛋期母鹅的饲养管理,应以舍饲为主,放牧为辅,舍饲的日粮要充分考虑母鹅产蛋所需的营养,合理配合。不断更新种鹅群,减少近亲交配。调整适宜的孵化温度,同时不能忽视检查温度计的准确性,以及放置的位置对否,防止人为的判断错误。

(3)蛋黄粘连壳内膜。这是由于种蛋保存不当引起的。在较高或较低环境温度下,都会影响日后的胚胎发育,种蛋保存的适宜温度是13℃～16℃。为了尽量减少蛋内水分蒸发,必须提高室内湿度,一般保持在70%～80%为宜。在正常情况下,种蛋的保存时间不能太久,7天内为宜,不要超过2周。天气凉爽(早春、初秋)保存时间可相对长些,严冬酷暑保存时间相对短些。此外,保存期间要进行翻蛋,种蛋保存在1周内不必翻蛋,超过1周每天需翻蛋1～2次。

(4)雏鹅不能出壳。经常见到蛋壳已被啄破,胚胎又发育良好,就是雏鹅不能出壳。通常是破壳期间环境相对湿度较低、通风不良造成的。这就要求在孵化后期的最后两天,要把相对湿度保持在70%～80%,同时要加大通风量。

(5)种蛋的孵化期发生腐臭、渗漏或爆裂。大多数是因为种蛋受到了污染。要搞好种鹅饲养的环境卫生,保持鹅巢垫料清洁,防止污染种蛋。太脏的种蛋不能直接入孵,必须进行种蛋消毒。

(6)腹大。如果初生雏绒毛较长、腹大,此系孵化前期湿度低、后期湿度过大、出雏时温度偏高所致。如果绒毛适宜而腹大则是孵化前期温度过低所致。

第四节　雏鹅雌雄鉴别

一、外貌鉴别法

雏鹅的外貌鉴别,初学养鹅的人不容易掌握。同品种中,一般是公雏鹅的头部较为粗大,眼呈三角形,腹部平贴,声高大而尖锐;母雏鹅头较小,颈短,眼较圆,头颈较细,肉瘤小,站立的姿势不像公雏鹅那样直立,后部比较丰盈而充实,微微下垂,鸣声低而粗。

二、翻肛鉴别法

(一)抓雏、握雏

左手抓雏,让雏鹅头朝外,腹部朝上,背向下,呈仰卧姿势,肛门斜向鉴别者。左手中指与无名指夹住雏鹅的基部，食指贴靠在雏鹅的背部，拇指置于泄殖腔右侧，头及颈部任其自然。

(二)翻肛、鉴别

将右手的拇指和食指置于泄殖腔左侧，左拇指、右拇指和食指等三指轻轻翻开泄殖腔。如果在泄殖腔下方见到螺旋形皱襞(雏鹅的阴茎雏形)即为雄雏；若看不到螺旋形阴茎雏形，仅有呈“八”字状的皱襞，则为雌雏。

三、捏肛法

采用捏肛法鉴别雌雄既方便又快捷，准确率也很高。其方法是：左手抓握雏鹅，左手拇指紧贴雏鹅背部，其余四指托住腹部，让其背向上腹朝下，肛门朝向鉴别者；然后，右手的拇指与食指在泄腔两侧轻轻揉捏(熟练者仅需轻轻一捏)，如果手指间感到有油菜籽大小的小颗粒状突起的就是雄雏，无此感觉者即为雌雏。

四、顶肛法

顶肛法是捏肛法达到一定熟练程度后的升华技术，非初学者能够掌握。操作方法为：左手固定雏鹅同捏肛法，右手中指从肛门下端轻轻上顶，感到有芝麻大小突起者，即为雄雏，无此感觉便为雌雏。此法较难掌握，要求中指感觉灵敏，熟练掌握后，鉴别速度较快。

五、动作鉴别法

若在大母鹅面前试行追赶雏鹅，雄雏则低头伸颈发出惊恐鸣声，雌雏高昂着头，不断发出叫声。

六、声音法

一般雄雏比雌雏鸣声高、尖；雌雏鸣声比较低、粗、沉浊。

七、出壳后蛋壳鉴别法

当雏鹅出壳后，捡起蛋壳，观察壳内残留物质的颜色，若为黄白色，则为雌鹅；若为黄黑色，则为雄鹅，此法准确率可达98%以上。

在年轻鹅群中鉴别公、母，多从外形上来区别，因为公鹅身体一般较长，母鹅则较圆短；公鹅的颈粗大，母鹅则较细；公鹅的喙长而阔，母鹅的则较短小。

第五章 鹅的饲养管理

近年来，我国皖西白鹅养殖业发展迅速，在品种选育、配合饲料、饲养方式、疾病预防、产品加工等方面都取得了很大的进展，皖西白鹅养殖业正朝着规模化、集约化和现代化方向发展，因此，其对种鹅和商品鹅的饲养管理提出了新的更高的要求。皖西白鹅的生长发育有一定的规律性，不同的饲养目的、阶段、季节有所不同，对饲养管理条件的需要也不一样。鹅的饲养管理条件在养鹅生产中起着重要作用。在生产实践中，必须根据营养需要和生长发育规律，合理配合日粮，科学的饲养管理，这不仅可以促进鹅的生长发育，提高生产性能，充分发挥生产潜力，取得最佳的生态、社会和经济效益，而且可以保证养鹅生产的持续、快速、健康发展。

第一节 雏鹅的饲养管理

雏鹅是指孵化出壳后到 4 周龄的小鹅。雏鹅饲养管理的好坏，将会直接影响雏鹅的生长发育和成活率，继而影响到后备鹅的生长发育和鹅的生产性能。

一、雏鹅的特点

1. 生长发育快

一般小型鹅出壳体重 80g 左右，中型鹅出壳体重 90g 左右，大型鹅出壳体重 130g 左右。2 周龄时小型鹅体重是出壳重的 3～4 倍，中型鹅是 4～5 倍，大型鹅是 5～6 倍；4 周龄时小型鹅体重是出壳重的 13～14 倍，中型鹅是 14～15 倍，大型鹅是 15～17 倍，说明雏鹅期雏鹅生长发育快。

2. 体温调节机能较差

雏鹅出壳后全身仅被覆绒毛，保温性能差，体温调节机能尚未健全，怕寒冷，对外界温度的变化缺乏自我调节能力，特别是对冷的适应性较差。3 周龄内的雏鹅，当温度稍低时，雏鹅易发生扎堆现象，常出现压伤，甚至死亡。受捂小鹅即使不死，生长发育也会受影响。为防止上述现象的发生，在育雏时要精心管理，掌握好育雏温度和密度。随着雏鹅日龄的增加以及羽毛的生长与脱换，雏鹅的体温调节机能逐渐增强，从而能较好地适应外界温度的变化。因此在雏鹅的培育工作中，必须为雏鹅提供适宜的外界环境温度，以保证其正常的生长发育。

3. 消化机能不完善

鹅在胚胎期内所需的养分来源于蛋内，物质代谢比较简单。出壳后，雏鹅逐步转为直接吸收饲料中的养分，这有待于消化器官和消化腺的发育和功能的逐步加强。在雏鹅期内，雏鹅消化道短，容积小，吃下去食物通过消化道的速度很快(平均保留 1.3 小时)，肌胃收缩力弱，对食物的研磨能力差，同时消化腺分泌消化液量少，消化酶活性低，十二指肠的蛋白酶、淀粉酶活力普遍偏低，消化能力不强。因此，要为雏鹅提供营养丰富、易于消化的饲料。

二、育雏前的准备

为了使育雏取得理想的效果，保证育雏计划任务的完成，育雏前必须做好以下几个方面的准备工作。

1. 育雏房舍

根据进雏计划、育雏数量计算育雏舍面积，如地面平养，一般育雏期内每 10 只雏鹅饲养至 4 周龄脱温前应有 1～1.5m^2 的面积，以满足雏鹅生长发育活动所需。育雏期使用的房舍必须在育雏前做好维修、粉刷和补漏等维修工作，确保房舍有良好的保温能力。地面平养时要求室内地面比室外应高出 25～30cm，以保证育雏舍内地面及垫料等的干燥。还要考虑舍内光照充足，空气流通。

2. 设备和用具

育雏前必须对舍内照明、通风、保温和加温等设备配备齐全，并确保完好无损。同时要准备充足的水槽、食槽、网床等。要备足易损物品，如照明用的灯泡、加温用的电加热器等，以便急需，还需准备温度计、电子秤和手电筒等物品。

3. 育雏舍和用具的清洁消毒

一般进雏前 5～7 天先对育雏舍进行彻底的清扫，并用高压水枪冲洗地面、墙壁、网床和笼具等。然后，可以用涂刷、熏蒸、喷雾和浸泡等方法对育雏舍内墙壁、窗户、育雏设备用具等进行消毒。进雏前 2～3 天，墙壁用 20%石灰乳涂刷消毒，地面用 5%漂白粉混悬液喷洒消毒(常用的消毒剂种类繁多，具体使用方法可参见相关说明)。地面平养所铺垫料可先在户外经阳光暴晒消毒。育雏舍及用具常用福尔马林与高锰酸钾混合产生的烟雾进行熏蒸消毒，步骤为：先将清洁干净的育雏用具如食槽、饮水器、竹篱围栏等放入育雏舍；接着按育雏舍内空间体积分别计算用量，关好窗户，并将称好的高锰酸钾放入容器内，然后倒入甲醛溶液;最后人迅速离开,将门关好,消完毒后打开门窗换气。消毒剂用量与熏蒸时间见表 5-1。

表 5-1 消毒剂的用量与熏蒸时间

项目	方法 1	方法 2	方法 3	方法 4
福尔马林(mL/m^3)	42	28	14	7
高锰酸钾(g/m^3)	21	14	7	3.5
熏蒸时间(h)	1	12	24	48

4. 饲料、添加剂及药物、疫苗

按照育雏计划,备足育雏饲料和维生素、微量元素、速补等添加剂。同时,进雏前应准备好与育雏有关的药品,包括消毒药物、抗菌药物和疫苗等。

5. 各种记录表格

育雏前,必须准备好与饲养管理相关的各种记录表格,用于记录鹅的生产和管理工作情况,以便分析、总结。

6. 饲养人员培训

应在育雏前先对育雏人员进行培训,尤其新进育雏人员,确保上岗后能正确操作。

7. 试温与预温

在接雏前 1～2 天启用供温设备,使舍温达到 28℃～30℃。如地面平养,进雏前 3～5 天在育雏区铺上一层厚约 5cm、厚薄均匀的垫料。温度计悬挂在高于雏鹅 5～8cm 处,昼夜观测育雏舍内温度变化。不同的供温设备预热所需的时间有差别,应灵活掌握。预热期间要经常检查供热设备是否存在问题。

三、雏鹅的选择

雏鹅的质量好坏直接影响育雏的效果,所以在育雏前,必须对雏鹅进行选择,确保育雏及后续阶段的饲养效果。雏鹅的选择方法一般有以下几种。

1. 看种源

检查种鹅的生产性能、系谱、防疫等记录是否符合规定的要求;种鹅场是否具有省级或省级以上《种畜禽生产经营许可证》;检查雏鹅是否来自健康、生产性能高的种鹅,并符合所需要的种质特性和特征;了解种鹅是否处在适宜的产蛋期内(一般不选择开产前期种鹅的后代),如是壮年鹅的后代,则更好。

2. 看时间

查看种蛋的孵化出雏记录、受精率、孵化率等,查看出壳时间是否正常。选择按时出壳的鹅,凡是提前或延迟出壳的鹅锥,其胚胎发育均不正常,均会对以后的生长发育产生不利影响。

3. 看脐肛

大肚皮和血脐的雏鹅，肛门不清洁的雏鹅，表明孵化过程中生长发育受到影响，健康状况不佳。要选腹部柔软、卵黄充分吸收、脐部收缩良好、肛门清洁的雏鹅。

4. 看绒毛

绒毛要粗、干燥、有光泽，凡绒毛过细、过稀、潮湿乃至相互黏着、没有光泽的，说明其发育不佳、体质不强，不宜选用。另外，还可以通过查看雏鹅绒毛颜色，判断雏鹅是否符合各种的种质特征。

5. 看体态

要坚决剔除瞎眼、歪头、跛腿等外形不正常的雏鹅。用手由颈部至尾部触摸雏鹅背脊，要感到粗壮。好的雏鹅应站立平稳、两眼有神、体重正常。

6. 看活力

健壮的雏鹅行动活泼，叫声有力。当用手握住颈部将其提起时，它的双脚能迅速、有力地挣扎。如将雏鹅仰翻在地，它自己能迅速翻身后站起。弱的雏鹅常缩颈闭目、站立不稳、萎缩不动、鸣叫乏力、无力挣扎、翻身困难。

选择雏鹅的步骤首先是初选，在雏鹅群中按外观先选出头部昂起，眼有神，叫声有力的雏鹅，初选后再检查雏鹅各主要部位的情况，观察站立和走动的情况，最后确定入选。强、弱雏鹅区分的标准见表5-2。

表5-2　强弱雏鹅区分的标准

项目	强雏	弱雏
出壳时间	正常时间内	过早或延迟
绒毛	绒毛整洁，长短适合，色素鲜浓	蓬乱污秽，缺乏光泽，绒毛短缺
体重	体态均称，大小均匀	大小不一，过重或过轻
脐部	愈合良好，干燥，其上覆盖绒毛	愈合不好，脐孔大
腹部	大小适中，柔软	触摸有硬块
精神	活泼，腿干结实，反应快	痴呆，闭目，站立不稳，反应迟钝
感触	饱满，挣扎有力	瘦弱，松软，无力挣扎

四、雏鹅的运输

雏鹅运输方式和工具多种多样，应根据运输的雏鹅数量和气温条件选用不同的方式和工具。

1. 雏鹅运输方式

短途运输一般用经消毒的简易或专用运输工具，如三轮车、拖拉机、汽车等。长途运输工具可以采用带空调的汽车或空中运输方式。

2. 雏鹅装载工具

一般有竹篮、专用方形塑料盒、专用方形纸盒等。竹篮一般直径为60cm，边框高度为23cm，每个竹篮可容纳50～60只雏鹅。专用方形纸盒，一般长为60cm、宽为45cm、高为20cm，每个纸盒分为4格，每格可容纳15只雏鹅，每盒可容纳60只。专用方型纸盒四周都开有通风透气孔。

3. 雏鹅运输需要注意的问题

雏鹅运输一般在雏鹅出壳羽毛干燥后即可进行；运输时必须考虑途中所需时间及气候等外界条件。短途运输且气温在15℃以上，可使用较简单的容器，如纸盒、竹篮或竹筐等，在容器底部铺上柔软的垫草，在较冷的情况下可外加覆盖物保温，设法将温度保持在25℃以上。在途中应适时检查雏鹅精神状态，确保安全。长途运输也可以采用空运方式，空运时应视机舱内空气流通和空调条件灵活掌握，确保途中安全。运输雏鹅的容器要注意空气对流，以免造成因供氧不足而大批死亡。运输时间最长不得超过24小时，如运输时间超过24小时，最好采用嘌蛋方式进行运输。夏季运输，要防日晒雨淋，一般选择晚间运输。

五、育雏方式

育雏方式也多种多样，在保证雏鹅正常生长发育的前提下，既要考虑节省能源，又要考虑饲养管理，易于操作。要根据具备的条件和育雏的数量确定合适的育雏形式和供温方法。

1. 育雏的形式

育雏的形式通常分为地面育雏、网地结合和笼地结合育雏。

(1)地面育雏。即在鹅舍地面上铺5～10cm厚垫料，雏鹅在垫料上平面饲养，这种育雏方式要经常添加新垫料。

(2)网、地结合育雏。即网上或栅上的育雏和地面育雏相结合的育雏方法。网上或栅上育雏有两种方法，即低床(距地面70cm)育雏和高床(1m以上)育雏。在床上铺塑料底网(网眼1.25cm×1.25cm)或竹栅(条距2cm)，床上分成若干方格，其规格为100cm×80cm，雏鹅在上面活动，可以避免扎堆、压伤、互啄等现象的发生。育雏网床的一边留有过道，便于喂料和加水。过道可用软网围起，防雏鹅外跑。此方式优点是管理方便、劳动强度较小、清粪方便、上层温度高、省燃料、雏鹅与粪便接触机会少，可减少白痢和球虫病的发生，网、地结合育雏一般先网上或棚上育雏2周，再地面育雏2周。

(3)笼、地结合育雏。即立体笼式育雏和地面育雏相结合的育雏方法。立体笼式育雏采用单体直列式育维笼进行立体育雏，这种有雏方式能充分利用空间，提高单位面积利用率，管理方便，劳动强度小，但投资大，成本高。一般先立体笼式育雏2周，再地面育雏2周。

2. 供温方法

根据供温的热源(如电热、热水、煤炭加热、煤气加热等)，供温方法一般有电热保姆伞、红外线(棒板)、水汀、煤炭或煤气加热管道、地下烟道给温等。

(1)电热保姆伞给温。利用铝合金或木板、纤维板制成保温伞，并接上自动控温装置，以电热丝为热源供温。此法管理方便。如使用金属外罩，须接地线，确保安全。

(2)红外线灯(棒、板)给温。在装有较低天花板(2.2m以内)的育雏舍内的地面上，按育雏数量用软竹席围成若干个直径1～1.5m的围栏，每个围栏上吊装250W红外线灯泡1个，灯泡地面40～50cm，这样的围栏可容初生雏鹅20～25只。随着雏鹅日龄的增长可以逐渐把围栏扩大，红外线灯泡功率也相应提高，直到停止给温。此法安全可靠，易于管理。

(3)水汀给温。在育雏舍的四周和中央安装水汀管道和散热片，通过循环热水加热给温的方式，提高整个舍内温度。此方法安全可靠，加热均匀，保温性能好。

(4)煤炭加热管道给温。采用专用煤炉加热管道给温。舍内安装连接煤炉的管道，将排气孔设在室外，利用煤炭燃烧后的热量加热管道，提高舍温，煤炉四周必须用铁网与雏鹅隔离，避免雏鹅直接与炉壁接触，或将煤炉放在育雏围栏之外。此法的优点是升温速度快，但要注意及时添加煤炭，特别是夜间。

(5)煤气燃烧加热给温。舍内铺设煤气管道。将排气孔设在室外，利用煤气燃烧为热源，加热管道，提高舍温。此法特别运用于煤气供应充足以及电源不足的地方。

(6)地下烟道加热给温。在育雏舍地下建造专门烟道，舍外可用煤、柴等当地廉价燃料加热烟道，提高舍温。用此法育雏能收到很好的育雏效果。因热能从地面上升，垫草的湿气被烟道加热蒸发，舍内干燥，雏鹅卧在温暖的垫草上感到舒适。温度过高时雏鹅按各自的需要选择合适的位置，温度下降时集中在烟道通过的地面，安全可靠。在温度较高的地区(最低为10℃)，每昼夜烧火3～4次便可满足育雏要求的温度。

六、雏鹅的饲养

1. 及早饮水

雏鹅出壳后第一次饮水叫“开水”，又叫“潮口”。一般在雏鹅出壳后24小时左右，当2/3雏鹅站立走动、伸颈张嘴、有啄食欲望时，就可进行“潮口”。采用温度大约20℃的0.05%的高锰酸钾溶液作饮用水，可防止消化道疾病。如果是远距离运输，则首先喂给5%～10%的葡萄糖水，其后就可改用普通清洁饮水。雏鹅1～3龄的饮水中最好加入维生素C或多种维生素。为使雏鹅能不间断地饮用清洁水，最好使用小型饮水器或水盘，水深不超过1cm，以雏鹅绒毛不湿为宜。对不会饮水的雏鹅，要将其喙按入水中饮水2～3次，使其学会饮水。初次饮水可以刺激雏鹅的食欲，有利于胎粪排出。

2. 适时开食

雏鹅第一次喂食俗称“开食”。开食在“潮口”后片刻进行。开食时间一般在出壳24小时后，这时雏鹅伸颈张嘴，啄食欲望强。开食的饲料采用全价配合饲料，有的地方还采用老方法，如用浸泡的碎米开食。大群饲喂，开食时可将全价配合饲料撒在塑料布或塑料盘上，让其自由采食。刚出壳的雏鹅消化器官的功能没有发育完全，消化功能较差，因此要供给易消化的富含能量、蛋白质和维生素的全价配合饲料。我国鹅的营养需要研究起步晚，研究少，同时又由于我国地域广阔，自然环境各异，鹅的品种丰富多样，饲养方式也有差异，而且不同地区鹅的类型多，营养需要的标准也不完全一样，可根据实际情况参考美国NRC或俄罗斯的标准，也可研究制订自己的营养标准，见表5－3（详见第七章“鹅常用的饲料”）。

表5－3　1～4周龄种雏鹅的营养推荐

营养成分	需要量	营养成分	需要量
代谢能（MJ/kg）	11.7	赖氨酸（%）	0.9
粗蛋白质（%）	20	蛋氨酸＋胱氨酸（%）	0.75
粗脂肪（%）	3.5	钙（%）	0.65
粗纤维（%）	5	有效磷（%）	0.42

3. 加喂青绿饲料

雏鹅的饲喂应采用先“开水”、后“开食”、再“开青”的饲喂程序。鹅的习性喜食青绿饲料，加喂青绿饲料有利于鹅对饲料营养成分的消化吸收，促进鹅的生长。有试验表明，加喂青绿饲料的方法不同，鹅的生长速度不同。过去的方法是将青绿饲料切碎后和全价配合饲料湿拌饲喂，现在一般是先喂精饲料（全价配合）再喂青饲料，这样可防止雏鹅专挑青绿饲料吃，而少吃精饲料。如在冬季青饲料缺乏的情况下，根据实践，可采用发芽的麦子或者用含有纤维的草粉与全价配合饲料拌喂，见表5－4。

表5－4 育雏期饲料消耗量及饲喂次数

周龄		0～0.5	0.6～1.5	1.6～3	3～4
饲料类型		全价配合饲料	全价配合饲料	全价配合饲料	全价配饲料
精料日用量(g)		2.5～5	15～21	50	120
青饲料日用量(g)		5～12.5	37.5～77.5	100	200
精饲料比例(%)		35～40	16～40	33	38
青饲料(%)		60～65	60～84	67	62
日喂次数	总数	6～8	6～7	6	5
	夜间	2～3	2～3	2	1～2

4．加喂沙砾

鹅没有牙齿，对食物的机械消化主要靠肌胃的挤压、磨切、磨碎食物，这种机械消化必须借助沙砾的碾磨，以提高饲料消化率，防止消化不良。雏鹅3天后就可在饲料中掺些沙砾，沙砾大小以能吞食又不至随粪便排出为度。10日龄前沙砾直径为1～1.5mm，10日龄后改为2.5～3mm，每周喂量4～5g。也可设沙砾槽，雏鹅可根据自己的需要觅食。放牧鹅可不喂沙砾。

5．适度放牧

放牧能使雏鹅提早适应外界环境，增强体质，锻炼其抵御外界不良环境的能力。放牧时雏鹅大量觅食多种饲料，能降低精饲料用量，并减少维生素及矿物质添加剂的用量。放牧周龄一般根据季节、气候不同而定。

七、雏鹅的管理

雏鹅的管理对提高雏鹅成活率和生长速度有直接影响，主要包括以下几个方面。

1．控制温度

适宜的温度是提高雏鹅成活率的关键因素之一。因为育雏温度和雏鹅的体温调节、采食、饮水、活动以及饲料的消化吸收等有密切的关系。由于雏鹅自身调节体温的能力较弱，育雏过程中必须用人工供温的方法提供适宜的温度。育雏温度的高低、保温期的长短，因季节、日龄和雏鹅的强弱而异，一般需保温3～4周。

育雏温度是否合适，除看温度计和通过人的感觉器官估测掌握外，还可根据雏鹅的活动状态及表现来判断温度高低，即“看鹅施湿”。温度过高时，雏鹅远离热源，叫声高而短，张口喘气，呼吸加快，行动不安，饮水频繁，采食量减少；温度过低时，雏鹅靠近热源，或拥挤成团，绒毛直立，躯体蜷缩，不时发出尖锐的叫声，严重时造成大量雏鹅被压伤、踩死，弱雏增多；温度适宜时，雏鹅活泼好动，食欲旺盛，分布均匀，呼吸平和，睡眠安静，彼此靠近，无扎堆现象。因此育雏人员要根据雏鹅对温度反应的动态及时调整育雏温度。在育雏期间温度必须平稳升降，切忌忽高忽低急剧变化。

保温结束后到脱温应非常慎重，要做到逐渐脱温，要密切注意气温变化，特别是当气温突然下降时，不要急于脱温而应适当补温。

2. 干燥防湿

鹅虽属于水禽，但干燥的舍内环境对雏鹅的生长、发育和疾病预防至关重要。在低温、高湿情况下，雏鹅散热过多而感到寒冷，易引起感冒等呼吸道疾病以及下痢、扎堆等现象的增加，僵鹅、残次鹅和死亡鹅增加，这是导致雏鹅成活率下降的主要原因。在高温、高湿时，雏鹅体热散发不出去，容易引起“出汗”，食欲减少，抗病力下降，同时引起病原微生物的大量繁殖，雏鹅发病率增加。高温、高湿时，对育雏舍需进行适当通风，以排出舍内潮湿的空气，降低温度，具体见表 5－5 所列。

表 5－5　鹅的适宜育雏温度与湿度要求

日龄	温度(℃)	相对程度(%)	室温(℃)
1～5	28～32	60～65	15～18
6～10	25～27	60～65	15～18
11～15	22～24	65～70	15
16～21	20～21	65～70	15
21 以上	脱温		

3. 合理分群

雏鹅虽经选择，仍有强弱差异，也可因饲养环境等多种因素导致强弱不均，从而出现强鹅挤伤、压死弱鹅等现象，影响雏鹅均匀度。因此，要定期按强弱、大小分群，及时拣出病雏淘汰。

4. 密度适当

密度是指每平方米地面或网底面积上饲养的雏鹅只数。饲养密度过大，生长发育会受到影响，群体平均体重、均匀度下降，出现啄羽、啄趾等恶癖；饲养密度过小，虽能提高成活率，但不利于保温，同时造成空间浪费；适当的饲养密度既可以保证高的成活率，利于雏鹅生长发育，又能充分利用育雏舍面积和设备，还可以防止雏鹅扎堆压伤、压死等现象的发生。在平养情况下，适宜的雏鹅饲养密度见表 5－6 所列。

表 5-6 雏鹅饲养密度(只/m^2)

类型	周龄			
	1	2	3	4
中小型鹅种	15～20	10～15	6～10	5～6
大型鹅种	12～15	8～10	5～8	4～5

5. 通风换气

雏鹅的生长速度快,体温较高,呼吸快,新陈代谢旺盛,需要大量的氧气,并排出大量的二氧化碳。同时,鹅粪便、垫料发酵也会产生大量的氨气和硫化氢等有害气体,刺激眼、鼻和呼吸道,影响雏鹅正常生长发育。因此,育雏舍内必须有通风设备,经常对雏鹅舍进行通风换气,保持舍内空气新鲜。冬、春季节,通风换气和舍内保温容易发生矛盾,因此通风前,首先要使舍内温度升高 2～3℃,再逐渐打开门窗或换气扇,但要避免冷空气直接吹到鹅体。通风时间多安排在中午前后,避开早晚气温低的时间。

6. 适度光照

育雏期间,一般要保持较长的光照时间,这不仅有利于雏鹅熟悉环境,增加运动,也便于雏鹅采食、饮水,满足其生长的营养需要。1～3 日龄采用 24 小时光照,以后每 2 天减少 1 小时,至 4 周龄时采用自然光照,光照强度只要能满足雏鹅采食、饮水、活动需要的亮度即可。

7. 注意观察

定期抽测体重,观察雏鹅生长发育状况,这不仅可以及时发现饲养管理过程中存在的问题,还可以通过弱雏分群饲养,提高雏鹅群体的均匀度。

8. 防止刺激

5 日龄内的雏鹅,每次喂料吃食完毕后,除了保证其有 10～15 分钟在室内活动外,其余时间都应让其睡眠休息。光线不宜过亮,让雏鹅看到饮水吃料就行。夜晚点灯以驱避老鼠、黄鼠狼等。在放牧过程中,不应让狗及其他兽类突然接近鹅群,同时雏鹅舍选址时应注意避开火车、汽车等汽笛声大的地方。

9. 及时防疫,做好清洁卫生工作

购进的雏鹅,一定要确认种鹅是否进行过小鹅瘟疫苗免疫,若没有,应尽快进行小鹅瘟疫苗接种,以免造成重大经济损失。按照制定的免疫程序适时进行免疫接种,增强机体的特异性免疫力,防止传染病的发生和流行。地面育雏时,一定要做好清洁卫生工作,场地要勤打扫,垫料要勤添加或更换,粪便清理要及时,饮水避免外溢,防止垫料潮湿、发霉。

10. 放牧管理

有放牧条件的鹅场,应对雏鹅进行放牧。雏鹅抵抗力相对弱,放牧避开寒冷大风天气和阴雨天，天暖的季节，出壳后 1 周即可放牧；天冷的冬春季节，要推迟到 2～3 周后放牧。刚开始放牧时，应选择无风晴朗的中午，把鹅赶到棚舍附近的草地上进行。雏鹅放牧时间不宜过长，刚开始放牧时，时间以 20～30 分钟为宜，以后放牧时间由短到长，牧地由近及远，让其采食较嫩的杂草。放牧的原则是"迟放早收"，就是上午放鹅的时间要迟一些，以草上的露水干了以后放牧为好。如果露水未干就放牧，雏鹅的绒毛会被露水沾湿，尤其是腿部和腹下的绒毛湿后不易干燥。早晨气温又偏低，易使鹅受凉，引起腹泻或感冒，一般在上午 8:00～10:00。下午收鹅时间要晚一些，避开烈日暴晒，一般在下午 3:00～5:00。初期放牧每天两次，上、下午各一次，中午赶回舍中休息。

11. 下水洗浴

在放牧的同时也结合放水，放牧地要有水源或靠近水源，雏鹅在草地上采食青草半小时后，赶至浅水塘中任其自由下水，放水数分钟将其赶上岸边，让其梳理羽毛，待羽毛干后再行放牧或赶回鹅舍。放水洗浴不仅适应鹅的生活习性，而且可使受污染而互相黏结或腹部板结的绒毛，通过放水梳理得以恢复。切忌雏鹅放水后被冷风猛吹，一定要使羽毛在温度较高、避风的地方迅速干燥。

第二节　商品鹅的饲养管理

皖西白鹅具有肉香味美、耐粗饲、耗粮少、投入低、周转快、效益高等特点，市场前景十分广阔。近年来，皖西白鹅市场前景广阔，为了发挥皖西白鹅品种优势，创造最大的经济效益，除了要抓好雏鹅的生产，还要做好中鹅、仔鹅等的饲养管理。

一、中鹅的饲养管理

中鹅，又叫生长鹅、青年鹅、育成鹅，是指 4 周龄以上被选入种用或转入肥育期的鹅。在我国，对于多数鹅品种来说，就是指 4 周龄以上、60 日龄或 10 周龄以内的鹅（品种之间有差异）。中鹅阶段生长发育的优劣，与上市肉用仔鹅的体重、未来种鹅的质量有密切的关系。

（一）中鹅的生理特点

雏鹅经过舍饲育雏和放牧锻炼，进入了中鹅阶段。这时的鹅纤细的胎毛逐渐被换掉，进入长羽毛的时期；同时消化道的容积明显增大，消化能力也明显增强，对外界环境的适应性和抵抗力已大大加强，在生长发育上，这一阶段正是骨骼、肌肉、羽毛生长最快的时候，因此，中鹅饲养管理的重点是以放牧为主，舍饲以青饲料为主，让鹅吃饱喝足，继续促进快速生长。

（二）中鹅的饲养

中鹅的饲养方式大致有3种，即放牧饲养、舍饲、放牧与舍饲相结合。目前，我国大多数地区采取放牧饲养方式，因为这种方式所用饲料与工时最少，经济效益较好。但是，随着用工和土地成本的增加，目前多数养殖场多采用舍饲或放牧与舍饲相结合的方式进行饲养。

中鹅放牧场地要有足够数量的青绿饲料，草质要求可以比雏鹅的低些。有条件的地区可实行分区轮牧制，放牧间隔在15天以上。牧地也包括部分茬口田或有野草种子的草地，使鹅在放牧中能吃到一定数量的谷食类精料。群众的经验是"春放草塘，夏放麦场，冬放湖塘"。放牧时间越长越好，早出晚归或早放晚宿，1天要吃5～6个饱，以适应鹅"多吃快拉"的特点。放牧鹅常呈狭长方形队阵，出牧和归牧时赶鹅速度宜慢，特别是对吃饱以后的鹅。出牧与归牧要清点数目，通常利用牧鹅竿配合，每3只一数，很快就会数清。如果放牧吃不饱或当日未达十成上的饱，或者肩、腿、背、腹正在脱落旧毛、长出新羽时，应给予补饲。

如果采取舍饲，则应用全价配合饲料。例如豁鹅中鹅，日粮代谢能为11.30MJ/kg，粗蛋白质18.1%，粗纤维5%，钙1.6%，磷0.9%，赖氨酸1%，蛋氨酸加胱氨酸0.77%，食盐0.4%。40日龄以后，随着鹅体的长大，食盆可逐步增多或加大（详见第七章"鹅常用的饲料"）。

（三）中鹅的管理

中鹅常以野营为主，因而要用竹、木搭架建临时性鹅棚。鹅棚以能避风遮雨即可，一般建在水边的高燥处，采用活动形式，便于经常搬迁。如天气热，太阳火辣，中午应让鹅群在树荫下休息，防止中暑。50日龄以下的中鹅羽毛尚未长全，也要避免雨淋。由于水草上常有剑水蚤，是绦虫的中间宿主，所以应定期驱虫。用硫双二氯酚，每千克体重用量为200mg，拌在饲料内夜间喂给。

二、肥育仔鹅的饲养管理

中鹅经过充分的放牧饲养以后，已基本完成或完成了第一次换羽，具有一定的膘度，除选一部分转群留作后备种鹅外，其余的则要肥育后上市。用于肥育的仔鹅，叫肥育仔鹅，通常是指60日龄或10周龄以上、75日龄或12周龄以下的商品性仔鹅。

（一）肥育仔鹅的特点

中鹅阶段结束时，消化道的容量已与成年鹅大体相同，虽然可以上市，但没有达到最佳体重，膘度不够，肉质不佳，肉色常常较黄。

（二）仔鹅的肥育方法

在仔鹅肥育阶段，饲养上的关键是充分喂养、快速肥育；管理上的关键是限制活动、保证安静、控制光照。按照饲养管理方式来分，仔鹅的肥育方法有两大类，即放牧肥育和舍饲肥育。

1. 放牧肥育

这是一种传统的肥育方法，目前应用广泛，成本最低。主要适于有较多的谷实类饲料可供放牧，如野草的种子、收获后稻田或麦田内的落谷等。如果谷实类饲料较少，则必须补饲谷实类饲料，否则生长不快，达不到肥育的目的。放牧肥育由于是利用谷物类作物的茬口，所以要根据农作物收获时间来推算育雏时间。一般来说，1 只仔鹅肥育 10 天约需 667 平方米（1 亩）大麦茬或稻茬田。小麦茬田掉粒较少，面积要相应扩大或酌情补饲。

2. 舍饲肥育

这种方法生产效率比较高，肥育均匀度比较好，适于集约化饲养。日粮参考配方是：玉米 40%，稻谷 15%，麦麸 19%，米糠 10%，菜籽饼 11%，鱼粉 3.7%，骨粉 1%，食盐 0.3%。也可以富含碳水化合物的谷实类为主，再加一些蛋白质饲料。对肥育仔鹅要给予安静、少光的环境，并限制其活动，让其尽量多休息。一般肥育密度为每平方米 4～6 只，自由采食、饮水（详见第七章“鹅常用的饲料”）。

（三）肥育程度的把握

1. 增重水平

肥育期的增重水平，反映生长发育的快慢及该期的饲养管理水平。一般来说，该期的放牧肥育可增重 0.5～1kg；自由采食肥育可增重 1～1.5kg。

2. 鹅膘检查

根据鹅的尾椎与骨盆部连接的凹陷处（俗称“敏子”）丰满程度来确定。其方法是用手触摸该处，如摸不出凹陷并感到肌肉很丰满，说明膘情良好；如果凹陷处摸不到肌肉，说明膘情较差。膘情好的可直接上市出售，膘情不好的应继续肥育。还可根据体况的丰满程度来判断，即膘情优秀的仔鹅，胸部丰满，已无胸骨突出，摸不到肋骨，从胸部到尾部上下一般粗，摸不到耻骨。

第三节　种鹅的饲养管理

种用鹅包括种用公鹅和母鹅，其是鹅品种资源相对最优的一部分群体，鹅品种优势的发挥，除了要做好育种、选育、孵化等外，还应该重视鹅的饲养管理。种用鹅的饲养管理前期，包括雏鹅阶段和中鹅阶段的饲养管理方式基本相同，在中鹅阶段进行选育后，将生产性能尤佳的鹅只挑选出来，作为后备种鹅进行饲养，其余的作为商品鹅进行处理。在后备种鹅阶段，被选择的鹅还要经过多次选育，才能得到品质优良的种鹅，那么在此过程中，针对种鹅的不同阶段制定不同的饲养管理方式，对种鹅的品种优势发挥具有重要的作用。

一、后备种鹅的饲养管理

后备种鹅是指60日龄或10周龄以后到产蛋或配种之前准备留作种用的鹅。

(一)前期调教合群,自由采食

60日龄或70日龄到90或100日龄为前期,晚熟品种还要长一些,后备种鹅是从中鹅群中挑选出来的优良个体,有的甚至是从上市的肉用仔鹅当中选留下来的,往往不是来自同一鹅群,把它们合并成后备种鹅的新群后,由于彼此不熟悉,常常不合群,甚至有"欺生"现象,必须加以调教。在饲养上,继续保持中鹅阶段的自由采食,吃饱喝足30天左右。一般除放牧外,还要酌情补饲一些精饲料,以保证其迅速生长发育和第一次换羽的完成。大型鹅每天每只应补饲精饲料120～180g,小型鹅90～130g,公鹅补料量应稍多些。如果是舍饲,则要求饲料充足,喂料要定时、定量,每天喂3次。

(二)中期公、母分开,限制饲养

中期从90或100日龄开始,到150日龄左右结束,历时2个月左右。一般来说,从100日龄左右起,公、母鹅就应该分开管理与饲养。这样既可适应各自的不同饲养管理要求,还可防止早期的乱配。这一阶段应实行限制饲养,即只给维持饲料。日平均饲料用量一般比生长阶段减少50%～60%,喂料时间在中午和夜间9时左右。这样既可控制后备母鹅不致产蛋过早,还可使其开产期一致,降低饲料成本,锻炼耐粗饲能力。

(三)后期免疫接种,加料促产

后期是指从150日龄左右往后到开产或配种,历时约1个月左右。该期第一项工作就是做好疫苗接种工作,小鹅瘟疫苗1∶100稀释后肌内或皮下注射1mL。15天后所产的蛋都可留作种蛋,蛋内含有母源抗体,孵出的雏鹅已获得了被动免疫。在饲喂上逐步由粗变精,让鹅恢复体力,促进生殖器官的发育。此时的补饲只定时,不定量,并做到饲料全价。在舍饲条件下,一定要按照营养标准喂全价饲料。

在舍饲条件下,100～180日龄鹅的饲养标准是每千克饲料中含代谢能10.65MJ,粗蛋白质14.6%,粗纤维9%,钙2%,磷0.6%,食盐0.5%,赖氨酸0.7%,蛋氨酸加胱氨酸0.53%。先促进其生长发育,后控制其提早产蛋。180～190日龄要用产蛋料催蛋。每千克饲料中含代谢能11.3MJ,粗蛋白质16%～17%,粗纤维6%～7%,钙3.5%,磷1.5%,食盐0.5%,赖氨酸0.9%,蛋氨酸加胱氨酸0.77%(详见第七章"鹅常用的饲料")。

二、种鹅的饲养管理

饲养种鹅的目的在于获取较多的种蛋,以供繁殖雏鹅,获得较高经济效益。

由于饲养管理措施不同，种鹅生产成绩常有较大的差异。因此，如何制订合理的饲养管理模式，充分发挥种鹅的生产潜力，是养鹅生产的关键环节之一。

(一)种鹅的选择

选择种鹅要从雏鹅开始，一般需经过雏选、青年鹅选、后备种选、产蛋后选等 4 次遴选，才能选出较优良的种鹅。

1. 雏选

一般要从 2～3 年的母鹅所产种蛋孵化的雏鹅中，挑选准时出壳、体质健壮、绒毛光泽好、腹部柔软无硬脐的健雏作为留种雏鹅。在育雏末期，选择的公鹅要求体重大，羽毛纯白或头顶有少量灰羽；母鹅要求中等体重，羽毛纯白或头顶有少量灰羽。公母比为 1∶2.5。

2. 青年鹅选

在通过雏选的青年鹅中，把生长快(体重超过同群的平均体重)、羽毛符合本品种标准、体质健壮、发育良好的留作后备种鹅，淘汰生长速度慢、体型小以及有伤残的个体。宜在 70～80 日龄时进行。

3. 后备种鹅选

在通过青年鹅选的后备种鹅中选择，公鹅要求体型大，体质强壮，各部器官发育匀称，肥瘦适度，头中等大，眼睛灵活有神，喙长而钝，紧合有力，颈粗长，胸深而宽，背宽而长，腹部平整，胫较长且粗壮有力，两胫间距宽，鸣声洪亮。母鹅要求体型大而重，羽毛紧贴，光泽明亮，头大小适中，眼睛灵活，颈细长，身长而圆，前躯较浅窄，后躯深而宽，臀部宽广，两腿结实，距离宽。此时留种公母比为 1∶3～1∶4。一般在 150～180 天进行。

4. 产蛋后选

当年的母鹅一般不留种，通过后备种鹅选择后，将留作种鹅的个体分别编上号，记录开产期(日龄)、开产体重、第一年的产蛋数(每窝分别记载)、平均蛋重和就巢性。根据以上资料，将产蛋多、持续期长、蛋大、体型大、就巢性弱、适时开产的优秀个体留作种鹅；将产蛋少、就巢性强、体重轻、开产过早或过迟的鹅淘汰。

(二)种鹅的饲养管理技术

种鹅的饲养管理，根据是否产蛋而不同。在冬季与休产期间，应使种鹅得到优质的粗饲料，如混合干草、花生秧以及青草、秕壳等，根据粗饲料的品质、采食量和环境温度等，适当补给谷实饲料。一般在产蛋前 4 周开始改用种鹅日粮，粗蛋白质水平为 15%～16%。在整个繁殖期间，每天每只按体重不同喂给 250～300g 混合粉料，并全天供应足够的优质粗饲料。条件合适即行放牧，特别是第二年的种鹅应当主要靠放牧以粗饲料为主，再适当补饲少量的谷物。种鹅采食青草，每天每只可采食 1～2kg。夏、秋庄稼收割时节，可以到各种麦类与水稻茬田中放牧，以拣食遗谷。饲养种鹅如能很好地因时因地放牧，也可以节省很多的饲料。

公鹅喜欢啄斗，编群最好在繁殖季节之前，以免临时编群，引起骚动，影响鹅群的受精率。鹅一般可以在陆地配种，但在浮游中更便于交配，可获得较好的受精率。配种水面深度在1m左右。

种母鹅多于夜间或上午产蛋，一般于上午产蛋基本结束时开始放牧。对即将产蛋或出牧半途折回的高产母鹅任其自便，但需要在棚内补饲。为防止母鹅到处产蛋，最好在鹅棚附近搭些产蛋棚。一般长2.7m、宽1m、高1.2m，每1000只种鹅需搭产蛋棚2～3个，棚内放垫有软草的产蛋窝，使母鹅集中产蛋，并减少破损。

（三）产蛋鹅的饲养管理

产蛋种鹅是指后备种鹅饲养至29周龄（中、小型鹅品种）的母鹅。产蛋种母鹅分为开产前期、产蛋期及休产期3个饲养阶段。

1. 开产前期的饲养管理

（1）产蛋种鹅的选择

在后备种鹅转入产蛋时，要再次进行严格挑选。此时鹅的生长发育已基本完成，体质外貌已经定型，应进行个体综合鉴定。剔除和淘汰少数发育不良、体质瘦弱和配种能力不强的个体，并按照公母配比，留足种公鹅。种母鹅的选择，重点放在与产蛋性能有关的特征和特性上，只剔除少量瘦弱和有缺陷的个体，大多数留下作种用。皖西白鹅1岁种鹅主要在当年4月份以前孵化的鹅苗中选择，作为后备种鹅饲养，在饲养中逐步淘汰病、弱、残以及性状不符合要求的个体，选择生长快、羽毛符合品种标准和体质健壮的作为种鹅。

种公鹅的选择，除检查其外貌、体形、生长发育情况外，最主要的是检查其阴茎发育是否正常，性欲是否旺盛，精液品质是否优良。最好用人工采精的办法选留能够顺利采出精液、阴茎较大的个体。

（2）增加营养

经控制饲养的种鹅，应在29周龄（中、小型鹅品种）或31周龄（大型鹅品种）进入恢复饲养阶段，这一阶段饲养管理的重点是加强饲养。刚进入恢复饲养阶段的种鹅体质较弱，应逐步提高补饲日粮的营养水平，一般采用全价配合饲料，但也可以根据营养需要因地制宜地选用自配混合料，通过增加喂料量和喂料次数，让种鹅恢复体力，沉积体脂，为充分发挥鹅的产蛋潜力做好准备。此时应注意补饲量不能增加过快，否则会导致产蛋提前，而影响以后的产蛋和受精能力。

（3）增加光照

后备种鹅通常采用自然光照。种鹅临近开产时，用6周的时间逐渐增加每日的人工光照时间，使种鹅的光照时间（自然光照＋人工光照）到产蛋期时每天达16小时。不同地区、不同品种、不同季节的自然光照时间有差异，可进行灵活调整。

（4）设置产蛋箱

当母鹅临产前半个月左右，应在舍内墙脚周围安放产蛋箱。产蛋箱长60cm、宽40cm、高50cm，门槛高8cm，箱底铺垫柔软的垫草。每2～3只母鹅设一产蛋箱。

（5）加强卫生防疫工作

产蛋前的种鹅可进行一次驱虫。母鹅要注射小鹅瘟疫苗。

2. 产蛋期的饲养管理

（1）开产母鹅的识别

临产母鹅，可根据羽毛、体态、食欲和配种要求等加以鉴定和识别。

① 观察羽毛。临产母鹅全身羽毛有光泽，尾羽与背平直，腹下及肛门附近羽毛平整，全身羽毛紧凑，尤其是颈羽光滑紧贴。

② 观察体态。临产母鹅行动迟缓，腹部饱满松软而富有弹性，耻骨间距离达4指左右，肛门呈菊花状。

③ 观察食欲。临产母鹅食欲增大，开产前10天左右喜在鹅舍周围寻找贝壳等矿物质饲料。

④ 观察交配。临产母鹅主动寻求接近公鹅，下水时频频上下点头，要求交配，母鹅互相爬踏并有衔草做窝现象。

（2）母鹅产蛋率的变化

母鹅产蛋率的变化规律与鹅个体状态、留种季节、光照及气候温度等因素有密切关系。母鹅的产蛋呈现明显的季节性变化，一般冬末和早春留种的鹅，从当年的秋末开始，直到次年的春末结束为母鹅的产蛋期，即冬、春季节为母鹅的繁殖季节，夏、秋季节为休产期。因此，鹅产蛋少、繁殖力低、留种早的鹅产蛋期可达9个月，产蛋高峰段在翌年的3月初至4月中旬（开产后24～28周）。皖西白鹅较其他品种的鹅具有一定的特殊性，1岁母鹅180d后性成熟，一般1月前后陆续产卵，常集中在1～4月份，蛋白色，每枚蛋重在142g左右，母鹅就巢性极强。母鹅产蛋量是随着年龄增长而变化的，一般年产蛋两期，年均产蛋25个左右，产蛋高峰在2～3岁，4岁产蛋量开始下降，但少数鹅产蛋高峰可保持到4～5岁，大约有3%～4%的母鹅每年产蛋30～50个，即养殖户所称的“常蛋鹅”。

（3）产蛋母鹅的饲养方式

产蛋期的母鹅应以舍饲为主，放牧为辅。但全舍饲产蛋母鹅必须建有水、陆运动场，以利提高种蛋受精率，充分发挥母鹅的产蛋潜力。

(4)产蛋母鹅的营养需要和饲养

营养是决定母鹅产蛋率高低的重要因素。在舍饲为主的条件下，通常产蛋母鹅日粮中，应含代谢能 10.87～12.12MJ/kg，粗蛋白质 14%～16%、粗纤维 5%～8%、赖氨酸 0.8%、蛋氨酸 0.35%、胱氨酸 0.27%、钙 2.25%、磷 0.65%、食盐 0.5%。而皖西白鹅产蛋配种期必须保证营养的均衡和精料量，特别要保证日粮中的能量、蛋白质、几种必需的氨基酸、各种矿物质和维生素的需要量，饲料品质要稳定安全。种鹅产蛋期饲料配方 1：玉米 63%．豆粕 25%，鱼粉 1%，石粉 7.94%，蛋氨酸 0.06%，磷酸氢钙 1.7%，食盐 0.3%，预混料 1%。配方 2：玉米 48%，豆粕 18%，稻糠 18%，麦麸 6%，石粉 5%，饲料酵母 2.85%，磷酸氢钙 1.5%，食盐 0.4%，蛋氨酸 0.15%，胆碱 0.04%，多种维生素 0.03%，矿物质微量元素添加剂 0.03%。每只鹅每天喂饲量 200g 左右，分为早、中、晚三次饲喂，自由采食，有条件的可早晚各放牧一次，尽量添加一些青绿饲料，并在运动场设置专用贝壳粉补饲槽，任鹅自由采食，对促进蛋形增加弹壳的厚度有很大帮助。产蛋鹅应补饲夜食，可在晚上九点左右添加，通过增加营养供给，延长产蛋高峰时间。

随着鹅群产蛋率的上升，要适时调整日粮的营养水平。在喂精饲料的同时，还应注意补喂青绿饲料，防止种鹅营养过度，引起过肥，影响正常卵的形成，导致产蛋量下降。适当的舍外运动和放牧能够促进消化，增强体质，但产蛋母鹅行动迟缓，运动场地要平坦，放牧要就近，避免猛烈驱赶，防止跌伤或腹内蛋破裂，以免造成不必要的损失。国内外的养鹅生产实践和试验证明，母鹅饲喂青绿多汁饲料对母鹅的健康和繁殖性能的提高有良好的影响。喂料要定时、定量，先喂精饲料再喂青饲料。青饲料可不定量，让其自由采食。在产蛋高峰期，保证鹅吃好吃饱，供给充足、清洁的饮水。在产蛋后期，更要精心饲养，保证产蛋的营养需要，稍有疏忽，易造成产蛋停止而开始换羽。因此，可增加饲喂次数，夜间加喂 1～2 次，或任产蛋母鹅自由采食。

(5)产蛋鹅的管理

① 提供适宜的环境条件

温度。鹅具有耐寒不耐热的特性，对高温反应敏感。夏季气温高，鹅停产，公鹅精子活力低。母鹅产蛋的适宜温度是 8℃～25℃，公鹅产生精子的适宜温度是 10℃～25℃，在产蛋鹅的管理过程中，应注意环境温度。严寒的冬季正赶上母鹅临产或开产的季节，要注意鹅舍的保温。天气晴朗时，注意打开门窗通风，同时降低舍内湿度。冬天放水一定要等化冻后进行，放水后要让其理干羽毛再赶入舍内。

光照。产蛋鹅在进入产蛋前期后，需逐步增加光照，适宜的光照时间一般为每天 15～16h。在自然光照不足时可定时补充人工光照，简单的方法是每 $20m^2$ 安装 1 只 40～60W 灯泡，灯与地面距离 1.75m，最好采用自动控制光照时间的装置来控制。对于皖西白鹅,采用逐步增强光照的方法,即用4周时间逐步增加每天的光照时间,每周增加人工光照0.25～2h,使种鹅在临产时的日光照时间达到14～15h,并一直维持到产蛋结束。

环境卫生及消毒。鹅群长期生活在舍内,会使舍内二氧化碳浓度升高,氧气减少,既影响鹅的健康,又使产蛋率下降,因此要加强鹅舍通风换气。做到饮水器和垫草隔开,及时清除粪便,勤换垫草。一定要保持垫草的洁净,不霉不烂,以防发生曲霉病。舍内要定期消毒,特别是春秋两季。在预防注射的同时,将饲槽、饮水器等进行彻底消毒,以防疾病的发生。

饮水。应供给清洁、充足的饮水,满足产蛋鹅对水分的需求。产蛋鹅夜间饮水与白天一样多,所以夜间也要给足饮水。

② 配种管理

合适的公母配比:为了保证种蛋有较高的受精率,要按不同品种,合理安排公母比例。在自然交配条件下,我国小型鹅品种公母比例为1∶6～1∶7,中型鹅品种公母比例为1∶5～1∶6,大型鹅品种公母比例为1∶4～1∶5(皖西白鹅按照此比例执行)。配种繁殖期内,鹅的群体不宜过大,以250～500只较为适宜。

充足的水上活动面积:鹅的自然交配在水面上完成,几乎不在陆地上交配,因此必须给繁殖期的种鹅提供足够的水上运动场。种鹅在早晨和傍晚性欲旺盛,要利用好这两段时间,保证高的受精率。早上放水要等大多数鹅产蛋结束后进行,晚上放水前要有一定的休息时间。多次放水,能使母鹅获得复配的机会,提高受精率。水上运动场的水源应没有污染,并定期换水,运动场水深应1m左右,保证每100只鹅有45～60m^2的水面面积。

③ 产蛋管理

掌握产蛋时间,及时收集种蛋:母鹅产蛋时间大多数在下半夜至上午八点左右,个别的鹅在下午产蛋。若进行放牧,上午九点以前一般不要放牧,而且上午放牧的场地应尽量靠近鹅舍,以便部分母鹅回鹅舍产蛋。及时收集种蛋,可降低破损率和减少污染,有利于保持种蛋质量。收集的种蛋应放入适合鹅蛋规格的塑料蛋盘内,以便于搬运和码放。

训练母鹅定位:为了便于拣蛋,必须训练母鹅在固定的鹅舍或产蛋棚中产蛋,特别对刚开产的母鹅,更要多观察训练。放牧时如发现有不愿跟群、大声高叫、行动不安的母鹅,应及时赶回鹅舍产蛋。一般经过一段时间的训练,绝大多数母鹅都会在固定位置产蛋。母鹅产完蛋后,应有一定的休息时间,不要马上赶出产蛋舍,最好在舍内给予补饲。

就巢管理。皖西白鹅具有很强的就巢性,母鹅临产前表现为行动迟缓、鸣叫不安、不肯离舍。此时要提供足够的产箱,并保持产箱干净无污物,在产箱中放置鹅蛋作为“引蛋”,并将有产蛋征兆的母鹅放置在产箱内待产。通常情况下，母鹅第一次在哪个箱产蛋，以后就会形成定箱产蛋的习惯。这样可避免那些初产鹅到处产蛋的习惯，减少种蛋被污染的机会。同时要掌握母鹅产蛋的规律性，产蛋时间多集中在3:00～10:00，尽量不要外出放牧。为了得到干净的鹅蛋，建造设计精良、清洁的鹅巢是十分必要的，推荐鹅巢的大小为宽50cm，深70cm，高70cm。鹅巢应建在地平上以方便进出；在前部应有3～6cm高的挡板以防巢内垫料挤出。每5～6只鹅应至少建一个鹅巢，并加强巡视，最多每隔两个小时就应捡一次鹅蛋，做到随产随捡，防止种蛋被污染或破坏。发现母鹅有恋巢表现，应及时隔离，将其关在光线充足、无垫草的围栏内，只给饮水不给料，2～3天后喂些干草粉、糠麸等粗饲料和少量精饲料，使其体重不过多下降，待醒抱后能迅速恢复产蛋。

3. 休产期的饲养管理

种母鹅经过7～9个月的产蛋，产蛋后期蛋形变小，受精率降低，畸形蛋增多，不能进行正常的孵化。种公鹅性欲下降，配种能力变差。这时羽毛干枯脱落，陆续进行自然换羽。这些变化表明种鹅正在或已进入休产期。休产期种鹅的饲养管理应注意以下几点。

① 调整饲养方式。种鹅停产换羽开始，应逐渐降低营养水平，减少饲喂量，增加糠麸类粗饲料和青绿饲料，有条件的地方可以采取放牧饲养。目的是使母鹅消耗体内脂肪，加快羽毛干枯、旧羽脱落，促进新羽生长，缩短母鹅的换羽时间，提前进入下一个产蛋期。

② 人工辅助脱羽方法及脱羽后管理。人工辅助脱羽有手提法和按地法，前者适合小型鹅种，后者适合大、中型鹅种。脱羽的顺序为主翼羽、副翼羽、尾羽。人工辅助脱羽，公鹅比母鹅可提早20～30天，目的是使公鹅在母鹅产蛋前，羽毛能全部换完，保证母鹅开产后公鹅精力充沛。脱羽的母鹅可以比自然换羽的母鹅早20～30天产蛋。脱羽要在温暖的晴天进行。脱羽后当天鹅群应圈在运动场内喂料、喂水和休息，不能让鹅群下水游泳，防止细菌污染，引起毛孔炎症。同时要提高营养水平，增加饲喂量，补充维生素K、维生素C等，防止应激。

（四）种公鹅的饲养管理

种公鹅的营养水平和体质情况，直接影响到鹅群的种蛋受精率和孵化率。在种鹅群的饲养过程中，应始终注意种公鹅的日粮营养水平和公鹅的体重与健康状况。在鹅群的繁殖期，公鹅由于多次与母鹅交配，排出大量的精液，体力消耗很大，有时体重下降明显，从而影响种蛋的受精率和孵化率。为了保持种公鹅有良好的配种体况，种公鹅的饲养，除了和母鹅群一起采食外，从组群开始，对种公鹅应进行补饲全价配合饲料。配合饲料中粗蛋白质为16%～18%，代谢能11.3MJ/kg，配合饲料中应含有动物性蛋白饲料，有利于提高公鹅的精液品质，维生素A、维生素D、维生素E对公鹅的性功能特别重要，要注意添加。公鹅的补饲可持续到母鹅配种结束，但要注意不要养得过肥，要加强运动、放牧、放水和防暑等日常管理工作。公鹅喜欢在水里完成配种行为，一般在气温平和的早晨和傍晚进行，尤其在早上公鹅的性欲最旺盛，优良的公鹅在一个上午可交配3～5次，应安排好种鹅放水的时间，或采取多次放水的方法尽量使母鹅获得复配机会。注意水上运动场的水温不宜过高，否则会影响公鹅性欲，降低受精率。

(五)反季节种鹅的饲养管理

鹅的反季节繁殖技术，是指在自然条件下种鹅不能繁殖的季节，通过人工调控光照、温度等环境因素结合强制换羽等方法，调整产蛋季节，平衡种鹅生产，提供市场对雏鹅的需求，持续高效地进行生产的一种技术。进行种鹅反季节生产的核心是控制环境温度和光照时间。鹅的繁殖具有明显的季节性，我国大部分地区种母鹅一般从每年的9～11月份开产到次年5月份停产，尤其以皖西白鹅的季节性较强。且鹅随季节性变化的繁殖特性，导致鹅品种供应不平衡，致使产销严重失调，市场价格波动较大。只要养鹅的环境温度不超过30℃，通过人工光照、营养调控等其他配套技术措施的实施，完全可以做到使种鹅一年四季繁殖产蛋，提供雏鹅。

1. 种鹅反季节生产的优点

(1)平衡种鹅生产，满足市场需求。由于克服了种鹅繁殖活动的季节性束缚，使雏鹅和肉鹅能够分别在全年各个月份，特别是价格高涨的时期供应市场。同时，还能向市场提供质量好的羽绒。

(2)降低生产成本，提高经济效益。实行反季节生产，不仅能降低反季节种鹅繁殖的育雏成本、提高育雏成活率，而且能够在水草茂盛的季节充分利用饲草资源，降低养殖成本，使养鹅业和鹅产品加工销售的各生产环节都可获得良好的经济收益。

2. 种鹅反季节繁殖的机理

(1)光照。光照是种鹅反季节繁殖的重要调控因子，主要作用是使种鹅下丘脑的光感受器接受光信号，将其转换为神经冲动，然后通过影响种鹅生殖激素的分泌，最终调节鹅的生殖活动。光照还能通过改变松果体的分泌活动影响公鹅的生殖器官发育。另外，光照也可能通过影响甲状腺素的分泌来影响公鹅的繁殖性能。

(2)温度。温度也是影响种鹅反季节繁殖的重要因素。一般认为在热应激的情况下，种鹅垂体前叶释放促肾上腺皮质激素的量增加，刺激糖皮质激素的分泌，抑制了黄体生成素的分泌，使公鹅和母鹅的性欲都会受到影响。公鹅体温升高，不利于精子的产生，所以持续高温会引起睾丸局部的循环机能发生变化，引起供氧不足，使精子的活力和密度下降。对于母鹅，高温不利于卵子的受精和受精卵在输卵管内的运行。因此，温度是关系到反季节母鹅繁殖能否顺利实施的重要条件。

3. 反季节种鹅繁殖的饲养管理方法

(1)控制光照。光照的增加或减少会直接引起种鹅繁殖周期的改变,光照不足或过长,将导致种鹅繁殖性能降低。研究发现,光照不足时,对皖西鹅采取人工补充光照,可以使产蛋期提前,并可适当延长繁殖周期,增加产蛋量。

(2)控制温度。鹅缺乏汗腺而且全身布满羽绒,散热能力非常弱,而鹅的反季节繁殖多集中在比较炎热的6～8月份。在低海拔地区,一般采用空调或湿帘降温系统降低鹅舍温度。降低温度有如下优点:容易控制产蛋期;环境舒适,可以增加饲养密度;降低热应激和死亡率;提高产蛋率和受精率,增加出雏数等。

(3)强制换羽。所谓强制换羽就是人为地给鹅施加些应激因素,引起鹅的器官和系统发生特有的形态和机能变化,在短期内使鹅群换羽停产,并缩短换羽停产的时间,从而改变鹅群的开产时间,提高产蛋期的整齐度,便于管理和生产。母鹅从开始脱羽到新羽长齐需较长的时间,且换羽有早有迟,其后的产蛋也有先有后。为了缩短换羽的时间,换羽后产蛋期比较整齐,可采用人工强制换羽。强制换羽是改变种鹅产蛋时段的重要措施之一,通过强制换羽能有效调控种鹅的产蛋期,并将产蛋高峰集中在较理想的一段时间内。种鹅强制换羽全过程需60～90天。如10月10日留的种雏鹅,在2月份进行强制换羽,5月份开始产蛋,7月份进入产蛋高峰。

(4)限制饲喂。加强营养调控也是保障反季节鹅繁殖技术成功的基础。在种鹅产蛋结束前,应按照生产计划制订合理的种鹅综合限制饲喂方案进行管理。

(5)调整留种时间。鹅反季节繁殖有两种情况:一是通过选择适当的留种时间,同时控制光照和温度条件,使鹅群反季节产蛋;二是通过强制换羽,提前或延迟种鹅的开产时间,使鹅群反季节产蛋。合理的留种时间在一定程度上可以使反季节生产更经济方便。

4. 配套措施

(1)遮光。实施鹅反季节繁殖,鹅舍遮光很重要。人工控制光照的鹅舍可为敞开钟楼式砖瓦舍,设有水上和陆上运动场。舍内饲养密度为2只/m^2,陆上和水上运动场的密度为1只/m^2。鹅舍两侧装配可活动的黑布帘,起遮光作用,钟楼玻璃窗涂黑。每天下午五点半将种鹅赶进遮光鹅舍,钟楼玻璃窗关闭,避光过夜,供应充足的饮水。次日早晨七点半揭起黑布帘,打开钟楼玻璃窗,将鹅放入运动场配种、喂料。每天接受自然光照的时间控制在10小时左右。

(2)防暑通风。控制光照期间,外界温度较高,而鹅舍由于遮黑布和关闭钟楼的玻璃窗,阻碍了舍内空气的流动,舍内温度更高。因此,控制光照的鹅舍应该尽量注意通风、降温、防湿,舍内可多安装些大功率的牛角扇,有条件的可用水帘式通风。

(3)减少应激。采用人工控制光照,改变了鹅舍的小气候环境和种鹅的生活节奏,使鹅的生理状态和外貌也发生相应的变化。尤其在控制光照初期,由于鹅舍突然变黑,鹅表现为情绪紧张,稍有动静就惊恐不安,但随着时间的推移,鹅群逐渐适应,较少发生骚动。虽然人工控制光照改变了鹅的生态环境,是一种应激,但只要做好通风和卫生消毒工作,保证鹅的生活环境清洁干燥、通风透气,对种鹅的健康没有显著影响。

(4)保证营养。繁殖期种鹅的日粮配合,要充分考虑母鹅产蛋和配种的营养需求。应以全价配合饲料饲喂种鹅,饲料中应含有适当的蛋白质、矿物质、维生素等。关于鹅营养饲料的搭配详见第七章。

第四节 鹅肥肝饲养管理技术

鹅肥肝是指鹅经过专门强制填饲育肥后,脂肪组织在肝脏中迅速大量沉积形成的脂肪肝。肥肝营养丰富、质地细腻、柔嫩可口,为西方餐桌上的珍贵佳肴。鹅肥肝个大,养分含量高,为肥肝中的上品,属高档食品。随着皖西白鹅饲养规模的扩大,鹅产品市场前景的广阔,政府采取各种措施,积极引导资本介入皖西白鹅的深加工项目,并生产出了丰富多样的系列产品。目前,安徽省六安市皖西白鹅鹅肥肝生产厂家已发展到11家,由于拥有成熟的技术、可靠的质量,产品迅速打开了国内外市场,仅2015年鹅肥肝产量已达160吨,占国内市场的三分之一。

一、鹅肥肝的营养价值和等级划分

(一)鹅肥肝的营养价值

鹅肥肝与普通肝相比,重量可增加5～10倍。通常情况下鹅肝重50～100g,但鹅肥肝重可达500～900g,最大者可达1800g。鹅肥肝在重量、质量方面都与正常的肝脏有很大差别,尤其是营养成分发生了很大变化。鹅的普通肝脏色泽暗红,鹅肥肝为淡黄色或粉红色,这是由于肝脏中沉积了较多的脂肪。据报道,经过填肥以后的鹅肥肝,三酰甘油含量增加176倍,磷脂增加4倍,核酸增加1倍,酶活性增加3倍。鹅肥肝中含脂量高达60%～70%。其脂肪酸组成:软脂酸21%～22%,硬脂酸11%～12%,亚油酸1%～2%,16碳烯酸3%～4%,肉豆蔻酸1%,不饱和脂肪酸65%～68%,每100g肥肝中卵磷脂含量高达4.5～7g,脱氧核糖核酸和核糖核酸9～13.5g。不饱和脂肪酸可降低人体血液中胆固醇的含量。“卵磷脂”是当今国际市场保健药物和食品中必不可少的成分,它具有降低血脂软化血管、延缓衰老、防治心脑血管疾病的功效,而亚油酸为人体所必需，且在人体内不能合成。由于肥肝中含有诸多对健康有利的元素，所以被誉为“世界绿色食品之王”“世界三大美味之首”。

（二）鹅肥肝等级的划分

鹅肥肝可根据重量和感官来评定与分级，以便分级利用和核级论价。肥肝可分为特级肥肝、一级肥肝、二级肥肝、三级肥肝和等外级肥肝（瘦肝）。

1. 按重量分级

一般的重量分级是：特级肥肝 600～900g，一级肥肝 350～600g，二级肥肝 250～350g，三级肥肝 150～250g，150g 以下为等外级肥肝。还有一种分级重量是：特级肥肝 600～900g，一级肥肝 500～600g，二级肥肝 350～500g，三级肥肝 250～350g，四级肥肝 150～250g。以上按重量分级是由法国制定的分级标准，在我国由于希望能够降低肥肝生产成本，尽可能利用有限的鹅数量生产更多肥肝，往往需要填饲更长时间，获得超过 1000g 的肥肝并将之定为最优级肥肝。所以，在制订肥肝供销合同时，应按照当地对肥肝重量的要求和产地、品种等具体情况来决定肥肝的重量等级。

2. 感官评定

鹅肥肝的等级不能只按重量来评定，还应考虑质量。质量主要是根据肥肝的大小、结构、色泽和气味等方面，按人的感觉来评定，如有特别大的肥肝，重量在 1000g 以上，但颜色很浅，质地很软，外形结构几乎消失，还有破损和瘀血，这种肥肝经煮沸就会因脂肪渗出而收缩，这种肥肝虽然大，也不能算作优质特级肥肝；相反，有一些肥肝重量不到 600g，但其结构光滑，质地柔软而结实，又无血斑及破损，色泽也好，呈淡黄色或粉红色，肥肝虽小些，却可列为优质特级肥肝。当然，质量相同的肥肝，重量越大的越好，一只重量只有 300g 的鹅肥肝是绝对不能列为优质特级肥肝的。但两只相等大小的肥肝，其结构结实而无血斑的肥肝，比松软而有瘀血的肥肝级高。感官评定标准是：色泽为浅黄色或淡粉色，内外无斑痕；组织结构，应表面光滑，质地有弹性，软硬适中；无异味。熟肥肝有独特的芳香味。化学成分要求含粗蛋白质 7%～8%，含粗脂肪 40%～50%。

3. 鹅肥肝划分等级参照表

（1）特级肥肝。重量 600～900g；淡黄色、米黄色或浅粉色，肝表有光泽，色度均匀；指压后凹陷很快恢复；具有鲜肝正常气味，肝体完整，无血斑、血肿和胆汁绿斑。

（2）一级肥肝。重量 350～600g；淡黄色、米黄色或浅粉色；指压后凹陷很快恢复；具有鲜肝正常气味，允许肝体切除一小部分，血斑直径 20mm 者不超过 2 块，无血肿和胆汁绿斑。

（3）二级肥肝。重量 250～350g；淡黄色、米黄色、黄色或浅粉色；指压后凹陷较快恢复；无异味，允许肝体切除一小部分，允许有血斑，无血肿，无胆汁绿斑。

(4)三级肥肝。重量150～250g;淡黄色、米黄色、黄色、浅粉或浅红色;指压后凹陷恢复较慢;无异味,允许肝体切除一小部分,允许有血斑、血肿,无胆汁绿斑。

二、影响鹅肥肝生产的因素

鹅肥肝生产主要受遗传、品种、开填日龄和体重、填饲技术和设备、填饲日粮等因素的影响。

(一)性别

多数试验报道,公鹅平均肥肝重高于同日龄母鹅12%左右,在公母鹅体增重相同的情况下,每千克体重中公鹅形成肥肝重比母鹅高7.5%,而母鹅比公鹅多形成腹脂7.2%,说明公鹅肥肝形成效率明显高于母鹅。公鹅产大肝的比例显著偏高,母鹅产肝大小均匀度较高。

(二)开填日龄和体重

开填日龄指正式填喂的日龄,与肥肝重量有关,也影响胴体质量和生产鹅肥肝的成本。用年龄小的鹅填肥,肥育效果差,胴体产肉量少,肉质也差;年龄过大,必然要提高饲养成本,影响肥肝生产的经济效益。一般情况下,用于生产肥肝的鹅应在体成熟后进行。因为在体成熟后,鹅消化、吸收的养分,除用于维持需要外,其余部分较多地转化成脂肪沉积。同时由于胸腔大,消化能力强,肝细胞数量较多,肝中脂肪合成酶的活力比较强,有利于肥肝的增大。不同品种鹅的生长发育规律不同,正式填喂日期有很大差异,我国鹅品种或杂交种宜在3月龄时开始填饲为好。当然如果雏鹅一开始即饲喂给全价配合饲料,营养全面,体重达到4.5～5.0kg时,也可以提前进入填饲期。体重在一定程度上能反映鹅机体的发育状况。一般而言,在同一品种内,体重大的鹅生长发育良好,腹腔容积大,有利于养分转化为脂肪在肝脏的沉积。开填体重大小不一,经填饲后生产出来的鹅肥肝就会参差不齐,坏肝、废肝的比例较大,填饲期的死亡率也较高,严重影响鹅肥肝的生产质量和产量。南京农业大学研究发现,开填体重与肝重呈极显著正相关。

(三)填饲时间

经研究分析不同填饲时期鹅肥肝的重量、成分、饱和脂肪酸、单不饱和脂肪酸和多不饱和脂肪酸沉积的规律性,结果表明,经过填饲,鹅肥肝在营养价值方面有很大提高,特别是不饱和脂肪酸。填饲前及填饲1周、2周、3周、4周的总脂肪含量分别为4.70%、15.42%、24.19%、50.35%、81.40%;饱和脂肪酸占总脂的比例分别为1.96%、2.08%、3.82%、8.20%、14.78%,各周间差异显著;不饱和脂肪酸占总脂的比例分别为20.17%、33.47%、34.29%、45.33%、

75.63%，证明填饲后期不饱和脂肪酸水平显著增加，但蛋白质含量差异不显著。

（四）季节与温度

相同品种在不同季节、不同气候环境条件下填肥，肥肝生产效果不同。气温对填饲鹅影响很大，由于鹅是水禽，全身覆盖着厚厚的羽绒，在气温低的时候起很好的保温作用，气温高的时候却成为散热的屏障；鹅的散热系统不发达；填饲使鹅皮下脂肪增厚，内脏脂肪增加，导致散热不良；消化道因需要消化大量的食物而产生大量的热量。因此，外界气温过高容易造成鹅“中暑”，甚至导致鹅死亡。一般填饲的最适温度为10℃～15℃，一般不要超过25℃。据湖南农业大学高温季节鹅肥肝形成效率的研究，高温季节鹅体重降低20%～40%，肥肝产量降低25.6%～48.5%，因此，气候较热时应注意防暑降温。填肥鹅对低温的适应性较强，在温度为4℃的条件下影响也不大。当然，温度过低仍需要做好防寒保暖工作。我国大部分水禽产区，除盛夏和严冬外，其余时间均可生产鹅肥肝。

（五）饲料配合

肥肝生产主要受遗传、品种、技术和饲料等若干因素的影响。其中，饲料因素占15%左右，包括填饲饲料的质量、数量、加工方法、填饲前或填饲过程中饲料的配合等，肥肝鹅的饲料配方与调制直接影响到鹅肥肝的生产效果和经济效益。

1. 预饲期营养配合

此阶段需由放牧转舍饲，根据鹅的具体情况，有针对性地进行饲养调理，使鹅群的体质能渐趋一致。在预饲阶段加喂抗应激剂，能有效地改善酸血症和恢复肾脏功能，提高抗应激能力。预饲阶段应加大对肥肝鹅青饲料和精料的喂量，锻炼和扩大肥肝鹅消化道的容积，并刺激消化液的分泌，为以后强制填饲大量的能量饲料打下基础。预饲期的饲料内补充一定量的蛋白质饲料，可使肝增重13.3%～43.4%。

2. 超饲养期营养配合

超饲养期肥肝鹅的饲料主要是由大量高能量饲料、油脂和其他的添加物配合而成的。

玉米、糙米和小麦是世界上使用最为广泛的能量饲料原料。玉米含能量高，含胆碱400mg/kg，含磷0.25%，均低于其他高能量饲料，有利于肥肝的迅速形成。试验证明，用玉米填饲的鹅肥肝重量要比用稻谷、大麦、薯干和碎米，分别提高20%、31%、45%和27%。同时玉米色泽、颗粒大小、粉碎程度等都直接影响填肥效果和肥肝质量；用黄玉米或红玉米填成的鹅肥肝，色泽较深，质量等级高些；用白玉米填成的鹅肥肝，色泽较淡；玉米粉碎调成糊状比直接填饲玉米颗粒的产肝效果要好；小粒种玉米比大粒种玉米好。糙米的常规营养成分、氨基酸及总能含量和利用率均高于玉米，利于鹅肥肝形成期的异常脂肪代谢。有研究表明，糙米型饲粮对鹅肥肝增重效果均优于玉米和小麦，是一种可替代玉米的优质超饲养原料。目前，安徽新华畜牧科技有限公司已开发填饲期肥肝鹅配合饲料（填饲鹅料）——新华饲料994。

国内外研究表明：生产鹅肥肝的填饲饲料中添加适量的油脂能加快脂肪沉积，增强肥肝重量，显著提高肥肝形成速度；同时可起润滑作用，便于填饲，能够提高适口性和产肝性能。

在填饲过程中，可以根据需要添加其他物质，以取得更好的效果。添加0.5%～1.5%食盐不仅可以提高适口性，增加肥肝鹅的食欲，促进饲料的消化，而且对增加肝重有显著的作用，使肝的色泽和质量都比较好。添加维生素，如茶多酚、维生素E可以增加肝重，减少应激，促进代谢和帮助消化吸收，一般添加复合维生素，按0.01%～0.02%的添加量拌匀使用（配方中不加胆碱）。试验表明，添加钙、磷可以增加肥肝重量。由于填饲是一个较强的应激过程，因此，在填肥期间，可以加入复合抗应激剂，如添加EM菌、益生素和酶制剂等，可收到较好的效果。有报道称用EM菌作填饲肥肝试验，平均肥肝重、肝料比以及特级肥肝比例等重要经济技术指标均显著提高，平均肥肝重提高11.1%。

（六）填饲设备

填饲期，鹅处于封闭喂养阶段，填饲后应使其尽量处于休息状态，减少运动量，这就对鹅舍及鹅笼提出了新的要求。国内的填饲鹅舍多使用土法，使用临时厂房，或用现有厂房改造而成，条件好些的鹅舍虽装备了水帘和风扇，但整体效果不理想。目前的填饲笼没有固定的尺寸和排列方法，都是根据填饲方式决定笼子的大小，一般采用3个或2个笼子合成一组，以节省用料和空间。

填饲机、饮水设备对鹅肥肝的品质、质量影响巨大。在填饲机方面，我国经过了引进、仿造、改进三个阶段，先后设计了近10种机型，迄今还在使用的有3种：支撑式螺旋推进填饲机、悬吊式螺旋推进填饲机和大型液压式自动填饲机等。理想的填饲机应该具备定量填饲的功能，且填饲量能实时显示、调节；填饲管应充分适应鹅食道结构，填饲时不能产生大的震动和噪声；整机的机械性能、电气性能安全可靠，轻便、易操作，自动或半自动前进；保证饲料温度均匀稳定；单人操作，料斗容量足够大，整机造价低。目前鹅场主要使用简易的供水槽，可考虑使用可移动或升降且便于清洗的水槽，饲喂和饮水设备的材质应坚硬、无毒、防腐、易消毒。

脱毛机、开膛取肝设备对减少肥肝的破碎率具有重要意义，高质量的屠宰设备是减少鹅肝破损率的必要保证。但目前我国鹅肥肝生产过程还比较粗放。为了提高生产率和肥鹅肝的产品质量，未来需要在参考国外技术的基础上，根据国情研制出一套价格、性能、操作方式符合我国鹅肥肝产业生产条件的脱毛机、浸蜡式小毛脱除生产线等。

（七）填饲技术

鹅肥肝生产属劳动密集型和技术密集型产业，在整个生产过程中填饲人员起着非常重要的作用。因此，填饲人员需要经过技术培训，掌握鹅在整个填饲期的特点，严格按规程进行操作。填饲操作前期主要是促进食道扩大，提高消化能力，催肥鹅体以适应强制饲养，此阶段填饲量不能增加过快、过多，强制饲养下容易造成消化不良，使鹅抵抗力下降，容易造成鹅死亡，且填饲过多易对食道造成机械性破坏；相反，填饲量过少，鹅的消化道未充分扩展，消化能力没有得到充分提高，使后期增加的填饲量不大，脂肪沉积也就少。中期主要是继续对鹅进行催肥，加速脂肪在鹅体及内脏的沉积。后期根据鹅的消化能力急剧增加填饲量，加大脂肪在肝脏的沉积。抓鹅的动作要轻，以免质地较嫩的脂肪肝因为机械撞击导致肝出血，致使鹅死亡或造成血肝。

三、鹅肥肝生产技术

（一）预饲期

预饲期是正式填饲前的过渡阶段，通过预饲期，让鹅逐步完成由放牧转为舍饲、由自由采食转为强制填饲、由定额饲养转为超额饲养的转变，并在这个转变中，增强体质，锻炼消化器官，增强肝细胞的贮存机能，适应新的饲养管理。

预饲期开始前要用 2% 火碱对圈舍进行消毒。前 2 周免疫接种禽霍乱疫苗，每只成年鹅胸部肌肉注射 2mL，免疫期 3 个月左右；用丙硫咪唑驱虫，每千克体重 10～25mg，一次投服；也可用吡喹酮，每千克体重 150～200mg，一次投服。驱虱，在不严重时可设沙浴，严重的可用 0.2% 敌百虫在晚上喷洒于鹅体羽毛表面。

此阶段饲料主要是玉米，以适应强制育肥时填饲大量的玉米粒；小麦、大麦、燕麦和稻谷等可在日粮中占一定比例，但最好不超过 40%。这些谷物最好在浸泡后饲喂。豆饼（或花生饼）主要供鹅蛋白质需要，一般可在日粮中添加 15%～20%；鱼粉或肉粉为优质蛋白质饲料，可在日粮中添加 5%～10%。每日饲喂 3 次，可分别在 8:00、14:00、19:00 进行，给食量逐步增加，自由采食，让其习惯于采食玉米粒，为适应填饲做准备。青饲料是预饲期另一类主要饲料，在保证鹅摄食足量混合饲料的前提下，应供给大量适口性好的新鲜青饲料。为了提高食欲，增加食料量，可将青饲料与混合料分开来饲喂，青饲料每天喂 2 次，混合料每天喂 3 次。其他成分包括骨粉 3%、食盐 0.5%、沙砾 1%～2%，这三者均可直接混于精料中喂给。为了帮助消化，可加入适量的 B 族维生素或酵母片，也可添加多种维生素，添加量为每 100kg 饲料加 10g。

舍内饲养密度，以每平方米2只鹅为宜，每圈以不超过20只为好。在气温较低的季节，圈内要经常打扫和换垫草。舍内光线宜暗淡，保持安静。当小型品种的鹅每天精料摄食量达到200g左右、体重增加到4000g，大型品种的鹅采食量达到每天250g、体重增加到5500g时，即可转入填饲期。

(二)填饲期

填饲期是鹅肥肝生产的决定性阶段。在这个阶段，要充分利用人力、机械、饲料、鹅舍等方面的条件，正确进行填饲生产，力争在较短的时间内，以较少的饲料，生产尽量多的优质肥肝。

1. 填饲饲料调制方法

填饲饲料应选择能量高和胆碱含量低的饲料。因为肥肝的主要成分是脂肪，脂肪主要由具有高能量的饲料转化而来；而胆碱的作用是促进肝脏中的脂肪转移，起着防止脂肪在肝脏中沉积过多的作用，故饲料中胆碱含量高，必然会影响脂肪在肝脏中的沉积，从而影响填饲效果。富含淀粉的饲料如玉米、小麦、大麦、燕麦、大米、稻谷、土豆等均可用来填饲育肥。其中玉米是最好的一种填料，其所含的胆碱、磷含量，均低于小麦、大麦、燕麦、大米等其他高能量饲料。使用玉米作肥肝填饲饲料，肥肝平均重比用其他种类高能量饲料提高20%～45%。生产肥肝的饲料玉米应进行一定的加工处理。以整粒黄色为佳，使用前剔除杂质和劣质、霉变玉米，留下粒大、饱满、色质好的，在料型上应选用玉米粒料。如有必要可在饲料中添加一些助消化药。玉米粒加工方法包括水煮法、干炒法和浸泡法，其中，水煮法最为适用。

水煮法就是将玉米粒放入开水锅内，水面要浸过玉米10～15cm，水烧开后煮5～10min即可。将玉米捞出后沥干，趁热加入2%～3%动(植)物油、0.5%～1.0%的食盐和0.01%的多种维生素搅匀后即可使用，填料的温度以不烫手为宜。水煮玉米不能煮得太久，以玉米粒表皮起皱(玉米芯还是白色)，用手搓时能去皮最佳，约为七成熟，以免由于吸水过多，玉米体积增大、容易破裂而影响填料量。

干炒法是将玉米在铁锅内用文火不停翻炒，至粒色深黄，八成熟为宜，切忌炒熟、炒煳。炒完后装袋备用，填饲前用温水浸泡1～1.5h，至玉米粒表皮展开为度。随后沥去水分，加入0.5%～1%的食盐，搅匀后填饲。

另一种炒玉米的方法是将玉米倒在能滚动(电机带动)的锅里加热炒。浸泡法是将玉米粒置于冷水中浸泡8～12h，随后沥去水分，加入0.5%～1%的食盐和1%～2%的动植物油脂。

2. 填饲操作方法

填饲方法有两种。一种是传统的手工填饲法，另一种是采用电动螺旋推进器填饲机填饲。

手工填饲员在填饲前先要详细观察鹅的体况和外形，选择生长发育良好、体格健壮、头颈粗长、体重大于4kg的健康鹅。然后用手触摸鹅的颈下部，估计有多少饲料存留其内，再决定填饲量。消化快的鹅，要多填饲；反之则少填饲或暂停填饲。调制好的填饲料倒入料斗，填饲者用手指插入其中试温，以手感温热而不烫手为原则。然后由填饲人员用左手握住鹅头并用手指打开鹅喙，右手将玉米粒塞入鹅的口腔内，并由上而下将玉米捋向食道膨大部，直至距咽喉约5cm为止。手工填鹅费力费时，但填饲较安全，不易造成鹅的食道损伤。

填饲机填饲可以大大提高劳动生产率，填料量多且均匀，适合批量生产。机械填饲时助手将鹅固定在笼具上的固禽器上，填饲员坐在填饲机座位上，面对填饲机填饲管，左手抓住鹅头，掌心贴住鹅头顶部，拇指和食指捏开鹅喙的基部，用右手的拇指和中指固定鹅喙的基部，用食指伸入鹅的口腔内按压鹅舌的基部，将填饲机的填饲管缓慢地插入鹅的口腔，沿咽喉、食道直插至食道膨大部的中端。待填饲管插入预定位置后，填饲员右脚踩填饲开关，螺旋推运器运转，玉米粒或配合饲料从填饲管中向食道膨大部推送，填饲员左手仍固定鹅头，右手触摸食道膨大部并缓慢地挤压，待玉米填满时，边填料边退出填饲管，自下而上填饲，并且右手要顺着进料的方向缓慢地抚摸食道，做往下挤压玉米的动作，使食道和食道膨大部充分填满玉米，直至距咽喉约5cm为止，右脚松开脚踏开关，停止输送玉米。将鹅头、咽部慢慢从填饲管中退出，填饲员仍捏住鹅头，再次抚摸鹅的食道，把食道中的玉米送入食道膨大部，以防止鹅甩头把填入的玉米粒从食道中甩出来。缓慢地松开鹅头，助手将鹅轻轻放回笼中。填饲机的填饲管较长，可直接插到食道膨大部，省去了捏捋食道的操作，缩短了填饲时间，减少了食道部的损伤，增加了填料量，从而提高了填肥效果。填饲员应注意手脚协调并用，脚踩填饲开关填饲玉米与向下退鹅的速度要一致，退慢了会使食道局部膨胀形成堵塞，甚至食道破裂，退得过快又填不满食道，影响填饲量，进而影响肥肝增重。当鹅挣扎颈部弯曲时，应松开脚踏开关，停止送料，待恢复正常时再继续填饲，以避免填饲事故发生。在填饲时根据各鹅的体重确定填饲量，使单位体重的填饲量相等，避免因为填料的不同造成脂肪沉积的差异。

填饲后，要对鹅进行观察。如鹅能自己走回栏内、饮水、休息、精神好、挺胸展翅等，说明填饲正常。如果填饲不当，可能会引起鹅的喙角、咽喉和食道出血，这种鹅在下次填饲时，就会咬紧喙甲，用力挣扎，拒绝填饲。如果玉米填得过多，太接近咽喉，鹅就会拼命摇头，试图把玉米甩出来。如玉米甩出来后，鹅仍不停地摇头，并有气喘、呼吸困难等症状，表明玉米粒已掉进气管，很可能会窒息而死。因此，填饲时切忌粗暴，不要填得过分接近咽喉。由于鹅颈有个自然“S”状弯曲，填饲管插入时，必须把鹅颈拉直，否则易损伤食道。

3. 日填饲量

日填饲量直接关系到肥肝的质量和增重，品种和个体间差别较大。如果填饲量不足，脂肪主要沉积在皮下和腹腔，而肝脏沉积少，肝脏增重慢，肥肝质量差；填得过多，容易造成鹅的伤残，影响消化吸收，对肝脏增重不利。填饲过程应由少到多、逐渐增加填饲量，直至填足量，以后维持这个水平。为保证合适的填饲量，每次填饲前应先用手触摸鹅的食道膨大部，如已空，说明消化良好，可适当增加填饲量；如仍有饲料积蓄，说明填饲过量，要适当减少填饲量。进入填饲期后的1～5天内，日填饲3次，每次100g；第6～23天，日填饲5次，每次填饲量120g左右。如用糊状料，则要增加填饲次数。填喂次数和时间还需依鹅的大小、食道的粗细、消化能力等而定。国外的大型鹅种和我国的狮头鹅的日填饲量为1～1.5kg，中型鹅种0.75～1kg，小型鹅种为0.5～0.8kg。大、中型鹅种为4周，小型鹅种为3周。填料时间应准时，有规律，不得任意提前或延后。

4. 填饲期的饲养管理要点

填饲前应对填饲鹅舍、笼具、填饲机器等进行彻底消毒。鹅舍的室温要保持在10℃～15℃，不要超过25℃。保持舍内干燥、通风、清洁、清静，不能有穿堂风，舍内光线不能太强。避免陌生人进出填饲鹅舍。保证鹅有充足的清洁饮水源，还可以在每升饮水中加1g食用苏打。整个育肥期内要供饲沙砾。填饲后期，鹅十分脆弱，要特别谨慎，轻轻提放，减少对鹅的惊扰。

填饲鹅可以平养、网养、笼养。最普遍的饲养方式为平养，鹅舍铺水泥地面，便于冲洗消毒，冬天天冷时适当铺设垫料，$1m^2$饲养3～4只。也可采用单笼饲养，笼的尺寸为500mm×280mm×350mm，笼子底部离地面50cm，避免鹅与地面粪便接触，减少疾病的传播。每个笼子内部安装一个鹅体固定器，避免在填饲时因碰撞或鹅乱蹦造成伤害。填喂时，直接将填饲机推至笼前，进行填饲。笼养鹅活动少，易于育肥，鹅肝品质高，但设备费用高。填饲时抓放鹅要轻抓轻放。

在填饲前预防接种，适当补充多种维生素，填饲的前3天连续在饮水中添加一些抗应激的药物。降低或避免填饲过程中因鹅应激而常发的鹅喙角溃疡、咽喉炎、食道炎、食道破裂、积食、气管异物等。一旦发生疾病，应及时治疗，切不可滥用药物，以免药物在肝脏中残留。

（三）屠宰取肝

由于鹅个体间存在差异，有的早熟，有的晚熟，所以生产肥肝不能确定一个统一的屠宰期。填饲到一定时期后，应注意观察鹅群，分别对待，成熟一批，屠宰一批。鹅肥育成熟的特征为：体态肥胖，腹部下垂，两眼无神，精神萎靡，呼吸急促，行动迟缓，步态蹒跚，跛行，甚至瘫痪，羽毛潮湿而零乱，出现积食和腹泻等消化不良症状，此时应及时屠宰取肝，否则轻则填料量减少，肥肝不但未增重，反而萎缩，重则死亡，给肥肝生产带来损失。对精神好、消化能力强、还未充分成熟的可继续填饲，待充分成熟后屠宰。一般情况下，填饲3～4周后即可屠宰，屠宰前停食 12h，但需供应足够的饮水。屠宰取肝是肥肝生产的最后一道工序，必须细致严格，避免损伤肥肝，以获得优质肥肝。肥肝鹅和肉鹅的屠宰前阶段加工流程基本相同，如候宰、淋浴、电晕、宰杀、放血、浸烫等，因此屠宰大型肉鹅加工设备可以直接用于肥肝鹅的屠宰；但屠宰后阶段的加工流程，如脱羽、拔细毛、预冷、取肝等流程，则由于肥肝鹅的特殊性，对加工设备有更高的要求。

1. 肥肝鹅的运输

一般接运肥肝鹅是在清晨，而肥肝鹅的最后一次填饲在头天晚上，这样肥肝鹅已停食 8 个小时，加之肥育成熟的鹅体质十分脆弱，所以要用专用的塑料运输笼，笼底铺垫松软垫草，每笼放鹅约 4 只左右，以免在运输途中挤压伤亡。捕捉和搬运肥肝鹅时动作要轻。在运输时还要避免剧烈颠簸、紧急刹车，以免肥肝鹅因腹部挫伤而导致肥肝淤血或破裂，造成次品。

2. 宰前准备

(1)候宰。填饲成熟的肥肝鹅装笼运抵屠宰场后，应当在候宰区休息 12 个小时；如无候宰区，也可让鹅在车上休息一段时间。实践证明：经候宰休息后宰杀的填鹅，其肥肝和胴体的品质明显好于未经候宰的填鹅。

(2)淋浴。在宰杀前要用清水对填鹅进行淋浴，使鹅体清洁。

3. 肥肝鹅的屠宰

(1)宰杀。将屠宰鹅的两腿胫部倒挂在宰杀架上，头向下，小心切断颈动脉，放血。一般放血时间为 5min 左右，放血应充分，充分放血后的屠体皮肤白而柔软，肥肝色泽正常；放血不充分色泽暗红，肥肝淤血，影响质量。

(2)浸烫放血。放血后立即用 60℃～80℃热水浸烫，时间 1～2min，不宜过长，否则毛绒弯曲抽缩，色泽变劣，脱毛时皮肤易破损，严重影响肥肝质量。屠体必须在热水中翻动，受热均匀，使身体各部位的羽毛都能完全湿透。注意不能使胴体挤压，以免损伤肥肝。

(3)脱毛。浸烫到位后的鹅应立即脱毛。脱毛分机械脱毛和人工脱毛两种。普通的脱毛机不适于肥肝鹅的脱毛，因为鹅肥肝有一半是在腹部的，没有龙骨的保护，脱毛机上的橡胶脱毛指，很容易把肥肝打坏，所以，用于肥肝鹅的脱毛机必须是特殊设计的。但一些好的设备却结构复杂，售价高昂。国内中小企业多采用仿法式小型脱毛机，这种人工操作的半机械化脱毛机，结构简单，造价低廉，脱除大羽效果不错，剩余的小毛则完全用手工拔除。一些小型企业，采用人工拔毛，拔毛时将屠体放在桌上，趁热先将鹅胫、蹼和喙上的表皮脱去，然后左手固定屠体，右手依次拔翅羽、背尾羽、颈羽和胸腹部羽毛。拔完粗大的毛后再拔细毛，将屠体放入盛满清水的拔毛池中，依次拔去尾部、两翅之间、胸腹部和颈部残存的毛，同时在池中不断放水，保持长流水，使池中水不断外溢，以去除漂浮在水面上的羽毛。手工不易拔尽的纤羽，可用酒精喷灯火焰燎，最后将屠体清洗干净。拔毛时不要碰撞腹部,也不可相互推压,以免损伤肥肝。

(4)预冷。刚脱毛的屠体不能马上取肝,因为鹅的腹部充满脂肪,腹脂的熔点很低,为32℃～38℃,不预冷取肝会使腹脂流失。由于肥肝脂肪含量高,非常软嫩,内脏温度未降下来就取肝容易损坏肝脏。因此,应将屠体预冷,使其脂肪凝结,内脏变硬而又不冻结,有利于取肝。将屠体平放装盘或放在特制的金属架上,背部向下,胸腹部朝上,置于温度为4℃～10℃的冷库预冷18个小时。

4. 肥肝鹅的剖腹与取肝

为了保证胴体胸肌的完整性,剖腹者从胴体龙骨末端处开刀,沿腹中线向下作一纵切口,一直到泄殖腔前缘。皮肤切开后,在切口上端两侧皮肤上各开一个小切口,左手食指插入胴体右侧小切口中,把右侧腹部皮肤勾起,右手持刀沿原腹中线切口把腹膜割开,接着用双手同时把腹部皮肤和腹膜向两侧扒开,使腹脂和肥肝暴露出来。此时用左手从鹅左侧伸入腹腔,把内脏向右侧扒压,右手持刀从内脏和左侧肋骨间的空隙中,把内脏与胸、腹腔分离,只剩上端的食道和下端的直肠还和胴体连接。

取肝者两手插入剖开的腹腔中托住肥肝,把肥肝连胆囊小心地钝性剥离,操作时不能划破肥肝,分离时不能划破胆囊,以保持肝的完整。如果不慎将胆囊碰破,应立即用水将肥肝上的胆汁冲洗干净。取肝员取下肥肝后,即放在身旁的采肝台上。每取完1只肥肝,用清洁水冲洗双手。取出的肥肝应适当进行整形处理,用小刀除去附在肝上的神经纤维、结缔组织、残留脂肪和背囊下的绿色渗出物,切除肝上的淤血、出血斑和破损部分,放在0.9%的盐水中浸泡10～15min,捞出沥干,称重分级。然后放在－25℃～－18℃的冷冻箱中冷冻保存。取肝室的温度要求保持在4℃～6℃。

进入21世纪后,法国人淘汰了自己发明的经预冷后取肥肝的工艺,开始采用"非预冷取肝法"。新办法省略了预冷过程,鹅体拔净羽毛冷却后马上取肝,紧接着在4℃～8℃的环境下进行一系列肥肝的后处理,在最短时间内完成肥肝的商品化过程。这种新方法节省了能源,缩短了加工时间,使肥肝保持高度新鲜、色泽和特有的香味,非常适合于鲜肥肝的烹饪;同时用此法取肝的鹅胴体,腹部切口较小,有利于销售。中法合作的广西鸿雁食品有限公司已引进该技术,并根据国情进一步完善操作,细化技术,取得了较理想的效果。但需要配套先进的设备,增加投资成本,普遍推广还有一定难度。

(四)肥肝的质量监测与分级

1. 质量监测

(1)填饲鹅质量监测

① 填饲鹅应来自非疫区,无传染性疾病。

② 填饲鹅应为3～5月龄仔鹅。

③ 填饲前应经过预试观察。

(2)屠宰前监测

① 具备来自非疫区的兽医检疫证明。

② 填饲记录。主要记录饲料消耗、填前和填后平均增重、伤残率等。

(3)屠体及组织器官监测

① 屠体外表色泽是否正常,有无寄生虫、溃疡、肿瘤、炎症等。

② 肥肝是否正常,有无破胆、血块、粪污、残留组织等,体内组织器官有无病理变化。

2. 肥肝分级

肥肝的分级主要按重量和感官质量评定。

(1)重量。优质肥肝每副 600～900g,一级肥肝 350～599g,二级肥肝 250～349g,三级肥肝 150～249g,等外级肥肝在 150g 以下。

(2)外观合格肥肝要求色度均匀,浅黄色或粉红色,肝表面有光泽;肝体完整,无血斑、血肿、胆汁绿斑,无病变,质地有弹性,软硬度适中。具有鲜肝正常气味,无异味,熟时有特殊的芳香味。

(五)包装与贮藏

新鲜的鹅肥肝经整修加工后,在 4℃的条件下,每副肥肝用聚丙烯袋或复合膜袋进行抽真空包装,按 6 只肥肝一层装入特制的泡沫塑料箱,每箱装 3 层,层与层之间有硬纸板支撑,并放一只大容量防渗水冰袋,盖上箱盖后,在连接处用封箱胶带作密封处理,随后再放入瓦楞纸板箱中封好,可使肥肝在 48h 内保持高度新鲜。

冻肝是把肥肝放入－20℃～－18℃的冷库里速冻,取出后,根据肥肝大小,先用保鲜膜袋进行小包装,每个保鲜膜袋装 2～3 副,再将小包装集中装箱,扎好存放在冷库中。冷冻肥肝在－20℃～－18℃的冷库里可保存 2～3 个月。

第五节 鹅羽绒饲养管理技术

一、皖西白鹅羽毛特征及品质鉴定

(一)羽毛特征

皖西白鹅羽绒质地洁白、质量好、产量高、绒朵大、弹性好,保暖性能强,尤其以绒毛的绒朵大和羽绒裘皮性能好而著称。一只鹅每年能人工辅助脱羽绒 300～500g,其中产绒毛量为 40～50g。产区每年出口羽绒量占全国总量的 10%,为全国第一位,占全世界羽绒贸易量的 3.3%。皖西白鹅的平均羽绒产量最高，占体重的6.34%，绒朵直径达到28.05mm×21.13mm，均显著高于其他品种。其羽绒按照其形态和结构可分为正羽、绒羽、绒形羽、粉绒羽、纤羽和须羽等。

1. 正羽

正羽是覆盖在体表最外部的片状羽毛也称片羽，决定禽鸟类的外部形状。正羽由羽轴和其两侧的羽片构成，羽轴分为羽根和羽干，羽根为羽轴下端无羽枝的部分。羽片由许多平行细长的羽枝组成，羽枝两侧着生细而密的羽小枝。在显微镜下观察，可见羽小枝具有更细微的羽小钩，羽片由羽小钩相互勾连而成。羽轴两侧的羽片由相互平行的羽枝倾斜排列组成（约呈45°角），鹅羽毛的羽枝长度范围为8～60mm，平均长度为27.5mm；羽枝的直径变化范围20.96～102.73μm，平均直径为58.87μm。

2. 绒羽

绒羽着生于皮肤表面，被正羽覆盖，是构成商品羽绒的主要成分。绒羽按生长阶段的不同可分为雏绒羽、伞形绒羽和成年绒羽。雏绒羽从胚胎期就开始发育，出生前已发育完全。出生后雏绒羽逐渐枯萎脱落被新生的绒羽代替。伞形绒羽是尚未生长发育成熟，绒丝尚未完全发散开来而呈伞形的羽绒，是成年绒羽的过渡状态，其发育成熟后即为成年绒羽。成年绒羽的羽丝完全发散开来呈放射状。羽绒的绒丝放大后，绒丝的羽小枝上有明显的三角形菱节，3个一组有规律地排列在羽小枝的末端，鹅绒丝的节间距约为菱节长度的6～8倍。

3. 绒形羽

绒形羽介于正羽和绒羽之间，羽轴明显可见，羽面大，根部绒丝稀少，上部是羽片，末端较平齐。

4. 粉绒羽

粉绒羽是一种特化的绒羽，终生生长且不脱换，端部的羽枝和羽小枝不断破碎为粉状颗粒。这些颗粒有助于清洁沾在正羽上的污物。

5. 纤羽

纤羽又称毛状羽，外形呈毛发状，仅在羽轴的顶部有少数羽枝。分布于口、鼻部或散生于正羽和绒羽之间。纤羽的羽根附近有丰富的触觉神经末梢，能感知正羽的姿态，从而控制羽毛的运动。

6. 须羽

须羽是一种特化的正羽，羽轴硬而长如须毛，羽轴基部有少许羽枝或完全没有羽枝，具有触觉功能。

（二）品质鉴定

鹅羽绒品质的评定包括真假鉴别、感官判定和品质检验等。了解和掌握羽绒品质评定方法，对于采集、购销羽绒及羽绒加工均有指导意义。

1. 真假鉴别

羽绒是禽类的产品，水禽的羽绒其品质与价值均优于旱禽。在水禽的羽绒中，鹅羽绒优于鸭羽绒，且鹅羽绒售价亦明显高于鸭羽绒。因此，在分装及收购羽绒的过程中，首先要鉴别真假鹅羽绒。

鹅毛与鸡毛的区别：鹅毛的颜色比较单调，仅白色与灰色两种，而鸡毛颜色较多；鹅毛无附羽，而大部分鸡毛的羽轴根上并生一根小的附羽，即使部分鸡毛不长附羽，也可结合外形特征来鉴别；鹅毛的羽面宽阔，上端宽且齐，而鸡毛的羽面较窄，上端较细、尖。鹅毛的羽轴粗壮，弧形弯曲度大，而鸡毛的羽轴硬直，弧形弯曲度小，且有亮光及不太明显的条纹。

鹅毛与鸭毛的区别：鹅毛梢端一般宽而齐，似切断状，俗称方圆头，羽面光泽柔和，轴管上有一簇较密而清晰的羽丝，羽轴粗，根软；鸭毛梢端圆而略带尖形，轴管上的羽丝比鹅毛稀疏，羽轴较细，轴根细而硬；另外，两种毛的颜色不同。

鹅绒羽与鸡绒的区别：鹅绒羽的绒丝疏密均匀，长度基本相同，光泽差，弹力强，如把较多的鹅绒放在手掌内，用手掌将其搓捏成团，手一松开，绒丝也很快松开，恢复到原有的松散状态；鸡绒的绒丝疏密不均匀，绒丝长短不齐，有的呈散乱状态，绒丝上的附丝发达，有黏性，使绒丝互相粘连，有亮光，弹力差，用手捏成团，松手后绒丝缓慢松开，不能恢复到原状。

鹅绒羽与鸭绒羽的区别：鹅朵绒一般比鸭的朵绒大，鸭绒羽血根较多，含毛形绒和伞形绒较鹅绒羽多，绒丝丰密，脂肪较多，有黏性，能黏成串；鹅朵绒的绒核小而轻，从绒核发出的绒丝细而弯曲，绒小丝不甚明显，而鸭朵绒的绒核大，有时可以认为是绒根，绒丝相对较粗，弯曲度小，绒小丝发达。

鹅主、副翼羽与鸭主、副翼羽的区别：鹅的白色尖翎、刀翎、窝翎等宽而长，羽轴粗壮，而白鸭的主、副翼羽相对较狭且短，羽轴细瘦。

2. 感官判定

(1)上抛分层。在羽绒堆中取有代表性的小样，搓抖除去杂质后将鹅羽绒向上抛起，由于绒轻羽重，在下落过程中先落的是片羽，后落的是绒羽。如果羽绒下落的速度较慢，很难分清绒与羽的比例，估计含绒量在20%以上。如果抛起时能听到“唰唰”的响声，下落速度较快，绒与羽在下落时分离，估计含绒量8%～10%。

(2)羽绒分拣。将搓抖去尽杂质的羽绒取代表性的样品放在桌面上，用镊子或手将羽和绒分开，目测估计两者之间的比例。

看杂质含量。杂质含量越少，羽绒质量越好。羽绒的杂质分为自然杂质(羽绒本身所含有的皮屑、灰分等)和人为杂质(人为掺入的各种杂质)。从羽绒堆中取出有代表性的小样，先用双手搓擦羽绒，一方面使羽绒蓬松开来，另一方面可使杂质落下。同时，将大、中、小翼羽分拣出来，观察其含量，并鉴别杂羽和黑头率。然后再用双手连续搓擦，向下拍动数次，使羽绒再蓬松，绒羽舞起，羽绒内的杂质脱落下来，再轻轻用手一层一层地将羽绒中的杂质抖净。搓抖下的杂质用手指压住研磨，判定杂质的性质、轻重和估计含量。

看是否虫蛀。虫蛀过的羽绒，质量受较大影响，严重的可引起绒丝脱落，失去使用价值。产生虫蛀的原因是取羽绒方式方法不当，羽根部带有残肉或残血，贮藏时未经灭虫，或贮于温暖湿润的地方。鉴别时，可将羽绒摊开，仔细观察羽绒内有否蛀虫的粪便，羽中有无锯齿状残缺，用手拍羽绒时有无较多飞丝，如都有则说明已被虫蛀过了。

看是否霉烂。霉烂变质的羽绒已丧失使用价值。鹅羽绒存放在潮湿的地方就容易发生霉烂。轻者，羽绒带有霉味，白色变黄，灰毛发乌，没有光彩；重者，绒丝脱落，羽枝缺失，轴管发软，羽面糟污，羽绒弹性丧失，用手一捻即成粉状。

看是否潮湿。鹅羽绒吸水性较强，贮存时如不注意，即会受潮。潮湿是霉烂变质的重要条件。受潮轻者，羽绒不易蓬松，轴管变轻，羽干发软，弹性下降；严重者，羽管中含有明显的水泡，绒朵有黏性，发潮，手感软弱，无弹性，手插到羽绒中会感到发热。

3. 品质检验

鹅羽绒品质检验可以客观和准确地评定其品质。羽绒品质检验的指标有多种，参照 GB/T 17685－2003 和 GB/T 10288－2003 国家标准，主要评价指标有蓬松度、耗氧量、透明度、残脂率、水分含量、气味等级等。

(1)蓬松度。蓬松度是指在一定口径的容器内，一定量的样品绒(羽毛)在恒重的压力下所占的体积。

测定方法。从实验室样品中抽取约 30g 试样，放入八篮烘箱中在(70±2)℃温度下烘干 45min，然后将样品用手抖入箱中，使其在温度(20±2)℃、空气相对湿度(65±2)%的环境中恢复 24h 以上。将经蓬松处理后的样品称取 28.4g，抖入蓬松仪内，用玻璃棒搅拌均匀并铺平后，盖上金属压板，让压板轻轻压于样品上自然下落，下降停止后静止 1min，记录筒壁两侧刻度数。同一试样品重复测试 3 次，以 3 次结果的 6 个数值的平均值为最终结果，保留两位小数。

(2)耗氧量。耗氧量是指在 10g 羽绒(羽毛)样中消耗氧的毫克数。

测定方法。从实验室样品中取一个 10g 的羽毛绒试样放入 2000mL 塑料广口瓶，加入 1000mL 蒸馏水，加盖密封后水平放入振荡器上下振荡 30 分钟。将塑料广口瓶内容物用孔径 0.1mm 的标准筛过滤(勿压榨过滤物)，所得滤液收集于 2000mL 烧杯中。在 250mL 烧杯中加入 100m 蒸馏水作为空白对照样，加入 3mL 3mol/L 硫酸，将烧杯放于磁力搅拌器上打开搅拌器。用微量滴定管

(器)逐滴滴入0.1mol/L高锰酸钾溶液，直至杯中液体呈粉红色，并持续1min不褪色，记录所消耗的高锰酸钾溶液的毫升数(A)。用量筒量取100mL滤液，加入另一个250mL烧杯中，加入3mol/L的硫酸3mL后按上述方法用0.1mol/L高锰酸钾溶液滴定，最后记录所消耗的高锰酸钾溶液的毫升数(B)。耗氧量=($B-A$)×80。

(3)透明度。羽绒样品的水洗过滤液用透明度计测量所得的测量值为羽绒的透明度，表示羽绒(羽毛)清洁的程度。

测定方法。将制备好的耗氧量测定样液倒入透明度计的容器中，慢慢升高容器位置，使样液通过软管进入带刻度圆筒，并使液面逐渐升高，从圆筒顶部向下观察底部的黑色双十字线，直至其消失，再略向下移动容器，使双十字线重新出现，并刚好能看清楚，记录此时液面在圆筒上的刻度，即为该样品的透明度。

(4)残脂率。残脂率是指水洗后羽绒(羽毛)单位质量的羽绒(羽毛)内含有的脂肪和吸附其他油脂的比率。

测定方法(索氏抽提法)：准确称取羽毛绒试样两个，分别放于250mL烧杯中，在(105±2)℃干燥箱中烘干2h。将干燥的试样分别放入两个滤纸筒，然后分别放入两个预先洗净烘干的抽提器中。在另一个抽提器中放入空滤纸筒作为空白对照。把抽提器按顺序安装好，接好冷凝水，在每个预先洗净烘干并称量过的球形瓶中各加入120mL的无水乙醚，将其放入水温控制在50℃的水浴锅中，接上抽提器，掌握乙醚每小时回流5～6次，总共回流20次以上。取下球形瓶，用旋转蒸发器回收乙醚。将留有抽提脂类的3个球瓶放入105℃烘箱中烘至恒重，取出置于干燥器内，冷却30min，分别称取质量。

$$残脂率=[(A-B)/C]\times 100\%$$

A：已恒重的带残脂的球瓶质量减去原空瓶质量，单位为克；B：抽提后对照球瓶质量减去原空瓶质量，单位为克；C：羽毛绒试样质量，单位为克。

(5)水分含量。水分含量是指羽绒(羽毛)所含的自然水分。

测定方法。将水分检测样品(A)从密封容器中取出，迅速均匀地分别放于八篮烘箱的两个吊篮内，移入烘箱，用烘箱所附天平逐称取试样质量，精确至0.01g并记录。调节烘箱温度控制在(105±2)℃，每隔30min称量一次试样质量，如此反复称量，直至相邻两次质量相差不大于试样总量的0.1%时，即为恒重(B)。水分含量=[($A-B$)/A]×100%。

(6)气味等级。气味等级是指羽毛绒样品经过一定处理后，用人的鼻子进行嗅辨所确定的气味强度等级(表5-7)。

测定方法(定温干式嗅辨法)。将取来的样品混匀，分为两份，松散放入无气味密封容器内1天待用。将1000mL带盖广口瓶用蒸馏水清洗干净，烘干冷却待用。从两份松散放一天的羽毛绒样品中各称取10g，分别放入两个已处理过的广口瓶内，盖上瓶盖，将试样瓶放入恒温箱内，用50℃温度烘1h，取出冷却至室温。在无异味环境中开启瓶盖，嗅辨气味，用文字叙述气味强度等级。

表5-7 气味强度等级

强度等级	程度	描述
0	无气味	无任何异味
1	极微弱	不易察觉
2	弱	稍能察觉
3	明显	极易察觉

二、鹅羽绒的采集方法

采集羽绒的方法，有宰杀脱羽和活体脱羽两种。宰杀脱羽可分为干拔法和湿拔法两种。脱羽方法的不同，直接影响羽绒的品质。一般说来，活体脱羽优于宰杀脱羽，而干拔又优于湿拔。

(一)宰杀脱羽

宰杀取毛法，对于个体来说，是宰杀后一次性把周身羽绒全部取下来的方法。我国广大农村和城镇以及肉禽加工厂多采取手工或机械宰杀方式采集羽绒。近年来，人们为了提高羽绒质量，对此法进行了创新和改造，形成湿拔、蒸拔和干拔三种采集方法。

1. 湿拔法

湿拔法分机器脱羽和手工拔羽。肉禽加工厂多采用机器脱羽，即将鹅宰杀浸烫后放入脱毛机把羽绒全部推滚下来。机器脱羽效率高，但易破皮，且不易拔净。手工脱羽即将鹅宰杀放血后，放入70℃～80℃热水锅中浸烫1～3min，待禽体组织松弛时取出脱羽。操作时按顺序拔下翼羽、肩羽、背羽，顺拔胸和腹，倒搓颈，除脚皮，最后拔尾羽。翼羽根深，应先拔；羽皮紧不易破皮，可推脱；胸腹部活动性大，用手抓除；尾羽着生容易破皮，不可过分用力，应小心分撮拔除；颈皮易滑动破裂，需用手逆毛倒搓。手工脱羽可由一人或多人按鹅体各部位流水作业，多人流水作业提高生产效率，可将不同部位的羽绒分别放置。湿拔应注意及时换水和适宜的水温浸烫时间。因为一锅热水浸泡禽类过多，由于血液和油污影响羽绒色泽，尤其是对白鹅影响更大；如果水温过高或浸烫时间过长，就会使羽绒卷曲，从而影响羽绒的质量。

2. 蒸拔法

蒸拔法是近几年人们为了提高羽绒的利用价值，按羽绒结构分类和用途采用的一种采集羽绒的新方法。这种方法采用的工艺原理是活体拔取羽绒方法和湿烫法的有机结合，达到分类采集羽绒的目的，提高含绒比例，做到羽毛和羽绒分别出售，提高经济收益。具体做法是：在大铁锅内放水加温使水沸腾。在水面10cm以上放上蒸笼或蒸篦，把宰杀沥血后的鹅体放在蒸笼或篦子上，盖上锅盖继续加温，蒸1～2min。拿出来先拔两翼大毛，再拔全身正羽，最后拔取绒羽，拔完后再按水烫法，清除体表的毛茬。使用这种方法应该注意的是：①往蒸笼内放鹅体时，不要重叠、挤压，要把鹅体放平，使蒸汽畅通无阻地到达每只鹅的每一个部位。②鹅体不能紧靠锅边，防止烤燃羽绒。③要严格掌握蒸汽的火候和时间，严防蒸熟肌体和皮肉。掌握蒸汽火候和时间的方法是：烧火人员和掌握熏蒸的人员要相互配合，特别是掌握熏蒸的人员要看蒸汽情况灵活掌握，蒸1min左右，应揭开锅盖将鹅体翻个儿，再蒸1min左右，拿出来试拔翅翼的大毛，如果顺利拔下，说明火候正好，可以拔取：如果费力大，拔不下来，就再蒸1分钟左右。④拔取羽绒顺序是先拔体羽，后拔绒羽。拔取的手法按活脱羽毛的手法进行(参看活脱羽绒的方法)。这种方法能按羽绒结构分类及用途分别采集和整理，也能使不同颜色的羽级分开，不混杂，更主要的是能够提高羽绒的利用率和价值。但该方法比较费工，需要多道工序，用劳力较多，尤其是拔完羽绒后，屠体表面的毛茬难以处理干净。有时拔取羽绒操作人员技术不熟练或者应用手法不当，会将绒子拔断，形成飞丝或半朵绒。

3. 干拔法

干拔法与蒸拔法一样，也是为了提高羽绒的利用价值，按照羽绒结构分类和用途采用的一种采集羽绒的方法。它主要是采用活脱羽绒的技术工艺，将不同类型和用途的羽绒分别采集整理。

具体做法是：将宰杀沥血后的个体，在屠体还有余热时，采用活脱羽绒的操作手法(参看活脱羽绒的操作方法)，先拔有绒的体羽，后脱羽绒，最后拔取飞翔羽及尾羽等。也可在宰杀放血后，分批将屠体投入70℃热水稍泡一会就挂起，沥去水分，擦干毛片，这样屠体会因受热毛孔舒张，较易干拔毛。此时应趁热拔去正羽，再将内层较干的绒羽用手指推下。用电熨斗烫鹅体表面也有同样功效。拔取羽绒后按水烫法或石蜡褪毛法，将屠体剩余的毛茬等烫褪干净。该方法简便易行，羽绒含水分少，易于保存，并能达到分类采集羽绒的目的，提高羽绒的利用率。但此法缺点是屠体表面难以处理干净，若技术不熟练、手法不当，容易损坏绒丝，形成半朵绒或飞丝。

(二)人工辅助脱羽

在饲养过程中，待绒羽长成后从鹅活体上依次人工辅助脱肩、背、胸、腹等部位羽绒的一种方法。活体脱取的羽绒品质好，色泽光洁，杂质少，异色毛还可单独装袋，避免与白色羽绒混合。

1. 人工辅助脱羽鹅的品种

活脱羽绒是一项颇有推广价值的新技术，但不是所有的鹅都可以用来活脱羽绒，也不是任何时候都可以活脱羽绒，更不是任何部位的羽绒都可以活脱利用。一般肉用品种因体型大、产羽绒量多，更适合活脱羽绒。

体型较大的鹅一年中有几个产蛋期，每个产蛋期结束后有就巢性，如皖西白鹅、狮头鹅、浙东白鹅等。这类鹅在当地于当年的9～10月开始产蛋，第2年的4～5月结束，一直休产到9～10月再产蛋。利用种鹅休产期活脱羽绒几次，既不影响产蛋和健康，也不增加饲料开支，还能卖毛增收。特别是皖西白鹅，体型较大，是我国鹅品种中产毛多、含绒量高的一个品种，很适合活脱羽绒。皖西白鹅羽绒质地洁白、质量好、产量高、绒朵大、弹性好、保暖性能强，尤其以绒毛的绒朵大和羽绒裘皮性能好而著称。皖西白鹅的平均羽绒产量最高，一只鹅每年能活脱羽绒300～500g，其中产绒毛量为40～50g，占体重的6.34%。产区每年出口羽绒量占全国总量的10%，为全国第一位，占全世界羽绒贸易量的3.3%。

2. 人工辅助脱羽鹅类型和拔羽次数

(1)后备种鹅。在生长过程中，由于鹅羽绒绒朵大小、千朵重、含水率、含脂率和羽毛细度在14周龄后增加不明显，在气温变化不大的情况下，后备种鹅养到90～100日龄可进行第1次活体脱羽。以后每隔40天左右脱羽1次，直到开产前1个月停止脱羽，一般可脱羽3～4次。

(2)种鹅(无论公母)休产期。种鹅到夏季一般都停产换羽，必须在停产还没有换羽之前，抓紧进行活脱羽绒，直到下次产蛋前1个月左右，连续脱羽3～4次。种鹅体型大，产羽绒也多。对种鹅进行活脱羽绒，是降低种鹅饲养成本、增产增收的有效措施。

(3)肉用鹅。我国肉用鹅有两种类型：一类是仔鹅，仔鹅养到70日龄时上市屠宰供食用。这种鹅含绒量低，绒羽未成熟，不适于活脱羽绒。若饲养至羽绒丰满后脱羽屠宰，不仅饲养费用增加，且肉不再细嫩，不受消费者欢迎，所以不宜活脱羽。另一类是肉鹅，即在我国没有吃仔鹅习惯的大部分地区，仔鹅养到立冬前后再出售或屠宰。这不同于肉用仔鹅，这样的鹅养到90～100日龄，可以开始活脱羽绒。一般活重3.5kg以上的鹅，第1次脱羽可以获得含绒量达22%左右的羽绒约80g。脱羽后再养40天左右，新羽长齐后可进行第2次脱羽。这样可连续脱羽3次，到初冬再把鹅出售或屠宰。这时的肉鹅，体重大、肥度好，比夏秋季节售价也高。在青草丰盛的地方，将肉鹅以放牧为主进行饲养，连续3次脱羽(每次拔绒羽50g左右)后再出售，1只鹅可以增收16元。但若以舍饲为主，脱羽则不一定能增收。

(4)肥肝鹅。专门用于肥肝生产的鹅，羽绒已长齐，体重达不到填饲生产肥肝要求或气候不适宜填饲，在强制填肥前活脱羽绒1～3次，等新羽长齐、体重达标后再填饲也可增加收入。

(5)专用人工辅助脱羽鹅。养鹅为采绒,不论公母鹅,可常年连续脱羽4～6次,最多可脱羽8次。这种情况较少见。

3. 人工辅助脱羽方法

适于脱羽的部位一般为颈膨大部、肩部、背部、胸腹部、两肋、大腿和尾根部等,翼羽和尾羽不宜脱羽。在人工辅助脱羽之前要进行鹅的保定,最简单的方法是操作者坐在凳子上,用双腿夹住鹅头颈和双翅,把鹅翻转过来,使其胸腹部朝上,鹅头朝向操作者,背置于操作者腿上即可开始脱羽。人工辅助脱羽时,一手压鹅皮,一手脱羽,两只手轮流脱羽。人工辅助脱羽一般有两种方法:一种是片羽和绒羽一起脱,混在一起出售,这种方法虽然简单易行,但出售羽绒时,不能正确测定含绒量,会降低售价,影响到经济效益;另一种方法是先脱羽片,后脱绒羽,有利于包装、加工和出售,片羽价低,绒羽价高,能增加经济收入。但鹅身上的绒羽和片羽是间杂着生长的,分别脱取比较费工夫,一般先混合脱取,脱后再进行分离。

人工辅助脱羽的基本要领是:腹朝上,脱胸腹,指捏根,用力均,可顺逆,忌垂直,要耐心,少而快,按顺序,脱干净。脱羽方向顺脱和逆脱均可,一般来说以顺脱为主,因为鹅的羽片多倾斜生长,顺脱不会损伤毛囊组织,有利于保护毛囊组织,利于下一次羽绒的再生。脱羽的顺序:颈膨大部、胸部、腹部、两肋、肩部和背部。

具体方法是:先从颈膨大部开始,按顺序由左到右,用拇指、食指和中指捏住2～4根羽绒根部,一排挨一排,一小撮一小撮地脱。每次脱羽不必太多,特别是初次脱羽的鹅,毛囊紧缩,一撮脱多了容易破皮。先脱片羽后脱绒羽时,应随手将片羽、绒羽分开放在固定的容器里,绒羽定要轻轻放入准备好的布袋中,以免折断和飘飞。放满后要及时扎口,装袋要保持绒羽的自然弹性,不要揉搓,以免影响质量和售价。

三、鹅羽毛的初加工和保存

羽绒检测分水洗羽绒和未水洗羽绒的检测,其中水洗羽绒的检测涉及一些较精密仪器,技术含量高,这里只介绍未水洗羽绒的检测。

(一)未水洗鹅羽绒的检测

未水洗羽绒检测主要用于对原料收购的价格核算、净货出口的质量把关和水洗加工前的质量控制。原料毛的检验内容包括确认季节、测定水分、辨别霉烂、观察虫蛀、识别掺假等。

1. 目光鉴别

适用于小批量的检测,这种鉴别操作方法前面已介绍,要求收购人员必须具备一定的技术和经验。

2. 手工检验

这种方法准确度不及机器检验，操作时间长，劳动强度大，但检验大批量样品而没有小样除灰机时只能采用手工擦样来检验羽绒杂质含量。手工检验的取样量为 0.5kg。手工检验的工具有大眼筛 1 个，中眼筛 1 个，米筛 1 个，精度 0.1g 天平 1 台，方形铅皮盘 1 个。

(1)初拣。将翼羽和鸡毛等拣出，并称出各自的重量，分别计算出百分比含量。

(2)除灰。将除去翼羽等的羽绒放于擦筛内，用手边擦边拍，轻轻提起擦筛，促使杂质、灰沙下落，至擦净羽绒中杂质为止。

(3)确定羽绒含量。将铅盘内杂质、小羽片、小梗子、脚皮和小血管毛除去后，称测片羽和绒羽重量，所得重量除以检验取用量，计算百分比含量。

3. 小样机检验

这种方法准确度较高，适用于批量较多的羽绒检测，是我国目前羽绒收购、加工和出口检验中较为普遍使用的标准手段。抽样数量一般每吨羽绒可抽取样品 2～4 只，每只样品的重量 400g。

(1)初拣。将所抽取的样品准确称量后倒入铅皮盘内，用手拣尽翼羽、杂毛、脚皮等杂质，分别称重并计算出百分比。同时判断是鹅或鸭羽绒、检测羽绒的品质、羽形大小、羽绒色泽，判断产地、产羽季节、含水情况以及有无虫蛀霉烂、受潮发热等现象。

(2)除灰。将已除去翼羽等的样品，均匀地放入小样除灰机内除灰 15min。除灰结束后称羽绒重量，该重除以样品重量(400g)，计算百分比。

(3)手拣检验。将除灰后的羽绒倒入混样盘内，用手将羽绒拌匀，采用“先拌后铺”的方法，即拌匀后左起右落、右起左落铺毛，逐层铺平，铺的圆面直径不少于 50cm，从各个部位取羽绒 10g 置于竹筛中，将绒羽和片羽分开，做到绒羽中无片羽，片羽中无绒羽，再次除去杂质。称测绒羽和片羽重量，计算百分比含绒量(飞丝在片羽中作片羽，在杂质中作杂质，在绒羽中作绒羽)。再定量检测异色毛绒、损伤毛、飞丝含量。

(4)测定水分。羽绒含水量过高，失去弹性，影响品质。除手感和目光辨别外，还可用快速测湿仪测定，必要时用 105℃恒温烘箱烘干测试其含水率。湿羽未霉变的在计价时需扣除水分，并追加处理费用。

(5)识别掺假。羽绒中掺假手法多样，如掺翅毛、掺鸡毛、掺沙土、掺糖水、掺粉末、掺细盐、掺杂物，用铁沙、铁片、砖石等增加重量等，用目光鉴别无法识别，可将除灰后的羽绒小样水洗，计算羽绒含量。

(6)鹅羽绒中的鸭羽绒含量的测定。从 10g 检验样中拣出的片羽，逐一按鹅、鸭片羽的外形特征进行目光识别。分别称重计算出鸭毛占片羽总量的百分比。将拣出的纯绒羽匀样，用对角四分法抽取0.1g绒羽，在显微镜或显微放大投影仪上鉴别鹅绒和鸭绒，计算鸭绒占鹅绒总量的百分比。

（二）鹅羽绒的整理

采集后的羽绒整理是对羽绒原料产品的初步加工。

1. 水烫羽绒的整理

水烫法所采集的羽绒，含水量大，各类羽绒混杂，杂质较多。应首先处理大量的水分，方法是自然蒸发或用甩干机甩干。

（1）自然蒸发。绝大多数是采用晾晒方法，将采集的羽绒装入透气纱布袋或塑编袋内，放在向阳、通风、干燥的地方晾晒。还可以在水泥地面（或水泥平台）上，四周和顶上罩上细网晾晒，此法晾晒容量大，通风通气好，可缩短晾晒时间。

（2）机器甩干。有条件的可将羽绒装入透气透水的布袋内，放入甩干机里甩干。

（3）分类整理。干燥后的羽绒应送入分毛机进行风选，通过鼓风机吹风使羽绒在风箱内飞舞，由于毛片、绒羽、大小翅梗和杂质的比重不同而分别落入不同的箱内，风选时要注意保持风速的一致。其次是将两翼的大毛及有用途的大毛挑拣出来，将完整无损的打成捆，单独存放。这部分羽绒单独存放有经济价值，如混入羽绒内则无经济价值。

2. 蒸拔与干脱羽绒的整理

蒸拔与干拔所获得羽绒相近，均是按照羽绒结构分类采集羽绒的方法。这种方法采集的羽绒不混杂，杂质较少。但蒸脱羽绒要比干拔的羽绒水分多，需要晾晒。这两种方法所获得的羽绒主要是按羽绒分类及用途整理。

（1）绒羽的整理。绒羽实际上就是购销单位所谓的绒子或高绒。它的价格很贵，羽绒生产中的效益主要是由绒羽决定的，因此，整理好绒羽是提高效益的主要手段。绒羽的整理主要是除去多余水分和将含绒率整理到基本一致的水平。蒸拔绒羽去水分的方法是晾晒。晾晒时要拣去杂质和正羽，提高绒羽的质量。鹅的个体含绒量不一致，采集后的绒羽含绒量每批也不相同，因此，在晾晒后装袋前应进行平堆，将不同批次的羽绒放在大屋内混合均匀，使含绒量达到基本一致，以便在销售时减少质检误差，提高收益。

（2）正羽的整理。正羽的形状大小不同，其用途也不同。正羽的整理主要是按用途整理，如两翼的飞翔羽主要是做羽毛球和羽毛扇、羽毛画等，所以应将刀翎和其他大翅羽分别整理出来，分别包装贮存。总之，凡是有专门用途的正羽都应单独整理，其他正羽可混入一块，供羽绒厂加工使用。

3. 活脱羽绒的整理

活脱羽绒质量比较高，杂质少，也比较干净。它的整理有利于提高产品规格和收益。整理方法是平堆，就是将采集的羽绒混合掺匀，使含绒率达到基本一致。活脱羽绒无论是混合采集或是绒羽、正羽分别采集，均应进行平堆整理，使含绒率基本一致时，才能装入袋中贮存。

(三)鹅羽绒的初步加工

1. 风选

将收购或采集的羽绒蓬松，清除石块、铁块等硬杂物后分批倒入播毛机内。由于片羽、皱羽、灰沙、尘土、脚皮等分别落入承受箱内，然后分别收集整理各种类型的羽绒。为了保证质量，应注意风速保持均匀一致，将选出的羽毛装成大包送往检毛间。

2. 检净

将风选后的羽绒再一次拾去杂毛和毛梗，并抽样检查，看含灰量及含绒量是否符合规定标准。

3. 洗涤

在饲养过程中，鹅羽绒或多或少受到灰尘、油脂等污染。因此根据要求，若有必要，应在初加工中用羽绒清洗剂洗涤羽绒，以除去油脂和灰尘，消除异味。羽绒主要成分是蛋白质，受酸、碱刺激易变性、变色，所以应用中性洗涤剂，水温为50℃～55℃，而且用专用的清洗机。

4. 脱水

脱水，即清除洗涤后羽绒中的水分，使羽绒变得干燥、蓬松，恢复原来应有的状态。先将羽绒放入甩干机中甩掉大量水分，然后在烘干机中烘干，烘干还能除味消毒。

5. 拼堆

将检净或洗涤烘干后的羽绒，根据其品质成分按照所需绒羽和片羽的比例进行适当调整，并拼堆混合。使含绒量达到成品要求的标准。

6. 包装

将拼堆后的羽绒采样复检，若合乎标准，则倒入打包机内打包(每包重约165kg)，然后取出堆好包头、编号、过称，即为成品。

(四)鹅羽绒的贮存

贮存的目的是使羽绒在出售和加工前保持原有构造、形态和特性不变，同时也要防止羽绒失落或污染。因此，在贮存时应将羽绒装入透气防潮的布袋里(或塑编袋里)，扎好袋口。贮存羽绒的库房要求地势高，通风良好，清洁，干燥，无沙土，要防止阳光直射羽绒袋上。屋顶上无灰尘，不漏雨。屋内要严密，无鼠害及其他动物危害。贮存时不宜随意乱放，要注意分类标志，分区放置，以免混淆。羽绒袋的堆放要离开地面和墙壁30cm左右，堆高离屋顶100cm以上，堆与堆之间应有一定距离，以人能自由行走为宜。对贮存的羽绒应经常检查，特别是气温高时更应及时检查，看看是否受潮、发热、虫蛀、霉变，有无鼠害等，一旦发生这些危害，应及时采取措施。发现羽绒发热，应立即倒包，通风散热，受潮的要及时晾晒或烘干，发霉的要烘干，有虫蛀的要杀虫。

羽绒若暂不出售，需放在干燥、通风的库房内贮藏，库房地面放置木垫，可以增加防潮效果。由于羽绒不易散失热量，保温性能好，且主要是蛋白质，易结块、虫蛀、发霉，特别是白鹅绒受潮发热，会使羽色变黄，影响质量。因此，贮藏羽绒期间必须严格防潮、防霉、防热、防虫蛀，定期检查毛样，如发现异常，要及时采取改进措施。不同色泽的羽绒、片羽和绒羽，要分别标志，分区存放，以免混淆。当贮藏到一定数量和一定时间后，应尽快出售或加工处理。应有专人负责收集、晾晒、保藏等工作。

（六）影响鹅羽绒生产的主要因素

正常的羽毛发育过程涉及遗传、激素、环境和营养条件等因素，其中遗传、环境和营养状况对羽毛的产量和质能影响最为明显。

1. 品种

鹅的品种不同，羽绒的产量和质量存在明显差异。一般来说，体形大而健壮的鹅羽绒比较丰满、浓密，绒朵大，绒层厚，每次所能获取的数量多且质优。白羽品种鹅羽绒质量好于灰鹅品种。在我国，北方地区的品种鹅比南方地区的品种鹅羽毛生长得好，目前国内普遍认为羽绒品质最佳的当数皖西白鹅。

2. 饲养管理

在水、草、料丰盛时，鹅体生长发育正常羽绒数量多、质量好，富有光泽。要做好鹅舍及环境的卫生清洁工作，否则，羽绒质量明显下降。饲养密度要适当，不可过于拥挤，否则，有可能导致鹅“伤热”现象的发生，这样，不但羽绒生长受阻，正羽也会生长不良，并会造成正羽尖部秃损而影响其经济价值。饲养环境湿度过大，也会给羽绒的生长造成不良影响。

3. 营养条件

羽绒成分的89％～97％由蛋白质组成。日粮中蛋白质含量的多少，直接影响羽绒的生长及构成。因此可考虑在换羽后适当提高饲料中蛋白质（尤其是动物性蛋白质）的含量，可有效地改善羽毛的生长状况。

羽绒的生长发育是伴随着整个机体的生长发育和新陈代谢进行的，所以，在配合日粮中不仅要考虑生长羽绒的营养需要，还应考虑整个鹅体的营养需要，如氨基酸、碳水化合物、维生素、矿物质、微量元素等。

（七）人工辅助脱羽后的饲养管理

人工辅助脱羽后，将鹅放在温暖的鹅舍里。人工辅助脱羽对鹅的健康无大影响，第二天就能照常采食、饮水及活动。但为了保证鹅的健康，使其尽快恢复羽毛的生长，应加强鹅人工辅助脱羽后的饲养管理，3天内不要在强烈的阳光下放养，7天内不要让鹅下水。圈舍内应幽暗，地面应干燥清洁，饲料中应增加蛋白质、微量元素的含量。7天后皮肤的毛孔即闭合，应尽可能让鹅多下水，多放牧，多食青草，以促进羽毛的再生。冬季拔毛也可以进行，但要进行保暖。

人工辅助脱羽3天后的鹅食欲可增加10%～20%，要想办法喂饱，并补充精料3～5天，日粮配方如下，可供参考：玉米粉31%、米糠20%、麦麸30%、花生饼10%、淡鱼粉5%、食盐0.5%、生石膏粉3.5%。如果添加2%～3%羽毛粉更好。此外，若发现活拔毛后的鹅有病态，要及时治疗。

第六章　鹅场的建造与环境卫生控制

第一节　鹅场建造

一、场址选择

养鹅场场址的选择，不仅直接影响到养殖企业和养殖户的经济收益，而且关系到养鹅成败。因此，不论是养殖企业还是个体养殖户，在养鹅之前必须根据自身的生产目标、养殖经验和经济条件以及当地的自然、环境和交通条件进行综合考虑，做到考虑周全、安排合理、规划科学。选址过程中一般要考虑以下方面。

（一）场地位置

场地位置的选择首先应考虑当地土地利用发展计划和村镇建设发展计划，要符合环境保护要求，在水资源保护区、旅游区、自然保护区等绝对不能投资建场，以避免建成后的拆迁造成各种资源浪费。

养殖场与城市、村镇和居民之间应有一个适当的距离，避免城市及工厂排放的“三废”及噪声对鹅造成影响，同时也避免养殖场本身对城市环境的影响，特别是要避免近来时有发生的禽流感对公众健康安全威胁的问题。一般鹅场与附近居民点的距离需500m以上，如果是种鹅场，则场与居民区的距离应更远；与其他畜禽场之间的距离，一般不少于500m，大型畜禽场则不少于1000～1500m。种鹅场与商品代鹅场的距离不可太近，以免发生交叉感染，一般应在雏鹅孵化后10小时之内由公路运输可以抵达的距离为宜。养鹅场与各种化工厂、畜禽产品加工厂、动物医院等的距离应不小于1500m，而且不应将鹅场设在这些设施的下风向。

由于我国养鹅还没有实现笼养，目前主要还是圈养结合放牧的方式，整个养殖场基本呈现敞开式的养殖，因此选址时要保证整个场地范围要容易圈得住，尤其是水面部分(一般陆地部分用竹子、铁丝网或用砖砌围墙等围住，水面采用竹子、尼龙网或木条等围住)，能独立自成封闭体系，以防止外人随便进入，防止外界畜禽、野兽随便进入。另外，由于鹅是食草水禽，目前以水面放养结合放牧为主，因此鹅场应建在草源较丰富、易放牧的地方，并且要濒临水面。

(二)水源

鹅是水禽，鹅场应在有稳定、可靠水源的地方建设。其中含有两层意思：一是鹅的饮水和饲料调制等生产用水，如果条件许可，可以选择城镇集中式供水系统作为水源，否则就必须寻找理想的饮水水源；二是鹅的放牧、洗浴和交配都离不开水，所以建场时应尽量利用自然水域资源，通常宜建在河流、沟渠、水塘和湖泊边上，水面尽量宽阔，水深1～2m，水面波浪小。如是建在河流之上，应避开主航道，以减少应激因素。但大、中型鹅场如果利用天然水域进行放牧，可能会对放牧水域产生污染，必须从公共卫生的角度考虑对水环境的整体影响，并采取适当的新技术和新做法规划和建造鹅场，如修建人工放牧水池并进行水量、水质和水排放与利用的科学管理控制。鹅场水源的选择必须根据以下原则进行。

1. 水量充足

水源的水量能满足鹅饮用和饲养管理用水以及消防和灌溉需要，并考虑到防火和未来发展的需要。特别应注意的是，在枯水期该水源的水量也能够满足要求。

2. 水质良好

对鹅饮用和饲料调制水来说，若水源的水质不经处理就能符合饮用水标准则最为理想。但除了以集中式供水(如当地城镇自来水)作为水源外，一般就地选择的水源很难达到规定的标准，因此还必须经过净化消毒达到家禽饮用水水质标准后才能使用。

3. 便于防护

水源周围的环境卫生条件应较好，以保证水源水质经常处于良好状态。以地面水作水源时，取水点应设在厂矿企业和城镇的上游。

4. 取用方便，设备投资少，处理技术简便易行，经济合理

鹅场就地自行选用的水源一般有三大类：①地面水：一般包括江、河、湖、塘及水库等所容纳的水。②地下水：由降水和地面水经过地层的渗滤作用贮积而成。③降水：以雨、雪等形式降落到地面而成，是天然蒸馏水。降水收集不易，贮存困难，水量难以保证，一般不宜作鹅场的水源。

(三)交通

鹅场的产品需要运输出去，鹅场需要的饲料和兽药等需要不断运进来。鹅场的位置如果太偏僻，交通不便，不仅不利于本场的运输，还会影响客户的来

往。同时，由于鹅场本身污染不利于卫生防疫，以及环境嘈杂对鹅产蛋和休息造成不良影响，因此鹅场距离交通干线不能太近，一般1km以上，然后由干线修建通向鹅场的专用公路。公路的质量要求路基坚固、路面平坦，便于产品运输。

（四）电力

虽然我国电网的覆盖面积已经很大，但是许多地区的电力供应仍然十分紧张，鹅场的附近要有变电站和高压输电线，这样不仅可以节约建场投资，而且电力供应有保障。对于养鹅场其孵化场应当双路供电或自备发电机，以便输电线路发生故障或停电检修时能够保障正常供电。

（五）防疫

卫生防疫条件在鹅场选址过程中应给予足够的重视，兽医卫生防疫条件的好坏是鹅场成败的关键因素之一。由于养鹅环境的敞开式，造成养殖环境条件的控制相对较难，疫病来袭的风险较大，因此选址前了解当地多发疫病情况至关重要。所选场址最好不要在原址重建或扩建，并避开其他畜牧场、兽医院、屠宰场等可能的疫源。在保证生物安全的前提下，要尽可能创造便利的交通条件。

（六）土壤及地势

建造鹅舍的场地要稍高一点，最好向水面倾斜50°～100°，以利于排水。土质应选择透水性好的沙质土。鹅舍要建在水源的北边，把水陆运动场放在鹅舍的南面，使鹅舍的门正对水面向南开放，这种朝向的鹅舍冬暖夏凉，有利于提高鹅的生长速度和产蛋率；绝对不能在朝西或朝北的地段建造鹅舍，因这种朝向的房舍，夏季迎西晒太阳，舍内气温高，像蒸笼一样闷热，冬季迎西北风，气温低，鹅耗料多，产蛋少。

（七）气候

当前养鹅是利用敞开式的天然环境进行饲养，气候条件对鹅的影响比较大，尤其是在进行种鹅反季节生产过程中。因此，选址时了解当地的气候条件对于后期的养鹅生产具有重要意义。这些气候条件主要包括日照时数、无霜期、降水量、气温（夏季最高温度及持续天数、冬季最低温度及持续天数）、主导风向及刮风的频率等，选址时必须详细调查了解，作为鹅场设计与建设的参考。

（八）排污

鹅场的排污与养鸡场相比要简单许多，主要是鹅舍的鹅粪和清洗鹅舍产生的污水。鹅粪和污水经过堆肥处理，在杀死病原微生物和初步分解有机质后作为优质肥料施用于果林或牧草；也可通过建造沼气池分解鹅粪，沼气可作为鹅场的能源利用，沼液则可通过喷灌系统肥沃牧草或果林。另外，鹅会直接将粪便排泄到水体中造成污染，要注意这些水体的自净能力，要防止水体过度污染对鹅生产性能的影响，以及对地下水或周边水域的影响，从而影响整个鹅场的用水。

(九)其他

由于风俗习惯或消费习惯对产品的销路影响很大，因此鹅场选址时应考虑现有市场和潜在市场，考虑当地消费者对饲养鹅种及其产品的消费能力和喜好及外销渠道，以保证日后的生产。

二、鹅场布局

鹅场布局是否合理，是养鹅成败的关键条件之一。集约化、规模化程度越高的鹅场受布局的影响越大。因此，一个鹅场在建设前一定要做好科学布局(表6-1)。现代化、规模化的鹅场在整体布局上一般包括场前区、生产区和隔离区等三大区域。

表6-1　鹅场科学布局

<table>
<tr><td>大门</td><td>消毒间</td><td rowspan="2">食堂及休闲区</td><td colspan="2" rowspan="2"></td><td></td><td rowspan="2">消毒池</td><td rowspan="2">孵化场</td></tr>
<tr><td colspan="2"></td><td></td></tr>
<tr><td></td><td></td><td></td><td colspan="2" rowspan="4">宿舍区</td><td></td><td rowspan="4">马路</td><td>蛋库</td></tr>
<tr><td></td><td></td><td></td><td></td><td rowspan="3">饲料间</td></tr>
<tr><td colspan="2">办公区</td><td rowspan="2"></td><td rowspan="2"></td></tr>
<tr><td></td><td></td></tr>
<tr><td></td><td></td><td></td><td colspan="2">职工消毒间</td><td></td><td>入口</td><td></td></tr>
<tr><td colspan="3">兽医室、兽药房</td><td>供水厂</td><td>门</td><td></td><td>消毒池</td><td rowspan="4">隔离中心</td></tr>
<tr><td colspan="6">场区马路</td><td rowspan="10">场区马路</td></tr>
<tr><td colspan="6">隔离带</td></tr>
<tr><td colspan="6">种鹅洗浴池</td></tr>
<tr><td colspan="6">种鹅养殖区</td><td></td></tr>
<tr><td colspan="6">中间隔离带</td><td></td></tr>
<tr><td colspan="6">中鹅洗浴池</td><td>粪便
处理中心</td></tr>
<tr><td colspan="6">中鹅养殖区(鹅舍、运动场)</td><td rowspan="4">污水处理厂</td></tr>
<tr><td colspan="6">中间隔离带</td></tr>
<tr><td colspan="6">雏鹅洗浴池</td></tr>
<tr><td colspan="6">雏鹅养殖区(鹅舍、运动场)</td></tr>
<tr><td colspan="6"></td><td>放牧通道</td><td></td></tr>
</table>

（一）场前区

场前区是担负鹅场经营管理和对外联系的场区，应设在与外界联系方便的位置。鹅场大门前应设车辆消毒池，单侧或双侧设消毒更衣室。一些鹅场设有自己的饲料加工厂或鹅产品加工企业，如果这些企业规模较大，应在保证与本场联系方便的情况下，独立组成生产区。在一般情况下可设在场前区内，但需自成单元，不应设在鹅场的生产区内。

鹅场的供销运输与社会的联系十分频繁，极易造成疾病的传播，故场外运输应严格与场内运输分开。负责场外运输的车辆（包括马匹）严禁进入生产区，其车棚、车库也应设在场前区。外来人员只能在场前区活动，不得随意进入生产区。

（二）生产区

生产区是鹅场的核心。因此，对生产区的规划、布局应给予全面、细致的研究。如果采用“小而全”自行配套的综合性鹅场，其设计方案是各种日龄或各种商品性能的鹅各自形成一个分场，分场之间有一定的防疫距离，还可用树林形成隔离带，各个分场实行全进全出制，否则会带来防疫上的困难。随着现代化、工厂化养鹅业的发展，只养某一种商品性能的鹅成为一种趋势。专业性鹅场的鹅群单一，鹅舍功能只有一种，管理比较简单，技术要求比较一致，生产过程也易于实现机械化。在这种情况下。鹅场分区与布局的问题就比较简单。无论是专业性还是综合性鹅场，为保证防疫安全，鹅舍的布局根据主风方向与地势，应当按下列顺序配置，即孵化室、幼雏舍、中雏舍、后备鹅舍、成年鹅舍，亦即孵化室在上风向，成年鹅舍在下风向。这样能使幼雏舍得到新鲜的空气，减少发病机会，同时也能避免由成年鹅舍排出的污浊空气造成疫病传播。孵化室与场外联系较多，宜建在靠近场前区的入口处，大型鹅场最好单设孵化场，宜设在鹅场专用道路的入口处，不宜安排在场区尽头深处。小型鹅场也应在孵化室周围设围墙或隔离绿化带。

育雏区（或分场）与成年鹅养殖区应有一定的距离，在有条件时，最好另设分场，专养幼雏，以防交叉感染。鹅场两栋或两栋以上的雏鹅舍功能相同、设备相同时，可放在同一区域中培育，做到全进全出。综合性鹅场中的种鹅群与商品群应分区饲养，种鹅区应放在防疫上的最优位置，各区中的育雏、育成舍又优于成年鹅舍的位置，而且育雏、育成鹅舍与成年鹅舍的间距要大于本群鹅舍的间距，并设沟、渠、墙或绿化带等隔离障，以确保育雏、育成鹅群的防疫安全。饲料的贮存与供应是每个鹅场的重要生产环节，与之有关的建筑物是生产区的重要组成部分（此处所指是位于每幢鹅舍旁的饲料贮存建筑物）。其位置的确定必须同时兼顾饲料由场外运入再由其分发并送到鹅舍这两个环节，这就要求饲料既能方便地从场外运入而外面的车辆又不需要直接进入生产区内，同时还要求该建筑物与鹅舍保持最短而又最方便的联系。另外，与饲料有关的建筑物，原则上应位于地势较高处，以保证卫生防疫安全。

总之，对养鹅场进行总平面布置时，主要考虑卫生防疫和工艺流程两大因素。综合性鹅场或一些老的鹅场鹅群组成比较复杂。新老鹅群之间极易造成交叉感染，因此，可以根据现有条件在生产区内进行分区或分片，把日龄接近或商品性能相同的鹅群安排在同一小区内，以便实施整区或整片全进全出。各小区内的饲养管理人员、运输车辆、设备和使用工具要严格控制，防止互串。各个小区之间既要联系方便，又要有防疫隔离的条件。有条件的地方，综合性鹅场内各个小区可以拉大距离，形成各个专业性的分场，便于控制疫病。专业性鹅场（如种鹅场、肉用仔鹅场、育雏育成鹅场）由于任务单一，鹅舍类型不多，容易做好卫生防疫工作，总平面布置遇到的问题较少，安排布置也较简单，但也要根据卫生防疫和尽可能地提高劳动生产率的要求把分区规划搞好。

（三）隔离区

隔离区是鹅场病鹅、粪便等污物集中之处，是卫生防疫和环境保护工作的重点。该区应设在全场的下风向和地势最低处，且与其他两区的卫生间距应不小于 50m。贮粪场的设置既应考虑鹅粪便于由鹅舍运出，又应便于运到田间施用。病鹅隔离舍应尽可能与外界隔绝，且其四周应有天然的或人为的隔离屏障（如界沟、围墙、栅栏或浓密的乔灌木混合林等），设单独的通路与出入口。病鹅隔离舍及处理病死鹅的尸坑或焚尸炉等设施，应距鹅舍 300～500m，且后者的隔离更应严密。

三、鹅舍建造

鹅舍的建造，总的要求是冬暖夏凉、阳光充足、空气流通、干燥防潮、经济耐用，且在靠近水源、地势较高而又有一定坡度的地方。鹅是水禽，但鹅舍内最忌潮湿，特别是雏鹅舍更应注意。因此，鹅舍应干燥、排水良好、通风，地面应有一定厚度的沙质土。为降低养鹅成本，鹅舍的建筑材料应就地取材，建筑竹木结构或水泥结构的简易鹅舍，也可为砖墙瓦顶或砖墙水泥瓦顶结构的鹅舍。养鹅只数不多时，也可利用空闲的旧房舍或在墙院内，利用墙边栏搭棚，供鹅栖息。鹅舍根据生理阶段的不同而分成雏鹅舍、育肥舍、种鹅舍及孵化舍等几种。一般完整的养鹅舍应包括鹅舍、陆上运动场和水上运动场三个部分，这部分面积的比例一般为 1：（1.5～2）：（1.5～2）。肉用仔鹅舍可不设陆上和水上运动场。

（一）雏鹅舍

雏鹅绒毛稀少，体质比较娇嫩，体温调节能力差，需要有 14～28 天的保温时间。要求育雏舍温暖、干燥、保温性能良好，空气流通而无贼风，电力供应稳定,最好设有保温设备。每栋育雏舍以容纳500～1000只雏鹅为宜。房舍檐高2～2.5m,内设天花板,以增加保温性能。窗与地面面积之比一般为1∶10～1∶15,南窗离地面60～70cm,设置气窗,便于空气调节;北窗面积为南窗的1/3～1/2,离地面1m左右,所有窗子与下水道通外的口子都要装上铁丝网,以防兽害。育雏舍地面最好用水泥或砖铺成,以便于消毒,并向一边略倾斜,以利于排水。室内放置饮水器的地方,要有排水沟,并盖上网板,雏鹅饮水时溅出的水可漏到排水沟中排出,确保室内干燥。为便于保温和管理,育雏室应隔成几个小间。每小间的面积为12～14m^2,可容纳30日龄以下的雏鹅100只左右。采用网上平养时,需要建造离地1m左右高的围栏。围栏可以采用竹木建成0.3m高的栅栏,其中使用木条制作的漏缝地板,使粪便漏泄到"V"形地面沟槽内,这样可保持雏鹅的清洁,避免粪便中病原体和细菌的污染。育雏舍的保温可以采用安装红外灯加温,或安放直接向舍外排烟的煤炉,或在舍外端建造炉灶,或在地板下的烟道取暖。舍前设运动场和水浴池,运动场亦是晴天无风时的喂料场,略向水面倾斜,便于排水,喂料场与水面连接的斜坡长3.5～5m。运动场宽度为3～6m,长度与鹅舍长度等齐。运动场外接水浴池,池底不宜太深,且应有一定坡度,便于雏鹅上下和浴后站立休息。

(二)后备鹅舍和育肥鹅舍

在当前的鹅场中,后备鹅舍与育肥鹅舍区别不大,两者可以进行相同设计和建造。由于后备鹅(也称青年鹅或育成鹅)和育肥鹅生命力强,对温度的要求不如雏鹅严格,因此该种鹅舍的建筑结构简单,基本要求是能遮挡风雨、夏季通风、冬季保暖、室内干燥。在南方气候温和地区可采用简易的棚架式鹅舍。规模较大的鹅场,建造育成鹅舍时,也可参考育雏鹅舍。

以放牧为主的肥育鹅可不必专设育肥舍,可利用普通旧房舍或用竹木搭成能遮风雨的简易棚舍即可。这种鹅舍应朝向东南,前高后低。为敞棚单坡式,前檐高约1.8m,后檐高1.3～1.4m,跨度一般为6～8m,长度根据所养鹅群大小而定。鹅舍可用竹木或砖墩做立柱,在竹木横梁上盖石棉瓦或水泥瓦。后檐砌砖或打泥墙,墙与后檐齐,以避北风。前檐应有0.5～0.6m高的砖墙,每4～5m留一个宽为12m的缺口,便于鹅群进出。鹅舍两侧可砌死,也可仅砌与前檐一样高的砖墙。这种简易育肥舍也应有舍外场地,且与水面相连,便于鹅群进入和休息前活动及嬉水。为了安全,鹅舍周围可以架设旧渔网。渔网不应有较大的漏洞。鹅舍也应干燥、平整,便于打扫。以每平方米栖息4～5只70日龄的中鹅进行计算。

鹅舍可设单列式或双列式棚架。鹅舍长轴为东西走向,长形,高度以人在其间便于管理及打扫为度;南面可采用半敞式即砌有半墙,也可不砌墙用全敞式。舍内分单列或双列式,用竹条围成棚栏。栏高0.6m,竹间距为5～6cm,以利于鹅伸出头来采食饮水。围栏南北两面分设水槽和料槽。水槽高 15cm，宽 20cm。料槽高 25cm，上宽 30cm，下宽 25cm。双列式围栏应在两列间留出通道，料槽则在通道两边。围栏内应隔成小栏，每栏 10～15m，可容育肥鹅 50～70 只。这种棚舍可用竹棚架高，离地 70cm，棚底竹片之间有 3cm 宽的孔隙，便于漏粪，也可不用棚架。鹅群直接养在地面上，但需每天打扫，常更换垫草，并保持舍内干燥。

（三）种鹅舍

种鹅舍建造视地区气候而定，一般也有固定鹅舍和简易鹅舍之分，舍内鹅栏有单列式和双列式两种。

双列式鹅舍中间设走道，两边都有陆上运动场和水上运动场，在冬天结冰的地区不宜采用双列式。单列式鹅舍冬暖夏凉，较少受季节和地区的限制，故大多采用这种方式。单列式鹅舍走道应设在北侧，种鹅舍要求防寒。隔热性能好，有天花板或隔热装置更好。北方鹅舍屋檐高度为 1.8～2m，以利于保暖。南方则应提高到 3m 以上，窗与地面面积比要求 1∶8 或以上，特别在南方地区南窗应尽可能大些，离地六七十厘米以上的大部分做成窗，北窗可小些，离地 100～120cm。鹅舍地面易消毒，设排水沟，舍内地面比舍外高 10～15cm。一般种鹅场，在种鹅舍的一角设产蛋间（栏）或安置产蛋箱，产蛋间可用高 40～60cm 的竹栏围成，开设 2～3 个小门，让产蛋鹅自由进出，地面上铺细砂，或在木板上铺稻草。每栋种鹅舍以养 400～500 只种鹅为宜，舍内面积的计算办法为：大型种鹅每平方米 2～2.5 只、中型种鹅每平方米 3 只、小型种鹅每平方米 3～3.5 只。另外，对于进行反季节生产的种鹅场，种鹅舍的设计和建造至关重要，总的要求是：在保证鹅舍良好通风的条件下，整个鹅舍要有良好的遮光效果。这就需要在建造这种鹅舍的过程中，适当提高鹅舍的高度，并在四面墙脚、墙面或棚顶等位置适当设置一定数量的遮光通风口。

（四）肉用仔鹅舍

肉用仔鹅舍的要求与雏鹅舍基本相同，但窗户可以大些，通风量应大些，并要便于消毒。肉用仔鹅采用笼养和网上平养时，房舍应适当高些。仔鹅育肥期间，每小栏 $15m^2$ 左右，可养中型鹅 60～75 只，同时还需要在栏内悬挂一些牢固又柔软的纤维等，供鹅撕咬以减少啄羽现象。有些地区，饲养量较多时，常采用栅栏、草舍等简易鹅舍，这种鹅舍多采用毛竹、稻草、塑料布和石棉瓦等材料制成，投资少，建造快，夏天通风，冬天保暖，是东南各省区常用的建舍方法，饲养效果甚好。随着养鹅业的快速发展，目前许多南方地区结合地方实际，建造砖瓦结构并配备水帘降温系统的鹅舍，许多北方地区则建造钢结构、彩钢顶并加有良好隔热层的鹅舍，这些鹅场经久耐用，环境控制好，造价也不昂贵。

（五）孵化室

现在养鹅场种蛋孵化均采用人工机器孵化，孵化室可距离种鹅舍一定距离，以便于种蛋收集和运输方便为宜。

（六）陆上运动场

陆上运动场是鹅休息和运动的场所，面积一般为舍内面积的2～2.5倍。运动场地面用砖、水泥等材料铺成。运动场面积的1/2应搭有凉棚或栽种葡萄等植物形成遮阴篷，供舍饲喂之用。陆上运动场与水上运动场的连接部，用砖头或水泥制成一个小坡度的斜坡，水泥地要有防滑面，延伸到水上运动场的水下50cm。

（七）水上运动场

水上运动场供鹅洗浴和交配用，面积与陆上运动场面积几乎相等，或至少有陆上运动场面积的1/3～1/2，水深一般为0.8～1.0m。水上运动场可利用天然沟塘、河流、湖泊，也可利用人工浴池。如利用天然河流作为水上运动场，靠陆上运动场这一边，要用水泥或石头砌成。人工浴池一般宽2.5～3m，深0.5～0.8m，用水泥制成。水上运动场的排水口要有一沉淀井，排水时可将泥沙、粪便等沉淀下来，避免堵塞排水道。

在整个鹅场的生产区，需用围栏将各栋鹅舍及其所属的陆上运动场和水上运动场围成一体，通过鹅舍的分隔将鹅群分群饲养，水上运动场的围栏应保持高出水面50～100cm，育种鹅舍的围栏应深入到底部，以免混群。

第二节 鹅场环境控制

在当前养鹅生产中，改善生产环境是提高生产水平的一个重要内容。根据鹅的不同生活需要，创造适宜的环境条件，能达到节省饲料、降低成本和提高经济效益的目的。

一、环境因素对鹅生长发育的影响

1. 温度

鹅是恒温动物，羽绒丰满，绒羽含量较多；皮下有脂肪而无皮腺，只有发达的尾脂腺，散热困难，所以耐寒而不耐热，对高温反应敏感，需要通过加快呼吸和在水面活动散热。母鹅产蛋的适宜温度是8℃～25℃，公鹅产精的适宜温度是10℃～25℃。在管理产蛋鹅应特别注意做好夏季的防暑降温工作，在雏鹅生产的过程中，尤为重要。0～7日龄雏鹅个体小，绒毛稀薄，体温调节机能不健全，对外界温度变化适应力很弱，特别对低温和温度剧变适应力更弱。实践证明，0～7日龄尤其是3日龄的雏鹅因低温造成的伤亡最多，雏鹅在26℃以下的低温环境中易相互拥挤扎堆。低温危害大，但鹅体感受温度达到32℃以上，雏鹅精神不振，食欲减退，饮水多，体温升高，体热散发受阻，影响生长发育，诱发疾病，长期高温可引起鹅大批死亡。造成高温的主要原因是管理疏忽和忽视温度的调节。

2. 湿度

鹅舍内的水汽含量经常高于舍外。舍内水汽来源于三个方面：一是随外界空气进入舍内的水汽，占舍内空气水分总量的10%～15%，这部分水汽量的多少主要取决于当时的天气状况；二是由鹅体排出的水汽包括鹅群呼吸排出和皮肤蒸发的水汽以及鹅粪蒸发的水汽，这类约占75%；三是地面、墙壁、水槽水面、舍内其他设备、垫草蒸发的水分，占10%～15%。鹅虽然是水禽，但其生长环境要保持干燥，鹅舍内特别是雏鹅舍最忌潮湿。鹅的适宜生长湿度一般为55%～70%。如果湿度过大再加上高温，使鹅最重要的散热方式（蒸发散热）发生困难，体热积累造成物质代谢与食欲下降，抵抗力减弱，发病率增加。如果低温再加上高湿，又使鹅的体热散发大大增加而感寒冷，易引起感冒和下痢，还可降低鹅的生产性能。

在我国南方，温暖潮湿的梅雨季节最适宜霉菌的生长，此时若饲料、垫料受潮后成为霉菌生长繁殖的天然培养基，在这种条件下饲养的雏鹅（尤其是2周龄以下的雏鹅）极易吸入霉菌孢子引起曲霉菌性肺炎的暴发，死亡率可达50%以上。湿度过高还有利于球虫病的发生与传播。相对湿度超过90%对肉仔鹅的增重、饲料利用率的提高和色素的沉积也很不利。如相对湿度低于40%，可使鹅的皮肤发生干裂，呼吸道黏膜水分减少，从而减弱皮肤和呼吸道黏膜对微生物的防御能力，此时因空气干燥使其中的灰尘尤其是带菌灰尘大大增多，因此呼吸道发病率升高。湿度过低是鹅羽毛生长不良的原因之一，也是鹅易发生啄癖的外界条件。

3. 光照

光照可促进畜禽血液循环，还可以使皮肤中的胆固醇转化成为维生素D_3，是增强机体抵抗力的好方法。圈舍内的采光一般要通过窗户来实现，窗户的有效采光面积同舍内地面面积之比叫采光系数，成禽适宜的采光系数为1∶10～1∶12，雏禽舍的为1∶7～1∶9。光通过视觉刺激脑垂体前叶分泌促性腺激素，促使母鹅卵巢卵泡发育增大，卵巢分泌雌性激素促使输卵管的发育；同时使耻骨开张，泄殖腔扩大；光照引起公鹅促性腺激素的分泌，刺激睾丸精细管发育，促使公鹅达到性成熟。因此，光照时间的长短及强弱，以不同的生理途径影响家禽的生长和繁殖，对种鹅的繁殖力有较大的影响。对于季节性繁殖禽类，光照是调控其繁殖活动季节性变化的重要调控因子。在鹅的反季节生产中，主要是利用光照对动物繁殖活动的调控原理通过人工光照程序来进行。在适宜的温度条件下，给鹅一定程度的光照可提高产蛋量。不同品种在不同季节所需光照不同，所以应当根据季节、地区、品种、自然光照和产蛋周龄制订光照计划，按计划执行，不得随意调整。舍饲的产蛋鹅在日光不足时可补充电灯光源，光源强度以80～120lx为宜，一般每20m^{2}的面积安装4只40～60W的灯泡较好，灯与地面距离1.5～1.6m为宜。

4. 有害气体

圈舍中常见的有害气体主要有氨气、硫化氢、一氧化碳和二氧化碳等。氨气会刺激畜禽丧失食欲，导致打喷嚏、流涎，易发呼吸道疾病；硫化氢、一氧化碳、二氧化碳的浓度过高，常常会导致食欲减退，抵抗力下降，严重时还会因中毒而死亡。鹅的呼吸系统结构特殊，代谢旺盛，对氧气的需要量很大。雏鹅对育雏室内的二氧化碳、氨气、硫化氢等有害气体十分敏感，如二氧化碳含量超过0.51mg/kg、氨超过21mg/kg、硫化氢超过0.46mg/kg，雏鹅的肺部充血、潮红、呼吸加快，口腔黏液增多，精神萎靡，食欲减退，羽毛松乱无光泽。若含量不减，继续蓄积，则会出现肺部水肿、眼角膜混浊、眼睑水肿，睁不开眼、流泪、流鼻涕，进而呼吸困难、食欲废绝、呆立、昏睡，继而出现运动失调等神经症状，仰头、抽风、两肢麻痹、瘫痪死亡。如不及时采取通风换气措施，就会引起大批死亡，造成重大损失。

造成二氧化碳超标中毒的主要原因是：室温较高，封闭过严，通风不良，雏鹅密度过大，长时间（如夜间）无人检查等。引起氨气和硫化氢含量超标中毒的主要原因是：育雏室潮湿，通风不良，潮湿污秽的垫料和粪便等有机物不及时清除更换，长时间堆积，使之分解发酵，产生大量的氨气和硫化氢。应及时发现，立即采取通风换气、排湿、保持干燥的卫生环境、缩小饲养密度等措施。

5. 饲养密度

饲养密度的大小直接影响鹅舍的温度、湿度、通风、有害气体和尘埃微生物的变化及含量，也影响鹅的采食、饮水、活动休息、斗殴行为等，在夏季饲养密度过高极易发生热应激。对于进行种鹅反季节生产的养殖场来讲，控制好饲养密度尤为重要。因为在种鹅反季节生产中，往往要求种鹅在炎热季节产蛋，并在生产过程中要经常将这些种鹅限制在密闭的遮光效果好的鹅舍内饲养，因此产生的热应激非常大，会大大影响生产水平，甚至导致种鹅死亡。对于雏鹅，饲养密度与雏鹅的运动、室内空气的新鲜与否及室内温度有密切的关系。实践证明，密度过大，雏鹅生长发育受阻，甚至出现啄羽等恶癖；密度过小，则降低育雏室的利用率。随着雏的生长，体重增加，体格加大，在饲养过程中应不断调整饲养密度。皖西白鹅采用分栏饲养的方式，雏鹅每栏80～100只，育肥鹅以每平方米饲养4～6只鹅为宜。

6. 噪声

鹅的听觉虽然不如哺乳动物，但鹅的视力发达，且性急胆小，看到异物或听到突如其来的噪声就会惊恐不安，乱叫乱跑，导致互相挤压，严重时会影响采食和饮水行为，生产性能随之下降。因此，应尽可能保持鹅舍的安静，避免惊群的发生。为减少噪声，畜禽场应远离交通干线，远离工厂生产区，场内要合理规划，使汽车、拖拉机不能靠近畜禽舍。畜禽舍内的机械操作，应尽量选择声响较低的设备。对场区棚舍内噪声的允许强度一般限定在 90 分贝以内。

7. 尘埃与微生物

尘埃是微生物的载体，畜禽舍通风不良或经常不透阳光，尘埃更能促进病原微生物的繁殖。每立方米空气中细菌可达 100 万个，有黄曲霉菌、腐生菌、球菌、霉菌芽孢和放线菌等。如不及时清除污物、通风换气和定期消毒，势必引起细菌性传染病的发生。鹅场内和鹅舍中尘埃一部分来自舍外或场外的空气环境，另一部分是在饲养管理过程中产生的。舍内的一些饲养管理和生产过程如清扫地面、翻动垫料、分发饲料，鹅的活动、鸣叫、采食等都会引起空气中的尘埃数量多。鹅舍空气中的尘埃大多是有机性的。尘埃一般用重量法来计算，单位是 mg/m^3。尘埃落在皮肤上，可与皮脂腺分泌物以及细毛、皮屑、微生物混合在一起，黏结在皮肤上，使皮肤发痒，甚至发炎；同时还能堵塞皮脂腺的出口，影响皮脂腺分泌，进而使表皮干燥，易遭损伤和破裂；大量的尘埃可被鹅吸入呼吸道内。被阻塞在鼻腔内的尘埃可刺激鼻黏膜，如果尘埃夹带病原微生物，还可使鹅感染。进入气管或支气管内的尘埃可使鹅发生气管炎或支气管炎。尘埃多具有较强的吸附性，可吸附各种有害气体如氨或硫化氢，并将这些有害气体一并带入呼吸道内，使呼吸道受到更大的损伤。一般认为，鹅舍中尘埃的最高限定浓度应不超过 $8mg/m^3$。

二、环境条件控制措施

1. 防暑降温

鹅具有耐寒不耐热的特性，所以在炎热季节和炎热地区的防暑降温工作是非常重要的。但对雏鹅来说，给其提供一个既温暖且温度波动范围又较小的生活环境更加重要。另外，过低的气温虽然对鹅的生存影响不大，但会使其生长发育受阻，饲料转化率下降。对各生长阶段的鹅来说，适宜的温度条件对健康和生产力的最大限度发挥都是必要的。

(1)防暑降温。鹅舍的防暑必须从改善饲养管理、围护结构的隔热设计、鹅舍构造的防暑设计等多方面采取措施。仍不能满足要求时，还需考虑降温。

① 围护结构的隔热设计。首先，应确定围护结构的隔热指标，一般有夏季低限热阻、低限总衰减度和总延迟时间等。然后根据这些指标的计算值确定夏季围护结构隔热层可采用的建筑材料及所需厚度。

② 其他建筑设计防暑措施。设计建造通风间层屋顶、围护结构外表面处理

成浅色而光滑结构、种植杆高冠大的树木和攀缘植物以利于遮阳、选择钟楼式、半钟楼式屋顶、设置通风屋脊、设计鹅舍大窗式或棚式等，以利于通风。

③ 适当减少饲养密度。

④ 鹅舍的降温。一般是利用水的蒸发吸收空气中的热量而达到降温或防暑目的，常用的方法和设备有湿垫、喷淋、机械通风，结合湿帘降温的隧道式负风等。无论采用何种降温方法都是需要消耗能源的，因此也就涉及投资与回报的问题，必须认真选择并仔细核算。

⑤ 调整日粮结构。可通过提高日粮浓度、增加饲喂次数的方法进行调整，适当提高蛋白质水平，改每日 3 次为 4 次，补充电解质、维生素 C 和维生素 E 对缓解热应激有良好的效果。

⑥ 增加饮水量。保证充足的清凉饮水，是防暑和调理生理功能的有效措施。

(2)防寒供暖。鹅舍的防寒也必须从改善饲养管理、围护结构的保温设计、其他建筑防寒措施等多方面采取措施。仍不能满足要求时，再考虑供暖。

① 围护结构的保温设计。首先，应确定围护结构的保温指标，一般采用冬季低限热阻。然后根据这一指标的计算值确定冬季围护结构保温层可采用的建筑材料及所需厚度。目前开发的新型纤维性隔热材料、玻璃泡沫板等，可以用于鹅舍屋顶和墙体的建造，提高鹏舍保暖性能。

② 其他建筑设计防寒措施。酌情选择有窗或无窗密闭式鹅舍；由于冬季太阳高度角小，故朝向宜选择南、南偏东或偏西各 15°～30°，可使南纵墙接受较多的太阳辐射热，并可使纵墙与冬季主风向(我国一般为西北风或北风)形成 0°～45°的角，以减少冷风渗透；在允许情况下减小鹅舍的高度，以减小外墙面积；此外，相同面积和高度的鹅舍，加大跨度亦可减小外墙长度和面积，故均有利于防寒保温；北墙在冬季是迎风面，北墙冷风渗透较多，在确定了窗的所需总面积后，应减小北窗面积，南、北窗面积比可为 2∶1～3∶1；同时，北墙和西墙上应尽量不设门，必须设门时应加门斗；在场地西、北方向设防风林。

③ 安装供暖设备。小规模鹅场可以采用火炉、火墙、烟道等更省资金的做法，较大规模鹅场可采用水、汽、电等集中供暖，如热风炉、水暖炉、电暖器等供暖设备，通过向舍内鼓热风、通循环热水供暖。

④ 调整日粮结构和饲喂时间。

此外，也可采取适当加大饲养密度、多铺垫草、及时清除粪尿、减少管理用水等措施来保持舍内的温度。

2. 湿度控制

鹅舍内的湿度高往往影响鹅体热的散发，造成病菌大量繁殖。鹅舍适宜的相对湿度为 55%～60%。如相对湿度大于 75%，则雏鹅关节炎病会增多。为了给鹅尤其是雏鹅创造较为适宜的环境温度，饲养管理中要注意鹅舍内的湿度控制。一般从以下方面来控制湿度：

(1)加强生产管理，保证舍内排水系统畅通，及时清扫，排除污水，这是鹅舍防湿的关键。

(2)减少不必要的用水量，尤其要防止供水系统漏水。

(3)铺设垫料用以吸湿，并按时更换垫料。

(4)冬季进行有效的通风换气，“有效”是指利用空气的含水能力随空气温度的升高而增强的特点，适当升高并保持一定的气温。另外，在尽量保持舍内温度的前提下，稍稍增加通风量以排除舍内积聚的水分。

(5)降低饲养密度。肉鹅的饲养密度以每平方米 5～6 只为宜，以防因拥挤、湿度大而造成中暑。

3. 光照控制

养鹅生产中的光照分自然光照和人工光照两种。人工光照的应用主要是克服日照的季节性，创造符合家禽繁殖生理机能所需要的光照时间。光照管理恰当能调控鹅的繁殖活动变化，提高鹅的产蛋产量和种蛋受精率。同其他禽类相似，在临近鹅产蛋时，延长光照时间可刺激母鹅适时开产，短光照则推迟开产时间；在生长期采用短光照(自然光照)然后逐渐延长光照时间，可促使母鹅开产；在生产换羽时突然缩短光照，可加速羽毛的脱换。当前我国的种鹅饲养中，除进行反季节生产外，大多鹅舍均采用开放式鹅舍，因此，对光照的控制效果不是很好。

要对鹅群进行很好的光照管理，就需要建造的鹅舍不仅具有很好的遮光效果，同时要具备一定数量的光照设备(如白炽灯或光管)。对鹅群的光照方案必须根据不同的鹅种特点和鹅群生长发育的不同阶段分别制订，尤其是在我国南北鹅种繁殖特性差异比较大的情况下。对于不同的地方鹅种，在光照管理上主要是在产蛋期(或种用期)差异较大。一般在育雏期，为使雏鹅均匀一致地生长，0～7 日龄提供 24～23h 的光照时间，8 日龄以后则从 24h 光照逐渐过渡到只利用自然光照；在育成期，则一般只利用自然光照时间；对于产蛋鹅(种鹅)，一般在产蛋前期，用 6 周的时间逐渐增加每日的人工光照时间，使种鹅的光照时间(自然光照加上人工光照)达到 16～17h，南方鹅种的光照时间则相对较短(13～15h)，此后一直维持到产蛋结束。光照强度以每 12～15m^2 开 2 盏 40～60W 的日光灯为宜，高 1.6～1.8m。光照强度切忌忽强忽弱，光照时间切忌忽长忽短。

4. 有害气体控制

对于规模化鹅场尤其是种鹅场，由于放牧减少，在鹅舍内生活时间较长，摄食量和排泄量也很多，因此很容易造成舍内空气污染，既影响鹅体健康，又使产蛋量下降。为保持鹅舍内空气新鲜,除控制饲养密度(舍饲 1.3～1.6 只/m^2,放牧条件下 2 只/m^2)外,还要加强鹅舍通风换气,及时清除粪便、垫草。要经常打开门窗换气,即使在冬季,也不要长期封闭门窗。但在冬季要注意不要排除过多的水汽,使舍内空气的相对湿度保持适宜状态;维持适中的气温,不致发生剧烈变化;保持气流稳定,不要形成贼风,要求整个圈舍内气流均匀,无死角;清除空气中的微生物、灰尘以及圈舍内的有害气体和恶臭气味;防止水汽在墙壁、天棚、用具上凝结;另外,通过饲料添加抑制肠道有害细菌生长的益生菌,可以将粪便中氨气量减少一半左右,也可以向垫料隔一定时间喷洒益生菌,达到降低臭气排放的目的。

5. 搞好卫生,防止病害

(1)舍内垫草需勤换,使饮水器和垫草隔开,以保持垫草有良好的卫生状况。垫草一定要洁净,不霉不烂,以防发生曲霉病。污染的垫草和粪便要经常清除。

(2)鹅舍内要定期消毒,特别是春秋两季结合预防注射,将饲槽、饮水器和积粪场围栏、墙壁等鹅经常接触的场内环境进行大消毒,以防疾病的发生。

(3)防止由于饲养过程中多用药、滥用药引起药物中毒造成鹅的伤亡。

(4)防止挤压和鼠害。这是育雏过程中常见的问题,常常造成较大伤害。一方面是因为育雏室保温条件不好,管理马虎,室温突然下降或温差太大,遭遇突然惊吓,装运雏鹅过程中倾斜,饲养密度过大又不进行大小强弱分群,不定时喂料饮水造成雏鹅饥渴难忍,突然喂料、饮水等情况都会引起挤压伤亡。另一方面鼠害对 3 周龄及以前的雏鹅伤害很大,不仅直接咬死咬伤和吓死雏鹅,还会传染疾病,危害其他畜禽,必须严加防范。

第三节　鹅场卫生管理

一、鹅场的综合卫生防疫要求

现代养鹅业发展非常迅速,采用机械化、半机械化、自动化形式进行饲养的越来越多,使养殖规模和密度不断增大和升高。在这种情况下,搞好卫生防疫工作成为降低养鹅生产疫病风险、保证养鹅健康发展、保持和提高养鹅经济效益的关键。因此,必须建立严格的兽医卫生防疫制度和相应的兽医防疫机构。综合性防疫措施应包括养鹅场的场地选择、鹅场卫生管理、卫生防疫措施、检疫制度、环境消毒、粪便的无害化处理、尸体处理与加工、饲料加工预防接种等,各鹅场的常用综合防治措施可以根据具体情况实施。

(一)科学选择养鹅场场地

如果要建立现代化大型养鹅场,那么场地的选择将十分重要,首要条件要有利于卫生防疫,交通方便,水源充足,水质良好,电源方便。通常场地应远离铁路和旅游胜地,如火车和旅客来往频繁,容易传播病原,同时场地的地势要有利于防涝排水、污水处理及排放,以利于环境保护。场地的周围及空间应无有毒有害物质及空气污染,确保安全生产。场内建筑物的布局要周密策划,生产区和生活区要严格划分,而且要有相当距离,彼此间应用围墙隔离,严防闲杂人员随意进出,传播病原。

(二)加强鹅场卫生管理

鹅场应订立各种规章制度,并有专门机构及专人管理,督促实施。明文规定职工家属不得饲养家禽、家畜,鹅场周围也不得饲养其他家禽、家畜,杜绝各种可能传播疾病的媒介。在卫生管理方面,场内要经常保持清洁卫生,防虫、灭鼠、灭蚁、灭蝇。还应对人员及车辆进出作具体规定,在进场的必经之道设立消毒池。在兽医防疫方面,要设立兽医室、解剖诊断室、培养检验室和尸体处理设施。粪便的处理方面,应建立粪便发酵堆肥处理及沼气处理净化系统,保护环境不受污染。在饲料加工方面,大型养殖场应设立饲料中转仓库,外来运送饲料的车辆不能直接进入饲料加工车间,场内专用的饲料运输车辆及其他工具严禁出场。

(三)建立严格的防疫检疫制度

对引进的种鹅必须实行严格检疫隔离饲养。检疫的内容包括传染病、寄生虫等。对场内的鹅群要定期进行预防接种和驱虫,防止传染病的发生和流行。一旦发生传染病,要及时隔离、封锁、消毒、毁尸和治疗。

(四)建立严格的消毒制度

实行定期消毒。消毒的范围包括周围环境、鹅舍、孵化室、育雏室、饲养工具、仓库等。平时在鹅舍进出口应设立经常性的消毒池、洗手间、更衣室等。场内周围环境的消毒,一般每季度消毒1次,在传染病发生时,可随时消毒,平时应每周喷雾消毒1次。孵化室应在孵化前和孵化后进行消毒,育雏室消毒应在进雏前和出雏后进行消毒。

(五)加强饲养管理,合理搭配日粮

良好的饲养管理可增强机体的抵抗力,是预防各种疾病的重要措施。合理配置日粮,可以减少各种营养性疾病,促进鹅群的生长发育。为了预防传染病和寄生虫病,也可在饲料中适当添加抗生素,对预防肠道传染病、细菌性腹泻等有良好效果。

(六)控制鹅群密度,减少疾病传播

随着鹅群密度的增加,疾病特别是呼吸道疾病的传播机会也随之增加,因此，要注意饲养密度，提供足够的料槽和水槽，室内保持适宜的温度、湿度，空气清新。尤其在冬季，为防止扎堆，室内要保持温暖、干燥，增加垫草。

（七）防止饮水和饲料污染

鹅场的饮水器或水槽、料槽常常被粪便污染，因此在设计和安装上要采取必要的技术处理，如以悬挂或其他方式提升饮水器和料槽的高度，不让鹅群践踏。目前市场上已有改进的塑料饮水器出售，设计比较合理，可防止水、料污染。

（八）妥善处理尸体

病死鹅尸体的正确处理，无论对现代化大型养鹅场还是农家群鹅的健康发展都十分重要。如果尸体不能妥善处理，将造成严重后果。因此，一般情况下应将尸体深埋或烧毁，需作病原检验及病理解剖者，应送检验室，不能随意到处剖检。

（九）定期预防接种

预防接种是控制和消灭某些急性传染病如小鹅瘟、副黏病毒病、鸭传染性浆膜炎等的较好方法，应按免疫程序定期进行预防接种。

二、鹅场卫生与消毒

鹅场消毒就是用化学、物理或生物的方法杀灭鹅舍及其周围环境中的病原微生物和寄生虫，预防疫病发生和阻止疫病蔓延，是一项极其重要的防疫措施。消毒范围包括鹅舍、孵化室、育雏室、用具、饲槽、饮水、运动场、饲料加工场地等，周围环境、道路、交通运输工具、工作人员以及动物的排泄物和分泌物也是消毒的对象。

（一）鹅场的消毒对象

1. 鹅舍的消毒

鹅舍的消毒通常是指鹅群被全部销售或屠宰后对鹅舍进行的消毒。正常的消毒程序是先清扫，除去灰尘，然后连同垫草一起喷雾消毒，而后垫草运往处理场地堆沤发酵或烧毁，一般不再用作垫料。对鹅舍内的饲养工具、料槽、水槽等先用清水浸泡刷洗，然后用消毒药水浸泡或喷雾消毒。对鹅舍地面、墙壁、支架、顶等各个部分，能洗刷的地方要先洗刷晾干，再用消毒药水喷雾消毒，在下批鹅群进场前两天再进行熏蒸消毒。新换的垫草常常带有霉菌、螨及其他昆虫等，因此在搬入鹅舍前必须进行翻晒消毒。垫草的消毒可用甲醛、高锰酸钾熏蒸；最好用环氧乙烷熏蒸，环氧乙烷的穿透性较甲醛强，且具有消毒、杀虫两种功能。

2. 孵化室的消毒

孵化室的消毒效果受孵化室总体设计的影响，总体设计不合可造成相互传播病原，一旦育雏室或孵化室受到污染，则难以控制疫病流行。孵化室通道的两端通常要设消毒池、洗手间、更衣室，工作人员进出必须更衣、换鞋、洗手消毒、戴口罩和工作帽。雏鹅调出后、上蛋前都必须进行全面彻底的消毒，孵化器及其内部设备、蛋盘、搁架、雏鹅箱、蛋箱、门窗、墙壁、顶篷、地坪、过道等都必须进行清洗喷雾消毒。第1次消毒后，在进蛋前还必须再进行1次密闭熏蒸消毒，确保下批出壳雏鹅不受感染。此外，孵化室的废弃物不能随便乱丢，必须妥善处理，因为蛋壳等带病原的可能性很大，稍有不慎就可能造成污染。

3. 育雏室的消毒

育雏室的消毒和孵化室一样，每批雏鹅调出前后都必须对所有饲养工具、饲槽、饮水器等进行清洗、消毒，对室内外地坪必须清洗干净，晾干后用消毒药水喷洒消毒，入雏前还必须再进行一次熏蒸消毒，确保雏鹅不受感染。育雏室的进出口也必须设立消毒池、洗手间、更衣室，工作人员进出必须严格消毒，并戴上工作帽和口罩，严防带入病菌。

4. 饲料仓库与加工厂的消毒

家禽饲料中动物蛋白是传播沙门氏菌的主要来源，如外来饲料带有沙门氏菌、肉毒梭菌、黄曲霉菌及其他有毒的霉菌，必然造成饲料仓库和加工厂的污染，轻则引起慢性中毒，重则出现暴发性中毒死亡。因此，饲料仓库及加工厂必须定期消毒，杀灭各种有害病原微生物。同时也应定期灭虫、杀鼠，消灭仓库害虫及鼠害，减少病原传播。库房的消毒可采用熏蒸灭菌法，此法简单方便，效果好，可节省人力、物力。

5. 饮水消毒

养鹅场或饲养专业户，应建立单独的饮水设施，对饮水进行消毒。按容积计算，每立方米水中加入漂白粉6～10g，搅拌均匀，可减少水源污染的危险。此外，还应防止饮水器或水槽的饮水污染，最简单的办法是升高饮水器或水槽，并随日龄的增加不断调节到适当的高度，保证饮水不受粪便污染，防止病原和寄生虫的传播。

6. 环境消毒

鹅场的环境消毒包括鹅舍周围的空地、场内的道路及进入大门的通道等。在正常情况下，除进入场内的通道要设立经常性的消毒池外，一般每个月或每季度定期用氨水或漂白粉溶液，或用来苏儿进行喷洒，全面消毒，在出现疫情时应每3～7天消毒1次，防止疫源扩散。

（二）常规消毒方法

1. 物理消毒法

物理消毒法是指利用物理因素杀灭或清除病原微生物及其他有害微生物的方法，鹅场的物理消毒主要包括自然净化、机械除菌、热力消毒灭菌和紫外线消毒等。

(1)煮沸法。适用于金属器具、玻璃器具等的消毒，大多数病原微生物在100℃的沸水中几分钟内就被杀死。

(2)蒸汽法。适用于布类、木质器具等的消毒，可用蒸笼蒸煮，也可用高压蒸汽蒸煮。

(3)紫外线法。许多微生物对紫外线敏感，可将物品直射也可放在紫外灯下进行消毒，进场人员则用紫外线照射。

(4)焚烧法。此法是最彻底的消毒方法，可用于垫草、尸体、死胚和蛋壳等的消毒。可用火焰喷射法对金属器具、水泥地面等进行消毒。对动物尸体也可浇上汽油等点火焚烧。

(5)机械法。机械法，即清扫、冲洗、通风等，不能杀死微生物，但能降低物体表面微生物的数量。

2. 化学消毒法

可以将病原微生物致死或使之失去危害性的化学药物统称为消毒剂。一般采用喷洒、浸泡等方法。使用消毒剂，首先需要选用对特定病原微生物敏感的品种，因为每种消毒剂往往只对几种特定的病原微生物有作用，而对其他的则效果不好，甚至毫无作用。其次要按规定的浓度使用，通常在一定范围内消毒效果与药物浓度成正比，过低对病原体不起杀灭作用，浓度过高造成浪费，甚至抑制消毒效果。此外，使用消毒剂时要求温度在20℃～40℃，作用时间30分钟以上才能致死病原体。同时，还要尽量减少环境中有机物如粪便等的含量，因为有机物能与消毒剂结合，从而使之失效。当使用多种混合消毒剂时，要避免使用相互拮抗的药物，以免相互作用而干扰消毒效果。如酸性和碱性的消毒剂混合使用时，由于中和反应会使药效大为下降。

(1)喷雾消毒。将化学消毒剂配成一定浓度的溶液，用喷雾器对需要消毒的地方进行喷洒消毒。大部分化学消毒剂都可采用此法。消毒剂使用浓度可参考产品说明书。

(2)浸泡消毒。将需消毒的物品、器具浸泡在一定浓度的化学消毒剂中进行消毒。

(3)熏蒸消毒。常用的是福尔马林配合高锰酸钾进行的熏蒸消毒。适应密闭空间的消毒，环境温度越高(不低于24℃)、湿度越大(不小于60%)，消毒的效果越好。药物使用剂量是每立方米空间用40mL甲醛，20g高锰酸钾。使用时将福尔马林倒入已加入高锰酸钾的容器内，并用木棒搅拌，人员应立即撤离，经12～24h后方可将门、窗打开通风。

3. 生物消毒法

生物消毒法，即利用某些厌氧微生物对鹅场废弃物中有机质分解发酵所产生的生物热，达到杀灭病原微生物的方法，常用于粪便、垫料、垃圾和尸体的处理。一般采用堆沤法，将粪便、垫料和尸体运到鹅舍百米外的地方，在较坚实的地面上堆成一堆，外盖 10～20cm 厚的土层，经过一段时间发酵，堆内温度可达 60℃～70℃，经 1～2 月时间，堆中的病原微生物可被杀灭，而堆积物将成为良好的农家肥。地上堆肥还有台式、坑式之分，此外还有地面泥封堆肥、药品促沤堆肥等方法。

（三）鹅场的消毒程序

消毒时，先要全群出舍，然后通过机械清除的方式，将垫料、类便等废弃物排出舍外，并用清水彻底冲洗鹅舍、工具和设备。对有疫病污染的鹅舍，还要铲除表土层。随后，在鹅舍内喷洒消毒液，将工具设备进行暴晒等消毒处理，工具设备回舍后再行清洗，然后封闭鹅舍进行熏蒸消毒。最后将鹅舍空置 2～4 周，到使用前再洗去残余的消毒剂，晾干，鹅舍方可投入使用。鹅群引入后的生产区应全部封锁。除了进行这种彻底的终末消毒外，还要针对某些特定疫病进行定期的消毒。对发病而未淘汰的鹅群还要进行临时性消毒工作，以消灭排放出来的病原微生物，遏制疫病传播，为疾病的治疗创造一个良好的外部环境。

舍外距鹅舍墙脚（包括廊道和排水沟）10～15m 范围内也要清除杂草并喷洒消毒液，必要时还需深翻表土或更新表土 20～30cm。

按要求清扫消毒时，关键是时间要充足，清扫要彻底。清理消毒前舍内饲料不能转舍或留存使用，清扫时应注意不要将饲料散落在地上，以免招来鼠、鸟等。如系发病鹅群，则垫料也要喷湿消毒，以免含病原体的尘土飞扬。清理出的粪便、垫料必须在远离产区（最好 100m 以上）的安全固定地点堆沤，必要时可混拌消毒药或晒干烧毁，以确保安全。舍门前消毒槽内的消毒液要定期更换，人员和车辆出入都要消毒。此外，生产正常的鹅场也要有定期的消毒措施，同时还应注意场内生态环境的改造和绿化。

（四）水体细菌污染的控制

鹅离不开水，在当前的养鹅模式下，水成为养鹅的重要资源，尤其是在一些水面少或环境生态破坏比较严重的地区。水作为养鹅生产的重要资源，水质的好坏对鹅的健康和生产水平的发挥产生重要影响。然而，一直以来，水质的污染问题却没有得到重视。近年来随着养鹅业的快速发展，特别是鹅反季节生产的广泛开展，水质污染带来的对养鹅生产的不利影响愈发明显和严重。

在当前的养鹅生产中，除部分有条件的鹅场利用天然河流进行养鹅外，绝大多数养殖户依靠池塘和水库养鹅，采用“鱼-鹅”模式。由于对水质污染没有引起足够的重视，使得在生产中呈现出许多亟须解决的问题，如种鹅死亡率高、种蛋受精率和孵化率低、雏鹅质量差等。其中很重要的一个原因就是水质污染严重，导致病原微生物及其释放的毒素过多。为保证鹅的健康，必须保证鹅场洗浴池有良好的水质环境，即要有效控制水体的细菌污染。具体从以下几方面做：

（1）要有良好的水源。鹅场最好选流动性好、水面大的天然水域，如果不具备这些条件，利用池塘和小水库养鹅，就必须保证水体的流动，使水以一定的速度进行更新，要保证外来水的质量，如导入的河流水等。

（2）如果是利用池塘养鹅，水体极易受到来自两个方面的污染。一方面是鹅排出的粪便造成的污染，另一方面是鱼吃剩残渣及死鱼的尸体造成的水质控制比较难；前一方面无法回避，再一方面可以通过选择所养殖的种类来减少甚至不投饲料，如鲢鱼、鲫鱼等，将这些污染降至最低。

（3）要保证养殖水面足够的宽度和深度，一般水深要求 0.5～0.8m，$1m^2$ 水面至多容纳 2～3 只成年鹅。饲养密度太小，浪费水面；饲养密度过高，则导致水体污染严重，影响鹅的健康和生长水平。

（4）对于利用池塘养鹅的养殖户，最好定期对池塘消毒，保证每 10～15 天对池塘水体消毒 1 次，尤其是在炎热的季节进行反季生产的过程中，通常用漂白粉。每年在非生产季节和放牧季节干塘 1 次，用石灰和太阳紫外线消毒。

（5）利用益生菌降低水体病原微生物的滋生及其毒素的排放。一方面在饲料中添加益生菌，控制鹅肠道内病原微生物的数量，减少鹅粪便中病原微生物的排放；另一方面则定期在水中有针对性投放抑制水体病原菌繁殖的益生菌，以控制水体有害菌的密度。需要注意的是，在使用益生菌控制有害菌的同时，不能使用消毒药品或试剂对水体进行消毒。

三、常见的环境消毒药

（一）消毒药的作用机制

在兽医临床生产中由于消毒防腐药的作用机理各不相同，可归纳为以下三个方面。

1. 使菌体蛋白变性、沉淀

如酚类、醛类、醇类、重金属盐类等大部分的消毒防腐药是通过这一机理起作用的，其作用不具有选择性，可损害一切活性物质，故称为“一般原浆毒”，由于其不仅能杀菌，也能破坏动物组织，因而只适用于环境消毒。

2. 改变菌体细胞膜的通透性

如新洁尔灭等表面活性剂的杀菌作用是通过降低菌体的表面张力，增加菌体细胞膜的通透性，从而引起细胞内酶和营养物质漏失，水则向菌体内渗入，使菌体溶解和破裂。

3. 干扰或损害细菌生命必需的酶系统

如高锰酸钾等氧化剂的氧化、漂白粉等卤化物的卤化等可通过氧化、还原等反应损害酶的活性基团，导致菌体的抑制或死亡。

（二）影响消毒药作用的因素

1. 药液浓度

药液的浓度对其作用产生着极为明显的影响，一般来说，浓度越高其作用越强。但也有例外，如75%以上浓度的乙醇则是浓度越高作用越弱，因高浓度的乙醇可使菌体表层蛋白质变性凝固，形成一层致密的蛋白膜，造成乙醇不能进入体内。另外，应根据消毒对象选择浓度，如同一种消毒药在应用于外界环境、用具、器械消毒时可选择高浓度；而应用体表，特别是创伤面消毒时应选择低浓度。

2. 作用时间

消毒防腐药与病原微生物的接触达到一定时间才可发挥抑杀作用，一般作用时间越长，其作用越强。兽医临床上可针对消毒对象的不同选择消毒时间，如应用甲醛溶液对鹅舍、库房进行熏蒸消毒，而则需12h以上，而对种蛋消毒时间应控制在25min以下。

3. 温度

消毒药的效果与环境温度呈正相关，一般温度每提高10℃，消毒力可提高1倍，但提高药液及消毒环境的温度可增加经济成本，为此，药液温度一般控制在正常室温（15～20℃）即可。

4. 有机物

消毒环境中的粪、尿等或创伤上的脓血、体液等有机物一方面可与消毒防腐药结合，另一方面可阻碍药物向消毒物中的渗透，而减弱消毒防腐药的效果。因此，在环境、用具、器械消毒时，必须彻底清除消毒物表面的有机物；创伤面消毒时，必须先清除创面的脓血、脓汁、坏死组织和污物，以取得良好的消毒效果。

5. pH值

环境或组织的pH值对有些消毒防腐药作用的影响较大，如含氯消毒剂作用的最佳pH值为5～6。

6. 水质

硬水中的Ca和Mg可与季铵盐类药物、碘伏等结合成不溶性盐类，从而降低其杀菌效力。

7. 病原微生物的种类及状态

不同种类的微生物和处于不同状态的微生物，其结构明显不同，对消毒防腐药的敏感性也不同。如无囊膜病毒和具有芽孢结构的细菌等对众多消毒防腐药则不敏感。

8. 联合应用

消毒防腐药的配伍应用，对消毒防腐效果具有明显的影响，存在着配伍禁忌。如阳离子表面活性剂与阴离子表面活性剂，酸性消毒防腐药与碱性消毒防腐药等均存在着配伍禁忌现象。又如氯己定和季铵盐类消毒制用70%乙醇配制比用水配制穿活力强，杀菌效果也更好。酚在水中虽溶解度低，但制成甲酚肥皂液，可杀灭大多数繁殖型微生物。

（三）常用的环境消毒药

兽医临床上常用的消毒防腐药物很多，为了便于做到正确、合理、安全、有效的应用，按消毒防腐药在临床上的应用对象与化学属性进行分类和介绍。

1. 卤素类

本类药物主要是氯、碘以及能释放出氯、碘的化合物。含氯消毒药主要通过释放出活性氯原子和初生态氧而呈杀菌作用，其杀菌能力与有效氯含量成正比。包括无机含氯消毒药和有机含氯消毒药两大类，无机含氯消毒药主要有漂白粉、复合亚氯酸钠等，有机含氯消毒药主要有二氯异氰脲酸、三氯异氰脲酸、溴氯海因等。含碘消毒药主要靠不断释放碘离子达到消毒作用。如碘的水溶液、碘的醇溶液（碘酊）和碘伏等。其中碘伏是近年来广泛使用的含碘消毒药，它是碘与表面活性剂（载体）及增溶剂形成的不定型络合物，其实质是含碘表面活性剂，故性能更为稳定。碘伏的主要品种有聚乙烯吡咯烷酮-碘（PVP－I）、聚乙烯醇碘（PVA－I）、聚乙二醇碘（PEG－I）、双链季铵盐络合碘等。

（1）含氯石灰

含氯石灰又称漂白粉，为灰白色粉末，有氯臭味。本品是次氯酸钙、氯化钙和氢氧化钙的混合物，在空气中即吸收水分与二氧化碳而缓缓分解，本品为廉价有效的消毒药，部分溶于水，常制成含有效氯为25%以上的粉剂。本品加水后释放出次氯酸，次氯酸不稳定，分解为活性氯和初生态氧，而呈现杀菌作用。对细菌繁殖体、细菌芽孢、病毒及真菌都有杀灭作用，并可破坏肉毒杆菌毒素。如1%澄清液作用0.5～1min可抑制炭疽杆菌、沙门氏菌、猪丹毒杆菌和巴氏杆菌等多数繁殖型细菌的生长，1～5min抑制葡萄球菌和链球菌；30%漂白粉混悬液作用7min后，炭疽芽孢即停止生长；对结核杆菌和鼻疽杆菌效果较差。其杀菌作用快而强，但作用不持久。有除臭作用，因所含的氯可与氨和硫化氢发生反应。

本品用于鹅舍、畜栏、场地、车辆、排泄物、饮水等的消毒；也用于玻璃器皿和非金属器具、屠宰厂和食品厂设备的消毒以及鱼池消毒。

用法与用量：饮水消毒，每50L水加入1g；鹅舍消毒，配成5%～20%混悬液。

注意：本品对金属有腐蚀作用，不能用于金属制品；可使有色棉织物褪色，不可用于有色衣物的消毒。现用现配；杀菌作用受有机物的影响；消毒时间一般至少需15～20min。使用本品时消毒人员应注意防护。本品可释放出氯气，对皮肤和黏膜有刺激作用，引起流泪、咳嗽，并可刺激皮肤和黏膜。严重时表现为躁动、呕吐、呼吸困难。在空气中容易吸收水分和二氧化碳而分解失效；在阳光照射下也易分解。不可与易燃易爆物品放在一起。

(2)溴氯海因

本品为类白色或淡黄色结晶性粉末；有次氯酸刺激性气味。本品微溶于水，在二氯甲烷或三氯甲烷中溶解，常制成粉剂。本品是一种广谱杀菌剂，杀菌速度快，杀菌力强，受水质酸碱度、肥瘦度（即含有机物多少）影响小。对炭疽芽孢无效。本品主要用于动物厩舍、运输工具等消毒；也用于养殖水体消毒。

用法与用量。本品可用于环境或运输工具消毒，喷洒、擦洗或浸泡，细菌繁殖体按1∶4000倍稀释。水体消毒，每立方米水体用药0.3～0.4g，每日一次，连用1～2d。

注意：本品对人的皮肤、眼及黏膜有强烈的刺激；配制时用木器或塑料容器将药物溶解均匀后使用，禁用金属容器盛放。

(3)聚维酮碘

本品又称碘络酮（即聚乙烯吡咯烷酮-碘，简称PVP-I），为黄棕色至红棕色无定形粉末。在水或乙醇中溶解。本品是聚乙烯吡咯烷酮与碘的络合物。PVP-I是一种高效低毒的消毒药物，对组织的刺激性小，储存稳定。对细菌、病毒和真菌均有良好的杀灭作用，在酸性条件下杀菌作用加强，碱性时杀菌作用减弱。有机物过多可使聚维酮碘的杀菌作用减弱或消失。适用于手术部位、皮肤、黏膜、创口的消毒和治疗，也用于手术器械、医疗用品、器具、环境的消毒。

用法与用量。以聚维酮碘计，用5%溶液进行皮肤消毒及治疗皮肤病，用0.1%溶液进行黏膜及创面冲洗。

注意：使用时用水稀释，温度不宜超过40℃，溶液变为白色或淡黄色，即失去杀菌力。

(4)碘酊

本品为棕褐色液体，在常温下能挥发。本品是由碘与碘化钾、蒸馏水、乙醇按一定比例制成的酊剂。本品中的碘具有强大的杀菌作用，可杀灭细菌芽孢、真菌、病毒、原虫。浓度愈大，杀菌力愈大，但对组织的刺激性愈强。可引起局部组织充血，促进病变组织炎性产物的吸收，如10%酊剂用于皮肤刺激药。高浓度可破坏动物的睾丸组织，起到药物去势的作用。本品用于术野及伤口周围皮肤、输液部位的消毒；也可作慢性筋腱炎、关节炎的局布涂敷应用和饮水消毒。

用法与用量。注射部位、术野及伤口周围皮肤的消毒，2%～5%碘酊。饮水消毒，2%～5%碘酊，每升水加3～5滴。局部涂敷，5%～10%碘酊。

注意：由于碘对组织有较强的刺激性，其强度与浓度成正比，故不能应用于创伤面、黏膜面的消毒；皮肤消毒后宜用75%乙醇擦去，以免引起发泡、脱皮和皮炎；个别动物可发生全身性皮疹过敏反应。在酸性条件下，游离碘增多，杀菌作用增强。碘可着色，污染天然纤维织物不易除去，若本品污染衣物或操作台面时，一般可用1%的氢氧化钠或氢氧化钾溶液除去。碘在有碘化物存在时，在水中的溶解度可增加数百倍。因此，在配制碘酊时，先取适量的碘化钾(KI)或碘化钠(NaI)完全溶于水后，然后加入所需碘，搅拌使形成碘与碘化物的络合物，加水至所需浓度；而碘在水和乙醇中能产生碘化氢(HI)，使游离碘含量减少，消毒力下降，刺激性增强；碘与水、乙醇的化学反应受光线催化，使消毒力下降快。因此，必须置棕色瓶中避光。

(5)其他卤素类消毒剂

如氯胺T可用于饮水消毒，每升水加本品2～4mL，1%溶液常用作种蛋消毒(浸泡1.5～2min)，0.5%～1%溶液用作喷洒消毒，宜现用现配，对金属及有色织物有氧化作用；二氯异氰尿酸钠浓度为0.5%～10%的溶液喷洒、浸泡、擦拭消毒用具(15～30min)，5%～10%溶液消毒地面(1～3h)。

2. 醛类

醛类消毒剂主要是通过烷基化反应，使菌体蛋白质变性，酶和核酸的功能发生改变。本类药常用的有甲醛和戊二醛两种。甲醛是一种古老的消毒剂，被称为第一代化学消毒剂的代表。其优点是消毒可靠，缺点是有刺激性气味、作用慢，近年来的研究表明，甲醛有一定的致癌作用。戊二醛是第三代化学消毒剂的代表，被称为冷灭菌剂，用作怕热物品的灭菌，效果可靠，对物品腐蚀性小，灭菌谱广，低毒，国外对其评价很高。缺点是作用慢、价格高。

(1)福尔马林

本品为无色或几乎无色的澄明液体，有刺激性特殊臭味。本品甲醛含量不得低于36%，其40%溶液又称福尔马林，能与水或乙醇任意混合，常制成溶液。本品不仅能杀死繁殖型的细菌，也可杀死芽孢，以及抵抗力强的结核杆菌、病毒及真菌等。对皮肤和黏膜的刺激性很强，但不损坏金属、皮毛、纺织物和橡胶等；穿透力差，不易透入物品深部发挥作用；作用缓慢，消毒作用受温度和湿度的影响很大，温度越高，消毒效果越好，消毒结束后即应通风或用水冲洗，甲醛的刺激性气味不易散失，故消毒空间需相对密闭。本品主要用于厩舍、仓库、孵化室、皮毛、衣物、器具等的熏蒸消毒。

用法与用量。以甲醛溶液计，熏蒸消毒，每立方米15mL，甲醛与高锰酸钾的比例应为2∶1。

注意：本品对黏膜有刺激性和致癌作用，尤其肺癌。消毒时避免与口腔、鼻腔、眼睛等黏膜处接触，否则会引起接触部位角化变黑、皮炎，少数动物过敏。

(2)戊二醛

本品为淡黄色的澄清液体，有刺激性特殊臭味。本品能与水或乙醇任意混合，常制成溶液。本品具有广谱、高效和速效的杀菌作用，对细菌繁殖体、芽孢、病毒、结核杆菌和真菌等均有很好的杀灭作用。对金属腐蚀性小。本品用于动物厩舍、橡胶、温度计和塑料等不宜加热的器械或制品消毒。

用法与用量。以戊二醛计，2％碱性溶液浸泡消毒橡胶、塑料制品及手术器械。20％溶液喷洒、擦洗或浸泡消毒环境或器具(械)，20％溶液也可用于熏蒸消毒(1.06mL 消毒 $1m^3$)。

注意：本品在碱性溶液中杀菌作用强(pH 值为 5～8.5 时杀菌作用最强)，但稳定性较差，2 周后即失效。与新洁尔灭或双长链季铵盐阳离子表面活性剂等消毒剂有协同作用，如对金黄色葡萄球菌有良好的协同杀灭作用。

3. 碱类

高浓度的 OH^- 能水解菌体蛋白和核酸，使酶系和细胞结构受损，还能抑制代谢机能，分解菌体中的糖类，使细菌死亡。碱类杀菌作用的强度取决于其解离的 OH^- 浓度，解离度越大，杀菌作用越强。碱对病毒和细菌的杀灭作用均较强，高浓度溶液可杀灭芽孢。遇有机物可使碱类消毒药的杀菌力稍微降低。本类药物常用的主要有氢氧化钠和氧化钙。

(1)氢氧化钠

本品又称烧碱、火碱、苛性钠，为白色干燥颗粒、块或薄片。本品含 96％氢氧化钠和少量的氯化钠、碳酸钠，极易溶于水。本品对细菌、芽孢、病毒有很强的杀灭作用，对寄生虫卵也有杀灭作用。采用 1％～2％溶液消毒畜舍、车辆、用具等。应注意：本品对人畜组织有刺激和腐蚀作用，用时要注意保护。厩舍地面、用具消毒后经 6～12h 用清水冲洗干净，才能使用。不可应用于铝制品、棉毛织物及漆面的消毒。

(2)氧化钙

本品又称生石灰，为白色无定型块状。其主要成分为氧化钙，加水即成氢氧化钙，称为熟石灰，呈粉末状，几乎不溶于水。本品本身无杀菌作用，加水后生成熟石灰放出氢氧根离子而起杀菌作用，对多数繁殖型病菌有较强的杀菌作用，但对芽孢、结核杆菌无效。本品常用于厩舍墙壁、畜栏、地面、病畜排泄物及人行通道的消毒。应注意：石灰乳现用现配，以新鲜生石灰为好(生石灰吸收空气中的二氧化碳，形成碳酸钙而失效)。本品不能直接撒布栏舍、地面，因畜禽活动时其粉末飞扬，可造成呼吸道、眼睛发炎或者直接腐蚀禽爪。

用法与用量。涂刷或喷洒 10％～20％混悬液。撒布，将其粉末与排泄物、粪便直接混合。

4. 酚类

酚类是一种表面活性物质，可损害菌体细胞膜，较高浓度时也是蛋白变性剂，故有杀菌作用。此外，酚类还通过抑制细菌脱氢酶和氧化酶等酶的活性而产生抑菌作用。在适当浓度下，对大多数不产生芽孢的繁殖型细菌和真菌均有杀灭作用，但对芽孢和病毒作用不强。酚类的抗菌活性，不易受环境中有机物和细菌数目的影响，故可用于消毒排泄物等。化学性质稳定，因而储存或遇热等不会改变药效。目前销售的酚类消毒药大多含两种或两种以上具有协同作用的化合物，以扩大其杀菌作用范围。一般酚类化合物仅用于环境及用具消毒。另外，10%鱼石脂软膏（含酚类制剂）可外用于软组织，治疗急性炎症（消炎、消肿）和促进慢性皮肤病的康复。由于酚类消毒剂的应用对环境有污染，目前有些国家限制使用酚类消毒剂。这类消毒剂在我国的应用也趋向逐渐减少。

（1）苯酚

本品又称石炭酸，为无色或微红色针状结晶或结晶块，有特殊臭味和引湿性。本品为低效消毒剂，溶于水，常与醋酸、十二烷基苯磺酸等制成复合酚溶液。本品杀灭细菌繁殖体和某些亲脂病毒作用较强。0.1%～1%溶液有抑菌作用；1%～2%溶液有杀灭细菌、真菌作用；5%溶液可在48h内杀死炭疽芽孢。本品用于厩舍、畜栏、地面、器具、病畜排泄物及污物的消毒。

用法与用量。用具、器械和环境等消毒，2%～5%溶液。复合酚（酚41.0%～49.0%、醋酸22.0%～26.0%及十二烷基苯磺酸等配制而成的水溶性混合物）：喷洒，配成0.3%～1%的水溶液；浸涤，配成1.6%的水溶液。

注意：本品在碱性环境、脂类、皂类中杀菌力减弱，应用时避免与上述物品接触或混合。本品对动物有较强的毒性，被认为是一种致癌物，不能用于创面和皮肤的消毒，其浓度高于0.5%时对局部皮肤有麻醉作用，5%溶液对组织产生强烈的刺激和腐蚀作用。动物意外吞服或皮肤、黏膜大面积接触苯酚会引起全身性中毒，表现为中枢神经先兴奋、后抑制，以及心血管系统功能的抑制，严重者可因呼吸麻痹而致死。误服中毒时可用植物油（忌用液体石蜡）洗胃，内服硫酸镁导泻，给予中枢兴奋剂和强心剂等进行对症治疗；对皮肤、黏膜接触部位可用50%的乙醇或者水、甘油或植物油清洗，眼中可先用温水冲洗，再用3%的硼酸液冲洗。

（2）甲酚

本品又称煤酚、甲苯酚，为无色、淡紫红色或淡棕黄色的澄清液体；有类似苯酚的臭气，并微带焦臭。本品是从煤焦油中分馏而得，略溶于水，肥皂可使其易溶于水，并具有降低表面张力的作用，杀菌性能与苯酚相似。因此，常用钾肥皂乳化配成50%甲酚皂（又称来苏儿）溶液。本品抗菌作用比苯酚强3～10倍，能杀灭繁殖型细菌，对结核杆菌、真菌有一定的杀灭作用，但对细菌芽孢和亲水性病毒无效，较苯酚安全。本品用于器械、厩舍、场地、病畜排泄物及皮肤黏膜的消毒。

用法与用量。甲酚溶液：用具、器械、环境消毒，3%～5%溶液。甲酚皂溶液:喷洒或浸泡,器械、厩舍或排泄物等消毒,配成5%~10%溶液。

注意:有特异臭味,不宜用于肉、蛋或食品仓库的消毒。本品对皮肤有刺激性,若用其1%~2%溶液消毒手和皮肤,务必精确计算。

(3)氯甲酚

本品为无色或微黄色结晶,有酚的特殊臭味。本品微溶于水,常制成溶液。本品对细菌繁殖体、真菌和结核杆菌均有较强的杀灭作用,但不能有效杀灭细菌芽孢。本品主要用于畜、禽舍及环境消毒。以本品计:喷洒消毒,配成0.3%~1%溶液。应用注意:本品对皮肤及黏膜有腐蚀性。有机物可减弱其杀菌效能。pH值较低时,杀菌效果较好。宜现配现用,稀释后不宜久贮。

5. 阳离子型表面活性剂类消毒剂

表面活性剂是一类能降低水溶液表面张力的物质。含有疏水基和亲水基,亲水基有离子型和非离子型两类。其中离子型表面活性剂可通过改变细菌细胞膜通透性,破坏细菌的新陈代谢,以及使蛋白变性和灭活菌体内多种酶系统而具有抗菌活性,而且阳离子型比阴离子型抗菌作用强。阳离子型表面活性剂可杀灭大多数繁殖型细菌、真菌和部分病毒,但不能杀死芽孢、结核杆菌和绿脓杆菌,并且刺激性小,毒性低,不腐蚀金属和橡胶,对织物没有漂白作用,还具有清洁洗涤作用。但杀菌效果受有机物影响大,不宜用于厩舍及环境消毒,不能杀灭无囊膜病毒与芽孢杆菌,不能与肥皂、十二烷基苯磺酸钠等阴离子表面活性剂合用。

(1)苯扎溴铵

本品又称新洁尔灭,常温下为黄色胶状体,低温时可逐渐形成蜡状固体,味极苦。在水中易溶,水溶液呈碱性,振摇时产生大量泡沫。本品常制成有效成分含量为5%的溶液。本品为阳离子表面活性剂,只能杀灭一般细菌繁殖体,而不能杀灭细菌芽孢和分枝杆菌。对化脓性病原菌、肠道菌有杀灭的作用,对革兰氏阳性菌的杀灭效果和优于革兰氏阴性菌,对真菌效果甚微,对亲脂病毒如流感、疱疹等病毒有一定杀灭作用,而对亲水病毒无作用。本品主要用于手臂、手指、手术器械、玻璃、搪瓷、禽蛋、禽舍、皮肤黏膜的消毒及深部感染伤口的冲洗。

用法与用量。以苯扎溴铵计,手臂、手指消毒,0.1%溶液,浸泡5min;禽蛋消毒,0.1%溶液,药液温度为40~43℃,浸泡3min;禽舍消毒,0.15%~2%溶液;黏膜、伤口消毒,0.01%~0.05%溶液。

注意:本品对阴离子表面活性剂,如肥皂、卵磷脂、洗衣粉、吐温80等有拮抗作用,对碘、碘化钾、蛋白银、硝酸银、水杨酸、硫酸锌、硼酸(5%以上)、过氧化物、升汞、磺胺类药物以及钙、镁、铁、铝等金属离子都有颉颃作用。浸泡金属器械时应加入0.5%亚硝酸钠,以防器械生锈。可引起人的药物过敏。术者用肥皂洗手后，务必用水冲净后再用本品。不宜用于眼科器械和合成橡胶制品的消毒。其水溶液不得贮存于聚乙烯制作的容器内，以避免与增塑剂起反应而使药液失效。

(2)癸甲溴铵

本品又称百毒杀，为无色或微黄色黏稠性液体，振摇时有泡沫产生。本品是一种双链季铵盐类化合物，溶于水，常制成含量50%的溶液。本品为双链季铵盐消毒剂，能迅速渗入细胞膜，改变其通透性，而具有较强的杀菌作用，能杀灭有囊膜的病毒、真菌、藻类和部分虫卵。除此之外，本品还有除臭和清洁的作用，因此常用于厩舍、孵化室、用具、饮水槽和饮水的消毒。

用法与用量。以癸甲溴铵计，厩舍、器具消毒，0.015%～0.05%溶液；饮水消毒，0.0025%～0.005%溶液。

注意：本品性质稳定，不受环境酸碱度、水质硬度、粪污、血流等有机物及光热影响。忌与碘、碘化钾、过氧化物、普通肥皂等配合使用。原液对皮肤和眼睛有轻微刺激性，避免与眼睛、皮肤和衣服直接接触，如溅及眼部和皮肤则立即用大量清水冲洗至少15min。内服有毒性，如误服则立即用大量清水或牛奶洗胃。

第七章　鹅常用的饲料

当前,鹅养殖多以放牧为主,即使圈养,饲料也较单一,大大限制了鹅生产潜力的发挥。鹅可利用饲料很多,通过合理搭配,可达到更好的饲养效果。为合理搭配饲料,应该对各种饲料的种类、营养特性有深入的了解。

鹅的饲料来源广泛,通常按其营养特性可分为青绿多汁饲料、能量饲料、蛋白质饲料、矿物质饲料和添加剂等。鹅的饲料分类见表7-1。

表7-1　鹅的饲料分类

分类	常用原料	营养特点	使用注意
青绿多汁饲料	包括各种野草和牧草、叶类蔬菜(如莴苣叶、卷心菜、苦荬菜、青菜等)和块根块茎类(如萝卜、甘薯、南瓜、大头菜等)饲料	含水分较高,一般达80%～95%;蛋白质及能量含量较低;粗纤维中含木质素较少,容易消化;含丰富的维生素及矿物质,适口性好	一般可采用放牧或青刈舍饲形式直接利用,以鲜喂为好,也可青贮
青干饲料	收割适时和晒制良好的各种野草、树叶和人工牧草等	含有较多的蛋白质和维生素	一般制成草粉或颗粒后饲喂
糠麸类饲料	是谷实类的加工副产品,如米糠、麸皮等	含碳水化合物40%左右,粗蛋白质12%～13%,富含B族维生素,如维生素B_1、维生素B_2和泛酸等	米糠含脂肪较高,易氧化变质,不宜久贮。麸皮饲喂时要注意补钙,且其有轻泻作用,喂量不要超过日粮总量的10%～20%。砻糠、统糠等粗纤维含量高、木质素成分多,不易消化
谷实类饲料	稻谷、玉米、小麦、高粱、大麦、碎米等	含有丰富的淀粉和糖类,一般含碳水化合物70%以上,粗蛋白质7%～11%,粗脂肪2%～6%	是供给鹅能量和育肥时沉积脂肪的主要来源

（续表）

分类	常用原料	营养特点	使用注意
块根茎类饲料	马铃薯、木薯、山芋、南瓜、胡萝卜等	含淀粉多，适口性好	可切碎生喂或煮熟后拌料喂，也可以切片晒干或青贮备用。喂时要注意用量，过多会引起消化不良。还要注意矿物质的平衡。有黑斑病的薯块含有毒素，不能使用
蛋白质饲料	豆类和油饼类饲料属于植物性蛋白质饲料；鱼粉、肉骨粉和蚕蛹为动物性蛋白质饲料	含有大量优质的必需氨基酸以及维生素和矿物质等，易消化吸收，营养价值高	是蛋白质补充的重要来源
矿物质饲料	食盐、骨粉、石粉、蛋壳粉、贝壳粉、磷酸氢钙等	—	细沙不是饲料，但对肌胃的研磨力有良好的作用，有助于饲料的消化
维生素饲料	脂溶性维生素（V A、V D、V E、V K）和水溶性维生素（V C、V B、V B_6、V B_2、烟酸、泛酸、生物素、叶酸、氯化胆碱）等	—	是维生素补充的重要来源

第一节　鹅常用的饲料原料及添加剂

为配制好鹅的配合饲料，有必要了解各种常用的饲料原料和添加剂。

一、能量饲料

干物质中粗蛋白质含量低于20%，粗纤维含量低于18%的饲料称为能量饲料。主要包括谷实类籽实及其加工副产品，块根、块茎类及其加工副产品。常用的能量饲料有以下几种。

1. 玉米

谷实类中能量最高的饲料，代谢能高达13.59～14.21MJ/kg，且适口性好，易消化。白色玉米和黄色玉米的粗蛋白质及能量价值无大差异，但黄玉米含胡萝卜素较多，可作为维生素A的部分来源。黄玉米中还含有叶黄素，可使鹅皮肤及卵黄呈现人们偏爱的黄色。玉米的蛋白质含量少，一般为8%～10%，且色氨酸和赖氨酸不足，蛋白质的质量较差。

2. 小麦

富含淀粉，且易消化，能量价值仅次于玉米，含粗蛋白质13%左右，其氨基酸组成比玉米好，B族维生素比较丰富，但缺乏维生素A、维生素D，无机盐少，黏性大。

3. 大麦

大麦有一层粗纤维含量高的外壳，其能量价值比玉米和小麦低，代谢能只有11.29MJ/kg左右，但大麦的蛋白质含量比玉米高，约为12%，尤其含赖氨酸较多。

4. 麸皮

麸皮是面粉生产过程中的副产品，是鹅的常用饲料。麸皮的营来价值决定于面粉加工工艺过程，在出粉率高时，其粗纤维含量较高，营养价值较低。麸皮的代谢能一般为7.11～7.94MJ/kg，粗蛋白质含量13.5%～15.5%。除蛋氨酸含量低(仅0.1%)外，营养成分较均衡，富含B族维生素和磷。麸皮适口性好，但因能量低，又有轻泻作用，故日粮中的用量以不超过15%为宜。未经高温、高压处理的肉骨粉、血粉不得用于畜禽生产，防止传染性疾病传播。

5. 米糠

米糠是稻谷加工副产品的总称，有统糠和精米糠两种类型。统糠是稻谷直接碾成白米时分离出来的谷壳、种皮、糊粉层和胚的混合物。因混有谷壳，粗纤维含量达21.7%，粗蛋白5%～6%，营养价值较低。精米糠是糙米加工成白米后的副产品。它的营养价值与加工程度有关，加工白米越白，则糠中胚乳物质越多，能量越高。一般精米糠含粗蛋白质11.5%～12%，粗脂肪12%～15%，代谢能11.7MJ/kg左右。由于优质米糠的适口性好，脂肪含量较多，因而是肉用鹅的好饲料。

二、蛋白质饲料

干物质中粗蛋白质含量在20%以上、粗纤维低于18%的饲料称为蛋白质饲料。蛋白质饲料可分为植物性蛋白质饲料、动物性蛋白质饲料、单细胞蛋白质饲料和非蛋白氮饲料。蛋白质饲料是动物配合饲料中重要且比较缺乏的饲料原料之一。

1. 豆饼(粕)

豆饼是鹅养殖中常用的最优良的植物性蛋白质饲料，含粗蛋白质40%以上，含赖氨酸较多，含硫氨基酸特别是蛋氨酸不足。低湿榨油工艺生产饼(粕)应经加热破坏抗胰蛋白酶后再行饲喂。

2. 菜籽饼(粕)

菜籽饼是油菜种植地区最容易得到的植物性蛋白质饲料，粗蛋白质含量32%～40%，氨基酸成分接近豆饼。但菜籽饼中含有芥子苷，适口性差且有毒性，使用前一般需经去毒处理。未经处理的要控制喂量，一般不超过5%。

3. 鱼粉

鱼粉是理想的动物性蛋白质饲料。优质的鱼粉蛋白质含量在50%以上，氨基酸的种类和比例符合鹅的生长需要，尤其赖氨酸和蛋氨酸含量比植物性蛋白质饲料高得多。鱼粉的钙、磷含量丰富，且比例恰当，富含B族维生素。

4. 肉骨粉、血粉

经高温、高压处理的肉骨粉含有40%～60%的优质蛋白质。赖氨酸含量高，但蛋氨酸、色氨酸低于鱼粉。血粉的粗蛋白质含量高(79%)以上，赖氨酸、精氨酸、蛋氨酸均较多，但异亮氨酸缺乏。适口性较差，一般用量以不超过5%为宜。

三、常量矿物质饲料

以提供常量矿物质元素为目的的饲料包括食盐、钙和磷补充料。

1. 食盐

通常，在植物性饲料中，钠和氯含量都很少。食盐是补充钠和氯的最简单、价廉和有效的添加物。食盐中含氯60%、钠39%。碘化食盐中还含有0.007%的碘。饲料用食盐多属工业用盐，含氯化钠95%以上。食盐在鹅配合饲料中用量一般为0.25%～0.5%。食盐不足，鹅食欲下降，采食量降低，生产成绩不佳，并导致异嗜癖。食盐过量时，只要有充足饮水，一般对鹅的健康无不良影响，但若饮水不足，可能导致食盐中毒。

2. 钙、磷补充料

单纯补钙的矿物质饲料种类不多，而单纯补磷的矿物质饲料更有限，实践中，能同时提供钙、磷的矿物质饲料居多。常用的钙、磷补充料有碳酸钙、贝壳粉、骨粉、磷酸氢钙和磷酸二氢钙等。

四、青绿饲料

青绿饲料是指鲜嫩青绿，柔软多汁，富含叶绿素，自然含水量大于或多于60%的植物性饲料。其种类很多，主要包括天然牧草、栽培牧草、青饲作物、青饲叶菜、水生饲料树叶、野草野菜等。青绿饲料分布广，种类多，数量大，成本低，营养较全面，适口性好，消化率高，是动物尤其是反刍动物的重要饲料来源。

1. 牧草

(1)我国天然牧草主要有禾本科牧草:芦苇、羊胡子草、黑麦草等;豆科牧草,苜蓿等;菊科牧草:野艾、苦蒿等;莎草科牧草:莎草等。此类牧草粗纤维含量高,一般在25%~30%左右;无氮浸出物在40%~50%左右;粗蛋白含量一般都在20%以下,少数可达20%,较嫩者赖氨酸、精氨酸含量高,可达1%左右(按干物质折算);维生素含量较丰富;Ca、P也较平衡,是家畜比较良好的Ca、P来源(相对谷类籽实而言)。

天然牧草中,豆科牧草营养价值最高,禾本科粗纤维含量高;菊科(除绵羊以外)动物不喜爱吃;莎草科味淡,质地坚硬,饲用价值不如禾本科、豆科及其他杂草,嫩者含硝酸盐多。

(2)人工牧草。主要是豆科和禾本科类。

① 豆科牧草。主要有苜蓿草、三叶草、紫云英、苕子等。此类饲料营养价值高,适口性好。以干物质计算,粗蛋白含量高,一般在26%左右。Ca含量也高,在1.2%左右。适时收割,对保证此类饲料营养价值很重要。

② 禾本科牧草。主要有苏丹草、黑麦草及一些禾本科作物。这类牧草碳水化合物含量比较丰富,高达50%以上。粗蛋白含量较低,按干物质折算,仅占8%~12%。粗纤维变化大,但比天然牧草低,是草食动物良好的饲料来源。

2. 蔬菜

蔬菜种类甚多,包括所有蔬菜类的根、茎、叶。主要有十字花科的白菜、青菜、瓢儿白、油菜、萝卜等;藜科的菠菜、甜菜、牛皮菜等;豆科的菜豆、白豆、胡豆等;伞形科的胡萝卜等;茄科的马铃薯;葫芦科的各种瓜等;薯科的红苕等。

这类饲料水分含量高,一般都在80%~90%。干物质营养价值高,DE可达2.9Mcal/kg以上。粗蛋白含量因种类不同变化较大,大致为16%~30%,粗纤维含量较高,达12%~30%。个别种类纤维含量偏低,如牛皮菜,粗纤维含量仅1%左右(按干物质算)。

3. 水生饲料

水生饲料主要有水浮莲、水葫芦、水花生、浮萍。这类饲料水分含量特别高,达95%左右。能量价值低,每公斤鲜料不足100大卡,作饲料不是很理想。生喂易产生寄生虫病。

4. 树叶及其他

一般说来,此类饲料营养价值较高。能量价值中等。粗蛋白含量为16%~20%。粗纤维含量较低,为10%~12%。

其他饲料主要是野生饲料。能量价值较低,但粗蛋白适宜。矿物含量较均衡,但含量较少,不能满足需要。

五、常用饲料添加剂

1. 饲料添加剂的种类

饲料添加剂包括营养性添加剂（如氨基酸、维生素和微量元素）和非营养性添加剂（如生长促进剂、产品品质改进剂及饲料保存剂等）两大类（表 7-2）。

表 7-2　常用饲料添加剂

种类	添加剂
人工合成氨基酸	常用的有赖氨酸和蛋氨酸
维生素	V_A、V_D、V_E、V_K、V_B、V_{B_2}、V_{B_5}、V_{B_6}、V_C、烟酸、泛酸、生物素、叶酸、胆碱等
微量元素	硫酸亚铁、硫酸铜、碘酸钙、硫酸锌、硫酸锰与亚硒钠等
抗生素	土霉素、金霉素、杆菌肽锌等
抗氧化剂	丁基化羟基甲苯（简称 BHT）、乙氧基喹啉（简称山道喹）、丁基化羟甲基苯（简称 BHA）等
防霉剂	丙酸钙或丙酸钠

2. 科学使用饲料添加剂

（1）正确选择。饲料添加剂种类较多，各种添加剂的作用特点也不同，必须首先了解它们的作用特点，然后根据鹅的不同生长发育阶段有目的地选择使用。

（2）适量添加。饲料添加剂使用过量或不足都会影响使用效果。只有合理使用，适量添加，并在饲养实践中不断验证和改进，才能达到预期的目的。

（3）注意配伍。有些饲料添加剂之间存在着协同或拮抗作用，当多种添加剂混合使用时，要注意配伍，防止造成不必要的浪费或产生不良影响。

（4）混合均匀。饲料添加剂占饲料的比例很少，混合不匀就会造成一部分过量，而另一部分不足，给生产带来损失，因此，一定要混匀。有些添加剂如微量元素和维生素，要先粉碎后与少量载体混合，再与更多的载体混合，最后与混合饲料混合。添加剂一般只能混合于干料中，不能混合于湿料或水中饲用，但个别添加剂品种除外。

第二节　鹅必需的营养物质和饲料标准

鹅在生活和生产过程中，要从饲料中摄取许多养分。不同品种、不同生长阶段的鹅，所需养分的种类、数量、比例不同。只有在所需养分品种齐全、数量得当、比例合适时，鹅的生理状态和生产性能才能达到最好，饲料报酬最高，经济效益最佳，否则会导致生产性能降低，产品质量下降，甚至死亡。鹅所需的营养物质很多，归纳起来可分为水分、蛋白质、脂肪、碳水化合物、维生素、矿物质和能量等。

一、鹅必需的营养物质

1. 水分

水分是机体的重要组成成分，是鹅生理活动的物质基础。不同的生长阶段机体含水量不同，雏鹅体内含水分约70%，成年鹅体内含水分50%左右。鹅体内养分的吸收、运输、利用，废物的排出，体温的调节等都靠水来完成。水对维持机体正常状态、润滑组织器官等具有重要作用。鹅是水禽，在饲养中应充分供水。如饮水不足，会影响饲料的消化吸收，引起血液浓稠，体温上升，生长受阻，产蛋率下降，抗病力减弱，严重时可导致死亡。一般鸭鹅体内损失1%～2%的水分时，会引起食欲减退，损失10%会导致代谢紊乱，损失20%时则发生死亡。高温时缺水比低温时缺水后果更严重。因此，保证鹅能随时得到清洁而充足的饮用水，是养好鹅的重要条件之一。

鹅的需水量与年龄、饲料种类、饲养方式、采食量、产蛋率、季节和健康状况等有关。气温适宜时，饮水量为饲料量的2倍左右，夏季可达4～5倍。饮水必须清洁卫生，严禁使用被农药、工业废水或病源污染的水源。

2. 蛋白质

蛋白质是构成鹅羽毛、皮肤、肌肉、骨骼、内脏、神经等组织器官和激素、酶等的主要成分，是鹅维持正常代谢、繁殖和生产所必需的营养物质。蛋白质不能由其他营养物质代替，饲料中必须保证供给鹅所需蛋白质。如果饲料中缺少蛋白质，雏鹅就会生长缓慢、食欲减退，羽毛生长不良，抗病力降低，成年鹅开产期延迟，产蛋率下降，蛋重减小。严重缺乏时采食停止，体重降低，卵巢萎缩，产蛋停止，羽毛脱落，甚至死亡。

饲料中一般所说的蛋白质是指粗蛋白质。粗蛋白质是饲料中含氮化合物的总称，除含有蛋白质外，还含有氨基酸、含氮有机物和氨化物等。几乎所有的饲料都含有蛋白质，但在数量和质量上相差较大。蛋白质的营养价值取决于组成蛋白质的氨基酸的种类、数量和比例，这些氨基酸分为必需氨基酸和非必需氨基酸。必需氨基酸是鹅自身不能合成或可以合成但合成量不能满足鹅需要，必须由饲料提供的氨基酸。非必需氨基酸是鹅体内可以合成或需要较少不必从饲料中获得的氨基酸。鹅的必需氨基酸有赖氨酸、蛋氨酸、色氨酸、胱氨酸、异亮氨酸、精氨酸、苏氨酸、苯丙氨酸、亮氨酸、组氨酸、缬氨酸、甘氨酸、酪氨酸13种，缺乏任何一种都会影响鹅体内蛋白质的合成，导致生长发育不良。如果饲料中的蛋白质所含的氨基酸特别是必需氨基酸种类齐全，数量和比例接近鹅的需要，那么蛋白质的营养价值就高，反之则低。一般动物性饲料蛋白质含量高、质量好，植物性饲料蛋白质含量低、质量差。青饲料的粗蛋白质含量较高，一般占干物质的10%～20%，蛋白质的品质也较好，含有多种氨基酸。所以，鸭鹅在放牧季节，精饲料可适当减少；在育肥期，也要适当搭配青饲料，既节约了精料，又能达到好的效果。

3. 脂肪

脂肪是鹅体细胞和蛋的重要组成原料，肌肉、皮肤、内脏、血液等一切组织中都含有脂肪，脂肪在蛋内约占11.2%。脂肪还是机体贮存能量的最好形式，鹅可将剩余的脂肪和碳水化合物转化为体脂肪，贮存于皮下、肌肉和内脏周围，能保护内脏器官，防止体热散发。在营养缺乏或产蛋时，脂肪分解产热，补充能量需要。脂肪还能为机体提供必需脂肪酸，脂肪也是脂溶性维生素的溶剂，维生素A、维生素D、维生素E、维生素K都必须溶解在脂肪中，才能被机体吸收利用。当日粮中脂肪不足时，会影响脂溶性维生素的吸收，性成熟推迟，产蛋率下降。但日粮脂肪过多，也会引起食欲下降和消化不良现象，导致种鹅过肥而影响产蛋。一般饲料中都含有一定数量的粗脂肪，故不必另外添加脂肪。但在培育“肥肝鹅”时，可在日粮中加入1%～5%的油脂，有利于肥肝的快速生长。

4. 碳水化合物

碳水化合物是鹅能量的主要来源，维持体温和供给生命活动所需的能量，也可转变为糖原贮存于肝脏和肌肉中，剩余的转化为脂肪而作为能源物质贮存。当碳水化合物充足时，可以减少蛋白质的消耗，有利于鹅生长和保持一定的生产性能。当碳水化合物不足时，鹅机体分解蛋白质，产生能量，以满足热能的需要，从而造成蛋白质的浪费，影响生长和产蛋。

鹅对碳水化合物的需要量，根据年龄、用途和生产性能等而定。一般来说，育肥鹅应加喂高碳水化合物的饲料，以加速育肥。种鹅、蛋鹅不宜喂过多碳水化合物的饲料，防止过肥，以免影响正常生长和产蛋。

5. 维生素

维生素是鹅体内正常物质代谢必不可少的物质，它是鹅维持生命、生长、产蛋的重要“催化剂”。与其他营养物质相比，鹅对维生素的需要量极微，但它们在鹅体内代谢中起着重要的作用。因此，当维生素缺乏时，易引起物质代谢紊乱，影响鹅生长、产蛋和健康。种鹅对维生素的要求较严，维生素不足时，种蛋受精率和孵化率会降低。鹅所需的维生素有13种(表7-3)，根据其特性，分为脂溶性维生素和水溶性维生素两类。脂溶性维生素有维生素A、维生素D、维生素E、维生素K，水溶性维生素有维生素B、维生素B_2、泛酸、烟酸、维生素B_6、胆碱、生物素、叶酸和维生素B_{12}。绝大多数维生素在体内不能自行合成，需要从饲料中获得。

表7-3　各种维生素的主要功能、来源及缺乏症状

名称	主要功能	缺乏症状	主要来源
维生素A	合成视紫质，维持正常视觉；促进长发育和性激素的形成，维持上皮细胞和神经组织的正常机能	雏鹅生长发育不良；母鹅产蛋量、孵化率降低，抗病力减弱；易患干眼病、夜盲症	青绿多汁饲料、黄玉米、鱼肝油、蛋黄、鱼粉形成
维生素D	调节钙、磷代谢，促进钙、磷吸收	雏鹅出现腿畸形、佝偻病、生长迟缓；产软壳蛋，孵化率下降，胸骨软化	鱼肝油、酵母、蛋种鸭、鹅黄、维生素D制剂
维生素E	维持生殖器官正常机能和肌肉代谢，保持细胞膜的完整性	脑软化症，肌肉营养不良，肝脏局灶性坏死；母鹅产蛋率和蛋孵化率降低，公鹅发生永久性不育	青饲料、谷物胚芽、苜蓿粉、维生素E制剂
维生素K	促进肝脏合成凝血酶原	微血管出血不易止血；贫血，羽毛蓬乱、无光泽，直到死亡	青绿多汁饲料、鱼粉、肉粉、维生素K制剂
维生素B_1（硫胺素）	参与碳水化合物代谢，维持神经组织及心肌正常，有助于消化	食欲减退，下痢，羽毛蓬乱，多发性神经炎	干草、谷物饲料、糠麦类、硫胺素制剂
维生素B_2（核黄醇）	对体内氧化还原、调节细胞呼吸、维持胚胎正常发育及雏鹅的生活力起重要作用	足趾蜷曲、麻痹，生长迟缓，孵化时的死胚增多，孵化率降低	青饲料、干草粉、酵母、鱼粉、糠麸、小麦、核黄素制剂
维生素B_3（泛酸）	与碳水化合物、蛋白质和脂肪代谢有关	皮肤炎，羽毛粗乱，生长受阻，骨粗短，眼睑黏着，喙和肛门周围有坚硬痂皮；产蛋率、孵化率下降	酵母、小麦、糠麸
维生素B_4（胆碱）	蛋氨酸等合成时所需甲基的来源，促进生长发育	生长缓慢，骨粗短，易形成脂肪肝	小麦胚芽、鱼粉、豆饼、糠麸、氯化胆碱
维生素B_5（烟酸）	某些酶类的重要成分，与碳水化合物、脂肪和蛋白质代谢有关	皮肤炎、关节肿大，腿骨弯曲；产蛋率、孵化率下降	麦麸、青饲料、酵母、鱼粉、豆类、烟酸制剂

（续表）

名称	主要功能	缺乏症状	主要来源
维生素 B_6（吡哆醇）	参与蛋白代谢	脱毛，中枢神经紊乱，异常兴奋，食欲不振，增重慢，皮下水肿	禾谷类籽实及加工副产品
维生素 B_7（生物素）	参与蛋白质和脂肪代谢	喙周围有溃疡，喙周围与足趾结痂，运动失调	青绿多汁饲料、谷物、豆饼
维生素 B_9（叶酸）	参与核酸和蛋白质的形成	生长慢，羽毛生长不良，贫血，骨短粗，孵化率低	鱼粉、青饲料、酵母、豆饼等
维生素 B_{12}（钴胺素）	参与核酸合成，甲基合成，碳水化合物及脂肪代谢	生长缓慢，孵化率低	鱼粉、骨肉粉、维生素 B_{12} 制剂

6. *矿物质*

矿物质在鹅生长发育、繁殖和生产中起着重要作用。鹅所需的矿物质有十几种（表 7－4），它们不能在体内合成，必须由饲料供给。矿物质在鹅体内有调节渗透压、保持酸碱平衡的作用，又是骨骼、蛋壳、血红蛋白、甲状腺素等的重要成分，是鹅正常生长与生产所不可缺少的重要物质。当某种必需元素缺乏时，会导致鹅物质代谢严重障碍，并降低生产力，甚至导致死亡，但某种必需元素过量又能引起机体代谢紊乱。因此，日粮中提供的矿物质元素含量必须符合鹅的营养需要。

表 7－4　鹅必需矿物质的主要功能、来源及缺乏症

矿物质	主要功能	缺乏症	主要来源
钙	形成骨骼和蛋壳，促进血液凝固，维持神经、肌肉正常机能和细胞渗透压	雏鹅骨软、佝偻病，产薄壳蛋或软壳蛋，产蛋量和孵化率下降	贝壳粉、石粉、碳酸钙、蛋壳粉、豆科牧草
磷	骨骼及蛋黄卵磷脂的组成成分，参与许多辅酶的合成，是血液缓冲物质，RNA、DNA 的成分	雏鹅佝偻病、消瘦，成年鹅骨质疏松、瘫痪	磷酸氢钙、磷酸钙、骨粉、脱氟磷酸盐
镁	构成骨骼的成分，影响组织兴奋性，许多酶的活化剂	发生痉挛和抽搐以致死亡	青饲料、糠麸和油饼粕类饲料中含量较多。硫酸镁、氧化镁、碳酸镁

（续表）

矿物质	主要功能	缺乏症	主要来源
钠与钾	机体内的缓冲剂，维持体液酸碱平衡和调节渗透压，维持神经肌肉的正常兴奋性	雏鹅生长不良，神经机能异常，造成啄癖，饲料利用效率差	食盐和动物饲料中钠的含量较多。钾在植物性饲料中含量较多，一般能满足需要
锰	为骨骼与腱正常发育所必需，并与繁殖性能有关	发生骨短粗症、曲腱症、产蛋量、蛋壳品质及孵化率下降。运动失调，生长受阻	氧化锰、硫酸锰、青饲料、糠麸中含锰丰富。采食植物性饲料为主的饲粮，通常不需要饲锰盐
锌	体内多种酶的成分，为蛋白质合成和正常代谢、繁殖所必需	雏鹅发育迟缓，羽毛生长不良，繁殖率下降	氧化锌、碳酸锌。但常用饲料中锌的含量常常超过实际需要量，不必补充
碘	甲状腺素的成分	甲状腺肿	鱼粉、海产饲料、碘化钾
铁、铜、钴	铁为形成血红素和肌蛋白所必需；铜与造血过程有关，并为铁的利用所必需；钴为维生素 B_{12} 的成分，活化某些酶类，并与蛋白质、碳水化合物代谢有关	贫血、生长受阻	硫酸亚铁、硫酸铜。钴以维生素 B_{12} 或氯化钴添加
硒	抗氧化作用，谷胱甘肽过氧化酶的主要成分，刺激生长	渗出性素质，生长缓慢	亚硒酸钠

7. 能量

鹅的一切生理活动过程都需要消耗能量，鹅所需的能量主要来自饲料中的碳水化合物和脂肪，少量来自脱氨基后的蛋白质。日粮能量水平对鹅的生长、健康以及生产性能都有很大影响，当日粮能量水平过低，不能满足鹅需要时，首先保证维持生命活动的能量，不能进行生产，甚至动用体内贮备的体脂和体蛋白，分解供能。这样，导致机体健康恶化，生产力下降，饲料报酬下降；反之，能量水平过高也不利于鹅生产力的发挥，特别是种鹅会因脂肪过度沉积而影响产蛋率。因此，应根据生理状态、生产水平，供应合理的能量水平，以提高饲料能量的利用效率。

鹅对能量的需要量与品种、性别、生长阶段等有关。一般肉用鹅比同体重蛋用鹅需要的能量多，公鹅比母鹅需要的能量多，产蛋母鹅需要的能量高于非产蛋母鹅。蛋用鹅的能量需要一般前期高于后期，后备期和种用鹅的能量需要低于生长前期。肉用鹅的能量需要一般都维持在较高水平。

二、鹅的饲养标准

饲养标准是科学饲养鹅的准则，既能满足其营养需要，充分发挥其生产性能，又可降低饲料消耗，获得最大经济效益。饲养标准是根据科学试验和生产实践经验的总结制定的，具有广泛的指导作用，但实际使用时要根据具体情况灵活运用。以下介绍部分鹅的饲养标准，以供配合鹅饲料时作参考。

为了适应不同地区、不同品种、不同饲养条件的需要，以下介绍国内外几种鹅的饲养标准以供参考（表 7－5 至表 7－10）。

表 7－5　美国 NRC(1994)建议的鹅的营养需要量(干物质＝90％)

营养成分	0～4 周龄	4 周龄以上	种鹅
代谢能(MJ/kg)	12.13	12.55	12.13
粗蛋白质(％)	20.0	15.0	15.0
赖氨酸(％)	1.0	0.85	0.60
蛋氨酸＋胱氨酸(％)	0.60	0.50	0.50
钙(％)	0.65	0.60	2.25
非植物磷(％)	0.30	0.30	0.30
维生素 A(国际单位/kg)	1500	1500	4000
维生素 D_3(国际单位/kg)	200	200	200
胆碱(mg/kg)	1500	1000	—
烟酸(mg/kg)	65.0	35.0	20.0
泛酸(mg/kg)	15.0	10.0	10.0
核黄素(mg/kg)	3.8	2.5	4.0

表 7－6　苏联畜牧科学研究所(1985)建议的鹅的营养需要量

营养成分	1～3 周龄	4～8 周龄	9～26 周龄(后备鹅)	种鹅
代谢能(MJ/kg)	11.72	11.72	10.88	10.46
粗蛋白质(％)	20	18	14	14

（续表）

营养成分	1～3 周龄	4～8 周龄	9～26 周龄(后备鹅)	种鹅
赖氨酸(%)	5	6	10	10
钙(%)	1.2	1.2	1.2	1.6
磷(%)	0.8	0.8	0.7	0.7
钠(%)	0.3	0.3	0.3	0.3
赖氨酸(%)	1.00	0.90	0.70	0.63
蛋氨酸(%)	0.50	0.50	0.35	0.30
蛋氨酸＋胱氨酸(%)	0.78	0.70	0.55	0.55
色氨酸(%)	0.22	0.20	0.16	0.16
精氨酸(%)	1.00	0.90	0.77	0.82
亮氨酸(%)	1.66	1.49	1.15	0.95
异亮氨酸(%)	0.67	0.60	0.47	0.47
苯丙氨酸(%)	0.83	0.74	0.57	0.49
苯丙氨酸＋酪氨酸(%)	1.20	1.07	0.83	0.81
苏氨酸(%)	0.61	0.55	0.43	0.46
缬氨酸(%)	1.05	0.94	0.73	0.67
甘氨酸(%)	0.10	0.90	0.77	0.77
组氨酸(%)	0.47	0.42	0.33	0.33
维生素 A(国际单位/kg)	10	10	5	10
维生素 D_3(国际单位/kg)	1.5	1.5	1	1.5
维生素 E(mg/kg)	5	5	—	5
维生素 K(mg/kg)	2	2	1	2
维生素 B_1(mg/kg)	1	1	—	1
维生素 B_2(mg/kg)	2	2	2	3
维生素 B_3(mg/kg)	10	10	10	10
维生素 B_4(mg/kg)	500	500	250	500
维生素 B_5(mg/kg)	20	20	20	20
维生素 B_6(mg/kg)	3	3	1	2
维生素 B_{12}(mg/kg)	0.025	0.025	0.025	0.025
维生素 H(mg/kg)	0.1	0.1	—	0.1

（续表）

营养成分	1～3 周龄	4～8 周龄	9～26 周龄(后备鹅)	种鹅
锰(mg/kg)	50	50	50	50
铜(mg/kg)	2.5	2.5	2.5	2.5
锌(mg/kg)	50	50	50	50
钴(mg/kg)	1	1	1	1
铁(mg/kg)	10	10	10	10
碘(mg/kg)	0.7	0.7	0.7	0.7

表 7-7　法国的鹅营养推荐量

饲养阶段		0～3 周	4～6 周	7～12 周	种鹅
代谢能(MJ/kg)		10.87～11.70	11.29～12.12	11.29～12.12	9.2～10.45
粗蛋白质(%)		15.8～17.0	11.6～12.5	10.2～11.0	13.0～14.8
赖氨酸(%)		0.89～0.95	0.56～0.60	0.47～0.50	0.58～0.66
蛋氨酸(%)		0.40～0.42	0.29～0.31	0.25～0.27	0.23～0.26
含硫氨基酸(%)		0.79～0.85	0.56～0.60	0.48～0.52	0.42～0.47
色氨酸(%)		0.17～0.18	0.13～0.14	0.12～0.13	0.13～0.15
苏氨酸(%)		0.58～0.62	0.46～0.49	0.43～0.46	0.40～0.45
钙(%)		0.75～0.80	0.75～0.80	0.65～0.70	2.60～3.00
总磷(%)		0.67～0.70	0.62～0.65	0.57～0.60	0.56～0.60
有效磷(%)		0.42～0.45	0.37～0.40	0.32～0.35	0.32～0.36
钠(%)		0.14～0.15	0.14～0.15	0.14～0.15	0.12～0.14
氯(%)		0.13～0.14	0.13～0.14	0.13～0.14	0.12～0.14
饲料日采食量(克)	产蛋初期				170～150
	产蛋末期				350～300

表 7-8　豁眼鹅的营养需要量

营养成分	30～60 日龄	61～90 日龄	91～180 日龄	180 日龄以后
代谢能(kJ/kg)	11296.8	10878.4	10648.3	11296.8
粗蛋白质(%)	18.1	15.4	14.6	16～17
粗纤维(%)	5	7	9	6～7

（续表）

营养成分	30～60 日龄	61～90 日龄	91～180 日龄	180 日龄以后
钙(%)	1.6	1.6	2.0	3.5
磷(%)	09	0.9	1.0	1.5
赖氨酸(%)	1	0.9	0.7	0.9
蛋氨酸＋胱氨酸(%)	0.77	0.7	0.53	0.77
食盐(%)	0.4	.4	0.5	0.5

表 7－9　莱茵鹅的饲料标准

营养成分	0～3 周	4～10 周	11～27 周	28～47 周	48 周以后
代谢能(MJ/kg)	12.13～12.34	11.71～11.92	10.87～11.08	11.51～11.71	11.92～12.13
粗蛋白质(%)	19.5～22	17～19	155～17	16.5～18	12～12.5
蛋氨酸(%)	0.5	0.45	0.33	0.35	0.25
赖氨酸(%)	1.00	0.80	0.65	0.75	0.40
粗纤维(%)	4	4	6	4	5
钙(%)	1.0～1.2	0.9～1.0	1.3～1.5	3.0～3.2	1.4～1.6
磷(%)	0.15～0.50	0.45～0.50	0.45～0.50	0.45～0.50	0.45～0.50
维生素 A(国际单位/kg)	15000	15000	15000	15000	15000
维生素 D(国际单位/kg)	3000	3000	3000	3000	3000
维生素 E(mg/kg)	20	20	20	20	20

表 7－10　商品肉鹅和种鹅的营养需要量(每千克饲料中含量)

营养成分	育雏(0～3 周)	生长/育肥(4 周至上市)	保持(7 周)	种鹅
代谢能(kJ/kg)	11.92	12.34	10.88	11.51
粗蛋白质(%)	21	17	14	15
蛋氨酸(%)	0.48	0.40	0.25	0.38
蛋氨酸＋胱氨酸(%)	0.85	0.66	0.48	0.64
赖氨酸(%)	1.05	0.90	0.60	0.66
苏氨酸(%)	0.72	0.62	0.48	0.52
色氨酸(%)	0.21	0.18	0.14	0.16

（续表）

营养成分	育雏(0～3 周)	生长/育肥(4 周至上市)	保持(7 周)	种鹅
维生素 A(国际单位/kg)	7000	7000	7000	7000
维生素 D_3(国际单位/kg)	2500	2500	2500	2500
维生素 E(国际单位/kg)	40	40	40	40
维生素 K(mg/kg)	2	2	2	2
维生素 B_1(mg/kg)	1	1	1	1
维生素 B_2(mg/kg)	6	6	6	6
泛酸(mg/kg)	5	5	5	5
胆碱(mg/kg)	200	200	200	200
烟酸(mg/kg)	40	40	40	40
维生素 B_6(mg/kg)	3	3	3	3
生物素(μg/kg)	100	100	100	100
叶酸(mg/kg)	1	1	1	1
维生素 B_{12}(μg/kg)	10	10	10	10
钙(%)	0.85	0.75	0.75	2.8
有效磷(%)	0.40	0.38	0.35	0.38
钠(%)	0.17	0.17	0.16	0.16
铁(mg/kg)	40	40	40	40
锰(mg/kg)	50	50	50	50
铜(mg/kg)	8	8	8	8
锌(mg/kg)	60	60	60	60
硒(mg/kg)	0.3	0.3	0.3	0.3
碘(mg/kg)	0.4	0.4	0.4	0.4

第三节　鹅饲料配方及配方设计

一、配合饲料的类别

根据动物的不同生长阶段、不同生理要求、不同生产用途的营养需要以及以饲料营养价值评定的实验和研究为基础，按科学配方把不同来源的饲料，依一定比例均匀混合，并按规定的工艺流程生产以满足各种实际需求的饲料。配合饲料一般可分为全价配合饲料、浓缩饲料、精料补充料、添加剂预混料等几种。

1. 全价配合饲料

全价配合饲料一般是根据饲养标准或自定标准进行设计配合。全价配合饲料含动物需要的全部养分；各种养分相互间的比例适当，能被动物充分吸收利用；当动物采食量正常时，各养分的含量能满足其充分发挥生产潜力的需要；加工工艺合理，保证产品中可利用养分含量与设计要求基本相符。为了提高饲料的利用率、增强动物的抗病能力、促进动物的食欲、改善畜产品的质量、防止饲料变质、有利于加工生产等，全价配合饲料中还含有各种非营养性的添加剂。

2. 添加剂预混料

预混料主要由维生素、微量元素添加剂配合而成，有时还包含一些合成氨基酸、抗病促生长的药物添加剂或其他添加物。在集约化养殖条件下，缺少富含维生素、微量元素的青绿饲料，动物与粪土、阳光接触的机会减少，而常规饲料中维生素、微量元素的含量往往又不能满足动物的需要，必须添加专门的维生素和微量元素制剂。由于这些制剂的用量很少，不容易在配合饲料中混合均匀，所以先要和一些载体、稀释剂混合后，再和其他饲料混合，所以叫预混料。预混料中维生素、微量元素的含量，应保证饲料经过加工、运输、储存后，仍能满足动物充分发挥生产潜力的需要。添加剂预混料中常包含一些能促进动物生产提高产品质量的最新科技成果，用量虽少，对饲料质量的影响却很大。添加剂预混料用量一般在10%以内，用量比例可从2%到9%，以5%较为普遍。一般包含维生素、食盐和钙磷补充料、合成氨基酸，有时还含有鱼粉等蛋白质饲料或油脂。这种添加剂预混料与玉米、饼粕、糠麸等饲料合理搭配，便可成为全价配合配料。

3. 浓缩饲料

浓缩饲料主要由添加剂预混料、矿物质饲料（钙、磷补充剂和食盐等）和一部分蛋白质饲料组成，有时还包括油脂等其他饲料。不少地区的养殖户，自己掌握一部分饲料原料，主要是玉米、小麦等能量饲料和它们的加工副产品——麸皮、米糠等。这些养殖户希望利用自备的原料以降低成本，他们要求饲料厂能提供与这些原料配套的蛋白质、矿物质、维生素及微量元素饲料。有些养殖户愿意自己采购那些容易买到而且质量容易识别的原料，如玉米、糠麸、油饼等，他们希望饲料厂生产供应添加剂预混料、矿物质饲料，有时还包括鱼粉等动物性饲料为主的预配饲料，与他们自购的饲料原料配合，制成全价配合饲料，以便能更容易保证配合饲料的质量，并降低成本。这种预配饲料含有高浓度的矿物质、维生素、合成氨基酸和蛋白质等，所以被称为浓缩饲料。

根据浓缩饲料在整个配合饲料中所用比例一般在10%以上，一般都附有推荐配方，建议用户用多少浓缩饲料和多少其他饲料原料配合后饲喂，其用量比例可从10%直到50%以上，这类饲料除了包含添加剂预混料、钙磷补充料、食盐、合成氨基酸外，还含有较多的蛋白质饲料，有时还有油脂。用户只需按要求再加上一定比例容易购置的能量和蛋白质饲料(产蛋禽有时要加钙补充料)，有的甚至只加些玉米、小麦等农家自备的能量饲料就可获得良好的饲养效果。

4. 精料补充料

精料补充料主要用于饲养以青粗饲料为主的食草动物。它包含能量饲料、蛋白质饲料、钙磷补充料、食盐和各种添加剂，有时还含有干草或秸秆的粉或颗粒，养分含量能补充青粗饲料的不足。

二、饲料配方设计的基本原则与步骤

目前，已知鹅需要的营养物质有50多种，其中绝大部分由饲料供给，少部分可在鹅体内自行合成，但合成这类物质的原料还需由饲料供给。饲料配方中应含有鹅所需的全部营养物质或原料、前体。饲料配方中每一种养分的可利用量，应能满足鹅高效生产的需要，任何养分含量不足，都会影响鹅的健康和生产性能。所以饲料配方的养分不但要全面，而且要充足。养分不足固然不好，某些养分过多也不是好事，养分过多有时会引起中毒，有时会妨碍其他养分的吸收利用，所以饲料配方中各种养分之间还应保持一定的比例。例如能量和蛋白质、钙和磷，各种氨基酸、维生素、微量元素之间，都应有适当的比例。以氨基酸为例，由于机体的蛋白质是由20种左右的氨基酸按一定比例组合而成，配合饲料中的各种氨基酸也应接近于这种比例，才能被有效地利用。氨基酸比例不当，不但利用率降低，没被利用的氨基酸还要消耗额外的能量进行降解、转移、排泄，会导致能量的利用效率降低。如果蛋白质刚好够而能量过高，则多余的能量将转化为体内脂肪，降低肉的品质。再如，饲料中钙过多会影响磷的吸收利用，磷过多又影响钙的利用率。所以，饲料配方除了要有全面、充足的养分外，还应保证各养分间比例适当，也就是保持各种养分的平衡。一般情况下，饲料配方如能达到饲养标准的要求，在营养上往往就是比较全面而平衡的。但由于品种、环境条件、饲养水平不同，鹅对养分的需要也有差异。设计饲料配方时应加以考虑。饲料配方的设计还要符合鹅的生理特点。

(一)配方设计的基本原则

由于单一的天然饲料所含的营养成分往往不能满足鹅的需要，因此，在饲养实践中，通常要选取若干种饲料原料按一定比例互相搭配，使其所提供的各种养分都符合鹅的需要。合理地设计饲料配方十分重要，配合饲料必须遵循以下基本原则。

1. 选择合理的饲养标准

饲养标准是对鹅进行科学饲养的依据。因此，配合日粮时应根据鹅的品种、品系、年龄、体重、生长发育、生产性能和季节等因素选用合理的饲养标准。在选好饲养标准的基础上，根据饲养实践中鹅的生长与生产性能等情况再作适量的调整。结合养殖户(场)的生产水平、饲养经验，对饲养标准一般可作10%上下的调整。能量是饲料的基本营养指标，只有在满足能量需要的基础上，才能考虑鹅对蛋白质、氨基酸、矿物质和维生素等养分的需要。此外，还应注意能量与其他营养物质的比例关系，如能量蛋白比。

2. 选用饲料要经济合理

在满足鹅营养需要的前提下，应尽量降低饲料成本。因此，应考虑充分利用当地的饲料资源，因地制宜地选用营养丰富、价廉易得的饲料原料。尽量少从外地购买饲料，避免因远途运输带来的饲料成本增加等种种问题。

3. 要注意饲料品质

饲料存放过久，维生素等营养成分的含量大为减少，且容易酸败、霉烂、变质。因此，应选用新鲜、无毒、无霉变、质地优良的饲料，而且还要少用或慎用棉籽饼等对鸭鹅有不良影响的饲料原料。

4. 饲料适口性要好

尽可能选择适口性好、无异味的饲料，对血粉、菜籽饼等营养价值较高但适口性较差的饲料，应限制其用量或加调味剂，以提高其适口性，增加鹅的采食量。

5. 饲料要多样化搭配

在可能的条件下，日粮配合的饲料种类要尽可能多一些，多种饲料搭配可使各种饲料之间的营养物质互补，以利养分的平衡和完善，提高饲料的营养价值和利用率。例如，将饼类饲料与谷类饲料搭配、动物性饲料与植物性饲料搭配等，均能收到较好的效果。

6. 饲料体积要适宜

应根据鹅的生理特点选用适宜饲料，除满足各种养分的需要外，还应注意干物质给量，即饲料要有一定的容积，保证所配饲料能让鹅吃得下、吃得饱、吃得好。

7. 饲料必须搅拌均匀

配方形成后，应严格按照配方确定的各种原料的用量，且将各种饲料充分搅拌，确保营养均匀。在使用多种维生素、微量元素等添加剂时，因为量少，应先与少量饲料充分预混后再均匀拌入大批饲料中，以防止因搅拌不均而导致某些营养缺乏或过多。

8. 日粮应当稳定

饲料种类、配比关系确定后，不应轻易改变，即使要变化，也应逐步过渡，以免因饲料突然改变而引起应激反应，一般变更饲料的过渡期为1周。

（二）饲料配方设计方法

饲料配方的设计方法有很多，有四角法、代数法、试差法和计算机设计饲料配方等。不论应用哪种方法，饲料种类越多，营养指标越多，计算配方就越复杂。

1. 四角法

四角法又称方形法、对角线法。这种方法直观易懂，适于在饲料种类少，营养指标要求不多的情况下采用，举下例说明此法。

示例：用玉米和大豆粕（含粗蛋白质42.0%）配制后备种鹅的混合饲料。

（1）查鹅的饲养标准得知后备期种鹅全价日粮中粗蛋白质的含量为15.0%。

（2）查饲料成分及营养价值表得知玉米含粗蛋白质8.0%，豆粕含粗蛋白质42.0%。

（3）确定各饲料用量，用一四方形，中间写上欲配日粮的粗蛋白质含量（15.0%），左上角写上大豆粕及其粗蛋白质含量（42.0%），左下角写上玉米及其粗蛋白质含量，然后依四方形两个角对角线进行计算。

大豆粕	42.0		7.0份	用大数减去小数，得数分别写在右侧的两角上。
		15.0		
玉　米	8.0		27.0份	

即：大豆粕份数：15.0－8.0＝7（份）；

玉米份数：42.0－15.0＝27（份）。

总份数为7＋27＝34份，其中，大豆粕占20.59%（7.0/34.0），玉米占79.41%（27.0/34.0），计算结果表明，欲配制含蛋白质15.0%的日粮，大豆粕应占日粮的20.59%，玉米占79.41%。

2. 代数法

代数法又称联立方程式法。这种方法是通过解线性联立方程求得饲料配方比例，举下例说明此法。

示例：用含粗蛋白质8.0%的玉米和含粗蛋白质42.0%的大豆粕，配制100kg含粗蛋白质15.0%的混合饲料，那么玉米和大豆粕各需多少千克？

设：需玉米为X kg，大豆粕为Y kg，

则：$X+Y=100$　　　　（1）

$0.08X+0.42Y=15.0$　　　　（2）

解此二元一次方程，即可求得$X=20.59$、$Y=79.41$，亦即求得：用含粗蛋白质8.0%的玉米和含粗蛋白质42.0%的大豆粕，配制100kg含粗蛋白质15.0%的混合饲料，需玉米20.59kg，大豆粕79.41kg。

3. 试差法

试差法是畜牧生产中常用的一种日粮配合方法。此法是根据饲养标准及饲料供应情况，选用数种饲料，先初步规定用量进行试配，然后将其所含养分与饲养标准对照比较，差值可通过调整饲料用量使之符合饲养标准的规定。应用试差法一般经过反复的调整计算和对照比较。具体步骤如下。

(1)查找饲养标准。列出鹅的营养需要量。

(2)查饲料营养价值表。列出所用饲料的养分含量。

(3)初配。根据鹅日粮配合时对种类饲料大致比例的要求，初步确定各种饲料的用量，并计算其养分含量，然后将各种饲料中的养分含量相加，并与饲养标准对照比较。

(4)调整。根据试配日粮与饲养标准比较的差异程度，调整某些饲料的用量，并进行计算和对照比较，直至与标准符合或接近为止。下以配制雏鹅日粮为例，说明此法。

示例：选择基本饲料原料玉米、豆饼、菜籽饼、进口鱼粉、麸皮、骨粉、石粉与食盐。配制程序如下：

(1)列出雏鹅的各种营养物质需要量以及所用原料的营养成分。

(2)初步确定所用原料的比例。根据经验，设日粮中各原料分别占如下比例：鱼粉 4%，菜籽饼 5%，麸皮 10%，食盐与矿物质和预混料 4%。

(3)将 4%鱼粉、5%菜籽饼、10%麸皮，分别用各自的百分比乘各自饲料中的营养含量。如鱼粉的用量为 4%，每千克鱼粉中含代谢能 12.1346MJ，则 40g 鱼粉中含代谢能 12.1346×4%=0.5106MJ。其余依此类推。

(4)计算豆饼和玉米的用量，上述 3 种饲料加矿物质等共占 230g，其中含蛋白质 57g，代谢能 1.6MJ，不足部分用余下的 770g 补充。现在初步定玉米 560g，豆饼 210g，经过计算这两种饲料中含代谢能为 10.1MJ，蛋白质 135g。与前面 3 种饲料相加，得代谢能 11.7MJ/kg，蛋白质 19.2%。与饲养标准接近。

(5)加入食盐 0.3%，磷酸氢钙 1.2%，石粉 1.5%，添加剂 1%。

4. 计算机设计饲料配方

用可编程序计算器和电脑设计配方，使饲料配方的设计与计算十分方便。不论是试差法、公式法，都可以编成简短的程序，利用计算器或电脑计算。目前，市面上有许多现成的电脑配方软件可以计算多项饲料营养指标，如能量、蛋白质、钙、赖氨酸和蛋氨酸+胱氨酸等，而且饲料数量不受限制，可适用于大部饲料配方计算设计的要求。

随着饲料工业的发展，要求设计者采用多种饲料原料，同时考虑多项营养指标，设计出营养成分合理、价格最低的饲料配方，对此仅用手工计算，相对烦琐，这就需要借助计算机进行计算。虽然计算机设计饲料配方有诸多优点，但是，也只能是辅助设计，其设计出的配方仍需有经验的营养专家进行修订。对饲料原料用量给一个适宜的范围，一些适口性差、含有毒有害物质的饲料要限量，某些饲料中营养成分的交互作用等都需要有经验的配方设计者进行调整完善。

（三）鹅饲料配方设计中的几个问题

尽管目前我国鹅生产中应用配合日粮的还不普遍，但是随着鹅生产的发展，应用配合饲料将越来越普遍，上述仅仅是鹅饲料配方设计的原则方法。事实上，饲料配方设计及生产中不仅要考虑满足鹅的营养需要，还要考虑鹅的生理状态、不同环境条件、不同饲料原料选择、饲料可利用养分等众多因素，才能使日粮营养全面平衡，从而发挥鹅的生产潜能。

1. 鹅常用饲料原料主要营养成分

在进行饲料配方设计时，首先要考虑的便是能量、粗蛋白质等指标。

表 7－11 鹅常用饲料成分

饲料名称	水分（%）	粗蛋白（%）	代谢能（%）	粗脂肪（%）	粗纤维（%）
玉米	13.5	9.0	13.35	4.0	2.0
高粱	12.9	9.5	13.14	3.1	2.0
小麦	12.1	12.6	12.38	2.0	2.4
大麦	12.6	11.1	11.51	2.1	4.2
黑麦	11.8	11.6	12.09	1.7	1.9
燕麦	12.9	10.0	11.25	4.6	9.8
小麦粉	13.6	15.3	13.89	2.6	1.0
粗米	14.2	7.9	13.56	2.4	1.1
稻谷	13.2	7.8	10.96	2.4	8.4
小米	11.2	12.0	112.26	4.0	7.6
大豆	13.8	36.9	13.35	15.4	6.0
马铃薯	81.1	1.9	2.57	0.1	0.6
甘薯（干）	11.3	2.8	12.18	0.7	2.2
木薯（粉）	12.4	2.6	12.01	0.6	4.2
大豆粉	11.9	46.2	10.33	1.3	5.0
棉籽饼	11.0	36.1	7.95	1.0	13.5
花生饼	8.8	47.4	10.13	1.5	8.5
亚麻仁饼	11.9	31.6	7.7	4.6	9.6
芝麻饼	8.4	48.0	10.00	8.7	9.2

（续表）

饲料名称	水分(%)	粗蛋白(%)	代谢能(%)	粗脂肪(%)	粗纤维(%)
椰子油饼	10.8	20.9	8.08	8.5	9.7
葵花籽饼	10.4	31.7	6.65	1.3	22.4
米糠	12.8	15.0	11.38	17.1	7.2
米糠(脱脂)	12.5	17.9	7.32	2.3	8.6
麦麸	12.2	16.0	8.66	4.3	8.2
糖蜜(甘蔗)	26.8	3.3	9.54	0.4	0.1
鱼粉(含粗蛋白60%)	8.3	60.8	11.09	8.9	0.4
鱼粉(粗鱼渣)	8.7	50.5	9.87	12.0	0.7
骨肉粉	6.5	48.6	11.13	11.6	1.1
羽毛粉	15.0	85.0	8.43	2.5	1.5
血粉	9.2	83.8	10.25	0.6	1.3
蚕蛹渣	10.2	68.9	11.13	3.1	4.8
动物性油脂	2.6	0	33.43	69.2	0
饲用酵母(啤酒)	9.3	51.4	10.17	0.6	2.0
紫花苜蓿	11.4	15.5	3.56	2.3	23.6
白三叶草(开花前)	87.4	3.7	0.79	0.7	1.7

2. 配方中原料的替换

生产中，饲料厂或养殖单位都会有一套成熟的饲料配方。但由于原料的供应或价格发生变动，经常需要对配方中的饲料原料进行适当的替换与调整。如何使调整后的配方与原配方所含养分基本相同，这也是设计配方人员需要解决的问题。一般可用几种饲料近似等价地替换某一种饲料，为方便应用，以下列出家禽饲料的近似等价替换值，可供生产鹅饲料时参考。

表7-12　家禽饲料的近似等价替换值

饲料	代谢能(MJ/kg)	粗蛋白(%)	每增加1%应增减豆粕、玉米、麸皮各多少(%)			需要补充氨基酸(%)	
			豆粕	玉米	麸皮	赖氨酸	蛋氨酸
玉米GB2	13.56	8.7	0.000	－1.000	0.000	0.0000	0.0000
玉米GB3	13.47	8.0	＋0.026	－0.998	－0.028	0.0000	0.0000

（续表）

饲料	代谢能（MJ/kg）	粗蛋白（%）	每增加1%应增减豆粕、玉米、麸皮各多少（%）			需要补充氨基酸（%）	
			豆粕	玉米	麸皮	赖氨酸	蛋氨酸
小麦 GB2	12.72	13.9	−0.143	−0.816	−0.041	0.0025	0.0003
大麦 GB2	11.21	11.0	+0.005	−0.653	−0.352	−0.0005	0.0003
裸大麦 GB2	11.30	13.0	−0.065	−0.638	−0.297	0.0008	0.0008
高粱 GB1	12.30	9.0	+0.033	−0.827	−0.206	0.0003	0.0005
稻谷 GB2	11.0	7.8	+0.118	−0.669	−0.449	−0.0010	−0.0009
糙米	14.6	8.8	−0.021	−1.066	+0.087	−0.0005	0.0006
碎米	14.23	10.4	−0.079	−1.066	+0.145	−0.0003	0.0007
燕麦	11.3	11.6	−0.018	−0.657	−0.325	−0.00004	0.0001
麸皮 GB1	6.82	15.7	0.000	0.000	−1.000	0.0000	0.0000
米糠 GB2	11.21	12.8	−0.055	−0.629	−0.316	−0.0018	0.0003
次粉 NY/T	12.51	13.6	−0.126	−0.792	−0.082	0.0006	0.0006
玉米蛋白饲料	8.45	19.3	−0.175	−0.169	−0.656	0.0020	−0.0003
玉米胚芽饼	7.61	16.7	−0.060	−0.092	−0.848	−0.0004	−0.0024
麦芽根	5.90	28.3	−0.385	+0.297	−0.912	0.0027	0.0013
大豆 GB2(熟)	13.56	35.5	−0.887	−0.631	+0.518	−0.0003	0.0026
黑豆(熟)	13.14	35.7	−0.879	−0.572	+0.451	0.0016	0.0036
蚕豆(熟)	10.79	24.9	−0.441	−0.406	−0.153	−0.0019	0.0020
豌豆(熟)	11.42	22.6	−0.387	−0.522	−0.091	−0.0025	0.0033
大豆饼 GB1	10.67	41.4	−0.983	−0.163	+0.146	0.0000	0.0000
大豆饼 GB2	10.54	40.9	−0.962	−0.152	+0.114	0.0008	0.0014
大豆粕 GB1	9.83	46.8	−1.133	+0.024	+0.109	−0.0008	0.0027
大豆粕 GB2	9.62	43.0	−1.000	0.000	0.000	0.0000	0.0000
玉米蛋白粉	16.23	63.5	−1.906	−0.604	+1.510	0.0280	−0.0020
玉米蛋白粉	14.26	51.3	−1.434	−0.508	+0.942	0.0200	−0.0014
玉米蛋白粉	13.30	44.3	−1.170	−0.476	+0.646	0.0175	−0.0017
葵仁饼 GB3	6.65	29.0	−0.434	+0.206	−0.772	0.0044	−0.0023
葵仁粕 GB2	9.71	36.5	−0.788	−0.101	−0.111	0.0078	−0.0019

（续表）

饲料	代谢能（MJ/kg）	粗蛋白（%）	每增加1%应增减豆粕、玉米、麸皮各多少（%）			需要补充氨基酸（%）	
			豆粕	玉米	麸皮	赖氨酸	蛋氨酸
向日葵仁粕	8.49	33.6	−0.650	+0.022	−0.372	0.0064	−0.0020
花生仁饼 GB2	11.63	44.7	−1.125	−0.246	+0.371	0.0138	0.0065
花生仁粕 GB2	10.88	47.8	−1.202	−0.103	+0.305	0.0140	0.0068
菜籽饼 GB2	8.16	34.3	−0.662	+0.076	−0.414	0.0055	−0.0024
菜籽粕 GB2	7.41	38.6	−0.778	+0.236	−0.458	0.0085	−0.0026
棉籽饼 GB2	9.04	40.5	−0.897	+0.043	−0.146	0.0109	0.0021
棉籽粕 GB2	7.32	42.5	−0.904	+0.302	−0.398	0.0109	0.0014
棉籽饼	8.16	32.3	−0.596	+0.049	−0.453	0.0069	0.0031
棉籽粕	7.57	37.3	−0.741	+0.196	−0.455	0.0091	0.0019
米糠饼 GB1	10.17	14.7	−0.082	−0.463	−0.455	−0.0002	−0.0001
米糠粕 GB1	8.28	15.1	−0.030	−0.204	−0.766	−0.0010	−0.0010
亚麻仁饼 NY/T2	9.79	32.3	−0.648	−0.171	−0.181	0.0103	0.0016
亚麻仁粕 NY/T2	7.95	34.8	−0.671	+0.111	−0.440	0.0064	0.0002
芝麻饼	8.95	39.2	−0.851	+0.038	−0.187	0.0151	0.000
秘鲁鱼粉	11.67	62.8	−1.726	−0.003	+0.729	−0.0086	−0.0033
白鱼粉	10.75	61.0	−1.635	+0.096	+0.539	−0.0047	−0.0038
国产鱼粉 SC2	11.46	52.5	−1.378	−0.116	+0.494	−0.0018	0.0064
血粉、喷雾	10.29	82.8	−2.341	+0.458	+0.883	−0.0110	0.0090
肉骨粉	8.20	50.0	−1.183	+0.287	−0.104	0.0057	0.0055
鸡羽毛粉（水解）	11.42	77.9	−2.217	+0.239	+0.978	0.0336	0.0016
牛皮革粉（水解）	6.19	77.6	−2.027	+0.936	+0.091	0.0252	0.0124
苜蓿草粉 GB1	4.06	19.1	−0.018	+0.417	−1.399	0.0007	0.0002
苜蓿草粉 GB2	3.64	15.2	+0.126	+0.420	−1.546	−0.0018	−0.0006
玉米 DDGS	10.42	34.2	−0.736	−0.228	−0.036	0.0123	0.0008

注：GB：国家标准，NY/T：农业农村部推荐标准，SC：商业部标准

3. 高温低温季节的配方调整

在鹅生产中，环境温度过高过低时，鹅的维持需要、采食量和养分转化效率等都会发生变化，设计配方时应作相应的调整。有关鹅的适宜环境温度标准的资料十分少，可借用其他家禽的实验数据。

根据试验测定，以适宜温度为标准，环境温度每增减1℃，鸡的平均自由采食量将减增1.5%，而维持需要也减增1.5%。成年鸡的适宜温度在18℃～25℃，维持能量需要约占总能量需要的60%～70%(高产时占得少)，生产需要的能量占30%～40%。则环境温度在适宜温度以上每增加1℃，自由采食时饲粮的能量浓度需增加0.45%～0.6%。温度低于适宜温度时则相反。蛋白质、钙、磷、维生素等其他养分，在高温季节为了保持原来的摄入量，都应相应提高其在配合料中的浓度，有的甚至还要提得更高以缓解热应激的影响，即每增加1℃至少要提高1.5%。在生产实际中不可能按每天的温度经常变换配方。通常采取的方法是，在高温季节将能量保持不动，或略有增减，而将蛋白质、钙、磷、氨基酸和维生素等成分适当提高。寒冷季节则相反。高温季节饲粮中添加一些1%～2%的油脂，有助于保证能量供应和减轻热应激。此时还应添加些抗热应激的药物，常用的有维生素C、碳酸氢钠、氯化铵、氯化钙与阿司匹林。

4. 微量活性营养物质的添加系数

鹅高产、疾病、运输、应激等生理状态下，维生素、微量元素等微量活性营养物质易不足，在饲粮中常需要增加添加量。为方便应用，编者列出常用维生素、微量元素的添加系数参考值及常用饲料矿物质元素含量，可供配合与生产鹅饲料时参考。

表7-13　常用维生素、微量元素的添加系数参考值

名称和含量规格	添加系数	备注
维生素A(50万国际单位/克)	2～5(10)	高产、应激、幼小动物、长时间运输用较高系数，同时存在几个不利因素时用括弧内的系数
维生素D_3(50万国际单位/克)	4～10(15)	(同上)
维生素E(50%)	0.5～2	快速生长动物，高产蛋禽用较高系数
维生素K_3(94%)	0.5～5	种用畜禽、饲粮中含油脂高时用较高系数
维生素B_1(98.5%)	0～3	球虫病、腹泻、用抗生素时用较高系数
维生素B_2(96%)	1～3	有拮抗物时用较高系数
烟酸(99%)	0.8～3	饲粮蛋白质高时用较高系数
维生素B_6(98%)	0.5～3	抗生素、磺胺类药物时多用(其他B族维生素同)

（续表）

名称和含量规格	添加系数	备注
泛酸钙(92%)	0～3	色氨酸水平低时多用
叶酸(95%)	0.8～5	能量、蛋白质水平较高时，有拮抗物（亚麻籽）时多用
维生素 B_{12}(1%)	1～5	长期服用磺胺类药物时多用
氯化胆碱(50%)	0～2	蛋氨酸、叶酸、胆碱少时用较高系数
生物素(2%)	0～2	蛋氨酸水平较低时用较高量
维生素C(99%)	0～5	种用畜禽、有拮抗物时用较高系数
肌醇(97%)	0～2	一般用于鱼类和畜禽抗应激饲粮
铁(Fe)	0.5～1.5	饲粮中棉酚高时需另加
铜(Cu)	1～2	用高铜促进幼畜幼禽生长时可达 200mg/kg
锌(Zn)	1～2	幼小动物用较高系数
锰(Mn)	1～2	幼小动物用较高系数
碘(I)	1～3	饲粮含甲状腺素拮抗物时用高系数
硒(Se)	0～1.5	高硒地区少用，不用
钴(Co)	0～2	高钴地区少用，不用

表 7-14 常用饲料中的矿物质含量

饲料名称	钙 %	磷 %	镁 %	钾 %	钠 %	氯 %	硫 %	铁 %	铜 mg/kg	钴 mg/kg	锌 mg/kg	锰 mg/kg
玉米	0.03	0.28	0.11	0.39	0.01	—	—	0.01	3.6	—	24	7
高粱	0.07	0.27	0.12	—	—	—	—	0.01	3.6	—	24	7
小麦	0.06	0.32	0.13	—	—	—	—	—	6.7	—	27	51
大麦	0.09	0.41	0.11	0.60	0.15	0.25	—	0.01	6.4	—	33	18
黑麦	0.08	0.33	0.09	—	—	—	—	0.01	6.4	—	30	60
燕麦	0.12	0.37	0.18	0.44	0.02	0.11	0.23	0.01	6.2	0.07	31	51
小麦粉	0.06	0.34	—	—	—	—	—	—	5.6	—	23	21
粗米	0.03	0.33	0.09	—	—	—	—	0.01	3.3	—	10	21
稻谷	0.05	0.26	0.07	0.98	0.05	0.07	0.05	0.06	3.7	—	14	21
小米	0.05	0.30	0.18	0.48	0.02	0.16	0.14	0.01	—	—	15	30

（续表）

饲料名称	钙 %	磷 %	镁 %	钾 %	钠 %	氟 %	硫 %	铁 %	铜 mg/kg	钴 mg/kg	锌 mg/kg	锰 mg/kg
大豆	0.24	0.67	0.34	1.54	0.03	0.03	0.23	0.01	16.6	—	45	27
大豆饼	0.36	0.74	0.33	2.33	0.02	0.03	0.93	0.09	21.1	0.53	69	39
棉籽饼	0.26	1.16	—	—	—	—	—	—	24.2	—	63	23
菜籽饼	0.72	1.24	0.52	1.26	0.01	—	—	0.02	11.4	—	81	60
花生饼	0.22	0.61	0.28	—	—	—	—	0.12	17.6	—	79	47
亚麻仁饼	0.43	0.82	0.60	1.19	0.13	0.05	0.51	0.02	26.9	1.25	83	120
芝麻饼	2.47	1.20	0.68	1.17	0.03	—	—	0.16	68.8	—	154	78
椰子油饼	0.28	0.66	0.33	—	—	—	—	0.15	31.4	—	57	73
葵花籽饼	0.56	0.90	—	—		—	—	—	—	—	112	26
马铃薯	0.01	0.05	0.03	0.48	0.02	0.06	—	0.002	—	—	—	—
甘薯	0.03	0.04	0.05	0.38	0.02	0.02	—	0.002	—	—	—	—
米糠	0.05	1.81	—	—	—	—	—	—	1.51	—	35	209
米糠(脱脂)	0.32	2.89	0.96	—	—	—	—	0.02	9.3	—	86	201
麦麸	0.34	1.05	0.39	0.99	0.22	—	—	0.02	13.0	—	141	145
糖蜜(甘蔗)	1.19	0.11	0.47	3.17	—	—	—	0.03	79.4	—	—	56
鱼粉(含粗蛋白60%)	6.78	3.59	0.19	0.69	0.67	—	—	0.01	11.6	—	122	21
鱼粉（粗鱼渣）	9.24	5.20	0.25	—	—	—	—	0.02	5.4	—	54	12
肉骨粉	11.31	5.61	0.22	0.38	0.61	0.72	—	0.06	8.2	14.37	122	16
血粉	0.20	0.24	0.02	0.17	0.69	0.70	0.42	0.22	15.4	0.08	30	10
羽毛粉	0.30	0.77	0.04	0.52	—	0.35	—	0.06	10.9	—	183	10
蚕蛹渣	0.24	0.88	—	1.15	0.03	—	—	—	—	—	—	—
牡蛎壳	38.10	0.07	0.30	0.1	0.21	0.01	—	0.29	—	—	—	134
骨粉	30.71	12.86	0.33	0.19	5.69	0.01	2.51	2.67	11.5		130	23
磷酸氢钙	24.32	18.97	—	—	—	—	—	—	—	—	—	—
磷酸钙	32.07	18.25	0.22	0.09	5.45	—	—	0.92	—	—	—	—
碳酸钙	36.74	0.04	0.50	—	0.02	0.04	0.09	—	—	—	—	—
食盐	0.03	—	0.13	—	39.20	60.61	—	—	—	—	—	—

5. 按可利用氨基酸设计饲料配方

单胃动物对不同饲料中各种氨基酸的利用率有很大差异。例如，鸡对豆粕、米糠、棉籽粕中赖氨酸的真消化率分别是90%、75%、65%。因此，按可利用氨基酸设计饲料配方，可以避免氨基酸的浪费或不足，比原来按氨基酸分析值更为合理。按可利用氨基酸设计配方，一般能将饲粮蛋白质含量降低1～2个百分点而不影响饲喂效果，既节约了饲料成本，又减少了排泄物中未消化蛋白质对环境的污染。按可利用氨基酸设计饲料配方的方法与前述方法相同，只是所用的数据是饲料的可利用氨基酸含量而不是氨基酸分析值。

表7－15　鹅常用饲料的氨基酸含量(%)

饲料名称	精氨酸	甘氨酸	组氨酸	异亮氨酸	亮氨酸	赖氨酸	蛋氨酸	胱氨酸	苯丙氨酸	酪氨酸	苏氨酸	色氨酸	缬氨酸	丝氨酸
玉米	0.49	0.35	0.24	0.32	0.11	0.24	0.17	0.22	0.43	0.42	0.32	0.06	0.45	0.45
高粱	0.33	0.3	0.21	0.38	1.19	0.23	0.12	0.13	0.44	0.23	0.29	0.08	0.49	0.4
小麦	0.6	0.52	0.28	0.4	0.81	0.38	0.16	0.26	0.52	0.38	0.34	0.13	0.54	0.56
大麦	0.46	0.44	0.21	0.37	0.76	0..37	0.13	0.14	0.52	0.27	0.36	0.12	0.53	0.46
黑麦	0.53	0.49	0.23	0.37	0.7	0.37	0.13	0.27	0.5	0.31	0.38	0.15	0.55	0.51
燕麦	0.56	0.45	0.34	0.34	0.66	0.35	0.16	0.22	0.45	0.26	0.29	0.12	0.45	0.45
小麦粉	0.39	—	0.29	0.58	0.87	0.29	0.11	—	0.58	0.19	0.29	0.11	0.43	—
粗米	0.52	0.4	0.19	0.41	0.69	0.3	0.22	0.1	0.4	0.23	0.37	0.12	0.59	0.45
稻谷	0.65	0.99	0.11	0.33	0.65	0.33	0.21	0.12	0.33	0.74	0.22	0.12	0.63	—
小米	0.38	0.28	0.22	0.41	1.33	0.19	0.28	0.20	0.64	0.23	0.34	—	0.52	0.85
大豆	2.77	—	0.89	2.03	2.80	2.36	0.48	0.59	1.81	1.18	1.44	0.48	1.92	—
马铃薯粉	0.38	—	0.15	0.32	0.98	0.43	0.14	0.15	0.47	0.06	0.32	0.07	0.42	—
甘薯(干)	0.09	0.11	0.04	0.10	0.15	0.11	0.03	0.02	0.10	0.04	0.09	0.04	0.13	0.11
木薯(粉)	0.26	—	0.04	0.09	0.12	0.12	0.03	0.03	0.07	0.04	0.08	0.03	0.11	—
大豆饼	3.77	1.7	1.11	2.00	3.10	2.59	0.49	0.70	1.77	1.40	1.48	0.44	2.14	1.70
棉籽饼	4.04	—	0.90	1.44	2.13	1.48	0.54	0.61	1.88	0.97	1.19	0.47	1.73	—
菜籽饼	1.86	1.47	0.90	1.24	2.09	1.64	0.53	0.68	1.24	0.90	1.30	0.68	1.58	1.30
花生饼	5.16	2.58	1.14	1.14	2.73	1.44	0.29	0.41	2.05	1.82	1.14	0.99	1.74	1.97
亚麻仁饼	3.52	1.87	0.62	1.31	1.82	1.14	0.54	0.54	1.48	0.91	1.08	0.68	1.48	1.59
芝麻饼	6.07	2.38	1.54	1.77	3.3	1.31	0.92	0.69	2.07	1.77	1.77	0.56	2.30	2.15

（续表）

饲料名称	精氨酸	甘氨酸	组氨酸	异亮氨酸	亮氨酸	赖氨酸	蛋氨酸	胱氨酸	苯丙氨酸	酪氨酸	苏氨酸	色氨酸	缬氨酸	丝氨酸
椰子油饼	2.34	0.78	0.41	0.61	1.12	0.51	0.25	0.28	0.81	0.47	0.58	0.14	0.95	0.78
葵花籽饼	2.85	—	0.70	1.71	1.93	1.84	0.54	—	1.49	—	0.82	0.63	1.62	—
米糠	1.26	0.92	0.46	0.60	1.17	0.89	0.21	0.32	0.69	1.78	0.66	0.17	0.92	0.74
麦麸	1.05	0.79	0.44	0.51	0.97	0.64	0.16	0.26	0.59	0.33	0.49	0.28	0.74	0.36
鱼粉（含粗蛋白 60%）	3.25	3.66	1.40	2.56	4.36	4.20	1.80	0.55	2.42	1.97	2.42	0.74	2.91	2.38
肉骨粉	3.34	5.91	0.78	1.32	2.88	2.49	0.52	0.50	1.40	1.09	1.63	0.22	1.94	2.02
血粉	7.11	3.08	9.25	0.78	9.25	6.17	0.45	0.43	4.42	1.74	2.55	1.06	5.90	3.35
羽毛粉	5.25	—	0.50	3.75	6.58	1.42	0.42	3.75	3.58	3.17	3.58	0.50	6.14	—
蚕蛹渣	3.53	2.54	1.76	2.54	3.97	3.86	1.32	0.68	3.20	4.74	2.54	1.43	2.43	2.54
脱脂乳	0.12	—	0.09	0.18	0.32	0.26	0.09	0.03	0.16	0.13	0.15	0.05	0.23	—
饲用酵母	3.12	2.19	1.06	2.11	3.33	3.95	0.85	0.56	1.96	1.57	2.31	—	2.54	2.53
紫花苜蓿粉	0.67	0.67	0.25	0.60	0.97	0.64	0.16	0.14	0.62	0.40	0.55	0.24	0.72	0.60
紫花苜蓿（开花期）	0.21	—	0.10	0.22	0.36	0.25	0.07	0.06	0.23	0.11	0.21	0.06	0.27	—
白三叶草	0.15	0.13	0.07	0.16	0.10	0.16	0.04	0.05	0.16	0.09	0.13	0.07	0.18	0.13

三、鹅的饲料配方

目前我国农村养鹅，主要采用以谷实类及其副产品为主的饲料，如秕谷、碎米、玉米、瘪麦、米糠和麸皮等，而不是根据鹅的生长发育阶段或生产（育肥、产蛋等）来配合组成各种不同的日粮。由于这种单一饲料的利用率较低，所以会造成很大浪费。如雏鹅育雏阶段，生长强度大，需要蛋白质含量较高的日粮，而上述各种单一饲料，无论哪种都不可能达到这一营养要求，使小鹅生长发育受抑制；产蛋鹅也需要蛋白质含量较高的日粮，但如果采用上述单一饲料喂养，不仅蛋白质含量低，而且蛋白质品质差，氨基酸不平衡，鹅的产蛋性能就不能充分发挥，产蛋量就低。如果日粮由豆饼、稻谷、玉米、麦类、麸皮、米糠、瘪谷、干草粉、骨粉、贝壳粉等多种饲料按比例配合的话，则不仅可满足鹅的蛋白质需要，提高日粮的氨基酸平衡性，同时可保证日粮的能量含量，并能弥补单一饲料可能缺乏的某些维生素、矿物质等，使日粮营养全面平衡，从而满足鹅的营养需要，发挥鹅的最佳生产性能。

农村养鹅一般采用三种饲养方式。①以放牧为主，适当补充一些精料；②圈养，以精料为主，喂一些青饲料；③全部喂配合饲料。

以下分别介绍这三种饲养方式的一些配方，见表7－16至表7－22。

表7－16 放牧补饲饲料配方(%)

原料	鹅周龄(周)						
	1	2～3	4～8	9～10(肉用)	9～10(种用)	2～10	2～10
玉米	—	—	—	—	—	67.8	56
碎米	74	59	10	—	—	—	—
稻谷粉	—	10	59	59	59	—	—
麸皮	—	4.8	8.8	18.8	18.8	2.9	16.5
大豆饼	24.8	20	10	—	—	24	21
花生饼	—	5	10	20	20	—	—
菜籽饼	—	—	—	—	—	3	5
食盐	0.21	0.21	0.21	0.21	0.21	0.37	0.37
贝壳粉	0.99	0.99	1.99	1.99	1.99	—	—
骨粉	—	—	—	—	—	1.66	1.13
盐酸赖氨酸	—	—	—	—	—	0.1	—
蛋氨酸	—	—	—	—	—	0.17	—
精料∶青料	1∶10	1∶8	1∶7	1∶5	1∶7	1∶6	1∶6

表7－17 圈养鹅饲料配方(%)

原料	鹅周龄(周)				
	1	2～3	4～8	9～10(肉用)	9～10(种用)
碎米	75	60	10	—	—
稻谷粉	—	10	50	75	65
麸皮	—	—	10	—	5
大豆饼	25	20	10	—	5
花生饼	—	5	10	20	10
干草粉	—	5	10	5	15

（续表）

原料	鹅周龄（周）				
	1	2～3	4～8	9～10（肉用）	9～10（种用）
食盐（另加）	0.2	0.2	0.2	0.2	0.2
贝壳粉（另加）	1	1	2	2	2
精料∶青料	1∶6	1∶1	1∶0	1∶0	1∶0

表 7－18　不用青饲料时鹅饲料配方（%）

原料	鹅周龄（周）				
	1	2～3	4～8	9～10（肉用）	9～10（种用）
玉米	44	4	42	60	40
碎米	24	20	—	—	—
稻谷粉	—	10	20	15	30
米糠	—	—	4	—	—
麸皮	5	5	4	—	5
大豆饼	25	20	20	—	—
花生饼	—	—	—	20	15
干草粉	2	5	10	5	10
食盐（另加）	0.2	0.2	0.2	0.2	0.2
贝壳粉（另加）	1	1	2	2	2

表 7－19　鹅地面平养全价饲料配方（1）（%）

原料	雏鹅（0～6 周龄）				生长鹅（6 周龄以上）			
	配方一	配方二	配方三	配方四	配方五	配方六	配方七	配方八
玉米	43	21.8	55.87	56.7	63.93	63.8	52.7	47.2
小麦	—	24.2	—	—	—	—	—	10
大麦	10	10	—	—	—	—	10	5
豆粕	31	28	17.19	18	6	5.14	21.5	22
花生饼	—	—	17.2	18	6	4.84	—	—
国产鱼粉	—	—	3.06	—	—	—	—	—
麦麸	5	5	3.74	4.0	19	19.13	—	—
次粉	5	5	—	—	—	—	5	5

（续表）

原料	雏鹅(0～6周龄)				生长鹅(6周龄以上)			
	配方一	配方二	配方三	配方四	配方五	配方六	配方七	配方八
小麦粗粉	—	—	—	—	—	—	5	5
干草粉	—	—	0.7	1	4	4.79	—	—
脱水苜蓿	2.0	2.0	—	—	—	—	2	2
骨粉	—	—	1.06	1.1	—	—	—	—
贝壳粉	1.1	1.1	0.58	0.6	0.6	0.6	1	1
磷酸氢钙	1.3	1.3	—	—	—	—	1.2	1.2
食盐	0.2	0.2	0.3	0.3	0.3	0.3	0.2	0.2
蛋氨酸	0.4	0.4	0.3	0.3	0.4	0.4	0.4	0.4
预混料	1	1	—	—	—	1	1	1

表7-20 鹅地面平养全价饲料配方(2)(%)

原料	雏鹅(0～6周龄)			生长鹅(6周龄以上)		
	配方一	配方二	配方三	配方四	配方五	配方六
玉米	60	45	54	61.3	58.7	65
高粱	—	15	—	—	—	—
麸皮	—	6.9	9	10.8	7.8	—
稻糠	—	—	7	7.2	—	—
酒糟	—	—	—	—	—	15.2
鱼粉	—	—	4	—	—	—
豆粕	22	29.5	22.4	17	—	8.5
菜籽粕	3.7	—	—	—	14.5	7.5
葵花粕	8	—	—	—	—	—
棉籽粕	—	—	—	—	15.3	—
磷酸氢钙	—	2.4	—	—	2.8	2.9
骨粉	5.4	—	—	—	—	—
石粉	—	0.3	—	—	—	—
贝壳粉	—	—	2.7	2.8	—	—
食盐	0.4	0.4	0.4	0.4	0.4	0.4
预混料	0.5	0.5	0.5	0.5	0.5	0.5

表 7-21　鹅的配合饲料(%)

原料	配方一			配方二			配方三		
	0～4 周	4 周后	产蛋	0～4 周	4 周后	产蛋	0～4 周	4 周后	产蛋
玉米	48.8	53	55	57	58	62	47.7	44	52
小麦	10	7	10	—	—	—	—	—	—
次粉	5	5	5	5	5	5	5	5	5
草粉	5	7.4	5	5	6	5	—	—	—
米糠	—	6	—	—	7	—	7	9.5	6.5
稻谷	—	—	—	—	—	—	7	19	8.7
豆粕	25	15	11.4	30.5	17.5	21	29	15	21
菜籽饼	2	4	4	—	4	—	2	5	—
鱼粉	2	—	3	—	—	—	—	—	—
磷酸氢钙	0.15	0.5	0.3	0.47	0.47	0.35	0.29	0.29	0.35
贝壳粉、石粉	1.1	1	5.5	1.12	1	5.8	1.16	1.19	5.6
盐酸赖氨酸	0.05	0.2	—	0.05	0.13	—	—	0.17	—
预混料	0.5	0.5	0.5	0.5	0.5	0.5	0.5	0.5	0.5
食盐	0.4	0.4	0.3	0.36	0.4	0.35	0.35	0.35	0.35
营养含量									
代谢能(MJ/kg)	11.7	11.69	11.52	11.72	11.76	11.49	11.7	11.7	11.5
粗蛋白	19.5	15.8	15.6	19	16	15.5	19	16	16
钙	0.67	0.62	2.25	0.65	0.6	2.24	0.63	0.62	2.2
有效磷	0.32	0.32	0.34	0.3	0.3	0.27	0.3	0.3	0.3
赖氨酸	0.97	0.82	0.68	0.97	0.82	0.7	0.95	0.82	0.74
蛋氨酸	0.33	0.26	0.29	0.31	0.27	0.26	0.32	0.28	0.27
蛋+胱氨酸	0.67	0.56	0.57	0.65	0.57	0.54	0.67	0.57	0.56

表 7-22　鹅全价配合饲料配方(%)

原料	鹅日龄(天)			成年鹅	
	1～20	21～65	66～210	配方一	配方二
玉米	32	—	—	20.5	—
小麦	30.8	42	17	15	12
大麦	—	22	40	25	45

（续表）

原料	鹅日龄（天）			成年鹅	
	1～20	21～65	66～210	配方一	配方二
燕麦	—	—	2	7	2
麸皮	—	—	9	9	9
葵花籽粕	14	5.5	2	3.6	2
饲料酵母	10	7	4	2	4
鱼粉	3	4	—	1	—
骨肉粉	1	2	—	2	—
草粉	5	10	15	10	15.5
石粉、贝壳、骨粉	3	2.5	6	3.4	6
食盐	0.2	0.5	0.5	0.5	0.5
饲料脂肪	—	3.5	3.5	—	3
饲料添加剂	1	1	1	1	1

（一）雏鹅饲料配方

饲养雏鹅若仅用单一的碎米加青饲料，容易导致雏鹅缺乏矿物质，因此，要适当地补加骨粉和食盐。雏鹅开食后，最好是喂给配合饲料。喂食时，先喂青料再喂配合料，也可将青料与配合料湿拌混合后喂雏鹅。配合饲料可根据当地的饲料资源，选用合适的饲料原料，按照鹅的营养需要进行配制。下面介绍几例方便实用的雏鹅饲料配方（表 7－23～表 7－28）。

表 7－23　雏鹅饲料配方(1)(%)

原料	配方一	配方二	配方三	配方四
玉米	56	45	60	54
豆粕	24	29.5	22	22.4
高粱	—	15	—	—
菜籽粕	8	—	3.7	—
葵花粕	—	—	8	—
啤酒糟	8.1	—	—	—
稻糠	—	—	—	7
麦麸	—	6.9	—	9
鱼粉	—	—	—	4
骨粉	—	—	5.4	—

（续表）

原料	配方一	配方二	配方三	配方四
石粉	—	0.3	—	—
贝壳粉	—	—	—	2.7
磷酸氢钙	3	2.4	—	—
食盐	0.4	0.4	0.4	0.4
添加剂	0.5	0.5	0.5	0.5

表 7-24 雏鹅饲料配方(2)(%)

原料	配方一	配方二	配方三	配方四
玉米	55	—	—	—
豆粕	17.2	20	—	—
大麦芽	—	—	20	—
棉籽粕	5.8	—	—	—
粉碎豆饼	—	—	10	33
稻谷	9.2	—	—	—
米糠	—	—	50	—
麦麸	—	—	14	10
碎米	—	—	—	53
碎大麦	—	10—	—	—
鱼粉	—	6—	—	—
骨粉	—	—	3	2.1
血粉	2.3	—	—	—
石粉	—	0.5	—	—
黄玉米粉	—	48	—	—
小麦次粉	—	10	—	—
青干草粉	—	3	—	—
磷酸氢钙	2.6	0.5	1	—
食盐	0.4	0.5	0.4	0.4
添加剂	0.5	0.5	0.8	0.8
沙粒	—	0.7	0.8	0.7

表 7－25　0～4 周龄雏鹅饲料配方(1)(％)

原料	配方一	配方二	配方三	配方四
玉米	47	45	53.6	46.63
豆粕	29	29.5	22	20
小麦	—	15.7	—	—
菜籽粕	2	—	—	—
稻糠	—	—	7	12
稻谷	7	—	—	—
米糠	7	—	—	—
麦麸	—	6.6	8.7	10
鱼粉	—	—	5	8
骨粉	—	—	1.9	1
石粉	1	1	1.5	2
次粉	5	—	—	—
磷酸氢钙	1.2	1.4	—	—
食盐	0.3	0.3	0.3	0.37
预混料	0.5	0.5	—	—

表 7－26　0～4 周龄雏鹅饲料配方(2)(％)

原料	配方一	配方二	配方三	配方四
玉米	55	—	60	—
豆粕	17.2	33	22	20
大麦芽	—	—	——	3
菜籽粕	—	—	3.7	—
葵花粕	—	—	8	—
棉籽粕	5.8	—	—	—
稻谷	9.2	—	—	—
米糠	—	—	—	14
麦麸	7	10	—	10
碎米	—	53	—	50
骨粉	—	2.1	5.4	1.8

（续表）

原料	配方一	配方二	配方三	配方四
血粉	2.3	—	—	—
磷酸氢钙	2.6	—	—	—
食盐	0.4	0.4	0.4	0.4
添加剂	0.5	0.8	0.5	—
沙粒	—	0.7	—	0.8

表 7－27　4 周龄以后雏鹅饲料配方(1)(%)

原料	配方一	配方二	配方三	配方四
磨碎黄玉米	46.5	60.7	30	61.8
磨碎大麦	10	5	10	10
磨碎小麦	—	10	28.5	—
小麦细麸	5	5	5	5
豆饼粉（粗蛋白 46%）	21.5	15	18	14.3
粗面粉	5	—	5	5
石粉	9.5	1.5	1	1.4
磷酸钙(20%磷)	—	—	—	1.2
磷酸氢钙	1.0	1.5	1.2	—
碘化食盐	0.5	0.3	0.3	0.3
复合预混料	1	1	1	1

表 7－28　4 周龄以后雏鹅饲料配方(2)(%)

原料	配方一	配方二	配方三	配方四	配方五
玉米	—	—	47	—	55.4
豆粕	—	—	15	—	16.2
麦麸	—	—	15	—	11.4
磨碎黄玉米	32	—	—	—	—
磨碎大麦	10	10	—	12	—
磨碎小麦	33.1	69.6	—	69.8	—

（续表）

原料	配方一	配方二	配方三	配方四	配方五
小麦细麸	5	5	—	5	—
豆饼粉（粗蛋白46%）	12.5	13	—	7	—
粗面粉	5	5	—	5	—
稻糠	—	—	13	—	11
鱼粉	—	—	7	—	3
骨粉	—	—	1	—	1
血粉	—	—	—	—	—
石粉	1.2	1.2	2	1.2	2
磷酸钙(20%磷)	1.2	1.2	—	—	—

（二）肉用仔鹅育肥期饲料配方

仔鹅生长发育快，如青草资源不足，可补喂些饲料，如稻谷、麦类、甘薯、粉碎的玉米等，但以多种饲料原料按营养标准配制成的全价饲料更好。这里推荐一些饲料配方如下。

表7－29　肉用仔鹅饲料配方(1)(%)

原料	配方一	配方二	配方三	配方四
玉米	38	65	61.3	58.7
玉米粉	—	—	—	—
豆粕	—	8.5	17	—
小麦	25	—	—	—
大麦	19.4	—	—	—
葵花粕	5	—	—	—
菜籽粕	—	7.5	—	14.5
棉籽粕	—	—	—	15.3
麦麸	—	—	10.8	7
稻糠	—	—	7.2	—
鱼粉	3	—	—	—
肉骨粉	1.7	—	—	—
贝壳粉/石粉	2	—	2.8	0.6

（续表）

原料	配方一	配方二	配方三	配方四
酒糟	—	15.2	—	—
饲料酵母	5	—	—	—
磷酸氢钙	—	2.9	—	3.0
食盐	0.4	0.4	0.4	0.4
添加剂	0.5	0.5	0.5	0.5

表 7－30　肉用仔鹅饲料配方(2)(％)

原料	配方一	配方二	配方三	配方四
玉米	60	40	46	50
菜籽粕	—	11	—	—
粉碎小麦	—	—	20	24
粉碎大麦	—	—	20	10
米糠	—	10	—	—
稻谷	—	15	—	—
麦麸	30	19	—	—
鱼粉	—	3.7	—	—
肉骨粉	—	1	—	—
贝壳粉/石粉	—	—	0.5	1.5
豆饼粉	8	—	11	12
青干草粉	—	—	1	—
磷酸氢钙	—	—	0.5	1
食盐	1	0.3	0.5	0.5
添加剂	—	—	0.5	1
沙粒	1	—	—	—

表 7－31　中型肉用仔鹅饲料配方(％)

原料	日龄		
	0～21 天	22～49 天	50～60 天
玉米	37	36	59
米粉	15	15	12

（续表）

原料	日龄		
	0～21天	22～49天	50～60天
麸皮	14	22	2
次粉	8	8	9
豆粕	17	9	9
鱼粉	8	8	7.5
贝壳粉	1	2	1.5
营养含量			
代谢能(MJ/kg)	11.393	10.68	12.334
粗蛋白	20.1	18.1	16
粗脂肪	3.33	3.08	3.54
粗纤维	4.1	4.9	3.77
钙	0.54	1.29	1.57
磷	0.41	0.65	0.26
赖氨酸	0.92	0.78	0.64
蛋氨酸	0.3	0.27	0.23
胱氨酸	0.33	0.27	0.22
色氨酸	0.25	0.33	0.17

表7-32　南方中型肉用仔鹅饲料配方(%)

原料	日龄		
	0～21天	22～49天	50～63天
玉米	40	32	66
米粉	17	24	21
麸皮	15	22	2
次粉	9	9	1
豆饼	10	3	1
鱼粉	8	8	735
蚝壳粉	1	2	1.5
营养含量			
代谢能(MJ/kg)	11.397	10.681	12.329

（续表）

原料	日龄		
	0～21天	22～49天	50～63天
粗蛋白	18	16.1	14
粗脂肪	2.27	2.97	3.53
粗纤维	4.6	5.2	3.94
钙	0.52	1.26	1.52
磷	0.39	0.61	0.43
赖氨酸	0.77	0.65	0.53
蛋氨酸	0.27	0.25	0.23
胱氨酸	0.28	0.25	0.19
色氨酸	0.22	0.20	0.15

表7-33 5周龄至上市商品肉鹅饲料配方(1)(%)

原料	配方一	配方二	配方三	配方四
玉米	55.5	47.7	52	52
高粱	—	—	14	—
稻谷	—	11	—	15
米糠	11	7	—	3
麦麸	14.2	13.2	13	13.4
花生饼	—	3	3	—
豆粕	15	14	14	11
食盐	0.3	0.3	0.3	0.3
石粉	—	0.6	0.5	0.5
骨粉	2	2.2	2.2	1.8
鱼粉	1	—	—	2
预混料	1	1	1	1

表7-34 5周龄至上市商品肉鹅饲料配方(2)(%)

原料	配方一	配方二	配方三	配方四
玉米	40.8	40	40	43
高粱	—	—	—	25

（续表）

原料	配方一	配方二	配方三	配方四
小麦	22.5	—	—	—
稻谷	—	15	—	—
米糠	8	10	9.6	—
麦麸	11.7	19	8	6
菜籽粕	—	11	—	—
花生粕	12.5	—	—	—
蚕蛹	1.0	—	—	—
糖蜜	—	—	—	3
猪油	—	—	—	0.6
豆粕	—	—	20	19
磷酸氢钙	1.2	—	—	1.6
食盐	0.2	0.3	0.4	0.4
干草粉	—	—	20	—
石粉	—	—	0.4	0.9
骨粉	1.1	1	0.8	—
鱼粉	—	3.7	—	—
预混料	1	—	—	0.5
砂石	—	—	0.8	—

（三）产蛋鹅及种鹅饲料配方

鹅产蛋前一个月左右，应改喂种鹅饲料。种鹅日粮的配合要充分考虑母鹅产蛋各阶段的实际营养需要，并根据当地的饲料资源因地制宜地制定饲料配方。下面介绍几种产蛋鹅及种鹅的饲料配方（表7－35～表7－46）。

表7－35　产蛋鹅及种鹅饲料配方(1)(%)

原料	配方一	配方二	配方三	配方四
玉米	61	40.8	55	44
豆粕	8.7	18	6.7	—
豆饼粉	—	—	—	12
菜饼	—	—	—	5

（续表）

原料	配方一	配方二	配方三	配方四
菜籽饼	—	4	6.6	—
棉仁饼	—	—	—	3
棉籽粕	3.5	—	—	—
葵花粕	6	—	—	—
糠饼	—	—	—	12
青糠	—	—	—	13
高粱	—	19.6	—	—
稻谷	—	—	8	—
麦麸	10	8	12	—
麸皮	—	—	—	4.5
饲料酵母	2	—	—	—
石粉/贝壳粉	3.6	3.8	3.5	5
骨粉	4.3	—	—	1
血粉	—	—	3.4	—
食盐	0.4	0.4	0.4	0.2
磷酸氢钙	—	4.9	3.9	—
蛋氨酸	—	—	—	0.1
预混料	0.5	0.5	0.5	0.2

表 7－36 产蛋鹅及种鹅饲料配方(2)(%)

原料	配方一	配方二	配方三	配方四
玉米	—	—	55	62
玉米粉	41.75	40.25	—	—
粉碎小麦	15	25	15	—
粉碎大麦	10	10	—	—
豆粕	—	—	11.4	21
豆饼粉	22.5	13.25	—	—
菜籽粕	—	—	4.0	—
青干草粉	5	4	—	5

（续表）

原料	配方一	配方二	配方三	配方四
石粉/贝壳粉	3.25	4.5	5.5	5.8
次粉	—	—	5	5
鱼粉	—	—	3.0	—
食盐	1	0.5	0.3	0.35
磷酸氢钙	0.75	—	0.3	0.35
二磷酸钙	—	1.5	—	—
预混料	0.75	1	0.5	0.5

表 7－37　产蛋鹅及种鹅饲料配方(3)(%)

原料	配方一	配方二	配方三	配方四
玉米	43.8	42.5	42.7	50.5
高粱	20	—	—	—
小麦	—	23	21	—
豆粕	18	21	12	18
菜籽粕	4	—	—	—
花生饼	—	—	7	—
稻谷	—	—	—	8.2
麦麸	8	—	6	—
青干草粉	—	4	—	—
石粉	3.8	6.5	6.5	6.5
次粉	—	—	—	11
鱼粉	—	—	2.0	3.0
食盐	0.4	0.3	0.3	0.3
磷酸氢钙	1.5	1.7	1.5	1.5
预混料	0.5	1	1	1

表 7－38　产蛋鹅及种鹅饲料配方(4)(%)

原料	配方一	配方二	配方三	配方四
玉米	52	40.44	52	41.3
高粱	—	25	—	20

（续表）

原料	配方一	配方二	配方三	配方四
豆粕	15	12	21	18
菜籽粕	5	—	—	4
米糠	8	—	6.5	—
稻谷	—	—	8.7	—
麦麸	—	12.4	—	8
糖蜜	—	3	—	—
蚕蛹	2	—	—	—
石粉	6.3	4.9	5.6	3.8
次粉	9.8	—	5.3	—
鱼粉	0.2	2.5	—	—
食盐	—	—	—	0.4
磷酸氢钙	1.7	1.5	0.4	4
蛋氨酸	—	0.01	—	—
预混料	—	0.5	0.5	0.5

表 7－39　产蛋鹅及种鹅饲料配方(5)(%)

原料	配方一	配方二	配方三	配方四
玉米	43.8	42.5	42.7	50.5
高粱	20	—	—	—
小麦	—	23	21	—
豆粕	18	21	12	18
菜籽粕	4	—	—	—
花生饼	—	—	7	—
稻谷	—	—	—	8.2
麦麸	8	—	6	—
青干草粉	—	4	—	—
石粉	3.8	6.5	6.5	6.5
次粉	—	—	—	11
鱼粉	—	—	2.0	3.0

（续表）

原料	配方一	配方二	配方三	配方四
食盐	0.4	0.3	0.3	0.3
磷酸氢钙	1.5	1.7	1.5	1.5
预混料	0.5	1	1	1

表 7－40　产蛋鹅及种鹅饲料配方(6)(%)

原料	配方一	配方二	配方三	配方四
玉米	52	39.69	52	41.3
高粱	—	25	—	20
豆粕	15	11	21	18
菜籽粕	5	—	—	4
米糠	8	—	6.5	—
稻谷	—	—	8.7	—
麦麸	—	12.4	—	8
糖蜜	—	3	—	—
蚕蛹	2	—	—	—
石粉	6.3	4.9	5.6	3.8
次粉	9.8	—	5.3	—
鱼粉	0.2	2.5	—	—
食盐	—	—	—	0.4
磷酸氢钙	1.7	1	0.4	4
蛋氨酸	—	0.01	—	—
预混料	—	0.5	0.5	0.5

表 7－41　产蛋鹅及种鹅饲料配方(7)(%)

原料	配方一	配方二	配方三	配方四
玉米	45	44	40	40.9
小麦	15	—	—	—
大麦	—	17	—	—
稻谷	—	—	11	—

（续表）

原料	配方一	配方二	配方三	配方四
次粉	—	—	—	8
小麦麸	22.2	21.2	23.1	24
豆粕	6	—	9	11
菜籽饼	—	—	—	4
芝麻饼	—	6	—	—
酒糟	—	—	—	8
米糠	—	—	12.8	—
草粉	8	8	—	—
石粉	1.2	1.2	1.4	1.5
食盐	0.3	0.3	0.2	0.2
磷酸氢钙	1.3	1.3	1.5	1.4
预混料	1	1	1	1

表 7－42　后备种鹅饲料配方(1)(%)

原料	配方一	配方二	配方三	配方四
玉米	45	44	40	40.9
小麦	15	—	—	—
大麦	—	17	—	—
稻谷	—	—	11	—
次粉	—	—	—	8
小麦麸	22.2	21.2	23.1	24
豆粕	6	—	9	11
菜籽饼	—	—	—	4
芝麻饼	—	6	—	—
酒糟	—	—	—	8
米糠	—	—	12.8	—
草粉	8	8	—	—
石粉	1.2	1.2	1.4	1.5
食盐	0.3	0.3	0.2	0.2

（续表）

原料	配方一	配方二	配方三	配方四
磷酸氢钙	1.3	1.3	1.5	1.4
预混料	1	1	1	1

表7-43　后备种鹅饲料配方(2)(%)

原料	配方一	配方二	配方三	配方四
玉米	37	60	20.5	—
高粱	21	—	—	—
小麦	—	—	15	—
大麦	—	—	25	—
稻谷	—	—	—	59
豌豆	—	—	3	—
小麦麸	24.9	20	—	18.8
燕麦麸	—	—	4	—
豆粕	8	15.5	—	—
花生饼	5	—	—	20
葵花饼	—	—	3.5	—
糠麸	—	—	15	—
酵母蛋白	—	—	2	—
草粉	—	—	5	—
鱼粉	—	—	1	—
骨粉	—	1.3	2	—
石粉	1.5	1.5	2	1.99
食盐	0.3	0.2	0.5	0.21
磷酸氢钙	1.3	1	1	—
预混料	1	0.5	0.5	—

表7-44　后备种鹅饲料配方(3)(%)

原料	配方一	配方二	配方三	配方四
玉米	—	51	36	40
甘薯	—	19	18	—

（续表）

原料	配方一	配方二	配方三	配方四
花生饼	10	—	—	15
大豆饼	5	—	—	—
稻谷粉	65	—	—	30
干草粉	12.3	—	—	7
苜蓿草粉	—	5	5	—
麦麸	5	—	—	5
酒糟	—	11	16	—
米糠	—	4	15	—
石粉	—	2	2	—
骨粉	—	1	1	—
鱼粉	—	5	5	—
食盐	0.2	0.3	0.3	0.2
贝壳粉	2	—	—	2
磷酸氢钙	—	0.7	0.7	—
预混料	0.5	1	1	0.8

表 7－45 后备种鹅饲料配方(4)(％)

原料	配方一	配方二	配方三	配方四
玉米	60	72.2	20.5	29
小米	—	—	115	—
大麦(去壳)	—	—	25	40
燕麦	—	—	—	2
豌豆	—	—	3	—
豆粕	9	13	—	—
葵花粕	—	—	3.6	2
干草粉	—	—	5	10.5
麦麸	20	10	4	9
糠麸	—	—	15	—
米糠	4.6	—	—	—

（续表）

原料	配方一	配方二	配方三	配方四
糖蜜	3	—	—	—
饲料酵母	—	—	2	4
石粉	1.1	—	—	1
贝壳粉	—	1.1	2.6	—
骨粉	—	1	2	—
鱼粉	—	—	1	—
食盐	0.3	0.5	0.5	0.5
磷酸氢钙	1.5	1.2	0.8	1
预混料	0.5	1	—	1

表 7－46　填肝鹅饲料配方(%)

原料	0～30 天	31～60 天	61～90 天
玉米	61.75	62.55	62.55
豆粕	24.4	22.7	20.6
鱼粉	3.6	1.5	—
麸皮	2.5	—	1
磷酸氢钙	0.7	1.35	1.15
石粉	1.45	1.3	1.6
草粉	4.5	10	12.5
油脂	0.5	—	—
食盐	0.4	0.4	0.4
微量元素	0.2	0.2	0.2
多维(额外添加，每 100g 中添加量，单位:g)	20	20	20
蛋氨酸(额外添加，每 100g 中添加量，单位:g)	250	180	120
酶制剂	按要求添加	按要求添加	按要求添加
营养含量			
代谢能(MJ/kg)	11.76	11.37	11.17
粗蛋白质	19.04	17.11	15.67

（续表）

原料	0～30 天	31～60 天	61～90 天
蛋白能量比(g/Mcal)	67.71	62.93	58.67
钙	1.13	1.11	1.1
有效磷	0.41	0.45	0.36
赖氨酸	0.996	0.828	0.799
蛋氨酸	0.574	0.47	0.38
胱氨酸	0.284	0.289	0.271
蛋氨酸＋胱氨酸	0.858	0.758	0.651
精氨酸	1.116	1.141	1.036
粗纤维	3.51	4.64	5.27

第四节　鹅青绿饲料与牧草的调制加工

一、青绿饲料与牧草的贮藏

贮藏的目的是调控饲草生产的旺淡余缺，减少饲草及其营养价值的损耗。饲草损耗和变质的主要原因是霉菌、细菌等有害微生物的作用，此外，鼠害、雀害、虫害等也有作用。

（一）鲜草料的贮藏

鲜草料的贮藏主要是通过干燥和青贮处理。

1. 青贮

青贮是一种厌氧发酵处理，是以乳酸菌为主、有多种微生物参加的生物化学变化过程。青贮能在长时间内保持青绿多汁饲料的营养价值，贮存过程中养分损失一般不超过10%，青贮还能改善适口性，且受天气影响较少。青贮饲料是鹅冬季青绿多汁饲料和维生素的一种来源。青贮时要选好鲜草料原料，控制水分，严格密封，及时青贮。我国目前用青贮饲料喂鹅的很少，而俄罗斯则较多。他们的经验是以混合青贮为好。混合青贮的主要原料是蜡熟期玉米果穗，饲料含水量必须控制在65%～75%。调制青贮饲料要有一定的设备，如青贮塔、青贮窖、青贮壕、青贮塑料袋等，调制青贮料设备的基本要求是不透气、不漏水。

表 7－47　混合青贮原料配比

成分	含量(%)				
	配方一	配方二	配方三	配方四	配方五
玉米果穗(带包皮)	50	30	35	25	40
胡萝卜	40	50	25	25	10
糖用甜菜	10	20	15	25	—
饲用甜菜	—	—	25	25	30
南瓜、西葫芦、瓜园残料	—	—	—	—	20

2. 干燥

青绿饲料含水多,贮藏不便,除了用青贮法调制和贮藏外,还可利用干燥的方法。自然干燥法,即将鲜草在阳光下自然晒制,使其水分的含量降低到17%以下即可。当青绿饲料的含水量在17%以下时,植物体内的酶与外部的微生物基本停止活动,从而可达到长期贮藏的目的。但在干燥的过程中,青绿饲料本身也发生一定的生物化学变化,一部无氮浸出物和蛋白质会分解,维生素D的含量会增多。此法的优点是成本低,易操作;缺点是养分损失较多,正常情况下干物质的损失可占鲜草时的10%～30%,可消化物质损失则占15%～35%,蛋白质和糖类损失占20%～30%,维生素C几乎全部损失,胡萝卜素损失97%。如果遇上阴雨天,损失就更大。为了解决这个问题,采取人工干燥的办法,特别是高温快速干燥法:用烘干机组,以450℃～600℃的热空气为热介质,能在几十秒至几分钟时间内将青饲料烘干。据测定,在原料含水分为70%时,每小时能将青草烘干并粉碎成草粉300kg;如果原料含水分60%,则每小时能生产草粉480kg。生产出来的草粉,颜色青绿,可以保存青料中90%～95%的养分,粗蛋白质含量在20%左右,还含有多种维生素,这种草粉比自然干燥草粉的营养价值高1.5～2倍。如原料质量好,这种草粉更可当精料用。但采取人工干燥办法生产的草粉,成本比较高。

干草的合理贮藏是保证干草质量的一个重要环节。贮藏不好,不仅干草的营养物质要遭到损失,甚至会发生草垛漏水霉烂、发热,造成不必要的损失。通常建造简易的棚舍贮藏干草,这种棚舍须建有防雨雪的顶棚以及防潮的底垫。棚顶与干草要保持一定距离,以便通风散热。贮藏期间,干草的胡萝卜素会受到破坏,干草贮藏期愈长,胡萝卜素损失愈多。堆藏时要注意压实草垛,有条件的地方可用打捆机压成30～50kg的草捆。用来压捆的干草含水量不得超过17%,一般每立方米草捆平均重为350～400kg。打捆后可长久保持其色泽和良好的风味,不易吸水,便于运输。

(二)块根、块茎、瓜类饲料的贮藏

这类饲料通常采取原状贮藏。一般多是在室外挖窖贮存，窖内四周和上面要用秸秆和糠壳等填好，防止雨水浸入。在温暖地区，也可在田里就地贮存一段时间。这类饲料收获时，要注意尽量少擦伤外皮，以利贮存。其中，山芋也可干燥贮藏，即用切片机将其切成薄片，晒成山芋干，使其水分含量降低至14%以下，可长期贮存。这类饲料也可用混合青贮来贮存。由于这类饲料水分含量高，贮存期间生理呼吸相当旺盛，使含量较多的糖类氧化分解，产生水和二氧化碳，并放出热量。释放出的水分与热量，会促进有害微生物的活动，引起霉变腐烂。保存这类饲料时，须注意通风换气，尽量降低温度，控制一定湿度。

表7-48　不同块根、块茎、瓜类饲料的贮藏条件

种类	贮存条件		
	温度(℃)	湿度(%)	通风管理
山芋	10～13	85～95	入窖初期与次年春暖后尤要注意通风换气
马铃薯	3～5	90	通风良好，保持黑暗
胡萝卜	1～2	85	通风良好，每月翻堆1次
甜菜	0～4	70～80	通风良好，每月翻堆1次
南瓜	5～10	干燥	空气新鲜

(三)粗料的贮藏

主要是干燥，一般采用堆垛来贮藏。有条件的可以搭建简易露天堆舍，舍内堆垛。垛顶离舍顶要有一定距离，以利通风散热。堆垛时，选一高且干燥的地点作垛基，构造一垛台，比地面约高30cm，四周挖好排水沟，先用枝、柴等垫底，使土壤水分难以直接渗入垛内。堆垛时先从四周开始，把边缘先堆齐，然后往中间填充，务必使中间高于四周，注意逐层压实踩紧，垛成后再把四周乱草耙平梳齐，便于雨水下流。垛顶上要用秸秆、次等干草等覆盖，摆的方向应与流水方向一致。上垛的干草含水量必须控制在20%以下，如果超过20%，则垛内要留纵横的通风道，以防干草发酵、发热。干草还可以压捆贮存，能长久保持绿色和良好的气味，又便于运输。用来压捆的干草，含水量应在17%以下，用捆草机压为30～40千克/捆。

二、青绿饲料与牧草的调制加工

饲料加工调制是为了改善其可食性、适口性，提高消化率、吸收率，减少饲料的损耗，便于贮藏与运输。青绿饲料与牧草加工调制的主要方法有以下几项。

1. 切碎

青绿、多汁饲料中的鲜草、块根、块茎、瓜菜等，一般经洗净切碎加工，然后喂鹅，既便于鹅的采食，又利于机体消化。切碎的要求是：青料应切成丝条状，多汁饲料可切成块状或丝条。一般应随切随喂，否则很容易变质腐烂。

2. 粉碎

饼类饲料块大质硬、粗饲料如干草等，鹅难于食取，必须粉碎。谷物类饲料，如稻谷、大麦等，有坚硬的皮壳和表皮，整粒喂雏鹅不易消化，也以粉碎后喂雏鹅为好。饲料粉碎后表面积增大，与鹅消化液能充分接触，便于消化吸收。粉碎的大小因鹅龄而异。雏鹅饲料可细些，中鹅、大鹅饲料可粗些。

3. 青贮

青贮既是一种青绿饲料的贮存方法，也是一种保持青绿多汁饲料营养价值的加工调制方法（见前述）。

4. 干草调制

优良的青干草，质地柔软，气味芳香，适口性好，各种营养成分含量多，消化率高。在合理调制下，干草养分的损失较少。以禾本科干草为例，粗蛋白质含量为10%～21%，比禾本科秸秆高3倍；粗纤维为22%～33%，比禾本科秸秆低一半左右。可溶性碳水化合物含量为40%～54%，并含有一定的维生素和钙、磷等。青干草是舍饲或半舍饲养鹅饲料中蛋白质、维生素和矿物质等营养物质的重要来源，对改善鹅营养状况，具有非常重要的意义。调制青干草应注意下列问题。

（1）适时收割

夏季或夏末秋初高温季节要避开雨季收割。禾本科牧草进入抽穗阶段，豆科牧草出现花蕾时，各种养分的含量较丰富且平衡，枝繁叶茂，产草量和营养物质总量都较高，适合收割。大多数情况下，牧草收获以人工刈割较多，在有条件的地区用机械收割，则能省工省力。一般以当天早晨刈割最好。由于夜间植物的气孔关闭，不蒸发，牧草含水量较多。因此夜里收割牧草，对调制青干草不利。中午收割牧草，虽然牧草的含水量少，但干燥时间变短，因而也不理想。

（2）加工调制技术

① 自然干燥法。自然干燥法又分为田间干燥法和草架干燥法。

田间干燥法。在田间晒制干草，可根据当地气候、人力等条件，采用平铺晒草、小堆晒草，或者两者结合等方式进行。刈割的牧草可直接在田间干燥，由于草层上下的干燥速度不一样，所以要翻晒。通常在早晨刈割牧草，在11时左右翻晒效果最好，如果需要再翻晒一次的活，可在13时～14时进行，没有必要进行多余的翻晒。一般早上刈割，当天水分可降低到50%左右。从第2天开始，由于牧草的含水量降低，干燥速度变慢，出于安全贮藏的考虑，仍要反复翻晒，以便水分蒸发。如天气不好,可把青草堆成高约1m的小堆,盖上塑料薄膜,防止雨淋。晴天时,再倒堆翻晒,直到干燥为止。

为了加速干燥,豆科牧草可在刈割后喷洒化学药剂。如紫花苜蓿可在刈后喷洒2.8%的碳酸钾溶液,可明显提高干燥速度。但此法对禾本科牧草无效。

对于雨量较少的我国北部干旱地区,在秋末冬初的打草季节牧草的含水量一般仅50%左右,刈后应直接堆成草垄,或堆成小堆风干2~3天。当水分降至20%左右时,堆成大垛。整个晒草过程中,应尽量减少翻动和搬运,以减轻机械作用造成的损失。

草架干燥法。多雨地区或逢阴雨季节,宜采用草架干燥。架上晾晒的牧草,要堆放成圆锥形或屋脊形,要堆得蓬松些,厚度不超过70~80cm,离地面应有20~30cm,堆中应留通道,以利空气流通。外层要平整,保持一定倾斜度,以便排水,在架上干燥时间一般为1~3周。架上干燥法一般比地面晒制法养分的损失减少5%~10%。也有些地区,有利用墙头、树干、铁丝架晒制山芋藤、花生藤的习惯,其效果与架上干燥法类似。

② 人工干燥法。在自然条件下晒制干草,营养物质的损失相当大,一般干物质的损失占青草的10%~30%,可消化干物质的损失达35%~45%。如遇阴雨,营养物质的损失更大,可占青草总营养价值的40%~50%。而采用人工快速干燥法,营养物质的损失只占鲜草总量的5%~10%。人工干燥法主要分为常温通风干燥、低湿烘干法和高温快速干燥法。

常温通风干燥法。此法是利用高速风力,将半干青草所含水分迅速风干,它可以看成是晒制干草的补充过程。通风干燥的青草,事先须在田间将草茎压碎并堆成垄行或小堆风干,使水分下降到35%~40%,然后在草库内完成干燥过程。通风干燥的干草与田间晒制的干草相比,含叶较多,颜色绿,胡萝卜素要高出3~4倍。

低温烘干法。此法采用加热的空气,将青草水分烘干,干燥温度为50℃~79℃,需5~6h;干燥温度为120℃~150℃,经5~30min则完成干燥。未经切短的青草置于传送带上,送入干燥室干燥。

高温快速干燥法。利用火力或电力产生的高温气流,可切碎成2~3cm长的青草,在数分钟甚至数秒钟内,使水分含量降到10%~12%。高温快速干燥法属于工厂化生产,生产成本较高。其产品可再粉碎成干草粉,或加工成颗粒饲料,作为家禽或猪日粮的组成部分。采用高温快速干燥法,青草中的养分可以保存90%~95%,产品质量也最好。

(3)干草的品质鉴定

在通常情况下,可根据干草的植物学组成、色泽、气味、含叶量和含水量等外观特征来评定其饲用价值。表7-49列出日本的干草分级标准。

表 7-49 日本干草分级标准

等级	一次草		再生草	
特级	绿叶比例	20%以上	绿叶比例	50%以上
	绿度	50%以上	绿度	60%以上
1 级	绿叶比例	15%以上	绿叶比例	40%以上
	绿度	40%以上	绿度	50%以上
2 级	绿叶比例	10%以上	绿叶比例	40%以上
	绿度	35%以上	绿度	50%以上
3 级	绿叶比例	5%以上	绿叶比例	25%以上
	绿度	30%以上	绿度	35%以上
等外	绿叶比例和绿度不满 3 级; 水分 17%以上,有发热和霉变; 杂草混入 5%以上或有毒物质超过 1%; 明显混入有泥沙或金属异物			

植物种类不同,其营养价值差异很大,因此,鉴定干草首先要分析其植物学组成,这对野干草来说尤其重要。通常牧草可分为豆科、禾本科、其他可食牧草、不可食草和有毒植物五类。抽样后将不同种类的草分出,按重量求出其所占比例。凡野干草中豆科牧草所占比例大的,属成分优良。禾本科牧草和其他可食牧草占比例大的,属成分中等。不可食草多的属劣等干草。而含有毒有害植物多,重量超过 1%,则不宜作饲料。

另外,刈割时期对干草品质影响较大。禾本科草以抽穗期,豆科草以初花期刈割为最好。鉴定干草的刈割期以干草的优势草类型评判,凡是禾本科草的穗中无种子属适期刈割,而有种子或留下护颖的为刈割过晚;而豆科草仅在茎下部的 2~3 个花序见到花的属适期刈割,有种子的为刈割过迟。

干草品质外观鉴别最可靠、最主要的指标是叶片比例。由于叶片的消化性和营养价值都比茎高,所以,叶片比例在干草等级评定中占重要位置。但再生草通常叶片比例较高,如鸭茅再生草大多是叶片,抽穗茎非常少。

干草的色泽是干草加工好坏的最明显的标志。胡萝卜素是鲜草中各类营养物质中最难保存的一种。干草的绿色程度越高,不仅表示干草的胡萝卜素含量高,而且其他营养素的保存也越多。按干草的绿色程度可分为以下几种情况。

鲜绿色:表示鲜草刈割适时,加工未受到雨淋和阳光过强烈暴晒,贮藏过程中未受到高温发酵，较好地保存了鲜草中的养分，属优良干草。

淡绿色：表示晒制和贮藏基本正常，干草加工过程中未受到雨淋，贮藏过程中未受到高温发酵，营养成分无大的损失。

褐色：黄褐色表示干草收获过迟，干草晒制和贮藏过程中受到雨淋，贮藏过程中受到高温发酵，营养成分受较大损失，可饲用，为次等干草。而暗褐色则表示在干草加工过程中受到雨淋和发霉，不宜作饲料。

干草的含水量高低，是决定干草能否安全贮存和不变质的主要因素，干草的含水量可分为三类：含水量小于15%的为干燥草，含水量15%～17%的为中等干燥草，大于17%的为潮湿草。在现场测定干草水分的方法是：用手握一束干草，轻轻扭转，如草茎稍有弹性而不断，即为水分合适的标志（17%左右）；如轻微扭转，有草茎破裂声而断开，即为过干；如能打成草绳而茎不断，即为水分过多。

5. 干草粉生产技术

青饲料的加工，除晒制干草、青贮外，加工成草粉也是较好的一种方法。从保存营养角度看，以加工成草粉，其营养成分损失较少。在自然干燥条件下，牧草的营养损失常达30%～50%，胡萝卜素损失高达90%左右。而牧草经人工强制通风干燥或高温烘干，加工成草粉可显著减少营养物质的损失，一般干物质损失为5%～10%，胡萝卜素的损失为10%。例如，苜蓿等豆科牧草经快速干燥成草粉，比晒制干草营养价值高1～2倍，可消化蛋白为干草的1.7倍，胡萝卜素高4倍。优质草粉取决于原料的营养成分及其加工工艺。

优质青草粉营养丰富，含可消化蛋白为16%～20%，各种氨基酸占6%。如三叶草草粉所含赖氨酸、色氨酸、胱氨酸等，比玉米粉高3倍，比大麦高1.7倍。从蛋白质和氨基酸的量上看，优质青草粉接近于动物蛋白质饲料，粗纤维含量不超过22%～35%。此外，还含叶黄素、维生素C、维生素K、维生素E、复合B族维生素、微量元素及其他生物活性物质等。因此青草粉为蛋白质、维生素补充饲料，其作用优于精料。在鹅配合饲料中加入一定比例的草粉，具有营养成分全、生物学价值高等特点，对鹅健康、生产性能及产品品质都有较好的效果。

草粉生产中要力求减少营养物质的损失和降低成本，具体应注意以下几项。

（1）原料与刈割。加工优质青草粉的原料，主要是高产优质的豆科牧草，如苜蓿、沙打旺、草木樨、三叶草、红豆草、野豌豆以及豆科和禾本科的混播牧草等。木质化程度较高（大于10%）和粗纤维含量高于33%的高大粗硬牧草不适宜加工草粉。生产青草粉要与种植牧草结合起来，实行单播或混播，建立具有不同营养成分特点和适于不同时期收获的草地组合，使原料连续供应。混播草地的优良豆科牧草应保持一定的比例。草粉的质量与原料刈割时期有关，一般豆科牧草在现蕾初期，禾本科牧草不迟于抽穗期。

人工干燥时，多用机械收获。同时完成收割、切碎等工序。对茎秆较粗的牧草，要进行压扁，以利于干燥。机械收获不受天气条件的影响，能保存牧草固有的品质。常用的干燥方法和干草相同，有自然快速干燥和人工快速干燥两种。

(2)刈后晾晒。刚收获的原料水分含量80%～85%时，蒸发这些水分需要耗费较多的能量。因此，当天气晴朗时，就地翻晒风干4～6h，使原料含水量降低到50%左右，可降低燃料消耗2/3，胡萝卜素的损失量也较少。

(3)高温干燥。将切碎的牧草置于牧草烘干机中，通过高温空气，使牧草的含水量迅速由80%下降到15%以下。干燥时间的长短，因烘干机的种类而异。虽然烘干机中的温度很高，但牧草本身的温度一般不超过30℃～35℃，所以牧草营养成分损失较少。因地制宜，建造简易烘房和塑料大棚，利用太阳能，可使牧草快速干燥，加工优质青草粉，节省能源。牧草干燥后，为了减少草粉在贮存过程中的营养损失和便于运输，常把草粉加工成颗粒饲料。

(4)豆科牧草的茎叶分离。为克服豆科牧草干制过程中落叶损失，可采用茎叶分离的加工技术，其优点是可避免豆科牧草叶片的损失。将茎叶分离后，叶作为单胃动物的蛋白质、维生素饲料，而茎可作为反刍动物的粗饲料或作为半干青贮的原料。以苜蓿为例，加工工艺如下：

① 割切短。适时收割的苜蓿含水量为80%左右，茎的含水量比叶高2%～3%。为使苜蓿与热风接触，加快干燥，将苜蓿切短10cm左右。

② 烘干。用100℃热风烘干10min左右，使苜蓿呈半干燥状态。此时牧草总体含水量为37%左右，叶、茎的含水量分别为15%和50%左右。

③ 茎叶分离。将半干燥的苜蓿用脱叶设备或谷物脱粒机，将叶和茎分开。要求干燥与脱叶作业连续进行，否则会因放置一段时间后，茎的含水量高和吸湿，叶片含水量再次提高，造成脱叶困难。

第五节　配合饲料质量控制

鹅配合饲料质量的优劣，除与所设计的配方及选用的原料有关外，还与所采用的加工工艺、设备和质量控制管理方法等配制技术密切相关。因此，为保证饲料的质量，提高饲料利用率，增加养鹅业的综合经济效益，在生产实践中一定要对饲料质量进行全面管理和评价。

一、原料质量管理控制

饲料原料质量是饲料质量的基本保证，只有合格的原料，才能生产出合格的产品。采购饲料原料时首要的是注意质量，不能只考虑价格，在运输、装卸过程中，要防止不良环境（潮湿、高温等）对原料质量的影响，防止包装破损及原料的相互混杂。原料接收进仓前，必须进行质量检验，定量分析有效成分，按国家有关质量标准进行对照，从而保证原料的质量能满足饲料生产的需要。原料接收后，必须合理储存，必要时进仓前应进行清理除杂。在投料时，必须进行严格的核实，以防误投或错投原料，造成原料混杂而生产出不合格的饲料。此外，对原料仓要进行定期检查和清理，以防物料在仓中结块而影响下料，或发生霉变而影响饲料质量。正常情况下，应保持仓中存放的原品种相对稳定，如改换其他品种原料时，必须将仓中原料放清，确认仓中无残留后再放入新的原料，以杜绝料仓混料。

二、生产过程质量控制

1. 粉碎

在用粉碎机进行操作时，人员应经常注意观察粉碎机的粉碎能力和粉碎机排出的物料粒度。粉碎机粉碎能力异常，可能是因为粉碎机筛网已被打漏，物料粒度则过大。如发现有整粒谷物或粒度过粗现象，应及时停机检查粉碎机筛网有无漏洞或筛网错位与其侧挡板间形成漏缝，若有问题应及时处理。经常检查粉碎机有无发热现象，如有发热现象，应及时排除可能发生的粉碎机堵料现象。观察粉碎机电流是否过载。此外，应定期检查粉碎机锤片是否已磨损，每班检查筛网有无漏洞、漏缝、错位等。

2. 配料

配料的准确与否，对饲料质量关系重大，操作人员必须有很强的责任心，严格按配方执行。人工称量配料时，尤其是预混料的配料，要有正确的称量顺序，并进行必要的投料前复核称量。对称量工具必须打扫干净，要求每周由技术人员进行一次校准和保养。在配料过程中，原料的使用和库存要每批每日有记录，专人负责定期对生产和库存情况进行核查。

3. 混合

饲料的混合质量与混合过程的操作密切相关。原料添加顺序一般应先投量大的原料，量越少的原料越应在后面添加，如预混料中的维生素、微量元素和药物等。在添加油脂等液体原料时，要从混合机上部的喷嘴喷洒，尽可能以雾状喷入，防止饲料结团或形成小球。在液体原料添加前，所有的干原料一定要混合均匀，并相应延长混合时间。更换品种时，应将混合机中的残料清扫干净。最佳混合时间取决于混合机的类型和原料的性质，一般混合机生产厂家提供了合理的混合时间，混合时间不够，则混合不均匀，时间过长，会产生过度混合而造成分离。

4. 制粒

制粒设备的检查和维护十分重要。每班应清理一次制粒机上的磁铁，清除铁杂质。检查压模、压辊的磨损情况，检查冷却器是否有积料，定期检查破碎机辊筒纹齿和切刀磨损情况；检查疏水器工作状况，以保证进入调质器的蒸汽质量；每班检查分级筛筛面是否有破损、堵塞和黏结现象，以保证正常的分级效果。制粒前的调质处理，对提高饲料的制粒性能及颗粒成型率影响极大。一般调质器的调质时间为10～20s，延长调节时间，可提高调质效果；要控制蒸汽的压力及蒸汽中的冷凝水含量，调质后饲料的水分为16%～18%，温度为68℃～82℃。

5. 包装

检查包装秤的工作是否正常，其设定重量应与包装要求重量一致，准确计量，误差应控制在1%～2%，核查被包装的饲料和包装袋及饲料标签是否正确无误，成品饲料必须进行检验，打包人员随时注意饲料的外观，发现异常，及时处理，要保证缝包质量，不能漏缝和掉线。

三、储运过程的质量控制

饲料在库房中应码放整齐，按“先进先出”的原则发放饲料；同一库房中存放多种饲料时，预留出一定的间隔，以免发生混料或发错料。保持库房的清洁，仓库要有良好的防湿、防鼠、防虫条件，不能有漏雨现象。定期对饲料成品进行清理，发现变质或过期饲料及时请有关人员处理。预混料中的某些活性成分应避光、低温储存，由于品种较多，应严格分开。成品亦必须储存在干燥、避光、通风条件好的库房中，必要时应安装温控装置，做到低温保存。饲料在运输过程中要防止雨淋、日晒，装卸时应注意文明操作，以免造成包装物破损。

四、配合饲料的质量评价

无论是饲料原料还是成品，必须按规定的方法检验有关的质量指标，达到相应的质量标准后才能入库或售出。

1. 感官检验

饲料首先应通过感官检验，只有外观合格，经质检部门签发外观合格单，由检验员按规定方法抽取样品后才可进出库。感官检验项目有：水分（粗略估测）、色泽、气味、杂质、霉变、虫蛀和结块等。好的产品应该是：色泽一致，无霉变、结块和异味。这样，可大体上核查品种与质量情况，进而指导取样并提出更具体的检测项目。

2. 化学成分

化学成分的检测是饲料原料和产品质量检验的中心环节。对有关原料和产品质量的检测项目、方法及标准，国家已制定了相应的产品质量标准和检验方法标准。

(1)原料标准。国家对饲料原料及添加剂制定了国家标准，对有效地组织生产、提高产品质量、保障饲料工业健康发展起到了积极的作用。原料需要检测的成分主要有水分、粗蛋白、粗灰分、粗纤维、粗脂肪、磷、钙、食盐等的含量。水分对饲料原料及产品质量影响重大，是衡量稳定性与耐贮性的重要指标，是对质量进行判断的首选指标，尤其应该重视。

(2)饲料产品标准。饲料产品标准包括了营养指标、卫生指标、包装、贮运、加工参数、标签、感官性状等内容，是饲料产品质量的综合标准，并规定项目指标的检测方法、允许误差及判定合格界限，可分为国家标准、专业标准和企业标准三个层次。预混料通常采用企业标准，具体内容可参阅国家饲料标准手册。

2. 加工质量

饲料加工质量指标包括：粉碎粒度、配料精度、混合均匀度和成形质量标准等。对预混料则主要是粒度、配料精度和混合均匀度。近年来，加工对饲料营养影响的研究已有较大进展。

(1)粉碎粒度原料的粉碎粒度对加工成本、混合均匀度、制粒质量及使用效果等均有影响。就预混料生产而言，粉碎粒度要求较细，以便使其在饲料成品中均匀分布，达到一定的颗粒数。对饲料来说，不同动物品种、不同生长阶段的产品应选择合适的粉碎粒度。产品粒度测定采用《饲料粉碎粒度测定——两层筛筛分法》(GB/T 25917－2010)进行。

(2)配料精度。提高饲料的配料精度，对饲料质量十分重要，尤其是预混料配料，更应精确。

(3)混合均匀度合格的饲料是各种原料成分颗粒的均匀混合物，混合均匀度以某一示踪物的变异系数来表示，要求配合饲料的变异系数小于10%，预混料小于5%。具体测定方法可参见《饲料产品混合均匀度的测定》(GB/T 5918—2008)。

3. 卫生质量

饲料的卫生质量指标有重金属、毒素等有害物质及微生物允许量。这些物质一旦混入饲料，将严重影响饲料质量，甚至造成动物中毒死亡。特别应注意的是，一些抗生素和激素类物质对人类安全有很大影响，必须予以重视，并采取有效措施严格控制。

4. 饲养效果

虽然通过感官鉴定、化学成分分析、加工质量测定和卫生指标检测等，可衡量某一饲料产品的质量好坏，但通过饲养效果来评价饲料质量，则是最为可靠、有效的方法。饲养效果主要取决于动物的生产性能和综合经济效益。鹅生产性能包括采食量、生长速度、饲料转化率、死淘率、产蛋率及产蛋量等指标。一般可通过鹅的饲养试验获得上述各项指标，以此比较不同饲料的优劣，达到评定饲料质量的目的。饲养试验是用一组或多组鹅在试验期饲喂供试饲料，观察相关指标，据此来评定饲料质量。其具有以下优点：容易找到比较集中的观察指标，且以一个指标来反映饲料的综合作用，试验结果易于进行比较；试验结果便于作经济分析，根据投入与产出，衡量饲料使用的经济效果；饲养试验是一种按科学方法设计，控制了动物的生产过程，因而对饲料质量的评定较好地反映了生产实际。但也存在诸如周期长、费用高、试验动物有时难以满足要求、观察指标不够全面等缺点。

第八章　鹅品质鉴定和加工工艺

第一节　鹅品质鉴定

一、活鹅收购的质量检验与运输

活鹅的质量直接关系到鹅加工产品的品质，运输不当会造成鹅掉膘减重和伤残。因此，收购活鹅时必须严格进行检疫检验，认真做好活鹅的检验工作。

（一）肉鹅的收购检疫

在确定收购地点后，卫生检疫人员首先应深入该地区，向当地畜牧兽医和动物检疫部门了解肉鹅的检疫、疾病的预防、饲养管理及有无疫病发生等情况调查分析，确定为非疫区后方可收购，并做好人力、物资运输等准备工作。收购前应由兽医卫生检疫人员根据有关兽医卫生条例进行检疫，确认健康无病并取得有效的检疫证明后才能收购。市场检疫一般采用外貌检查的方法来区别健康鹅、病鹅和疑似病鹅。对于成群活鹅，可以先大群观察，再逐只检查或抽样检查。

首先观察鹅群的精神状态是否正常，有没有缩脖、垂翅、羽毛松乱、闭目孤立等不正常的情况；听鹅的呼吸是否急促或困难，是否发出“咯咯”“咕咕”等怪叫声或气喘声。用竹竿略赶一下鹅群，是否有跟不上群、伏地、只鸣叫不动弹的鹅，然后进行逐只检查。健康的鹅，羽毛密而有光泽，眼圆而有神，行走头昂，尾上翘，性情活泼，喜合群，常到浅水中寻觅食物，或常将躯体竖起，摆动双翅，在水中畅游后上岸，并用喙从尾脂腺内吸取油润泽羽毛，鼻孔干净，肛门附近羽毛无污物附着，体温为 40℃～42℃。患病鹅则羽毛松乱无光泽，眼形不圆且无神，呈白或红色黏液，食道膨大部有积食，挤压时有气体或积水的感觉，倒提时口腔内有液体流出，肛门附近羽毛有粪便附着，伸颈张口，呼吸困难。跛行或关节部位肿胀，局部或全身气肿，肌肉发硬，皮肤无弹性，呈暗红色或紫色，体温高于 42℃或低于 40℃，凡具有上述一种或多种异状的，都是患病鹅。

通过以上检查，可以发现病鹅和疑似病鹅。发现后应及时将这些鹅剔除，关入隔离圈，待进一步诊断后再按规定处理。同时，记录病鹅的只数、症状和检查结果。不同群鹅最好分别关在不同的圈内。如果条件不许可，至少要将来自有疫情地区和无疫情地区的分开饲养管理。

(二)检验活鹅的商品价值

活鹅的羽毛、羽色、肥瘦、公母、新老对鹅产品的加工性能和商品价值有很大的影响。活鹅收购的等级、规格，因各地的习惯、鹅的品种、加工用途的不同而不同。一般要求活鹅羽毛齐全，干毛平嗉，肥膘要好，无病无灾。鹅的购销价格经常随市场供求变化而变动，一般来说白鹅比灰鹅的价格高。

新老鹅的区别对于加工者来说是十分重要的，因为加工时两种鹅褪毛的方法有所不同，商品价值也不一样。

(三)活鹅的运输检查

收购来的活鹅要尽快调运到加工厂。活鹅的运输要注意安全，努力防止或减少掉膘减重。运输活鹅最好是水上赶运，既安全又省钱。也可以使用多种交通工具运输活鹅。用交通工具运输要装笼。运输前，应喂适量易消化的饲料。装笼时，再做一次健康检查，剔除病鹅。运鹅的笼底部最好垫些柔软的物品，如席片、稻草等，以防擦伤胸部皮肤，影响加工后屠体的等级。运输过程中，夏季要防止日晒雨淋，冬季要防风、防冻。运输路程较远时，途中应适当供水，保持通风良好。水上赶运时，鹅群不易过大，一般不超过2000只。赶运鹅速度也不宜过快，以每天15km较适宜，途中每天喂料2～3次。

二、鹅肉的新鲜度检查

鹅肉的新鲜度的检查，主要是判断鲜鹅肉、分割肉及解冻肉的新鲜程度和利用价值，是以检测肉腐败的分解产物及所引起的外观变化和微生物的污染程度作为依据的。

1. 感官检查

感官检查是依靠个人的感觉器官进行检查，方法简单易行，适宜做现场初步检查，相关国家标准见表8-1所列。但是，感官检查只有在鹅肉已深度腐败时才能察觉，并且不能反映出腐败分解产物的客观指标。

表8-1 鹅肉感官检查

性状	一级鲜度	二级鲜度	变质肉
眼球	眼球平坦，冻品稍凹陷	眼球内缩晶状体稍混浊	眼球干缩凹陷，晶状体混浊
色泽	皮肤有光泽，因品种不同，呈淡黄色、乳白色或淡红色	皮肤无光泽，肌肉切面有光泽	皮肤无光泽，局部发绿

（续表）

性状	一级鲜度	二级鲜度	变质肉
黏度	外表稍湿润，不粘手	外表干燥或粘手，肌肉切面湿润	外表干燥或粘手，切面发黏
弹性	肌肉有弹性，指压凹陷不明显	肌肉弹性差，压指后凹陷恢复慢	肌肉柔软，指压后凹陷不恢复，有明显痕迹
气味	具有鹅固有的气味	有轻度异味	体表或腹腔有变质味或臭味
煮沸后的肉汤	透明澄清，脂肪团聚于表面，具有特殊香味	稍有混浊，脂肪呈小滴浮于表面，香味差，但无脂肪变质等异味	混浊，发泡，脂肪滴小，有腥臭味

2. 细菌污染度检查

由于肉的新鲜度降低主要是细菌繁殖的结果，因而直接测定肉的细菌污染情况，不但可比感官检查更能客观地判断新鲜度，而且能反映出生产、贮藏、运输、销售中的卫生状况。检查通常包括三个方面。

(1)细菌数测定。用棉拭法采样，平板倾注法作细菌计数，当细菌数超过每平方厘米 5000 万个时，感官上即出现腐败症候。

(2)涂片镜检。据表层和深层肌肉的球菌和杆菌分布情况及数量大体判断肉的新鲜度。新鲜肉涂片或触片看不清痕迹，染色不明显，表面肌肉可见到少数几个球菌和杆菌，深涂层见不到细菌；次鲜肉触片稍有痕迹，易着色。表面肌肉可见到每个视野有 20～30 个球菌，深层有不到二十个球菌，肉触片着色浓，表面有大量球菌杆菌。严重时不可计数，深层有三十个以上杆菌占优势。

(3)色素还原实验。根据细菌生命活动产生还原酶类能使指示剂变色的原理，间接测定污染程度。常用的指示剂有美蓝、刃天青和氯化三苯基四氮唑。

3. 生物化学检查

这是以生化方法对蛋白质脂肪的分解物进行定性、定量分析，测定项目较多，常用的项目有硫化氢实验、胺测定、酸度-氧化力测定、挥发性盐基氮测定、挥发性脂肪酸测定等。我国国家标准规定进行挥发性盐基氮的测定，每 100g 鹅肉中的含量等于或小于 13g 为一级鲜度，等于或小于 20mg 为二级鲜度，另外每千克肉中汞的含量应等于或小于 0.05mg。

此外，对于加工者来说，活鹅屠宰的鹅肉与死鹅屠宰的鹅肉的质量与利用价值相差很大，必须鉴别后分别利用。这两种鹅肉的鉴别见表 8－2 所列。

表 8－2　活鹅屠宰与死鹅屠宰鉴别

项目	活鹅屠宰	死鹅屠宰
放血与肌肉切面	放血良好，肌肉切面不平整，周围组织被血液浸润，呈鲜红色	放血不良，肌肉切面平整，周围组织并不浸润血液，呈暗红色
皮肤	表面干燥紧缩，常带微红色	表面粗糙，暗红色有青紫色暗斑
脂肪	乳白色或淡黄色	暗红色
肌肉	切面干燥，有光泽，肌肉有弹性，呈玫瑰红，胸肌白中带微红	切面不干燥，暗红色肌肉无弹性

第二节　鹅的屠宰加工

鹅的屠宰加工是指将养成的活鹅用人工或机械手段将其宰杀，并将鹅体上各类产品分别采集和整理的过程。屠宰加工是无公害鹅生产中的一个关键环节，应以鹅产品的系列标准为基础，严格执行危害分析与关键控制点的各项原则和要求，确保产品安全质量和加工的第一步是屠宰。屠宰是以后各项加工和利用的基础，关系到肉鹅及其产品进一步加工的质量水平和卫生状况，若屠宰不好将严重影响产品的外观等级和商品价值。

一、待宰期的饲养管理

活鹅运到加工厂后应当有一个待宰的过程。经收购运输，由于环境改变及多种刺激，鹅易产生应激反应，增加紧张，身体疲惫，抑制或破坏了正常的生理机能，抵抗力下降，血液循环不正常，血中微生物含量增加，表面易充血，肌肉内所含的乳酸量增加，这时屠宰会影响屠体和肉的品质。

1. 检疫

活鹅运到后先由兽医卫生检疫员进行接收复检，并在屠宰期的饲养管理中进行定人、定时观察检疫。复检合格的活鹅应按产地、批次、强弱等分群分圈，饲养管理。发现病鹅要及时隔离饲养，进行诊断和治疗；病鹅严格禁止和大批健康鹅一起加工；患急性传染病的鹅，应当另行处理，不允许与大量健康的一起加工；允许宰杀的病鹅，应在专门的急宰间单独宰杀并处理。病鹅所接触的鹅舍、场圈、食槽、水槽等要消毒，粪便等垃圾要集中进行发酵或灭菌处理。不允许宰杀的病鹅应及时作焚烧或深埋处理。

2. 休息

活鹅在运达后至宰杀前应当给予 12～24 小时的休息以消除疲劳，促使生理机能和血液循环,逐步恢复正常;肌肉中的乳酸含量降低,以利于宰杀时充分放血,保障肉品质量。待宰圈或场地应防热、防晒、防雨、防冻,保持空气流通和环境安静。在管理中应避免剧烈运动,过度拥挤、恐吓抽打,防止跌滑、挤压、争啄,以保证休息,提高胴体品质。

3. 停食

活鹅宰杀前应停食12～14h,停食的时间与饲料的性质有关。喂青饲料时停食几小时后就完全消化,喂干燥或浸泡不充分的谷物一般9～14h停食,促进粪便排出,减少肠胃内容物,屠宰后便于拉肠去管。暂时的饥饿可促进蛋白质脂肪糖原的分解代谢,有利于肉的成熟,改善风味。停食期间每隔三小时扫除一次粪便并缓缓轰赶鹅群,促进鹅只排泄。地面宜为水泥地,不应有泥土、沙石、杂草,以防止鹅饥饿时啄食。

4. 给水

停食时必须给鹅充足的饮水,水槽的长度或水盘的数量要充足,防止鹅抢着饮水时而引起挤压。饮水可以保持鹅正常的生理机能活动,降低血液黏度,便于放血干净。宰杀前三小时左右要停止饮水,以免肠胃内含水过多,宰杀时流出造成污染。

5. 清洗

鹅在宰杀前要进行清洗,以使鹅体清洁,改善操作的卫生条件,保持屠宰后的胴体清洁。也可使鹅精神舒畅,脉搏增强,促进血液循环,做到放血完全。延长鹅肉的保存时间可以在通道上设置数排淋浴喷头,在经过时完成淋浴。也可在通道上设置人造浅水池,任其走过,达到清洗的目的。

二、屠宰加工的方法

屠宰加工有多种方法,无论采用何种方法均要按照屠宰加工程序进行,屠宰加工程序就是指分别采集鹅体上各类原料产品的顺序。一般屠宰加工的顺序由宰杀沥血、浸烫脱羽、开膛取内脏和产品整理等工序组成。

1. 人工屠宰加工方法

人工屠宰加工方法主要是指在屠宰加工过程中采集和整理。鹅的产品是人借助简单的设备和工具,以手工操作完成的。

(1)宰杀沥血

宰杀沥血是把活鹅杀死,采集鹅血产品的过程。在这个过程中沥血是主要的工作。沥血不仅能将鹅体内血液流出体外,使心脏停止跳动致死,把鹅血采集起来,而且沥血的程度直接影响鹅胴体及内脏的品质。如沥血干净,鹅胴体内无余血、表面无淤血点,外观白净,肉的品质好,有利于市场销售。

目前有三种宰杀沥血的方法:一是颈部宰杀沥血法;二是口腔宰杀沥血法;

三是颈静脉宰杀沥血法。这三种方法的主要区别是放血的方式不同。

颈部宰杀沥血法。它是我国传统的宰杀方法，应用比较普遍，具体做法是操作人员将鹅倒挂在屠宰架上，把鹅保定好。用一只手握住额头后颈部，另一只手用快刀将鹅颈部两侧血管和气管割断（有的还割断食道）让血从割断的静脉血管中流出，沥血2～3min即死亡。采用这种方法鹅死亡快，有时沥血不净，颈部不完整，刀口易污染，白条鹅欠美观。

口腔宰杀放血法。口腔宰杀放血法又称舌根静脉放血法。具体做法是操作人员将倒挂在屠宰架上的活鹅保定，用双手将鹅嘴撕开，另一人用剪刀将舌根两侧静脉剪断，使血流出，沥血3～4min即死亡。此法不美观，但操作难度大，有时沥血不净，一般不常用。有的在做扒鹅时，采用此法。

颈静脉宰杀沥血法。它是操作人员将倒挂在屠宰架上的活鹅保定好，一只手抓握头部颈部，两只手配合摸准两侧静脉内。用一只手固定住，并使静脉隆起，另一只手将较粗的空心针头插入两侧静脉管内，使血液从空心针头流出沥血4min左右即死亡。此法沥血干净，皮肤完整美观，内脏干净无瘀血。

宰杀沥血虽然有几种方法，但在实际应用中要根据产品用途及便于操作人员操作而决定，不能强求化一。

(2)浸烫脱羽

浸烫脱羽是用热水浸烫鹅体，脱去鹅体周身羽绒的过程。具体做法是：将适度适量的热水放在较大的容器里，把沥血后鹅体放入热水中，翻动数次，浸泡1～2min，使鹅体周身着水且热水浸透羽绒，拿出来趁热用手工或机械把周身的羽绒拔下来，再人工拔净体表的细毛及毛茬并用温水冲洗数次，洗净皮肤表面血迹、油脂及皮膜等。应用浸烫法需注意的是：一要掌握好水温。一般情况下，水温应控制在60℃～80℃。水温与品种、日龄、气温均有关，如肉用品种要比绒用品种所需水温偏低，日龄长的鹅需要水温低些，冬季气温低要比其他季节温高些。总之，要严防水温过高烫熟皮肤，也要防止水温过低拔羽绒不干净，影响胴体质量。二要注意拔取羽绒时，为防止扯破皮肤，应顺着羽绒拔取，勿逆方向进行。在拔取翅毛和腿毛时，要随关节转动，防止掰断翅骨或腿骨，影响产品质量。

(3)开膛取内脏

开膛取内脏是分离胴体与内脏产品的过程，即将屠体体腔中的内脏去除，成为净膛的白条鹅或光鹅的过程。目前有三种开口方法：一是腹部开口取脏法，二是翅下开口取脏法，三是背部开口取脏法。

腹部开口。腹部开口是一种采用比较普遍的方法，具体做法是操作人员将鹅体背向下腹向上放在平台（或案板）上，用刀从腹部中线脏门边开口，然后沿腹中线向上延伸8cm左右，将腹肌割透，用手掰开取出内脏。

翅下开口。操作人员将屠体腹向下放在平台上，将屠体的右翅翻起，在右翅下用尖刀在肋下垂直开口切口深3cm左右，顺延伸8cm左右，形成月牙形开口，在月牙下推断左右两根肋骨，用食指伸入内腔取出内脏。

背部开口。此法应用较少，但在取肝时可用此法。做法是：以最后胸椎为起点，沿背中线向后到尾根部切开皮肤、肌肉及骨髓，然后从起点左右最后一根肋骨延伸8cm左右，形成"T"形开口，掰开首先取出肝脏，再取出内脏。此法要特别注意的是勿将内脏刺破，尤其要注意保证肝脏完好无损。

摘取内脏所采用的方法应依据产品用途而定。不论采用何种方法均应注意保持产品的完整无损，特别是在开口的过程中要掌握好分寸，严防损伤内脏。

(4)产品整理

产品的整理就是按照屠宰加工程序，对所获得的产品分门别类进行整理，以便提高产品的商品率及效益。产品的整理方法要按产品的用途而定。

① 鹅血的整理。鹅血有多种用途，因其容易腐败变质，应按用途及时处理。如食用，在采集血液过程中应加入适量食盐，屠宰后应及时加工，可加工血豆腐和血肠供食用。如果用于制药工业，屠宰后应及时送制药厂加工。如果是用于饲料加工，应立即晾干或烘干。

② 羽毛的整理。羽毛的整理比较复杂，主要是把不同用途的羽毛分别整理出来。如两翼的刀翎是做羽毛球的好材料；两翼的正副飞翔羽可做羽毛扇、羽毛画及羽毛工艺品等，均应分别整理存放。此外，还有水毛、尾毛等大羽毛，也应单独整理。其他羽绒含水量大，应晾晒或甩干去掉多余水分。

③ 鹅胴体的整理。开膛取出内脏后的胴体，首先应放在清水中浸泡30min左右，去掉内膛血水，洗净内膛和体表，擦净皮膜，存放待用，如果整体出售，就要整形包装，速冻冷藏。整体出售若是全净膛白条，除留肺与肾以外，其余内脏全部去掉，包括气管、食道、肌胃、肝、胆、心、胰、脾、肛门、生殖器等。半净膛白条，除肺、肾、肝、心、肌胃之外，其余去掉，但是，肌胃要去掉内容物和角质膜。如果分割出售，就要按部位分割，分别包装，速冻冷藏。

白条鹅(光鹅)的分级标准不统一。有的要求外表光洁无羽毛，残留表皮无破损，重量在2.1kg以上的为一级，重量为1.6～2.1kg的为二级。也有根据几个方面情况来分级，见表8-3所列。

表8-3 白条鹅(光鹅)的分级标准

等级	肌肉发育	胸骨	皮下脂肪	血管毛	破皮外伤
一级	良好	尖稍露	布满全身，尾部显著(除腿、翅外)	个别	不超过2处，每处小于1cm

（续表）

等级	肌肉发育	胸骨	皮下脂肪	血管毛	破皮外伤
二级	中等	尖露	有皮下脂肪层 （除腿、翅及身体两侧）	少量	不超过3处， 每处小于1cm

副产品和内脏器官需分别加工，人们一般将鹅头、颈、爪和翅称“外四件”。而将鹅心脏、肝脏、肌胃和肠称为“里四件”。在分割鹅时，对“里四件”和“外四件”的分割加工均有相应的要求。

心。去心包，挤血凝块，水洗，修伤斑，擦干。若单独出售，应单独包装速冻冷藏，若随半净膛白条出售，洗净后放入腹腔内，随白条速冻冷藏。

肝。去胆，修整，擦干血水。一般将摘胆后的肝放入白条腹腔内，随白条速冻冷藏，也可单独出售。

肫。去腺胃，去脂肪和结缔组织，剖开，去内容物，水洗，去肫皮，去伤斑和杂质，擦干。注意在开刀摘除内容物和角质膜时，应横着开口，保持两个肌肉块的完整，提高利用价值。因肫的售价是白条的2倍多，最好是单独包装出售。

肠。去肛门，去脂肪和结缔组织，划肠，去内容物，去盲肠和胰脏，水洗，去伤斑和杂质，晾干。鹅肠过去是废物，现在比鹅肉价还贵。整理鹅肠应去掉肠油，并将内外冲洗干净，单独包装，速冻冷藏。

头。去毛，去嘴角皮，水洗口腔，擦干。

颈。去毛，去斑痕和杂质，清除残留食道和气管，水洗，擦干。

爪。去脚皮，去脚壳，修整，去伤斑和杂质，水洗并擦干。

翅。去残留羽毛，修整，去伤斑和杂质，水洗，擦干。

其他废弃物的整理。胆和胰脏冲洗干净单独包装，可供制药厂加工药用。其他废物可收集到一起，供饲料加工厂加工饲料用。在屠宰加工过程中，鹅的各类产品的整理是提高原料产品质量和效益的主要措施，应下功夫把这项工作抓好。

2. 机械化屠宰加工方法

鹅机械化屠宰加工工艺流程如下：活拔大翎羽毛→电晕上钩→宰杀沥血（输送链下应有接血槽）→蒸汽烫羽→脱羽机脱羽（脱羽机下应有接羽的装置）→石蜡脱羽→清洗→开膛取内脏→分割各类产品。

(1)活拔大翎羽毛。屠宰前应将两翼的刀翎、乌翎、尾毛及分水毛等大翎羽毛采集下来，分别包装出售。否则经脱羽机脱羽后，大部分大翎羽毛无法挑拣出来，会影响羽绒质量。

(2)电晕宰杀。电晕主要是防止鹅在悬挂输送中活动，起到保定鹅的作用，有利于宰杀沥血。在宰杀沥血的过程中应在输送链下放接血槽，将血收集起来进行加工利用。

(3)蒸汽烫羽。蒸汽烫羽可使鹅体受热均匀,在短时间内能够浸透羽绒内层,很容易把羽绒拔下来。蒸汽烫羽设备体积小,浸泡时间短,能更好地保证羽绒的质量,在实践中是可行的。

(4)脱羽机脱羽。不论是立式脱羽还是卧式脱羽机,均应有接羽绒的装置,严防羽绒随水流失。脱羽机脱羽应采用喷淋脱羽,因为鹅体经汽烫,本身带有的水分不多,脱羽机转动时,脱羽棒使鹅体干搅,容易损伤羽绒或皮肤,而且也脱不干净,会留有较多的毛茬。喷淋的作用是缓冲鹅体与脱羽棒的摩擦,并使羽绒随水流走,减少羽绒与脱羽棒的重复摩擦,起到保护作用。另外,在脱羽机内不断喷淋,使鹅体脱羽比较干净,体表也清洁。喷淋应用热水,水温以 50℃左右为好。

(5)石蜡脱羽。石蜡脱羽是利用石蜡溶液遇冷凝固的原理脱去绒毛及毛茬。鹅的羽绒比较难脱,人工拔羽后,还需用镊子拔去纤羽和毛茬,机械脱羽更是难以脱净。为弥补这一缺陷,可增加石蜡脱羽这道工序。采用食品级松香甘油酯、食品级石蜡或采用石蜡与松香按 3∶7 或 2∶8 比例配成的混合液,不仅可以脱去羽毛,还能使屠体表面干净洁白,还能脱去体表的皮膜,提高胴体质量。

第三节　鹅肉的分割方法

分割的鹅产品具有味道美、体积小、易携带、易冷藏、易烹调等优点,为当今人们的快餐、营养餐提供了货源与方便。

1. 工艺流程

去左爪(翅)→去右爪(翅)→抽出食管、气管→开膛→去内脏→去食管、气管→卫生检验→水洗→去颈→劈半→品种分类→修整→预冷→整形套袋→复检→封口→过磅→装箱→打包→速冻→冷藏。

2. 操作要点

(1)原料要求。原料应来自安全非疫区的健康鹅,经兽医宰前宰后检验未发现传染性疾病。光鹅应按要求和质量标准进行加工,符合国家规定的冻光鹅的质量标准。

(2)品种及规格要求。分割鹅定为Ⅰ号硬边鹅胸肉,Ⅱ号软边鹅胸肉,Ⅲ号硬边鹅腿肉,Ⅳ号软边鹅腿肉,以及心、肝、肫、头、颈、爪、翅、肠等 12 个品种。分割鹅表面不能有擦伤、破口,边缘允许有少量的修剖面。

(3)去爪。用尖刀从附关节取下左、右爪,要求刀口平直、整齐。

(4)抽出食管、气管。先用手将食管(气管)的内容物向下推移,以防内容物泄出,污染鹅体,再用刀将两根管的断端捏紧,抽动两根管,以方便食管、气管的取出。

(5)开膛、去内脏。将鹅体肛门向外,用小刀沿腹中线打开腹腔,刀口要求平直、整齐,注意保护内脏器官的完整性,取出部分或全部的内脏,水洗,再用方刀沿胸骨脊左侧由前向后平移开胸,取出全部内脏。

(6)卫生检验。由兽医检验人员进行胴体和内脏同步检验,看其有无病变现象,以防病鹅混入,确保产品质量,检验后的内脏送副产品车间进行加工。

(7)水洗。用流动的清洁水冲洗鹅体,并去除胸、腹腔内的残留组织和血污等。

(8)去头、颈。从下颌后寰椎处平直斩下鹅头。从颈椎基部与肩的联合处平直斩下颈部(前后可相差一个颈椎),清除颈部淋巴。

(9)劈半。用方刀沿脊椎骨的左侧将鹅分为两半,再用刀从胸骨端至铭关节前缘的连线将左右两半分成 4 块(Ⅰ号硬边鹅胸肉,Ⅱ号软边鹅胸肉,Ⅲ号硬边鹅腿肉,Ⅳ号软边鹅腿肉)

(10)修整。将分离好的分割鹅进行整理,用干净的毛巾擦去血水等,检查有无碎骨,修净伤斑、结缔组织、杂质等,以保证加工产品的整洁美观。

(11)包装冷藏。要求品种、规格、分架摊开,尽量不要重叠,预冷间的温度保持在 0℃～4℃,预冷 1～2h 后,肉温不高于 20℃,即可进行包装。将预冷后的分割鹅按品种、规格进行分类套袋,封口、过磅(分割鹅每块重量不限)。外包装用纸箱装,内包装包装好后速冻,速冻库温应保持在－35℃以下,12～24h,肉温在－15℃以下,方可转冷藏库。冷藏库温应保持在－18℃以下,出库肉温应保持在－15℃以下。

第四节　鲜熟食鹅肉的加工

一、油炸鹅

(一)脆皮鹅

脆皮鹅,盛行于广东和中国香港地区,随着人员的流动,南北饮食的交流,全国各地的消费者都喜欢这一美食佳肴。很多酒店、餐馆、熟食档都有加工脆皮鹅,由于加工工艺的不同配比材料的不一样,产品五花八门,口味各异。其基本工艺如下。

1. 工艺流程

制坯→制卤→卤坯→上色→油酥→成品。

2. 操作要点

(1)制坯。选用3～3.5kg的肥嫩仔鹅,宰杀、褪毛、洗净后在右肋翅下切开6cm的口,取出内脏,洗净腹腔,沥干。将鹅坯放入沸水中,滚动几次至肉色呈白色,捞出,沥干。

(2)制卤。每50kg光鹅,称取八角、茴香、陈皮、丁香、甘草、桂皮、草果、花椒各250g,生姜400～500g,用布袋包好放入铁锅中,加清水100kg,冰糖1.5kg,食盐2.5～3kg,味精100～150g,白酒1kg,胡椒粉适量,旺火煮沸1h成卤汁。

(3)卤坯。取出香料袋,将鹅坯投入卤汁锅内,上压重物,防鹅坯浮起,加盖,旺火卤至鹅坯五成熟时取出沥干卤汁(卤汁留下可继续使用)。

(4)上色。将饴糖、黄酒、醋、地栗粉适量调成糊状上色剂,用铁钩钩住鹅眼,置于架上,将半糊状上色剂均匀抹在鹅坯上(不宜过厚),以盖住毛孔,放在通风处,经3～4h,皮干变硬即可,如有部位尚未变干硬,可在小火上烘烤。

(5)油酥。取植物油,在锅中加热至六成热,将鹅坯腹向上置于油锅上的漏勺中,用汤勺盛油先浇淋腹腔内部(由肛门切口处灌入)反复多次,浇淋腹腔后浇外部,至全身呈金黄色,皮肤酥脆为止。浇油切忌反复频繁集中在一个部位,且油温不宜过高,以免烧焦鹅的皮肤。脆皮鹅可切成块,蘸椒盐食用,鲜吃更富有风味。

(二)香酥鹅

香酥鹅为云南地方特产,其产品特点为色泽金黄、香酥可口、风味浓郁。

1. 工艺流程

预处理→腌制→蒸煮→油酥→成品。

2. 操作要点

(1)预处理。取2～3kg仔鹅,颈部宰杀放血、煺毛、洗净,割去翅和脚,从右翅下开口,取出内脏,用水冲洗干净。

(2)腌制。将鹅坯置通风处沥干水分,用手抓花椒炒制的食盐。先擦腹腔,再擦外表,直至全身各部擦抹到为止,放入容器中腌2～3h。

(3)蒸煮。将鹅胸部龙骨用力扭断,以免蒸后鹅皮肤收缩,被骨顶破。然后将鹅坯放在容器中,腹部向上,自切口处加入葱1段,生姜2片,黄酒25g和装有八角、茴香、陈皮、草果、丁香、甘草、桂皮、花椒各10g,生姜2片的布袋。将鹅坯连同容器一并放入蒸笼内,用旺火蒸煮鹅坯至八成熟,取出倒去腹中的汁及香料袋,晾干水分待用。

(4)油酥。将铁锅置于旺火上,加2～3kg植物油,烧至八成热,冒青烟,将鹅坯腹部向上,放在一大蒸笼上。连勺一块送入油锅中炸,边炸边抖动漏勺,以防与勺粘连。炸至鹅不能漂浮于油面,取出漏勺,鹅坯继续留在油锅内,一边炸一边用汤勺盛沸油浇淋鹅坯露出油面的一侧。待炸至金黄，皮脆后再翻转鹅坯，炸另一侧，至整个鹅坯变脆，敲之有清脆声，即可从油锅中捞出，倒出油。炸时要用旺火，尽量缩短油炸时间，以免鹅坯中汁液蒸发过多，降低风味。

（三）五香炸鹅

五香炸鹅是经过油炸，再辅以五香调料调配而成，产品具有油炸食品特有的油香味，同时焦脆，五香味浓郁。

1. 工艺流程

预煮→油炸→斩块→调味→冷却→真空包装→微波杀菌→冷却→外包装→成品。

2. 操作要点

(1)预煮。以 50kg 鹅肉计，水 80kg，加葱 0.2kg，姜 0.2kg，盐 1kg。预煮时加入适量青葱和生姜，可有效地去肉的腥味，同时姜汁又具有一定的抗菌作用，既提高鹅肉的风味，又保护鹅肉良好的外观，延长贮藏期，使产品质量大为改观。

(2)油炸。待油温升至 180℃时，将预煮后的鹅投入锅中，油炸时间为 3～10s，油炸后的鹅坯表皮应呈黄褐色。

(3)斩块。将鹅坯分成四等份切块。

(4)调味。取鹅肉块投入到 70～80℃的调味液中浸泡后立即取出，沥干。

调味液配方（以 50kg 鹅肉计）。有食盐 2.5kg、白砂糖 1～1.5kg、酱油 1.5kg、黄酒 1.5kg、味精 10～20g、桂皮 0.15kg、八角 0.15kg、肉蔻 0.1kg、丁香 0.05kg、花椒 0.05kg、陈皮 0.1kg、生姜片 0.15kg、辣椒 0.1kg。

方法：在锅中加入清水，置入香辛包、食盐、白糖、酱油，旺火煮开后，改为文火缓沸，汤汁减少时添加黄酒，加热至沸腾再加入味精即可。

(5)冷却。起锅后胴体应在清洁的操作台上冷却。

(6)真空包装。将鹅块小心地放入袋中，装袋时应注意要将袋口与鹅体隔开，以免造成袋口汤汁污染。将装好鹅肉的袋抽真空封口。

(7)微波杀菌。真空封合后，进行微波杀菌。

(8)冷却、外包装。取出杀菌后的袋在通风处冷却至 40℃以下，进行外包装。

（四）香酥鹅翅

香酥鹅翅是鹅翅经过卤制，挂糊油炸而成。产品焦脆，独具风味。

1. 工艺流程

选料→卤煮→涂糊料→油炸→成品。

2. 操作要点

(1)选料。选取鲜鹅翅，按自然关节用刀分割成 3 节，洗净沥干待用。

(2)卤煮、调卤。鹅翅10个，水为鹅翅重的1.5倍，姜末少许，黄酒10g，精盐5g，葱少许，花椒粉少许，白糖5g，酱油100g。将卤烧开，先大火煮20min再转入文火焖煮30min，捞出冷却。

(3)涂糊料。涂料配比：油30g，面粉63g，鸡蛋65g，糖15g，水40g，混合搅匀。将煮好的鹅翅放入涂料中蘸上薄薄一层，撒上面包渣或馒头渣。

(4)油炸。将植物油放入锅中，升温至160～180℃，放入鹅翅。边炸边翻，炸至表面酥脆，呈橘黄色即可出锅，一般油炸时间为4～5min。

(5)食用方法。香酥鹅以现炸现吃最为适宜。也可真空包装，是很受消费者欢迎的方便食品和下酒佳肴。

二、烤鹅

(一)烤鹅

经烤制的鹅具有表面油滑红润、皮脆肉香、肉质鲜嫩、脂肥肉满等特点。烤鹅在烤制中，要在体腔中灌汤，外烤内煮，食之外脆里嫩。各地均有烤鹅加工，但以南京烤鹅较为有名。

1. 工艺流程

原料准备→制坯→烫皮→上色→填料→灌汤→烤制→成品。

2. 操作要点

(1)原料准备。选取70～90日龄、体重2.5～3kg育肥仔鹅。配料有盐、葱、姜、八角、饴糖稀等。

(2)制坯。仔鹅放血宰杀后褪毛，切去脚和小翅，在右翅下肋部切口开膛，去除全部内脏，在清水中浸泡1h后洗净，沥干水分备用。广东烤鹅从喉部屠宰开口处给鹅打气，使全身鼓胀。从鹅的右翼下切口处向腹腔塞入8～10cm长的秸秆充分充实体腔。

(3)烫皮。将鹅坯自颈部挂起，用沸水浇淋晾干后的鹅体，使全身皮肤收缩、绷紧。

(4)上色。饴糖和水按1∶3～1∶4调匀作挂色料，待淋烫的鹅体表面水分晾干后，将色料均匀涂抹于皮肤各个部位，置于通风处晾干糖稀。

(5)填料。用竹管填塞肛门切口，从右翅下切口放入适量的八角、葱、姜等配料。

(6)灌汤。向鹅体腔中灌入90mL沸水，保证烤制时鹅体腔内汤汁能迅速汽化，加快烤鹅成熟。灌汤后烤制，达到外烤内煮，食之外脆里嫩。灌汤后可再涂抹2～3勺色料。

(7)烤制。烤炉温度控制在230℃～250℃，先将右侧切口对着炉火，促使腹腔内汤汁迅速升温汽化。右侧鹅体呈橘黄色后，转动鹅坯，烘烧左侧。左右两侧颜色一致后，转动鹅坯，依次烘烤胸部、背部。这样反复烘烤，待全身各部均匀一致呈枣红色时，即可出炉。整个烤制过程需50～60min。

(8)食用方法。烤鹅出炉后，拔掉肛门中竹管，收集体腔中的汤汁。烤鹅稍放一会不烫手时，切块直接食用或浇上汤汁食用。

(二)广东烧鹅

烧鹅在养鹅各地均有制作。以广东烧鹅最为讲究烧烤的技术。广东烧鹅的特点是色泽鲜红美观，食之皮脆肉香，肥而不腻，味美适口。

1. 工艺流程

原料准备→制坯→调料配制→加料→烤制→成品。

2. 操作要点

(1)原料准备。烧鹅一般选取80～90日龄、体重2.5～3kg的仔鹅。此期仔鹅肉质细嫩，容易烧熟，口感好。体形过大和老龄鹅不宜烧烤。准备好盐、五香粉、白糖、饴糖稀(或麦芽糖)、芝麻酱、白酒、葱、蒜、生抽等调味品。

(2)制坯。仔鹅口腔放血法屠宰后煺毛，在腹部靠近尾侧开膛除去全部内脏，切去脚和小翅，洗净体腔和体表，沥干水分待用。

(3)调料配制。五香盐粉(按盐10份、五香粉1份)配制，每100kg鹅坯需五香盐粉4.5kg，豆豉1.5kg，蒜泥250g，麻200g，盐15g，搅拌成酱。然后再加入白糖400g，白酒50g，芝麻酱200g，葱末、姜末各220g混合均匀，供100kg鹅坯用。

(4)加料。按每只鹅用量从腹部开口加入五香盐粉和酱料，转动鹅体使之受热均匀分布或用小勺伸入腹腔进行涂抹。将刀口缝合，然后用70℃热水烫鹅坯，注意不要让水进入体腔。最后将稀释后的饴糖稀或麦芽精糊均匀涂抹于体表，使之在烤制中易于着色。

(5)烤制。把晾干的鹅坯送进特制烤炉，先用微火烤20min左右，烤干体表水分，然后大火继续烤制。烤制过程，先烤鹅背，再烤两侧，最后将胸部对着炉火烤25min即可出炉。炉火温度应达到200℃～230℃，整个烤制过程需60～70min。

(6)出炉食用方法。当鹅体烤至金红色时出炉，在烧鹅身上涂抹一层麻油或花生油。稍凉时食用味道最佳，切片装盘直接食用。切片时刀工较为讲究，在宴会上应拼成全鹅形状装盘。

三、酱鹅

(一)酱鹅

酱鹅是鹅经盐腌渍后再用卤汤烧煮而成的熟制食品。

1. 工艺流程

原料准备→腌制→酱制→上色→蒸制→成品。

2. 操作方法

(1)原料准备。选取健康无病、肥瘦适中的活鹅,颈部放血后褪毛,腹部切口去除内脏。切除鹅脚,洗净沥干备用。按 100kg 光鹅,准备盐 3.6～4kg、八角 120g、花椒 120g、白糖 1.2kg、酱油 6～8kg。

(2)腌制。用盐将鹅体表、切口、体腔、口腔充分涂擦,放入木桶或缸中腌制。腌制时间:气温 0℃左右,1～2 天;高于 7℃,6～12h。气温越高,所需时间越短。

(3)酱制。将腌制后的鹅体挂起晾干,放入腌缸中,倒入酱油浸没鹅体,加入其他调料。在气温低于 7℃时,酱制 3～4 天,中间翻动 1 次。夏季 1～2 天即可出缸。

(4)上色。经盐腌和酱腌的鹅体已初步上色,挂起晾干。将酱腌后的酱油放入锅中煮沸,稍稠后舀酱汁浇于鹅体上色,反复数次后呈红色,在 60～65℃下烘烤 4～6h,挂于阴凉通风处贮藏,或真空包装后微波杀菌。

(5)蒸制。适当冲洗后上笼蒸制,40～50min 出笼,老龄鹅需适当延长蒸制时间。蒸制时最好切块,配姜末、葱花。冷却后切片食用。

(二)风味香酱鹅

风味香酱鹅是在酱鹅加工的基础上,对老汤和卤汁进行适当调制,从而得到适合全国不同地方特色的熟制食品。

1. 工艺流程

宰杀→烫煺毛→净膛→清洗→腌制→卤煮→涂鹅体→烘烤→真空包装→微波杀菌→成品。

2. 操作要点

(1)宰杀。选用重量在 2kg 以上的地方鹅为最好。宰前将鹅放在圈内停食 10～12h,只供水。反剪双翅使其固定,鹅头向下,将两鹅脚向上套入脚钩内,一个一个吊挂在宰杀链条输送带上。操作人员用刀切颈放血,切断三管(气管、血管、食管),把血放净并摘除三管,刀口处不能有污血。

(2)烫毛、煺毛。宰杀后趁鹅体温未降前,立即放入烫毛池或锅内浸烫,水温保持在 65℃～68℃,水温不要过高,以拔掉背毛为准。浸烫时要不断地翻动,使鹅体受热均匀,特别头、脚要浸烫充分,用打毛机除毛。鹅体煺毛后,残留有若干绒毛。

(3)去绒毛、净膛。鹅体煺毛后,残留有若干绒毛。除绒方法有:

① 将鹅体浮在水面(20℃～25℃),用拔毛钳(一头是钳,一头是刀片)从头颈部开始逆向倒钳毛,将绒毛和毛管钳净。

② 食用松香酯拔毛,松香酯要严格按配方规定执行,要避免松脂流入鹅鼻腔、口腔,除毛后将松香清除干净。然后切开腹壁,将内脏全部取出。

(4)配料。按50只鹅计算,配备酱油2.5kg、盐3～4kg、白糖2kg、桂皮150g、八角150g、陈皮40g、丁香15g、砂仁10g、红曲米350g、葱1.5kg、姜16g、绍兴酒2.5kg、腊肉500g。

(5)腌制。将鹅体用细盐擦满,腹内放一点盐、1～2粒丁香、砂仁少许,腌5～6h,取出滴尽血水。

(6)配制老汤。将上述辅料,用布包好,平放在锅底,锅中放1/3的清水,将葱、姜、绍兴酒、500g腊肉随即放入水中。

(7)煮鹅。将腌好的鹅逐只摆放(方便出锅为好),摆放整齐后,放满水(水要超过鹅体),开始加热。煮开30min,改文火60min,当熟的两翅"开小花"即可起锅,盛放在盘中冷却20min,备用。

(8)调卤汁涂鹅体。用上述部分老汤,加入红曲米、白糖、绍兴酒、姜,用铁锅熬汁,一般烧到卤汁发稠、色泽红色时即可。将整只鹅挂在架上,均匀除抹卤汁,鹅色泽呈酱黄色后,挂在50℃～65℃的烤箱内烘烤4～6h,冷却后真空包装,微波杀菌。

四、糟鹅、卤鹅和盐水鹅

(一)糟鹅

糟鹅是以70～80日龄仔鹅为原料,用酒曲、酒糟卤制面成。江苏省苏州市是传统糟鹅的主要产地。苏州糟鹅以当地太湖仔鹅为原料,特点是皮白肉嫩,醇香诱人,味清淡爽口,为夏季时令佳肴。

1. 工艺流程

原料预处理→配料→煮制→分割→糟卤配制→糟制→成品。

2. 操作要点

(1)原料预处理。选用2.5～3kg的育肥仔鹅,颈部放血、去毛,腹部开膛去除全部内脏。浸泡去血水后清洗干净,沥干,备用。

(2)配料。每50只鹅准备陈年香糟2.5kg、黄酒3kg,曲酒250g、葱1.5kg、大茴香50g、生姜200g,花椒25g。

(3)煮制。将沥干后的鹅坯依次放入铁锅中,加清水全部淹没,用旺火煮沸,去除浮沫。随后加入葱段0.5kg、大茴香50g、姜片50g、黄酒0.5kg,中火煮40～50min后捞出。

(4)分割。鹅出锅后,在鹅体上均匀撒少许细盐,先将头、脚、翅斩下,再沿鹅体正中剖成两半,放置于干净消毒的容器中冷却备用。

(5)糟卤配制。煮鹅后原汤去除浮油,趁热加入剩余的葱、食盐、花椒,再加入酱油0.75kg,冷却后加入黄酒2.5kg备用。

(6)糟制。备好糟缸,先放入糟卤汤,后把斩好的鹅肉、翅分层装入,每放两层加一次曲酒。扎双层布袋,布袋中放入带汁香糟 2.5kg,置于糟缸口上,使糟汁过滤到糟缸内,慢慢浸入鹅肉中。待糟汁滤完后,缸口加盖密封 4～5h,即可出缸食用。

(7)食用方法。鹅肉切块装盘冷食,醇香诱人。鹅脚、头、鹅翅分别单独装盘,风味不同。

(二)卤鹅

卤鹅是鹅经老卤水卤制后包装、灭菌后的熟制食品。

1. 工艺流程

预处理→卤煮→冷却→真空包装→微波杀菌→冷却→外包装→成品。

2. 操作要点

(1)预处理。将光鹅仔细拔净羽毛,去头,留颈,割去脚爪、翅尖、尾脂腺,泡在凉水中,至无血水渗出为止。

(2)卤煮。在锅中先注入清水 1/2,置入香辛料包(香辛料包以 100kg 鹅肉计:陈年老酱 2kg、花椒 100g、大茴香 150g、小茴香 100g、桂皮 200g、白芷 100g、大葱 1kg、生姜 300g),加入占鹅胴体和水总重量 2.5%的食盐及 0.5%～1.0%的白糖。加热,沸腾片刻后逐只放入鹅胴体。为了使鹅预煮受热均匀,在预煮时应将鹅全部浸在水中。受热后蛋白质逐渐凝固,液面不断泛出浮沫,应及时撇去,以保持预煮后鹅胴体洁白。旺火煮 20min,再微火焖煮 1h,焖煮过程中,添加黄酒 1kg、味精 10g,卤煮过程中要勤翻动。

(3)冷却。起锅后将胴体放在清洁的操作台上摊凉,使胸腹向上整齐排列,以利散热。

(4)包装。将鹅半分后,小心地放入袋中,装袋时注意将袋口与鹅体隔开,以免造成袋口汤汁污染。将装好鹅肉的袋抽真空封口。

(5)微波杀菌。真空封合后,进行微波杀菌。

(6)冷却、外包装。取出杀菌后的袋在通风处冷却至 40℃以下,进行外包装。

(三)盐水鹅

盐水鹅是南京特产之一,特点是加工方法简单,腌制期短,味道咸而清淡,肥而不腻,口感香嫩,风味独特。

1. 工艺流程

原料准备→干腌→抠卤、复卤→晾干→成品。

2. 操作要点

(1)原料准备。选用 70～80 日龄肉鹅,宰杀后拔毛,切去脚爪和小翅。右翅下开膛去除全部内脏,体腔冲洗干净,放入冷水中浸泡 1h,清洗后挂起沥干水分。另准备食盐、八角、葱等配料。

(2)干腌。用盐量为净鹅重的1/16,食盐内加少量茴香炒干并磨细。先取3/4的盐料放入鹅体腔内,反复转动鹅体使腹腔内全部布满盐料。将余料自大腿下部用手向上摊抹,同时,在腿骨与肌肉脱离处加入盐料,然后将盐料分别揉搓在刀口、鹅嘴和胸部两旁的肌肉上。

(3)抠卤、复卤。将擦盐料后的鹅体逐只叠入缸中,排出血水。经过2～18小的腌制后,用手指插入肛门推开,将鹅放入卤缸,从右翅刀口处灌入预先配制好的老卤,再逐只放入缸中,用带孔的竹盖盖上,石块压住,使鹅体全部淹在卤中。根据鹅体大小和不同季节,复卤时间不一,一般复卤时间为12～24h,即可腌透出缸。出缸时要抠卤,放干体内卤水。

老卤配制。100kg水中加50～60kg,煮沸后配制盐溶液,加入八角300g,鲜姜500g。

(4)烘干或晾干。复卤后出缸,沥尽卤水,放在通风良好处晾挂。烘干方法是用竹管插入肛门切口,体腔内放入姜、葱、八角,在烤炉内烘烤20～25min后,鹅体干燥即可。干燥后的鹅体可长期保存或煮制食用。

(5)煮制。水中加入姜、葱、八角后烧开,然后停止烧火,将腌好烘干的鹅体放入锅中,反复倒掉体腔中的汤水,使内外水温均匀。再加热至冒水泡,水温保持在85℃～90℃,焖煮40～50min,起锅冷却后切块食用。

五、鹅肉火腿

(一)鹅肉火腿肠

鹅肉火腿肠是西式加工食品,鹅肉经过滚揉、腌制、绞碎或者斩拌、灌肠、蒸煮而成。产品保水性好、多汁、鲜嫩。

1. 工艺流程

原料肉预处理→滚揉、腌制→绞肉→斩拌→灌制→蒸煮→包装。

2. 操作要点

(1)原料肉预处理。将屠宰洗净的鹅去皮去骨,分割肌肉,切成肉块后再切成肉条,猪五花肉切成肉丁。

(2)配方有鹅肉70kg、猪五花肉30kg、食盐2.5kg、玉米淀粉10kg、白糖1kg、白酒1kg、胡椒粉100g、生姜粉200g、异维生素C钠30g、钠10g、多聚磷酸盐300g、味精50g、肌苷酸5g、鸟苷酸5g、乙基麦芽酚5g、大豆分离蛋白5kg、冰屑30kg。

(3)滚揉、腌制。鹅肉加食盐、多聚磷酸盐、异维生素C钠等混匀,在0～4℃条件下滚揉20～30min。滚揉结束后再在0～4℃条件下,腌制12～24h。

(4)绞肉。用直径1～2cm筛孔的绞肉机将鹅肉绞碎。

(5)斩拌。先将鹅肉斩拌3～5min后,加入猪脂肪斩拌1～2min,再加入淀粉等混合均匀。斩拌过程中加适量冰屑，使肉温保持在10℃以下。

(6)灌制。用PVDC肠衣膜做包装材料进行灌制，每8～10cm结扎为一节。

(7)蒸煮。在120℃条件下蒸15～20min，或在100℃条件下蒸30～40min，冷却后即为成品。

(8)包装。每500g或1000g包装成一袋，即可销售或冷藏。

(二)西式鹅肉火腿

西式鹅肉火腿又称盐水鹅肉火腿，依其形状可分为圆火腿和方火腿，属于高档肉类制品，是西式主要肉制品之一。

1. 工艺流程

原料鹅肉的选择及处理→腌制→滚揉→斩拌→装模→煮制→冷却→脱模包装→冷藏或销售。

2. 操作要点

(1)原料鹅肉的选择及处理。选用符合卫生标准的新鲜或解冻后的鹅胸肉或鹅后腿肉，剔净骨、筋膜、淋巴、血污、脂肪及伤斑等不适宜加工的部分。原料鹅肉的处理应在10℃以下进行。以防温度过高而降低pH值，有碍蛋白质的凝胶。

(2)腌制液配方。原料鹅肉100kg，食盐3kg，卡拉胶150g，亚硝酸钠50g，硝酸钠100g，葡萄糖200g，蔗糖500g，味精100g，玉米淀粉2kg，焦磷酸钠150g，三聚磷酸钠150g，异维生素C钠80g。

(3)腌制。将处理后的原料鹅肉一次倒入拌匀后的腌制液内，并适当翻动，腌制温度严格控制在10℃以下；最好是5℃左右腌制48h，每12h翻动一次，以使腌制均匀。

(4)滚揉。滚揉即对腌制后的鹅肉进行机械的揉搓、翻滚、碰撞以破坏肌肉结构，使盐分进一步渗入和分布均匀，增加肉块之间的黏结力，阻止在煮制时肉汁外溢，以达到保水的目的。

(5)斩拌。将腌制滚揉好的肉块放入斩拌机内斩成肉泥，斩拌时放些冰块，防止温度升高。

(6)装模。定型所用的模具为方腿模或圆腿模，由各种定量规格的不锈钢或铝合金制成。在装模填肉时，应逐块填入模具，要填严实，不得有空隙，在模内的底层和上层最好填几块完整的肉块。如有条件，可在填满后抽真空，以防成品切片时出现空洞，影响形态和保存期。模装满后盖上模盖，用力将弹簧压紧，直至无法再压为止。

(7)煮制。煮制锅一般采用平底方锅或采用瓷砖砌成，内铺有蒸汽管道的方锅，其大小视生产规模而定。将锅中水烧开后下模，模与模之间应保持一定的距离，水量以高出模具3～4cm为宜。煮制温度应保持在75℃～80℃，煮制时间视鹅肉重量而定，2.5～3kg重鹅肉应煮制3.5～4h，待中心温度达到68℃～72℃时即可停止加热，准备出锅。

(8)冷却、冷藏。火腿出锅后，应立即将模倒置在10℃以下的流水中冷却20～30min，然后置于室温下冷却2～3h，再转入0℃的冷库或冰柜中冷藏12～15h后，便可脱模检验即为成品。包装后可整只或切片销售。如不能及时销售，应连模在冷库或冷藏柜中冷藏。

第五节　腌干鹅肉的加工工艺

一、板鹅

板鹅，平整光洁、油香四溢、色正味美、久负盛名。

1. 工艺流程

选鹅→宰杀→烫毛、煺毛→割外四件→开腔取内脏→制坯→腌制→造型、系绳→干制→成品分级。

2. 操作要点

(1)选鹅。选无病健康的仔鹅或1年以上的成鹅，清洗体外粪污。

(2)宰杀。宰杀前12h停止进食，只给予饮水，用锋利刀常规宰杀。如留皮作鹅绒裘皮则按其制作方法宰杀。

(3)烫毛、煺毛。将鹅体放入70℃～75℃热水中，浸烫2min，翻转搅动鹅体，并使羽毛翻卷，让热水尽快渗到毛羽根部，趁热迅速先拔去大毛和皮下再拔小毛。然后用镊子拔除细毛。如剥皮可用则须仔细剥皮。

(4)割外四件。顺肘关节割下两翅，在跗关节处割下两脚掌。

(5)开膛取内脏。鹅放案板上，沿腹中剖开腹部皮肤和肌肉，再割开胸肋骨，取出内脏，并拉出食管、气管，清洗除去残血，割去鹅屁股。

(6)制坯。用力压平“人”字骨，制成鹅坯。

(7)腌制按每千克光鹅用盐60～65g的比例，将盐和少许大茴香在铁锅内文火炒热，冷却后待用。将鹅坯背部平放在桌上，取2/3的炒盐反复揉拢胸腔、腹腔、腿、颈等部位，剩余部分揉搓背部，口腔中放入少量食盐。之后，将鹅坯背部向下，逐只码放在缸内，顶部用石头加压，经10～12h腌制后，沥干血水，放入老卤水中腌制24h，取出沥干，用竹片撑开胸腹部。

(8)造型、系绳。将坯造型成半月形，鹅皮绷紧。因鹅体大、肌肉厚、脂肪多，为方便运输、销售，可在鹅的下体前1/3处和后1/3处钻孔系绳，再配以塑料袋和硬纸盒进行外包装，使造型美观。

(9)干制。板鹅是腌腊制品，含水量应低于25%。干燥有三法，即自然晾干法、人工干燥法和烟熏法。

自然晾干法。选晴天在室外晒架上晒晾鹅坯，一般需要10天或更长时间。

人工干燥法。可在烘房干燥，控温60℃，干燥4h，再晾于室内风吹8h；再将烘房控温55℃，进行第二次干燥4h，此时鹅坯开始有油滴渗出表皮。当有七八成干时，挂于阴凉通风处自然干燥5～6天，即为成品。

烟熏法。将鹅坯平放在熏室的架上或头向下倒挂在架钩上，下用锯木屑以暗火烟熏4～6h，中途翻动1～2次。

(10)成品分级。根据鹅的品种、年龄、肥瘦程度及腌制后的色、香、味、型等逐只分级包装。

二、风鹅

风鹅是经腌制风干而制成的一种特殊腌制品。

1. 工艺流程

宰杀放血→烫、煺毛→去内脏→清洗→割四件→腌制→风干→烫漂→卤煮→冷却→真空包装→冷却。

2. 操作要点

(1)宰杀放血。采用口腔刺杀法或切断三管法，尽量放尽血液。

(2)去内脏。在右侧翅膀下开口，取出全部内脏。

(3)割四件。割除翅尖和脚爪。

(4)腌制。按照每千克光鹅用盐60g的比例，将盐与少许大茴香在铁锅内文火炒热，冷却后待用。鹅坯背部平放在桌上，取2/3的炒盐反复揉搓胸腔、腹腔、翅、腿、颈等部位，剩余部分揉搓背部，口腔中放入少量食盐。之后，将鹅坯背部向下逐只码在缸内，经10～12h腌制后，沥干血水，放入老卤水中腌制24h，取出沥干。

(5)风干。气温比较低时，用钢钩吊挂于阴凉干燥处，经半个月左右的风干即为成品；或将腌制后的光鹅放置在温度低于18℃，相对湿度小于75%的风干车间内风干3～5天。

(6)烫漂。将风干后的鹅坯置于温度为80℃～90℃的水池中5～8min，出水后，将鹅坯表面小毛镊尽，用水清洗干净，放在固定的架子上。

(7)卤煮。将已上架的鹅坯通过蒸煮生产线送至温度为90℃～100℃的已配置好的卤液中蒸煮，时间为45～120min。

(8)冷却、真空包装。将煮制后的成熟鹅坯从架子上取下，进行冷却真空包装。

(9)外包装。微波杀菌或高温杀菌,再冷却,而后将冷却的风鹅进行外包装密封、称重、打印生产日期,送至冷库内保存。

三、熏鹅

重庆熏鹅是有名的熏鹅产品,其特点是外形美观、色泽红亮、便于贮存、肉味鲜美、风味独特。

1. 工艺流程

原料准备→腌制→熏制→食用方法。

2. 操作要点

(1)原料准备。选取2.5～3.5kg肥嫩仔鹅,宰杀,煺毛,沿中线将胸腹腔剖开,去除内脏,浸泡1h,冲洗干净,沥干备用。

香料粉配制。将等量的白胡椒、花椒、肉桂、丁香、八角、砂糖、陈皮等磨成细粉,混合均匀。每10份食盐加1份香科粉拌匀合成调味盐。每只鹅用调味盐100g左右。熏料要选用含树脂少的干燥材料,如山毛榉、白桦、竹叶等。

(2)腌制。将调味盐均匀地涂抹在鹅坯全身各部,包括切开后的体腔内侧。然后将多个鹅坯背向下平放入腌缸中,腌制时间为夏秋季2～3h,冬春季9～12h。起缸后用竹片加撑,挂于通风处晾干。

(3)熏制。晾干后的鹅坯平放在熏床上熏烤,熏床设置在背风处,忌用明火烤,以免烧焦鹅坯。熏烤时应不时翻动鹅坯,使各部熏烤一致,颜色均匀。当鹅坯各部位呈棕色时停止烟熏。

(4)食用方法。用温热清水洗去烟尘,放入蒸笼内,蒸30～35min。出笼冷却,涂抹花生油,切块装盘食用。

四、鹅肉香肠

鹅肉香肠是我国传统加工食品,鹅肉经过绞碎或者斩拌,灌肠、烘烤而成。产品结构致密,耐贮藏。

1. 工艺流程

原料预处理→配料→拌料→灌制→晾晒→烘烤→成品。

2. 操作要点

(1)原料预处理。肉鹅宰杀后清理干净,将除去内脏的鹅肉剔骨、洗净,用直径0.4～0.8cm筛板绞碎,猪五花肉切成0.5～0.6cm^{2}的小块肉丁。

(2)配料。50kg鹅肉加50kg猪五花肉或60kg鹅肉加40kg猪五花肉,精盐3kg,白糖2kg,白酒200g,味精10g,五香粉10g。

(3)拌料。将配料按比例放入拌料机内拌匀,放置1h后灌制。

(4)灌装。取小肠衣一头打结,另一头套入灌肠机,把准备好的肉馅灌入小肠衣内，灌肠时要不断用手挤紧，每隔 20～30cm，用细线结扎，并用针刺小肠衣，以排空肠衣中的气体。当肉馅灌满肠衣时，用线结扎小肠，用温水淋去肠衣表面黏附的馅料。

(5)晾晒、烘烤。当气温比较低时，挂在通风阴凉处风干，经 15～25 天即为成品；若挂在 50℃～55℃烘房内烘烤，3～4 天即可。

第六节 鹅肉干制品

一、鹅肉松

鹅肉松是将鹅肉煮烂后搓松、焙松、包装而成。产品营养丰富、消化吸收率高，常与面包、汉堡等西式食品同时食用。

1. 工艺流程

选料→配料→煮制→炒压→搓松(拉丝)→焙松→拣松→包装。

2. 操作要点

(1)选料。选取活重 3.5kg 以上的成鹅，宰杀放血后，除去内脏、头、颈、翅、脚、皮，放入清水中漂 1h，再用清水冲洗干净，取腿肉和脯肉备用。

(2)配料。每 100kg 鲜鹅肉用食盐 2～2.5kg、白糖 5～7kg、白酒 500g、生姜 500g、八角 150g、味精 100g。

(3)煮制。将鹅坯放入有生姜、八角的清水锅中旺火煮沸，直到煮烂为止，需要 2～4h，撇去上浮的油沫。检查肉是否煮烂，其方法是用筷子夹住肉块，稍加压力，如果肉纤维自行分离，即已煮烂。这时可将其他调味料全部加入，继续煮肉，直到将汤煮干为止。

(4)炒压。取出生姜和香料，用锅铲施以中等压力，边压散肉块，边翻炒。注意炒压要适时，因为过早炒压功效很低，压过迟，肉过烂，容易粘锅炒糊，造成损失。

(5)搓松。将汤汁吸干的肉胚放入搓松机中，将肉块搓成条状或丝状。

(6)焙松。将肉条或肉丝放入炒锅中，炒松至肌纤维松散，色泽金黄，含水量少于 20%，即可结束。

(7)拣松。将肉松中焦块、肉块、粉粒等拣出，冷却后装入塑料袋中密封，可贮存半年。

二、鹅肉干

鹅肉干是将鹅肉经过煮制到松软、收汤汁后烘烤而成的食品。产品耐贮藏，常依不同地方的饮食习惯，调配成不同风味。

1. 工艺流程

原料→初煮→切坯→复煮→收汁→烘烤→冷却、包装。

2. 操作要点

(1)原料预处理。取鹅的胸、腿瘦肉，不含脂肪、筋膜和皮肤，用清水浸泡半h，除去血水、污物，用清水漂洗，沥干后备用。

(2)配方

咖喱肉干配方：鲜鹅肉 100kg、精盐 3kg、酱油 3.1kg、白糖 12kg、白酒 2kg、咖喱粉 0.5kg。

麻辣肉干配方：鲜鹅肉 100kg、精盐 3.5kg、酱油 4kg、老姜 0.5kg、混合香料 0.2kg、白糖 2kg、酒 0.5kg、胡椒粉 0.2kg、味精 0.1kg、海椒粉 1.5kg、花椒粉 0.8kg、菜油 5kg。

五香肉干配方：鲜鹅肉 100kg、食盐 2.85kg、白糖 4.5kg、酱油 4.75kg、黄酒 0.75kg、花椒 0.15kg、八角 0.2kg、茴香 0.15kg、丁香 0.05kg、桂皮 0.3kg、陈皮 0.75kg、甘草 0.1kg、姜 0.5kg。

(3)初煮。初煮的目的是通过煮制进一步挤出血水，并使肉块变硬以便切坯。初煮时以水淹过肉面为原则，一般不加任何辅料，但有时为了去除异味，可加 1%～2%的鲜姜。初煮时水温保持在 90℃以上，并及时撇去汤面污物。初煮时间随肉的嫩度及肉块大小而异，以切面呈粉红色、无血水为宜。通常初煮 30min 左右。肉块捞出后，汤汁过滤待用。

(4)切坯。肉块冷却后，可根据工艺要求在切坯机中切成小片、条、丁等形状。不论什么形状，要大小均匀一致。

(5)复煮、收汁。复煮是将切好的肉坯放在调味汤中煮制，其目的是进一步熟化和入味。复煮汤料配制时，取 20%～40%肉坯重过滤初煮汤，将配方中不溶解的辅料装袋入锅煮沸后，加入其他辅料及肉坯，用大火煮制 30min 左右后，随着剩余汤料的减少，应减小火力以防焦锅。用小火煨 1～2h，待卤汁基本收干，即可起锅。

(6)烘烤。将收汁后的肉坯铺在竹筛或铁丝网上，放置于三用炉或远红外烘箱烘烤。前期烘烤温度可控制在 80～90℃，后期可控制在 50℃左右，一般需要 5～6h，即可使含水量下降到 20%以下。在烘烤过程中要注意定时翻动。

(7)冷却、包装。冷却以在清洁室内摊凉、自然冷却较为常用。必要时可用机械排风，但不宜在冷库中冷却，因易吸水返潮。包装以复合膜为好，尽量选用阻气、阻湿性能好的材料。最好选用 PET/A/PE 等膜，但费用较高；PET/PE 和 NY/PE 效果次之，但较便宜。

三、鹅肉脯

鹅肉脯是一种重组鹅肉制品，鹅肉经过斩拌、脆制、摊筛、烘烤而成。产品耐贮藏，可根据不同地方饮食习惯和营养强化的需要，在腌制过程中添加一些蔬菜汁、营养强化剂等。

1. 工艺流程

原料肉处理→斩拌配料→腌制→摊筛→表面处理→烘烤→压平→成型→包装。

2. 操作要点

(1)原料肉预处理。选用新鲜的鹅腿肉和脯肉，去掉脂肪、结缔组织。

(2)配方。鹅肉 100kg，硝酸钠 50g，浅色酱油 3kg，味精 100g，肌苷酸和鸟苷酸各 5g，白糖 8kg，姜粉 0.3kg，食盐 2kg，白酒 1kg，异维生素 C 钠 20g。

(3)斩拌、腌制。将原料肉预处理后，与辅料入斩拌机斩成肉糜，于 4～8℃腌制 2～3h。

(4)摊筛。将腌制好的肉糜涂摊于表面除油的竹筛上，厚度以 1.5～2mm 为宜。

(5)表面处理。在肉脯表面涂抹蛋白液和压平机压平，可以使肉脯表面平整，增加光泽，防止风味丧失和延长货架期。在烘烤前用 50%的全鸡蛋液涂抹肉脯表面效果很好，在烘烤前进行压平效果较好，因肉脯中水分含量在烘烤前比烘烤后高，易压平，而且烘烤前压平也可减少污染。

(6)烘烤。70℃～75℃下烘烤 2h，120℃～150℃下烘烤 2～5min。

(7)压平、成型、包装。烘烤结束后，用压平机压平，按规格要求切成一定的形状。冷却后及时包装。塑料袋或复合袋须真空包装。马口铁听装加盖后锡焊封口。

第七节　鹅蛋制品的加工

一、鹅蛋的营养

鹅蛋比其他禽蛋个体大，蛋壳约占蛋重量的 16%，蛋白约占 52.5%，蛋黄约占 31.5%。鹅蛋的化学成分为：水分约 70.6%，蛋白质约 14.0%，脂肪约 13.0%。鹅蛋中含有丰富的营养成分，如蛋白质、脂肪、矿物质和维生素等。鹅蛋中含有多种蛋白质，最多和最主要的是蛋白中的白蛋白和蛋黄中的卵黄磷蛋白。蛋白质中富有人体所需的必需氨基酸，是完全蛋白质，易于消化吸收，其消化率为98%。鹅蛋中的脂肪绝大部分集中在蛋黄内，含有较多的磷脂，其中约有1/2是卵磷脂。这些成分对人的脑及神经组织的发育有重要作用。鹅蛋中的矿物质主要含于蛋黄内，铁、磷和钙含量较多，也容易被人体吸收利用。鹅蛋中的维生素也很丰富，蛋黄中有丰富的维生素A、维生素D、维生素E、核黄素和硫胺素。蛋白中的维生素以核黄素和烟酸居多。这些维生素也是人体所必需的维生素。

二、鹅蛋制品的加工

蛋制品是指利用新鲜蛋的内容物加工制成的蛋品，主要制品有冰冻类和干蛋类。冰冻类是将蛋壳去掉用蛋液冻结而成的制品，有冻全蛋、冻蛋黄、冻蛋白之分。这些冰冻类蛋品主要是用于食品工业。干蛋类是蛋壳去掉，利用内容物经加工制成干蛋品，有全蛋粉、蛋黄粉、蛋白粉之分。这些干蛋类制品不仅为食品加工所利用，而且还可为纺织、皮革、造纸、印刷、医药、塑料、化妆品等工业所利用。此外，鹅蛋还可加工蛋白胨、蛋壳粉和提取卵磷脂等。下面简单介绍两种鹅蛋制品加工的方法。

(一)松花蛋

松花蛋又名皮蛋、彩蛋，它不但具有美丽的花纹，还具有特殊清香味。

1. 原料

纯碱(即无水碳酸钠)、生石灰(CaO)、食盐(NaCl)、茶叶，有的为加快成熟度还加黄丹粉(即氧化铅PnO，用量不能超食用卫生规定的含量标准)。常规配料方法：每100枚蛋所需纯碱400g，生石灰1250～1500g，红茶末100～150g，食盐150～200g，黄丹粉7.5～10g，水5～6kg。

2. 加工方法

挑选蛋壳坚实、完整、无裂纹的新鲜蛋，并将其洗干净，摆放在缸内。配料要用两个容器，一个容器是加水1500mL，放入茶叶煮开，然后放入纯碱充分搅拌，使其溶解；另一个容器装水3000mL，并将生石灰分2～3次投入，待石灰停止沸腾时加入食盐搅拌，待充分溶解后将不溶解的石灰杂质捞出，然后再将两个容器中的溶液倒入一起搅拌均匀，再加入黄丹粉，最后加水到5000mL，搅拌均匀后，倒入放蛋缸内，压上竹盖，使料液淹没蛋面密封缸口，在常温(20℃～25℃)下，1个月左右即成熟。

(二)茶叶蛋

茶叶蛋是人们熟悉的一种熟制蛋品，其做法是先将鲜蛋煮熟后晾透，轻敲蛋壳使其有多处裂纹，再放入锅中加一定量凉水、食盐、酱油、茶叶、八角、陈皮、桂皮、花椒等一起熬煮而成。各种佐料的用量要依据蛋的数量而定。这种熟制品热食好，有五香风味，故称五香茶叶蛋。

第八节 鹅副产品的加工

鹅遍身是宝，除鹅肉以外，脏器、羽毛、骨头、粪便均能利用，随着科学技术的发展、开发利用越来越广泛，将会带来新的作用和新的效益。

一、鹅绒裘皮的加工利用

鹅绒裘皮皮板细薄，质地柔软，绒毛膨松轻盈，洁白如雪。其手感要好于狐皮，防潮、保暖似貂皮，牢度胜于兔皮。随着科学技术的进步，必将克服有异味、易脱毛、拉伸度低等缺点，从而使鹅绒裘皮产业真正兴盛起来。

(一)原料皮制作

原料皮的制作好坏，直接影响裘皮质量，是至关重要的环节。

1. 宰前拔毛

主要是拔去大羽毛和毛片，留下羽绒。由于两翅细小弯曲，不易剥皮，颈部的羽绒短而密，故这两处不宜拔毛。

2. 宰后剥皮

在颈上部1/3处用刀切断颈静脉、动脉放血，在鹅未断气前，将刀插入切口上部运刀至一侧嘴角，沿头颈结合部运刀绕头旋转一周，分肉暴露颈部肌肉，在此处系绳，再用刀插入切口下部沿颈、背中线切开皮至尾部时绕过尾脂腺至肛门。这时将鹅吊起从颈部系绳处开始向上剥，手拉紧鹅皮，另一手持刀辅助切剥全两翅处。切断两翅继续下剥至两腿时，先从踝关节处斩断两脚，由大腿向小腿用力拉皮作纯性剥皮，至肛门处结束。剥皮应注意保证皮张的完整和尽量减少皮上残留的脂肪。

3. 鲜皮处理

鹅皮剥下后，应及时处理，否则细菌、寄生虫和酶的活动容易引起蛋白质的分解，使原料皮腐败变质。处理鲜皮的办法，一是盐腌法，二是盐水法，三是干燥法。

(二)裘皮加工

处理后的鹅皮要经过鞣制才能成裘皮，鹅皮薄，含脂多，需要进行特殊加工，其一般工艺流程为：浸水→去肉→洗皮→浸酸→有机醛鞣制→中和→干燥→有机溶剂脱脂→加脂→铲软→整理，共11道工序。分三段加工，具体如下：

1. 准备阶段

准备阶段包括浸水、去肉、去皮三道工序，主要是使原料皮达到或接近鲜皮的状态，并将皮上各种污物清除。

2. 鞣制阶段

鞣制阶段包括浸酸、鞣制、中和三道工序。浸酸是终止酸的作用，为鞣制提供适当的酸碱度，便于鞣制液的渗入，鞣制后加适量碱中和，主要是使皮板舒展。

3. 整理阶段

整理阶段包括干燥、脱脂、加脂、铲软、整理五道工序。干燥是除去水分，使鞣制液和皮进一步结合；脱脂是去掉天然油脂；加脂是适量均匀加入乳化的加脂剂，令其渗透到胶原纤维表面；铲软是用机械将毛皮的脖头、背管、四肢各部分铲软和除去皮上污物；整理的目的是使绒皮清洁、美观、皮板舒展。

二、鹅内脏的加工利用

鹅内脏可食用部分可作烹调多种美味菜肴，不可食部分可加工药品，也可当下脚料生产动物性蛋白饲料。

(一)鹅胆的加工利用

鹅去氧胆酸是一种天然胆酸，存在于人及牛、鹅、鸡、猪、熊、豚鼠等动物的胆汁中。鹅胆汁中主要含有四种胆汁酸，其中鹅去氧胆酸为80%左右，是治疗胆固醇型胆石症的重要药物，能使胆结石溶解，而不必采用外科手术取石。因此，不食用的鹅胆，可用来加工制药。

1. 工艺流程

鹅胆汁→皂化液→总胆汁酸粗品→总胆汁酸→鹅去氧胆汁酸钡盐→粗品→成品。

总胆酸制备。取新鲜或冷冻的鹅胆汁，加入1/10量(W/V)的工业氢氧化钠，加热16h以上，不断补充蒸发耗去的水量，冷却后以1∶1(V/V)盐酸调至pH值为2～3，取出膏状物，水洗至中性，得总胆汁酸。去氧胆酸钡盐制备：取总胆汁酸加入2倍量95%乙醇加热回流2h，加入5%～10%活性炭脱色，趁热过滤；取滤液浓缩回收乙醇，或向滤液加适量的水使乙醇浓度达65%左右，加等体积120号汽油萃取脱脂2～3次，取下层减压浓缩，回收乙醇，得膏状物。水洗至洗涤液无色，加2倍量95%乙醇及5%氢氧化钠溶液，加热回流1～2h，调至pH值为8～8.5，加膏状物2倍量的15%氯化钡水溶液，加热回流2h，趁热过滤；滤液回收乙醇，放冷析出针状结晶，抽滤，水洗，减压干燥。

2. 粗品制备

将干燥的钡盐研细，悬浮于15倍量水中，加钡盐12%的碳酸钠，加热回流使其溶解，趁热过滤，冷后再滤一次；滤液用10%盐酸调到pH值为2～3，析出沉淀过滤，水洗至中性，沉淀干燥得粗品。

3. 精品制备

取以上粗品悬浮于10倍量(W/W)醋酸乙酯中，搅拌使之溶解，静置分层，取醋酸乙酯层浓缩至最小体积，放置析出结晶、过滤、干燥得干品。

（二）鹅肫的加工利用

鹅肫较鸡肫、鸭肫大，肌肉层厚实，可以加工成风味食品“鹅肫干”。

1. 原料准备

鲜鹅肫剖开去除内容物和角质层，用清水冲洗干净。另准备食盐（每100个鹅肫用盐0.75kg）和细麻绳。

2. 加工方法

腌制。将食盐均匀撒在鹅肫表面，分层放置在盆中腌制，经12～24h即可腌透，夏季腌制时间短，冬季时间长。

穿绳。将腌好的鹅肫用细麻绳穿起，每10～12个为一串，挂起在日光下晒干，夏季晒3～5天，冬季7～10天。

整形。晒至七成干的鹅肫要进行整形，将鹅肫平放在木板上，用木棒或刀面用力按压，使两块较高的肌肉扁平，美观而且方便包装运输。压扁后的鹅肫继续晒1～2天，然后挂在室内阴凉干燥处保存。最长可保存6个月。

（三）鹅肠的加工

鹅肠营养丰富，食之鲜嫩可口，在宴席上可加工成高档菜肴。著名鹅肠菜肴为“快炒鹅肠”，其烹饪方法如下：

1. 鲜肠处理

取现宰鹅肠，去除胰脏。用剪刀剖开使肠壁外翻，冲洗干净内容，除去肠黏膜及污物。用清水清洗数次，加少量水放入盆中，用明矾、粗盐搓洗，水清洗数次后用沸水烫1～2min即成半成品。

2. 烹饪方法

鹅肠切成小段，蒜苗切段，姜切末，准备盐、黄酒、清油、味精少许，将清油烧透后，先加入鹅肠炸炒1～2min，再加盐、酒和适量花椒粉，最后加味精出锅。特点是脆而不烂，风味独特。

（四）鹅心

鹅心的食用方法很多，可以鲜炒、卤制等，也可以加工成盐心干。

三、鹅骨的加工利用

鹅屠体在加工剔骨鹅肉时，鹅骨是一种副产品。肥肝鹅在屠宰、取分割后，割下的带肉骨架，不包括主要肉块，重1kg左右。人们在食用鹅肉后，废弃的主要是骨头，重量占胴体的12%～15%，这些骨头都可以利用。一般来说，骨中水分含量占22%～30%，在干物质中蛋白质占20%～25%、脂肪占15%～20%、灰分占45%～50%。骨是钙、磷等矿物质的优质来源。加工中剔出的鹅骨、食用鹅肉后废弃的骨头，宜用来加工成骨粉，骨料工业化生产的工艺流程如下:蒸煮,把骨头装入湿化锅,加水,然后打开蒸气阀,用5kPa蒸汽压蒸煮2h,沉淀半小时,使油、水分离,再用蒸汽压力送液。油作为食用或工业用,水送到沉淀锅作肉汤粉的原料。干燥,将蒸煮后的骨头装进卧式干燥机,外夹套蒸汽加热。装骨后,打开蒸气阀,保持压力4kPa左右,同时打开真空泵抽气,干燥45～60min即可出料。过筛,蒸煮、干燥后的骨头,基本上已经粉碎,出料时再经过筛,即为成品。大块的可用粉碎机粉碎。要求骨粉蛋白质不低于15%,脂肪不超过8%,水分不超过6%,钙不超过20%,磷不超过38%。

四、鹅血的加工利用

鹅屠宰时放出的血量,占体重5%左右,血液中水分约占80%,干物质占20%。血液的液体部分——血浆中,含有白蛋白、球蛋白、纤维蛋白原;有形成分中,含有血红蛋白。在全血的干物质中,蛋白质含量在90%左右;在全血中,蛋白质含量17%左右。此外,血中还含有非蛋白态的氮(如多肽、氨基酸、肌酸)、脂类、糖类、矿物质等。鹅血含有一定数量的营养物质,使它具有食用价值。我国一般将鹅血与2～3倍的淡盐水充分混合,就会凝结,烹调后可供食用,味鲜质嫩。国外通常将鹅血按一定比例添加到肉制品中食用,例如向法兰克福香肠内加入2%的血,可以改进香肠的颜色、风味。欧洲还有专门的禽血香肠,英国典型的黑香肠含血液50%～55%。还有的在灌肠中加入15%的全血蛋白,可使产品率提高20%～30%,同时光泽、风味、切面弹性等均优于不加全血蛋白的制品。

用成年健康鹅血可制高免血清。先给成年鹅第一次肌肉注射10^{-1}小鹅瘟强毒,每只1mL,隔14天再用原液1mL,注射第二次,再隔14天杀鹅取血,分离血清,在每毫升血清中加青霉素1000单位、链霉素1000μg,置4℃～8℃冰箱24h,经无菌检查后置低温处冻结保存备用。这种抗小鹅瘟高免血清用于防治小鹅瘟。一般每只鹅可提取血清30～50mL。

一般鹅屠宰放血后,应立即进行脱纤,即将血液中的纤维蛋白除掉可作食用血和制药用血。食用血可用手工或机械搅拌器进行搅打脱纤。生产工业产品的用血可以在凝结后脱纤,先用粉碎机将血块打碎,放置澄清一定时间后,纤维蛋白体就浮到上面。脱纤后的血用分离机能分离出血清和有形成分。这种血清也可以加入灌肠里面作食品,还可用于提取鹅血白蛋白,这是一种成本低、用途广、人体易吸收的药用基料。分离出的纤维蛋白,可用来制取医疗用的纤维蛋白膜、水解蛋白。“鹅血片”是一种成本很低的人用抗癌药物,可用它治食道癌、胃癌、肺癌、鼻咽癌等,有效率可达65%。

鹅血(脱纤或不脱纤)经过蒸煮、脱水、烘干、粉碎后就成为血粉,鹅血经过脱纤、初滤、复滤、喷粉、干燥也能成为血粉。血粉中的蛋白质应不低于81%，水分不超过10%，脂肪不超过3%，灰分不超过5%。血粉是良好的蛋白质饲料，它能改善饲料风味，提高适口性，是大有前途的动物性蛋白质饲料。

五、鹅油的加工利用

鹅体形大，肥育后的鹅体重可达6～7kg，其腹脂含量多，尤其填肥鹅其腹脂可达7kg左右。鹅油熔点低，有独特的香味，并且不饱和脂肪酸的含量也很高，可经速冻后原状贮存，或经加热精炼后出售供食用。也可经融化提炼后，按饲料总量的1.5%～2%的比例，拌入玉米中供填鹅用。

六、鹅粪的加工利用

鹅粪不仅可用作农作物肥料，还可作为一种较好的饲料投入池塘用于养鱼。尤其填肥鹅的鹅粪含有大量未消化吸收的玉米碎粒，其营养丰富，是一种非常好的饲料，可以直接用以喂鸡、喂猪或喂鱼。此外，筋骨可粉碎加工成骨粉，羽毛下脚料可粉碎加工成羽毛粉，均可用以喂猪、喂鸡、喂鱼。总之，鹅的一身都是宝，如能充分地进行综合利用，将会更有效地提高养鹅的生产效益。

第九章　常见鹅病的防控

第一节　鹅群疾病的综合预防措施

做好疾病防治工作是发展养鹅业、提高经济效益的关键。预防鹅群疾病，必须坚持“预防为主，防重于治”的原则，采取防治结合的综合措施。

一、加强饲养管理

(一)建立新的养殖观念

随着养殖业的不断发展，养殖观念也应随之改变，科学饲养和管理是高效养鹅的一个重要方面。需建立以下养殖观念：首先，要满足鹅群不同生长阶段所需的营养，饲喂全价料，饲料中要适当补充维生素、氨基酸及矿物质，有条件的地区可进行放牧饲养；其次，要注意调控鹅舍的温度、湿度、饲养密度和光照强度，搞好通风保暖工作，尤其是雏鹅阶段；再次，饲养场要建在远离公路、铁路、工厂等嘈杂的地方，杜绝在饲养场内饲养宠物等，减少由应激诱发的疾病，为鹅群营造良好的生长环境。

(二)搞好环境卫生和消毒工作

鹅病的发生，在很大程度上都与鹅舍的内外环境卫生有关。搞好环境卫生和消毒是控制疾病发生的一个重要手段。鹅舍要注意防潮，粪便要及时清除，定期更换垫草，所更换的垫草及处理的污物一律实行无害化处理。饲养场内要建立消毒制度，鹅舍内外环境及饲养用具实施消毒处理。鹅场(舍)进出口应设立消毒池，可用5%来苏儿、20%鲜石灰乳或2%氢氧化钠溶液，对进出人员和车辆进行消毒。鹅舍清扫后，可用2%氢氧化钠溶液或1%来苏儿进行全面消毒，也可用高锰酸钾和福尔马林进行熏蒸消毒；对地面、墙壁等不易燃烧物可实施火焰消毒、饲养用具清洗后，可用0.1%高锰酸钾溶液浸泡消毒。

(三)坚持“全进全出”的饲养模式

不同生长阶段的鹅发生的疾病也不同，如果同一鹅舍内存有几个生长阶段的鹅群，会增加鹅群混合发病的概率。采取全进全出的方式，有利于出栏后进行彻底消毒和预防不同阶段混养带来的易感疾病。

(四)控制免疫抑制引发的疾病

长时间使用同一种抗生素或抗病毒药物会抑制鹅机体B淋巴细胞的增殖，使机体处于免疫抑制状态，降低机体抵抗力。因此，用药时要注意时限。阴雨、炎热天气易使饲料发生霉变，饲喂后可引发鹅中毒和免疫失败，饲喂前要注意检查饲料是否变质发霉，要注意饲料的保管。此外，营养不良也可诱发免疫抑制，进而引发呼吸道病和腹泻等。

二、控制疫病传播

(一)控制外来病的传入

引进种蛋、雏鹅和种鹅前要做好调查工作，不要从疫区或疫区附近地区引入种蛋、雏鹅和种鹅。要使用清洗消毒后的车辆运送引入的种蛋、雏鹅和种鹅。鹅群引进后要隔离饲养30天左右，确定无疫病后方可混群饲养。

(二)避免通过孵化传播疫病

隐性感染的鹅可通过受精卵将某些疾病垂直传给后代，在母鹅开产前进行免疫接种可使雏鹅获得被动免疫，预防垂直传播的发生。刚产出的鹅蛋，外壳上一般有100～300个细菌，1h后即可达到5000个以上，高温季节细菌繁殖快，易通过蛋壳上的气孔进入蛋内造成污染。因此，种蛋在孵化前进行消毒处理是十分必要的，特别是从某些疫病流行过的地区引进的种蛋。种蛋消毒可用0.5%高锰酸钾溶液或0.1%新洁尔灭溶液洗涤处理，也可选用福尔马林进行熏蒸。规模化孵化场不要将不同来源的种蛋进行混合孵化，以降低感染概率。

(三)加强进出鹅舍人员管理

鹅舍门前要建立消毒池，进出鹅舍的饲养员、兽医人员要更换消毒过的清洁工作服，进行全面消毒后方可进入鹅舍。饲养人员、孵化人员及兽医工作人员不要随意进出鹅舍，避免交叉感染。禁止外来人员进入饲养舍、孵化室等进行参观，必须进入时，要更换衣、帽和鞋，经消毒后由专人带领方可进入。

三、免疫接种

免疫接种就是给鹅接种各类免疫制剂，如菌苗、疫苗、类毒素及免疫血清等，使鹅个体和群体产生对疾病的特异性抵抗力，避免疾病的发生和流行。免疫接种是预防传染病的主要手段之一，也是使易感鹅群转化为非易感鹅群的唯一手段。

(一)免疫接种方法

常用的免疫接种方法有滴鼻、点眼、饮水、气雾、皮下注射、肌肉注射、刺种、拌料及涂肛等。

1. 滴鼻或点眼

操作时，要逐个进行，确保不遗漏每只鹅，且使用剂量一致。

2. 皮下注射

注射时可选择腿部外侧、颈部或翅内侧皮下进行免疫。

3. 肌肉注射

通常选择胸部肌肉丰满处进行接种。

4. 饮水

依据鹅群的日龄和数量来确定疫苗和稀释液的使用剂量。饮用疫苗水前，需对鹅群停水 2～3h，确保鹅群饮水免疫剂量充足。

5. 刺种

应用刺种针蘸取稀释好的疫苗或菌苗刺入鹅翅内侧无血管处的皮下。

6. 涂肛

应用棉签蘸取稀释好的疫苗或菌苗涂在鹅肛门里。

7. 气雾

使用气雾枪将稀释好的疫苗或菌苗喷洒在鹅舍内，均匀地悬浮于空气中，使鹅通过呼吸自然吸入疫苗。

(三)紧急接种

发生传染病时，为了迅速控制和扑灭疫病的流行，面对疫区和受威胁区的鹅进行应急性免疫接种。接种时需对鹅群逐只进行临床检查，测量体温，只能对无任何临床症状的鹅进行紧急接种，对发病鹅或处于潜伏期的鹅不能接种，立即进行隔离治疗或做扑杀处理。

(二)制订科学合理的免疫程序

实施免疫计划必须制订免疫程序，制定科学合理的免疫程序可有效预防疾病的发生。规模化鹅场要依据自家鹅场实情及当地疫病流行现状，制订适合自家鹅场的免疫程序，使用正规厂家生产的、标签清晰、无任何质量问题的疫(菌)苗进行免疫。政府强制免疫项目应进行免疫，其他疫病免疫可根据当地疫病流行情况，有选择地进行免疫，切勿滥用多种疫苗，以免造成免疫麻痹和免疫耐受。同时，使用两种或两种以上病毒疫苗时要注意间隔时间，以免产生干扰。

表 9-1 皖西白鹅种鹅免疫程序表

日龄	接种疫苗种类	使用方法	剂量	备注
1日龄	小鹅瘟高免血清	皮下或肌肉注射	0.5mL	有母源抗体无须注射
7日龄	禽流感疫苗	皮下或肌肉注射	0.5mL	
14日龄	禽流感疫苗	皮下或肌肉注射	0.5mL	加强一次

（续表）

日龄	接种疫苗种类	使用方法	剂量	备注
22 日龄	鹅副粘病毒灭活疫苗	皮下或肌肉注射	0.5mL	
30～40 日龄	禽霍乱蜂胶疫苗	肌肉注射	1mL	
90 日龄	大肠杆菌灭活苗	肌肉注射	1.5mL	
100 日龄	禽流感疫苗	肌肉注射	1.5mL	
开产前 30 天	禽流感疫苗	胸肌或肌肉注射	2mL	
	鹅副粘病毒灭活疫苗	胸肌注射	1.5mL	
	大肠杆菌灭活苗	肌肉注射	1.5mL	

表 9-2　皖西白鹅雏鹅(商品用)免疫程序表

日龄	接种疫苗种类	使用方法	剂量	备注
1 日龄	小鹅瘟高免血清	皮下或肌肉注射	0.5mL	有母源抗体无须注射
7～10 日龄	鹅副粘病毒灭活疫苗	肌肉注射	0.5mL	
15～20 日龄	禽流感疫苗	皮下或肌肉注射	0.5mL	
30 日龄	禽霍乱及大肠杆菌蜂胶疫苗	肌肉注射	1mL	

四、药物预防

在现代养鹅技术中，做好饲养管理、卫生消毒和免疫接种固然重要，但应用安全、廉价、有效药物对鹅的群发病进行预防也不容忽视。药物预防就是对鹅群投放某些抗菌、抗病毒、抗球虫的药物，以预防或减少某些鹅病的发生。

（一）鹅细菌病的预防

在饲料或饮水中添加某些抗菌类和一些保健药物，可有效杀灭鹅体内携带的病原菌，达到预防疾病的目的。抗生素和磺胺类药物对鹅的细菌性疾病和原虫类疾病预防效果比较好。如磺胺类药物，对鹅巴氏杆菌病、副伤寒、盲肠肝炎及球虫病作用较好，预防用量为 0.1%～0.2%；氨基糖苷类抗生素如庆大霉素，对鹅葡萄球菌病、大肠杆菌病预防效果都比较好，可适当用药进行疾病的预防。利用生态制剂进行生态预防，是药物预防的一条新途径，目前多用于鹅腹泻病的防治上，即鹅服用可抑制和排斥病原菌或条件致病菌在肠道内增殖和生存的微生态制剂，调整肠道菌群平衡，从而起到预防腹泻等疾病的发生及促进鹅生长发育的作用。

（二）鹅病毒病的预防

在饲料或饮水中适量加入一些抗病毒药物，如病毒灵（吗啉胍）和病毒唑（利巴韦林），对病毒病也有一定的预防效果。也可在饲料或饮水中加入黄芪多糖、电解多维等提高鹅体免疫力的药物进行预防。

（三）鹅寄生虫病的预防

对于寄生虫病的预防，除了加强饲养管理，搞好卫生消毒工作，应用药物进行预防也非常重要。如饲料中添加0.02％复方磺胺甲基异嗯唑，连用4～5天，或在每千克饲料或每升饮水中分别加入120～150mg和80～120mg氯苯胍，连用4～6天，可有效预防鹅球虫病的发生。硫双二氯酚、吡喹酮、氯硝柳胺可用于鹅绦虫病的预防，总之，在饲料或饮水中适量加入某种驱虫药物可有效预防寄生虫病的发生。

（四）鹅营养代谢病的预防

根据饲料结构及饲料中维生素和微量元素含量情况，适当添加维生素A、维生素B、维生素D、维生素E及硒等微量元素，可预防因维生素和微量元素缺乏诱发的某些营养代谢病。

（五）鹅中毒病的预防

对中毒性疾病预防的关键是要搞好饲料的管理，防止饲料发霉变质，可适量加入丙酸钙等防霉剂。饲喂前要对饲料进行检查，切勿饲喂发霉变质饲料，同时，要加强放牧鹅管理，以免因食入喷洒某些农药的青草而引起中毒。

在给鹅群用药时，切勿长时间应用同一种化学药物，这样容易产生耐药性菌株，影响防治效果，要注意联合用药，如抗病毒药物与广谱抗生素联合使用、广谱抗生素与磺胺类药物联合使用，效果更好。

五、搞好疫病诊断

规模化鹅场应建立兽医诊断室，配有专门的兽医人员，能够应用微生物学、寄生虫学、血清学和病理学等进行检疫和诊断。同时，还应建立科学合理的疫病监测制度，每个月或根据鹅场实际情况自行规定时间对禽流感等疾病进行免疫抗体监测，掌握鹅群健康状况。有条件的鹅场可聘用专门的兽医人员进行疫病监测和诊断，也可采集血清送往当地防疫监督部门进行检测。发现隐性感染者要及时淘汰，净化鹅群，防止在鹅群中大规模传播。

鹅场兽医人员早、晚要进入鹅舍巡视，查看鹅舍内外环境卫生状况，观察鹅精神状态、运动、采食等是否正常，发现异常鹅应立即送往隔离室，查明原因。对不明原因死亡的鹅要送往诊断室解剖处理，分析病因，做好记录，及时掌握疫病动态。怀疑为某些烈性传染病的，应送往当地动物疫病防疫机构进行诊断和处理。从外地引进的雏鹅经兽医人员检查确定无疫病携带后，隔离饲养30天左右，确定无发病和隐性感染后，方可进行混群饲养。

六、发生疫情时的扑灭措施

（一）及时正确诊断

正确诊断是控制疫病传播的前提。鹅群一旦发生疫病，要根据流行特征、临床表现、病理剖检的各种症状，及时、正确地进行初步诊断，以便采取相应的控制措施。发生禽流感等国家规定必报疫病时，要立即向当地动物防疫监督机构报告。报告内容应包括发病时间、地点、发病及死亡情况、临床症状、病理变化、防治情况等，经防疫监督部门确诊为重大疫病时，应立即采取隔离、封锁等措施。

（二）隔离和封锁

经专业兽医人员诊断为传染病后，应立即将病鹅、疑似病鹅与健康鹅进行隔离饲养。封锁期间，停止市场交易，严禁鹅产品与饲料调出鹅场，严禁车辆出入并做好消毒处理，对无治疗价值的病鹅要及时淘汰处理，以控制疫病在鹅群中传播。

（三）紧急接种

疫病流行初期，应选择产生免疫力快、免疫效果较好的疫苗、菌苗或抗血清，对鹅群进行应急性免疫接种。一般应在早期不扩散疫情的情况下进行免疫接种。在接种时要搞好消毒工作，做到 1 只鹅使用 1 只注射针头，防止因接种而扩散疫情。

（四）搞好消毒工作

病鹅和疑似病鹅进行隔离处理后，要清除鹅舍内粪便、垫草和污染饲料等物，并做发酵或焚烧处理，对围栏、墙壁和地面等进行彻底消毒。病死鹅和淘汰鹅必须做焚烧或深埋处理，防止病原散播。

（五）强化饲养管理

疫病发生后，要改善饲养环境和饲料质量，饲喂全价料，注意鹅舍的通风、保暖等。同时，要根据自家鹅场发病情况及当地疫病流行状况，调整原有免疫程序，科学合理地预防疾病。

七、鹅的给药方法

不同给药方法对药物的吸收、利用程度，药效出现和维持时间等，都有一定的影响。在对鹅用药时，要依据药物性质和鹅体状况，选择不同的给药方式。

（一）群体给药法

1. 饮水给药

将药物溶于水中，让鹅自由饮用。该方法适用于无食欲但有饮欲的病鹅。

饮水给药时，要对此种药物在水中的溶解度进行了解，然后按 24h 的 2/3 需水量加药，让鹅群自由饮用，饮用完毕再给予 1/3 的新鲜水。对饮欲差的鹅群停止供水。2h 后，可按 24h 需水量的 1/5 加药供饮，并控制在 1h 内饮完。

2. 拌料给药

将药物均匀地混入饲料，使鹅采食饲料时食入药物，适用于长期投药，对饮欲好和食欲好的鹅比较方便。混药时，应先取少量饲料进行均匀混合，然后再与倍量饲料进行混合。

3. 气雾给药

利用机械或化学方法，将药物雾化成易分散的微滴或微粒，鹅通过呼吸道吸入药物。

4. 体外给药

通过喷洒、喷雾、药浴及熏蒸等方法对鹅的体表用药。此法多用于杀灭鹅体表寄生虫或微生物。

(二)个体给药法

1. 口服给药

将药液或片剂直接投入鹅口腔，通过吞咽食入药物。此法简便，剂量准确，但较为费时。

2. 皮下注射

此种给药法是预防接种时常用的方法之一，操作简便，药物易吸收。常于颈部、胸部或腿部皮下注射，注射时药物量不宜过大，且无刺激性。

3. 肌肉注射

该法操作简便，剂量准确，药物吸收迅速，安全有效。

4. 食管膨大部注射

鹅张口困难时，此法比较实用。在鹅的食管膨大部向前下方斜刺入针头，进针深度为 0.5～1cm，进针后推入药物即可。

5. 静脉注射

将药物直接注入翼下静脉的给药法，此法操作不便，但药物吸收较快。

对于常用的消毒方法前面已经介绍过，这里不再赘述。

第二节　鹅普通病

一、营养代谢病

(一)维生素 A 缺乏症

维生素 A 对于鹅的正常生长发育和保持黏膜的完整性以及良好的视觉都

具有重要的作用，水禽发生维生素 A 缺乏症，多因饲料日粮中供给不足或机体吸收障碍所致。其主要特征为生长发育不良，器官黏膜损害，上皮角化不全，视觉障碍，种鹅的产蛋率、孵化率下降，胚胎畸形等。不同品种和日龄的鹅均可发生，但临床上主要见于幼龄鹅，本病常发生于缺乏青饲料的冬季和早春季节，1 周龄以内的雏鹅患病常与种鹅缺乏维生素 A 有关。

1. 病因

鹅可以从植物性饲料中获得胡萝卜素（维生素 A 原，可在肝脏转化为维生素 A），当长期使用谷物、糠麸、粕类等胡萝卜素含量少的饲料，极易引起维生素 A 缺乏。消化道及肝脏的疾病，影响鹅维生素 A 的消化吸收。由于维生素 A 是脂溶性的物质，它的消化吸收必须在胆汁酸的参与下进行，肝胆疾病、肠道炎症（如球虫病、蠕虫病等）影响脂肪的消化，以致阻碍了维生素 A 的吸收。此外，肝脏的疾病也影响胡萝卜素的转化及维生素 A 的贮存。

饲料加工不当，贮存时间太久，以至于影响饲料中的维生素 A 的含量。如黄玉米贮存期超过 6 个月，约 60％维生素 A 可被破坏。颗粒饲料加工过程中可使胡萝卜素遭受损失。

饲料日粮中虽然添加包括维生素 A 在内的多种维生素，但因其制品存放时间过久而失效，或在夏季添加多种维生素拌料后，堆积时间过长，使饲料中的维生素 A 遇热氧化分解而遭破坏。

2. 临床症状

维生素 A 缺乏症的症状一般来说是渐进性的。当对产蛋母鹅饲喂低含量的维生素 A 的饲料日粮，而其后代又用缺乏维生素 A 的饲料日粮喂养时，雏鹅则于 1～2 周龄出现症状。表现为厌食，生长停滞，羽毛蓬松，体质衰弱，步态不稳，有的甚至不能站立，喙和脚颜色变淡，常流鼻涕、眼泪，眼睑周围羽毛粘连、干燥形成一干眼圈。有些雏鹅眼内流出黏性脓性分泌物，眼睑粘连或肿胀隆起，甚至失明，剥开可见白色干酪样渗出物。有的患病雏鹅角膜浑浊，视力模糊。病情严重的雏鹅会出现神经症状，运动失调。此外，患病鹅易患消化道和呼吸道疾病。成年鹅缺乏维生素 A 主要表现为产蛋率、受精率、孵化率降低，有时也可见眼、鼻的分泌物增多，黏膜脱落、坏死等症状。种蛋孵化初期死胚较多，出壳雏鹅体质虚弱，易患眼病和其他传染病。

3. 病理病化

剖检死胚可见畸形胚较多，胚皮下水肿，常见尿酸盐在胚胎、肾及其他器官沉着。病死雏鹅剖检，可见消化道黏膜尤其咽部和食道出现灰白色坏死病灶，呼吸道黏膜及其腺体萎缩、变性，原有的上皮有一层角质化的复层鳞状上皮代替；眼睑粘连，内有干酪样渗出物；肾脏肿大呈灰白色，肾小管和输尿管有尿酸盐沉积；小脑肿胀、脑膜水肿，有微小出血点。

4. 防控措施

合理搭配饲料日粮，尽可能供给充足的富含维生素A的青绿料，如胡萝卜、青苜蓿等。在青绿饲料不足的情况下必须保证添加足够的维生素A预混剂，对于水禽，每千克饲料中添加4000国际单位维生素A可预防本病的发生。全价饲料中添加合成抗氧化剂，防止维生素A在贮存期间氧化损失。改善饲料加工调制条件，尽可能缩短加热调制时间。

对于发病的鹅，可在日粮中添加富含维生素A或胡萝卜素的饲料，如鱼肝油及胡萝卜、三叶草等青绿饲料。成年鹅治疗本病时可用预防量的2～4倍，连用2周，同时饲料中还应添加其他种类的维生素。重症成年患鹅可投服浓缩鱼肝油丸，每天1粒，连用数天，幼龄鹅也可肌肉注射维生素A～D注射液，大群治疗时可在每千克饲料中补充10000国际单位维生素A。

（二）维生素D缺乏与钙磷代谢障碍

维生素D的主要作用是参与机体的钙、磷代谢，促进钙、磷在肠道的吸收，同时还能增强全身的代谢过程，促进生长发育，是鹅体内不可缺少的营养物质。钙、磷是机体重要的常量元素，主要参与骨骼和蛋壳的构成，并具有维持体液酸碱平衡及神经肌肉的兴奋性，构成生物膜结构等功能。维生素D缺乏或钙、磷不足以及钙、磷比例失调都可造成骨质疏松，引起幼龄鹅的佝偻病或成年鹅的软骨症。本病是一种营养性骨病，不同日龄的鹅均可发生，但临床上常见于1～6周龄的雏鹅，以及产蛋高峰期的母鹅。主要表现为生长发育停滞、骨骼变形、肢体无力、软脚或瘫痪。

1. 病因

维生素D是一种脂溶性维生素，具有促进机体对钙磷的吸收作用。由于鹅常用的饲料中（如谷物、榨油饼、糠麸等）维生素D的含量很少，如果饲料中维生素D添加不足，在饲养环境中尤其是有育雏期间，鹅缺乏阳光或紫外线照射，则容易产生维生素D缺乏症，将直接影响机体的钙磷的吸收，而导致本病的发生。

饲料中添加维生素A与维生素D是拮抗的，当维生素A或胡萝卜素（维生素A原）含量过多，可干扰和阻碍维生素D的吸收。

由于肉用仔鹅生长发育快，对钙、磷的需求量大，一旦饲料中的钙磷总量不足或比例失调，必然引起代谢的紊乱，维生素D缺乏或不足时，即易发生本病。另外，长期喂单一饲料或酸败饲料的雏鹅也易发生本病。

日粮中矿物质比例不合理或有其他影响钙磷吸收的成分存在，如饲料中锰、锌、铁等过高，会抑制钙的吸收；饲料中含过多的脂肪酸和草酸也会抑制钙的吸收。此外，肝脏疾病以及由传染病、寄生虫病和霉菌毒素等引起的肠道炎症均会影响和干扰机体对钙、磷及维生素D的吸收。

2. 临床症状

患病雏鹅病初行走不稳，步态僵硬，喙和脚蹼趾爪变软，两腿逐渐软弱无力，支持不住身体，常以跗关节着地，呈蹲伏状，有的甚至不能蹲卧，两肢后伸或两肢呈劈叉状张开，严重者身体倒向一侧；采食受限，需拍动双翅移动身体，患鹅消瘦贫血，生长发育缓慢，若不及时治疗，常衰竭死亡。肉用仔鹅常发生于4～6周龄生长迅速的阶段，发生原因多与腹泻、肠道炎症及吸收障碍有关。产蛋母鹅可见产蛋减少、蛋壳变薄易破、时而产软壳蛋或无壳蛋；患病母鹅腿部虚弱无力、步态异常，重者瘫痪，常双翅展开，不能站立，或欲行则扑翅向前，在产蛋高峰期或是在春季配种旺季易被公鹅踩伤。

3. 病理病化

病死幼鹅喙色淡、变软、易扭曲。剖检可见甲状旁腺增大，胸骨变软呈“S”状弯曲，飞节肿大，长骨变形，骨质变软，易折骨髓腔增大，胸部肋骨与肋软骨的结合部间隙增宽，严重者其结合部可出现明显球形肿大，排列成“串珠”状。成年产蛋母鹅可见骨质疏松，胸骨变较，趾骨易折，种蛋明化率显著降低，早期胚胎死亡增多，胚胎肢体弯曲，腿短，多数死胚皮下水肿，肾脏肿大。

4. 防控措施

合理地配制饲料中钙、磷的含量和比例，以确保钙、磷比例平衡，通常钙、磷比例为 2∶1，产蛋期为 5∶1～6∶1。舍饲期间，注意舍内保温，光照和通风良好，防止地面湿潮，同时，还应注意饲养密度不宜过大。在阴雨季节和产蛋高峰阶段，要注意补加钙、磷和维生素 D 或给予如苜蓿等富含维生素 D 的青绿饲料。

对于发生本病的鹅群应及时在饲料中补充或调整钙、磷含量，补充维生素 D，以保证饲料的营养全面，常用的营养物质有，维生素 A～D_3 粉、鱼肝油、骨粉、磷酸氢钙、石粉、贝粉等。根据不同的日龄和饲养需要，加以配制。如对幼龄鹅佝偻病的治疗，在调整饲料钙、磷的基础上，可一次饲喂 15000 国际单位的维生素 D 或浓鱼肝油 2～3 滴，每天 1～2 次，连续使用 5～7 天。或给予富含维生素 D 的青绿饲料，常具有较好的疗效。病情严重的患病鹅，可注射维丁胶钙制剂，同时，将病鹅赶出舍外，增加日光照射和适当运动。

（三）维生素 E 及硒缺乏综合征

维生素 E 及硒缺乏征又称白肌病，是一种以脑软化症、渗出性素质、肌营养不良和成年鹅繁殖障碍为特征的营养代谢性疾病，不同品种和日龄的鹅均可发生，但临床上主要见于 1～6 周龄的幼龄鹅。患病鹅发育不良，生长停滞，日龄小的雏鹅发病后常可引起死亡。

1. 病因

饲料中维生素 E、硒含量不足，当配方不当、加工调制失误、饲料贮存时间长、发生霉变或酸败，饲料中不饱和脂肪酸过多等均可使维生素 E 受到破坏。若用上述饲料供鹅饲喂极易发生维生素 E 缺乏，同时也会诱发硒缺乏。同样，饲料中硒也会影响维生素 E 的吸收，使机体对维生素 E 的需求量增加。

饲料搭配不当。饲料中营养成分不全也会诱发和加重维生素 E 缺乏症，如饲料中蛋白质及某些必需氨基酸缺乏或矿物质(钙、锰、碘等元素)缺乏，以及维生素 A、维生素 B、维生素 C 缺乏等。环境中镉、汞、铜、钼等金属与硒之间有拮抗作用，可干扰硒的吸收和利用。

2. 临床症状

根据临床表现和病理特征可分为脑软化症、渗出性素质、肌营养不良三种病型。

脑软化症。主要见于 1 周龄以内的雏鹅，可表现精神委顿，雏鹅患病常在 1～2天内死亡。

渗出性素质。主要发生于 2～6 周龄雏鹅，表现为食欲不振、拉稀、消瘦，喙尖和脚蹼常局部发紫，有时可见肉用仔鹅翅下、胸腹下、腿部皮下水肿，水肿部位常呈紫红色或淡绿色，触摸时有波动感。

肌营养不良。主要见于青年鹅或成年鹅，表现为生长发育不良、消瘦、减食、母鹅产蛋率下降、孵化率降低、胚胎发生早期死亡。种公鹅生殖器官发生退行性变化，睾丸萎缩、精子数减少或无精。

3. 病理变化

死于脑软化症的雏鹅可见脑颅骨较软，小脑发生软化肿胀，表面常见有出血点。渗出性素质病剖检可见头颈部、胸部、腹下及腿部等皮下出现淡黄色或淡黄绿色胶冻样渗出性水肿、腺胃黏膜水肿，有时还可见胸腔或心包积液，心肌变性或出现条纹状坏死。肌营养不良病鹅主要病变在骨骼肌、心肌、胸肌和肌胃肌肉，病变部肌肉变性、色淡、呈煮肉样，尤其是胸肌、腿肌常出现灰白色条纹状肌纤维变性和凝固性坏死，心肌扩张变薄，心内常有出血点。

4. 防控措施

对于发生本病的鹅群首先查找饲料及原料来源，在缺硒地区或饲喂缺硒饲料时，应加入含维生素 E 和硒的添加剂，每千克饲料中应含有维生素 E 20～25mg，硒 0.14～0.15mg(通常以亚硒酸钠形式添加)。禁喂霉变酸败的饲料，同时应加强饲料的保管，不要受热，贮存时间不宜过长，防止饲料发生酸败。

饲料中添加足量的维生素 E，每千克饲料中应含有 50～100 国际单位的维生素 E，连喂 10 余天。也可在用维生素 E 的同时使用硒制剂，按每千克饲料添加 0.1～0.15mg 亚硒酸钠，或用 0.1%的亚硒酸钠饮水，5～7 天为一疗程，但同时应注意防止中毒。少数患鹅可用 0.005%亚硒酸钠生理盐水肌肉或皮下注射，雏鹅 0.1～0.3mL，成鹅 1mL，同时喂 300 国际单位维生素 E。此外，植物油中含有丰富的维生素 E，若在饲料中加入 0.5%的植物油，也可达到治疗本病的效果。

(四)脂肪肝综合征

脂肪肝综合征又称为脂肝病，是由于鹅体内脂肪代谢障碍，大量脂肪沉积于肝脏，引起肝脏发生脂肪变性的一种内科疾病。本病多发生于冬季和早春季节，临床上主要见于肥育肉用仔鹅和营养良好的产蛋母鹅，其中以产蛋母鹅较为多见。

1. 病因

长期饲喂高能量饲料，产蛋母鹅开产前尚未限饲，且饲料单一，饲料中缺乏胆碱、维生素 E、生物素、蛋氨酸等嗜脂因子，妨碍了中性脂肪合成磷脂的功能，造成大量脂肪在肝脏沉积而产生变性。某些传染病和某些霉菌及其毒素的存在，导致肝脏脂肪变性。缺乏运动或运动量不足，容易造成脂肪合成增加，以致脂肪在体内沉积也是诱发本病的重要原因。

2. 临床症状

本病的重要特点是多出现在肥育期的肉用雏鹅群以及产蛋高的鹅群或产蛋高峰期，发生本病的鹅群通常体况良好，而突然发生死亡，产蛋鹅发病出现产蛋量明显下降，有的在产蛋过程中死亡；有的鹅由于惊吓在捕捉时死亡；死亡多因肝脏破裂引起的内出血所致。

3. 病理变化

剖检可见皮肤、肌肉苍白，皮下、腹腔和肠系膜均有大量脂肪沉积，肝脏肿大，呈黄褐色脂肪变性，肝脏质脆、易碎，表面有出血斑点，肝包膜常破裂；腹腔内有大量凝血块，或肝表面即肝包膜下覆有血凝块，常以一侧肝叶多见。

4. 防控措施

合理调配饲料日粮，对于产蛋母鹅应适当控制稻谷的饲喂量，并在饲料中添加多种维生素和微量元素，而对于肉用仔鹅也应控制配合饲料的饲喂量，通常可预防本病的发生。

消除诱发因素，禁喂霉变饲料，舍养的产蛋鹅，应增加户外运动。鹅产蛋前要实行限饲，以控制鹅的体重，开产后应提高 1%～2%蛋白质，并加入一定量的麦麸(麦麸中含有控制脂肪代谢的必要因子)。此外，在饲料中增加一些富含亚油酸的脂肪物质，也可降低发病率。

鹅群一旦发生脂肪肝综合征，应立即调整饲料配方，适当降低高能量饲料和高蛋白质饲料的比例，并实行限饲。同时，在每千克饲料中添加 1g 氯化胆碱，10000 国际单位维生素 E 和 12 毫克维生素 B_2，以及 900～1000g 肌醇，连续饲喂；或每只鹅喂服氯化胆碱 0.1～0.2g，连服 10 天。这样病情会很快得到控制，死亡停止，产蛋鹅的产蛋量也可逐步恢复。

(五)痛风

痛风是由于鹅体内蛋白质代谢发生障碍所引起的营养代谢性疾病，其主要病理特征为关节或内脏器官及其间聚积大量尿酸盐。本病多发生于缺乏青绿饲料的寒冬和早春季节，不同品种和日龄的鹅均可发生，但临床上主要见于幼龄雏鹅。

1. 病因

饲喂过量的富含核蛋白质和嘌呤碱蛋白质的饲料，如大豆粉、豆饼、鱼粉以及菠菜、莴苣、甘蓝等。

肾脏功能不全或机能障碍。幼龄鹅的肾脏功能不全，饲喂过量的蛋白质饲料，加重肾脏的负担，破坏肾脏功能，导致本病发生。而青年鹅或成年鹅发生的病例，多由于过量使用损害肾脏机能的抗菌药物（如氨基糖苷类药物和磺胺类药物等）。

鹅舍阴冷潮湿、缺乏光照，鹅群过分拥挤、饮水不足，饲料霉变、维生素A缺乏、矿物质配比不当、钙含量过高，以及各种疾病引起的肠道炎症等，都是诱发本病的重要因素。

2. 临床症状

根据尿酸盐沉积的部位，可分为内脏痛风和关节痛风。

内脏型痛风：本病型常见于1～2周龄的幼龄鹅，也可见于青年期或成年期，幼龄鹅患病后精神委顿、缩头垂翅，出现明显症状时常食欲废绝、两肢无力、消瘦衰弱、脱水、喙和脚蹼干燥，排石灰样或白色奶油样半黏稠状含有尿酸盐的粪便，常黏在肛门周围的羽毛上，患病幼鹅常于发病后1～2天内死亡。青年鹅或成年鹅患病后，精神、食欲不振，病初口渴，继而食欲废退，形体瘦弱，行走无力，排稀白色或半黏稠状含有多量尿酸盐的粪便，逐渐衰竭死亡，病程3～7天，有时患病成年鹅在捕捉中也会突然死亡。

关节型痛风：本病型主要见于青年鹅或成年鹅，患病鹅病肢关节肿大，触之较硬实，常跛行；有时见两肢的关节均出现肿胀，严重者不能行走，病程为7～10天；有时临床上也会出现混合型的病例。

3. 病理变化

死于本病的鹅，均可见皮肤、脚蹼干燥。内脏型痛风病例剖检可见内脏器官表面沉积大量的尿酸盐，犹如一层重霜；常见心包膜表面、肝脏表面、腺胃和肌胃浆膜，以及肠管浆膜沉积尿酸盐结晶，其中心包膜沉积最严重，心包膜增厚，常附着在有尿酸盐沉着的心肌上，与之发生粘连；成年鹅还可见脂肪表面有尿酸盐沉着，成年母鹅卵子表面及周围亦有尿酸盐结晶；严重的病例，在气囊膜表面和食道黏膜表面以及皮下疏松结缔组织也沉积大量的尿酸盐；肾脏常肿大，呈花斑样，肾小管内充满尿酸盐；输尿管扩张、变粗，内有尿酸盐结晶，有的甚至形成尿酸盐结石。关节型痛风病例，可见病变的关节肿大，关节腔内有多量黏稠的尿酸盐沉积物。

4. 防控措施

改善饲养管理，严格掌握饲料营养标准，根据不同品种和年龄的鹅，科学合理地配制饲料，防止蛋白质供给过量；同时应提供足够的新鲜青绿饲料，补足丰富的维生素 A，并给予充分的饮水。

在平时鹅病预防用药时，慎用对肾脏有毒害作用的抗菌药物，不宜长期或过量使用。

对发病鹅群适量减少饲料中的蛋白质含量（尤其是动物性蛋白质），供给充足的新鲜青绿饲料和饮水，饲料中补充丰富的维生素 A 和维生素 D，停止使用对肾脏有损害作用的药物，使鹅群充分运动。饲料和饮水中添加有利于尿酸盐排出的药物，如柠檬酸钾、碳酸氢钠或复方中草药剂如甘草、车前草、茅根等，对缓解症状有益。病重的鹅可喂少量的鱼肝油。

二、中毒性疾病

（一）有机磷农药中毒

有机磷农药是一类毒性较强的杀虫剂，在农业生产和环境杀虫方面应用较为广泛。有机磷农药中毒是由于接触、吸入有机磷农药或误食施过有机磷农药的蔬菜、牧草、农作物或被农药污染的饮水发生中毒，有机磷农药种类较多，如敌百虫、马拉松等。鹅对有机磷农药较敏感，很容易发生中毒。发生中毒的鹅，临床上主要见于放养鹅群。

1. 病因

鹅采食或误食喷洒有机磷农药的农作物、牧草或蔬菜；有机磷农药保管不当引起环境和饮水的污染；使用有机磷杀虫剂驱杀鹅体内外寄生虫时，用量过大或方法不当而引起中毒。

2. 临床症状

发生中毒的鹅常为急性发作，突然停食、精神不安、运动失调、流涎、腹泻、逐渐肢体麻痹，不能站立；瞳孔明显缩小，流泪、肌肉震颤，常频频摇头和做吞咽动作；继而呼吸困难，黏膜发绀，体温下降，最后倒地，两肢伸直抽搐，昏迷死亡；鹅死前，瞳孔散大，口腔流出大量涎水。

3. 病理变化

死于本病的中毒鹅，剖检无明显特征性病变，有时可见肝脏肿大、肠道黏膜弥漫性出血、黏膜脱落，肌胃内有大蒜臭味。

4. 防控措施

严禁将含有机磷农药的饲料和蔬菜、牧草或被农药污染的水提供给鹅饲喂或饮用，禁止鹅到刚喷洒过农药或农药还在植物中残留的草地、农田、菜地和沟塘中放牧。

对于发生中毒的鹅，应及时抢救，对症治疗。应立即用硫酸阿托品肌肉注射，成年鹅每只注射 0.5mg，应用胆碱酯酶复活剂——解磷定或氯磷定，每只肌注 40mg；过 15min 后再注射硫酸阿托品 0.5mg，以后视鹅的具体情况，再次注射阿托品或口服阿托品片剂 0.3mg。

(二)磺胺类药物中毒

磺胺类药物是防治鹅细菌性疾病和某寄生虫病的一类最常用的化学合成药物，由于其种类多，抗菌谱广，性质稳定，价格低廉，在养鹅生产中被广泛使用。但如果用药不当或过量，常可引起鹅磺胺类药物中毒，严重者甚至死亡。

1. 病因

用量过大或使用时间过长，拌料不均匀是引起中毒的主要原因。肝、肾功能不全或有疾患时，磺胺类药物在水禽体内代谢缓慢，不易排泄，如果肝脏、肾脏有疾患时，更易造成药物在体内的蓄积，而导致中毒；日龄较小的鹅由于肝、肾等器官功能不全，对磺胺药敏感性增高，极易产生中毒。

2. 临床症状

发生中毒的鹅，精神委顿，缩头闭眼，有的歪头缩颈、不能站立；厌食、渴欲增强；大便稀，排出的粪便中常带有多量尿酸盐；中毒严重的可出现呕吐，排出的稀粪呈暗红色；有的在濒死前倒地抽搐，出现神经症状。患病成年母鹅的产蛋率下降，常出现软壳蛋、薄壳蛋。

3. 病理变化

死于磺胺类药物中毒的鹅，剖检可见皮肤、肌肉有出血斑点，血液凝固不良；肝脏肿大、质地较脆，有出血点；肾脏肿大，颜色变淡，呈花斑样，肾小管内充满尿酸盐，输尿管变粗，亦充满白色尿酸盐；中毒严重的病例，肾脏肿大、出血，腹腔内有大量凝固不良的暗红色血液；有时还可见关节囊腔中有少量尿酸盐沉积。

4. 防控措施

严格掌握和控制各种磺胺类药物的安全剂量和用药期，应按不同的磺胺类药物的规定剂量使用，同类异名的磺胺类药物不能同时使用，连续用药不能超过 1 周。为减少对肾脏的损害，在使用时，建议与碳酸氢钠合用，同时在用药期间，必须供给充足的饮水。2 周龄以下的鹅和产蛋母鹅以及肝、肾有疾患的、体质瘦弱的鹅应尽量避免使用或慎用。

对于发生中毒的鹅，应立即停药或更换含药饲料，供给充足饮水，并在饮水中加入 1%碳酸氢钠和 5%葡萄糖溶液，连饮 3～4 天。也可在每千克饲料中加入 5mg 维生素 K。中毒严重的鹅可肌注 1～2mg 维生素 B 或 50～100mg 叶酸。

(三)黄曲霉毒素中毒

黄曲霉毒素是由黄曲霉菌在代谢过程中产生的一种有毒物质，具有较强的致病作用。黄曲霉毒素中毒是由于鹅采食了含有黄曲霉毒素的饲料引起的霉菌中毒病。其主要特征为消化机能障碍，全身浆膜出血，肝脏器官受损以及出现神经症状，发生中毒的鹅呈急性、亚急性或慢性经过。不同日龄的鹅均可致病，但以 2～6 周龄的幼鹅易感性最高。

1. 病因

引起本病的致病因子是黄曲霉毒素。黄曲霉毒素是由黄曲霉、寄生曲霉等产生的有毒代谢物，由于黄曲霉等广泛分布于自然界，对鹅饲喂受黄曲霉污染的花生、玉米、小麦、豆类、棉籽等及其副产品，就会产生中毒。黄曲霉产生的毒素有 20 多种，其中黄曲霉 B 毒素的毒力最强，对人和各种动物都有剧烈的毒性，主要损害肝脏，如果长期饲喂受黄曲霉污染的饲料常能诱发肝癌。

2. 临床症状

1 周龄的雏鹅对黄曲霉毒素最敏感，常为急性中毒，表现为食欲减退或废绝、缩头闭眼、精神萎顿、叫声嘶哑、步态不稳、衰弱无力、羽毛脱落、生长缓慢，常见跛行、腿部和脚蹼可出现紫色出血斑点、排绿色稀粪。死前常见有共济失调、抽搐、角弓反张等神经症状，病死率可达 100%。成年鹅耐受性较高，常呈亚急性或慢性经过，精神、食欲不振，腹泻、消瘦、贫血、衰弱、产蛋率下降，病程较长者，发生肝癌。

3. 病理变化

病死雏鹅剖检可见胸部皮下和肌肉有出血斑点，特征性病变主要在肝脏。急性中毒的常见肝脏肿大，色泽变淡，呈淡黄色或棕黄色，质地变硬，有出血斑点；胆囊扩张充盈，肾脏苍白、肿大或有点状出血；胰腺也有出血点。慢性中毒的鹅(大多为成年鹅)，可见肝脏硬化萎缩，见有白色小点状或结节状的增生病灶，病程长的可见肝癌结节，肾脏肿胀、出血，心包和腹腔常有积液。

4. 防控措施

加强饲料保管，注意通风干燥，尤其是多雨季节，更要防止饲料潮湿霉变。对质量较差的饲料可添加 0.1%的苯甲酸钠等防霉剂。严禁饲喂霉变饲料，特别是霉变的玉米。饲料仓库如被黄曲霉毒素污染，应用福尔马林加高锰酸钾熏蒸消毒或用过氧乙酸喷雾消灭霉菌孢子；对污染的用具、鹅舍、地面可用 20%石灰水或 2%漂白粉消毒。中毒死鹅和病鹅的粪便也含有毒素，应彻底清除，集中用漂白粉处理，以防止污染水源和饲料。

目前鹅黄曲霉毒素中毒尚无特效药物治疗，重在预防。鹅群一旦发生中毒，应立即更换饲料；对早期发现的中毒鹅可投服硫酸镁、人工盐等盐类泻药，同时供给充足的青绿饲料和维生素 A、维生素 D，也可用 5%葡萄糖加 0.1%维生素 C 饮水，或者灌服绿豆汤、甘草水或高锰酸钾水溶液，可缓解中毒。

三、其他杂症

(一)异食癖

异食癖又称恶食癖,是鹅的一种极不正常的啄食行为,其主要表现为鹅之间互相啄食,致使被啄鹅致伤或致死或降低胴体质量或将刚产出的蛋吃掉。异食癖不是一个独立的疾病,而是由于营养代谢疾病、味觉异常和饲养管理不当等诸多因素引起的一种非常复杂的多种疾病的综合征。鹅常见的异食癖形式有啄羽、啄肛、食蛋及异嗜等,不同日龄的鹅均可发生本病,但临床上主要见于舍养的幼鹅和产蛋母鹅,尤其在条件较差的饲养场多发。

1. 病因

饲料日粮中蛋白质或某些氨基酸(如蛋氨酸、胱氨酸)缺乏或不足,或是由于某些矿物质或维生素缺乏以及食盐添加不足,均可引起鹅发生异食癖,鹅舍饲养密度过大,鹅群拥挤,影响采食、饮水,造成营养不足,产生异食,或是饲料中粗纤维过少,容易使鹅产生饥饿感而导致异食。鹅舍光照过强或照射时间过长,引起异食。鹅体外寄生虫的侵袭及刺激,皮肤产生外伤,以及输卵管及泄殖腔脱垂等诱发异食癖。

2. 临床症状

啄羽。啄羽又称啄羽症,是鹅最常见的一种异食癖。尤其是幼鹅开始生长新羽毛和青年鹅换羽时最易发生;产蛋鹅在换羽期和高产期也易发生。

啄羽癖。主要表现为自啄羽毛或互相啄食羽毛,其头部羽毛、背部羽毛、尾部羽毛以及肛门周围羽毛常常被啄;有的背部羽毛几乎被啄光,裸露的皮肤充血发红;幼龄雏鹅皮肤常被啄破,皮肤损伤、出血、结痂。啄羽癖在不同的季节均有发生,但在缺乏青绿饲料的冬季和早春季节较为多见。

啄肛癖。在雏鹅和产蛋鹅特别是初产蛋鹅中最为多发。在鹅群中一旦发生啄肛,即出现被啄破出血或引起脱肛,其他鹅见后,一拥而上,群起而啄之,常将肛门周围及泄殖腔啄得血肉模糊,直至将直肠、输卵管等器官啄断出血致死。

食蛋癖。多发生在产蛋旺盛的春季,主要表现为将产出的蛋互相啄食或自产自啄食,直至把蛋吃掉。

异嗜癖。多见于青年鹅或成年鹅,表现为不吃正常饲喂的饲料,而去采食不应吃的异物,如啄食墙面上的石灰渣、地面水泥、碎砖瓦砾及陶瓷碎块、垫草,吞食被粪尿污染的羽毛、木屑,有时啄食破布、头发和麻、线等,还可引起肌胃、肠管机械性堵塞,患病鹅常见消化不良、羽毛无光,机体消瘦等病状。

3. 病理变化

被啄致死鹅剖检,内脏器官大多无明显肉眼病变,死于啄肛的鹅可见直肠或输卵管被撕断,断端周围有出血凝块。

4. 预防措施

预防本病应改进饲养管理条件，合理安排光照的时间和强度，调整鹅舍内的饲养密度、温度、湿度、通风，注意检查饲料中的营养成分与含量，避免喂单一饲料，补充蛋白质、矿物质与维生素，定时饲喂，产蛋旺期产蛋箱要充足，放蛋箱的地方要比较僻静，光线要暗，平时要及时捡蛋，患有体表寄生虫时应及时采取有效措施进行治疗。

发生异食癖时，应及时调整饲养密度并在饲料中添加止喙灵等药物治疗，对于啄羽癖鹅每只每日补饲 5～10g 的羽毛粉，或每只每天用生石膏粉 3～5g 或按日粮 0.2%加入蛋氨酸或在日粮中加入 1%硫酸钠，连喂 5 天，啄羽现象可消失。对于发生啄肛癖鹅可在谷物饲料中添加 2%的食盐，并保证充足的饮水，连续使用 2～3 天，应注意避免中毒，不能长期饲喂。啄肛较严重时，可将鹅舍门窗遮黑并换上红灯泡，使禽舍内所见一切均为红色，此时肛门黏膜的红色就显不出来，待啄肛门平息后再恢复正常饲养。对于被啄的鹅，要单独饲养，待伤好后再放回大群。对已被啄伤、啄破的地方、要涂上紫药水防止感染，但千万不能涂红药水，因为其他鹅见到红色，会啄得更厉害。而对于食蛋癖的鹅，可在饲料中添加贝壳粉或骨粉以及磷酸氢钙等。

(二)皮下气肿

皮下气肿是幼龄鹅由于气囊破裂致使大量空气窜入皮下，引起皮下臌气的一种疾病。本病主要发生于 1～2 周龄以内的雏鹅，临床常见于颈部皮下发生气肿，因此又称为“气嗉子”或“气脖子”。

1. 病因

本病的发生多由于管理不当，饲养密度大或粗暴捕捉，致使幼鹅颈部气囊或锁骨下气囊及腹部气囊破裂。尖锐异物刺破幼鹅气囊，或因幼鹅肱骨、乌喙骨和胸骨等有气腔的骨骼发生骨折，均可使气体积聚于皮下，产生病理状态的皮下气肿。幼龄鹅呼吸道的先天性缺陷，也可使气体溢于皮下，产生气肿。

2. 临床症状

患病幼龄鹅颈部气囊破裂，可见颈部羽毛逆立，轻者气肿仅局限于颈的基部，严重的病例可延伸到颈的上部，以至于头部皮下，并且在口腔的舌系带下部也出现膨气泡。如果颈部的气体继续蔓延至胸部皮下或是腹部气囊破裂，可见胸腹围增大，两翅内侧部膨胀，触诊时皮肤紧张，叩诊呈鼓音。患病幼龄鹅表现为精神沉郁，翅膀下垂，呆立，行动不便；有的两肢外展，跗关节着地，饮、食欲受限；若不及时治疗，气肿继续增大，病雏鹅呼吸困难，站立不稳，常呈犬坐姿势，或倒地后不能自行起立，饮、食欲废绝，逐渐衰竭死亡。

3. 病理变化

死于本病的幼龄鹅，剖检内脏器官无特征性病变，仅见气肿的皮下充满气体。

4. 防控措施

加强管理,创造良好的饲养环境,密度适宜,以避免幼龄鹅拥挤、碰撞或摔伤,在免疫捉拿或转群捕捉时,切忌粗暴、摔碰,防止损伤气囊。

对于发生皮下气肿的幼龄鹅,最好用烧红的烙铁或较粗针头刺破膨胀部皮肤,将气体放出,因烧烙的伤口暂时不易愈合,气体可随时排出,缓解症状,继而逐渐痊愈;也可用注射器抽取积气,需要反复多次方可奏效。但应当注意的是,对于骨折或呼吸道先天性缺陷所引起的皮下气肿则无治疗价值,应及时淘汰。

第三节　鹅病毒病

一、小鹅瘟

本病是由小鹅瘟病毒引起鹅的一种高度接触性传染病。以小肠中后段黏膜坏死、脱落,形成"香肠"样栓子为主要特征,所以又有"脱肠瘟"之称。

(一)诊断要点

1. 流行特点

本病自然感染病例只见鹅、番鸭和一些杂交品种,所有家鹅都比较易感,1周龄内雏鹅感染死亡率可达100%,4~5周龄感染造成的损失较小。日龄越小,发病率和死亡率越高。本病一年四季均可发生,以春、夏两季多发,流行间歇期1~5年,大流行后耐过鹅可获得免疫力。病鹅和带毒鹅为主要传染源。健康鹅与病鹅直接接触或接触被病鹅排泄物以及被其污染的饲料、饮水经消化道传染,此种感染为主要传播途径,也可经种蛋垂直传播。

2. 临床症状

潜伏期一般为4~5天。常表现精神委顿,食欲降低或不食,离群呆立,饮水增加,嗉囊膨大、积有多量气体和液体,鼻孔流黏性鼻液,腹泻严重,排黄色或绿色稀便并混有气泡,口角有液体流出。后期头颈扭转,抽搐,瘫痪,死亡。2周龄以上的鹅,精神沉郁,减食或停食,粪便呈灰白色,脱水消瘦,部分鹅可自愈。

3. 病理变化

主要病变在小肠。可见小肠黏膜充血、出血,有大量肠黏膜坏死、脱落,与纤维素性渗出物形成栓子或假膜包裹在肠内容物表面,堵住小肠中后段,使中后段小肠如香肠样,这是本病的主要特征。腹腔有大量黄色积液。肝脏肿大,呈深紫红色或黄红色,胆囊显著膨大,充满暗绿色胆汁。偶尔可见腿部和胸部肌肉出血。继发感染时,口腔、咽部和食管有白喉性病变和溃疡。

本病症状与鹅副黏病毒病、鹅腺病毒感染很相似，在诊断时应注意与之进行鉴别诊断。本病主要是20日龄以内雏鹅感染发病，成年鹅不发病。病鹅严重腹泻，排黄白色或黄绿色水样稀便，部分鹅呈现神经症状。小肠中后段显著膨胀如香肠样，内有假膜包裹的内容物或纤维素渗出物形成的栓子。鹅副黏病毒病10～15日龄雏鹅易感性最高。呼吸困难，流泪及鼻液，脚软，头颈弯曲。肠黏膜有灰白色或淡黄色坏死灶，剥落肠黏膜有出血性溃疡面，脾脏、心肌、食管黏膜等有大小不等的白色坏死灶。鹅腺病毒感染主要发生于3～30日龄鹅，30日龄以上几乎不死亡。病鹅饮水量增加，排淡黄绿色或蛋清样混有气泡并散发恶臭气味的稀便。小肠后段有香肠样病变，无栓塞部分肠黏膜严重出血。

（二）防治措施

1. 预防

对本病的预防需采取综合性措施。

(1)免疫接种。刚孵出的雏鹅应每只注射高免血清1mL。临产蛋的母鹅皮下或肌肉注射100倍稀释的小鹅瘟疫苗0.1mL，经15天后再注射未经稀释的疫苗0.1mL。腿部皮下注射卵黄抗体1mL，防治效果可达90%以上。种鹅使用灭活疫苗也可产生高水平的免疫力。

(2)实施严格消毒。小鹅瘟的暴发多数发生在孵化过程中，对孵化室和鹅舍实施严格消毒十分重要。

(3)控制本病的传入。不要从疫区或有本病流行过的地区引进雏鹅和种蛋，必须引进时需对该地区进行严格考察，确定无本病；雏鹅已经注射小鹅瘟疫苗的方可引进。对引进的雏鹅进行隔离饲养30天，确定无本病后可混群饲养。引进的种蛋孵化前要实施严格消毒。

(4)做好疫情发生时的扑灭工作。发现鹅群发生本病，应立即对鹅场实施隔离、封锁措施，将病鹅与健康鹅进行隔离饲养，对无治疗价值的鹅进行扑杀和无害化处理，净化鹅群。粪便等污染物做发酵处理。对未发病鹅要紧急接种小鹅瘟高免血清或卵黄抗体，保护率可达95%以上。

2. 治疗

对发病鹅需有针对性地用药，一般可以采取以下方法治疗。

(1)应用抗小鹅瘟血清进行治疗。10日龄及以下鹅只胸部皮下注射1mL，10日龄以上鹅只注射1.5～2mL。

(2)鹅毒清(精制卵黄抗体冻干粉)。治疗时雏鹅注射200羽份，成鹅注射100羽份，病重时可适当增加用量。

此外，在饲料或饮水中添加一些抗病毒药物如病毒灵或病毒唑，同时适当补充黄芪多糖、电解多维等，增强鹅体抵抗力。

二、鹅副黏病毒病

鹅副黏病毒病，即鹅新城疫，是由禽副黏病毒血清1型引起的一种急性、烈性传染病。以腹泻、消瘦、软颈或扭颈、瘫痪，消化道出现大小不等的纤维素性结痂和溃疡为主要特征。

（一）诊断要点

1. 流行特点

本病一年四季都可发生，主要经消化道和呼吸道传染。各种日龄、不同品种的鹅都易感染，日龄越小发病率和死亡率越高，随着日龄增长，发病率和死亡率降低。15日龄以内的雏鹅发病率和死亡率可高达90%以上。

2. 临床症状

潜伏期一般1～3天，日龄大的2～3天。病鹅表现为精神沉郁，呼吸困难，眼有分泌物，眼睑红肿，眼周围湿润，流泪，蹲地，水量增加，行动无力，不愿下水，或浮在水面随水漂游，头颈扭曲。粪为水样或血样，带暗红色、黄色或绿色。部分鹅表现扭颈、转圈、仰头等神经症状。产蛋鹅除发病死亡外，产蛋停止，一般要1个月能恢复产蛋。

3. 病理变化

食管黏膜特别是下端有淡黄色或灰白色芝麻粒至蚕豆粒大的纤维素性坏死结痂，剥离后呈出血性溃疡面；盲肠扁桃体肿大出血；直肠和泄殖腔有弥漫性大小不一的结痂病灶；肝、脾肿大，有淤血，有坏死灶；脾表面有芝麻大到绿豆大的灰白色坏死灶；胰脏肿大，表面有芝麻大的灰白色坏死灶；胆囊扩张，胆汁充盈；气管与支气管内充满黄色干酪样物，胸部皮下、胸肌、腿肌、心肌冠状沟、肺、肠及喉气管黏膜等处有出血点，法氏囊黏膜出血。该病初期临床及病理变化与小鹅瘟十分相似，易与小鹅瘟混淆并误诊。为了确诊，在发病初期，有条件的鹅场或地区，应采集肝脏、脾脏等病料进行病毒分离与鉴定。

（二）防治措施

1. 预防

搞好预防工作是控制该病发生的关键，一般可采取以下措施进行预防。

第一，应用鹅副黏病毒1号灭活苗进行免疫接种，控制本病的发生。种鹅10～15日龄首免，60日龄左右二免，开产前15天三免；雏鹅15日龄首免，60日龄二免，有较好效果。

第二，要搞好鹅舍环境卫生、消毒及饲养管理，在饲料中投喂抗生素可控制继发感染。也有报道称，注射从本病病鹅分离毒株的尿囊液制备成油乳剂灭活苗，可用于预防鹅群感染。

第三，淘汰隐性感染鹅和病鹅，未发病鹅应用鹅副黏病毒Ⅱ号灭活苗，皮下或肌肉注射 1mL 做紧急接种。在饲料中添加维生素 C 可增强鹅体抵抗力。

2. 治疗

发病时采取以下方法治疗效果较好。

① 皮下注射抗血清或卵黄液，大鹅 2mL/只，雏鹅 1～1.5mL/只。

② 鹅副黏病毒血清 2mL/只，阿米卡星 12 毫克/千克体重，黄芪多糖 0.5mL/千克体重，混合注射，1 次/天，连用 2 天。

③ 0.01%利巴韦林饮水，0.01%氧氟沙星饮水，2 次/天，连用 3 天；禽用干扰素，每天按 2 倍量注射 1 次，连用 2 天。

④ 在饮水中添加适量的多西环素防止继发感染，饲料和饮水中加入一定量的电解多维可提高鹅体抵抗力。

三、禽流感

鹅感染本病是由正黏病毒科的 A 型流感病毒引起的一种烈性传染病。不同日龄鹅均可感染，以冬、春季最常见。雏鹅发病率和死亡率高达 95%以上，其他日龄鹅为 80%以上。近几年，虽然采取集中免疫等措施使该病得到了较好的控制，但对养鹅业仍具有较大的威胁。

（一）诊断要点

1. 流行特点

鹅对低致病性禽流感有一定的抵抗力，但 1 月龄以内的雏鹅较易感。低致病性禽流感多发于产蛋鹅群，高致病性禽流感可引起各种日龄的鹅发病。易感鹅主要通过与病鹅直接接触或接触受污染的物品而感染发病，也可经空气传播而感染发病。本病常发生于冬、春两季，湿度较大、饲养管理不当时发病率较高。

2. 临床症状

典型症状为突然发病，有明显的呼吸道症状，咳嗽，流鼻涕，呼吸困难并摇头，头、颜面部水肿，体温升高，食欲减少，腹泻，消瘦，头颈和腿部麻痹、抽搐，腿部鳞片发紫或出血。少数鹅出现点头、缩颈等神经症状。非典型症状多发于 250 日龄左右的鹅，采食量下降，部分鹅腹泻，有轻微哮喘声，死亡率低。

3. 病理变化

皮下、胸、腿肌出血；气管黏膜充血、出血，内有黏液和血液的混合物；腺胃基层出血，有大量脓性分泌物；肌胃角质层易剥离，内膜有出血斑；心内膜有出血点；肝、脾、肾淤血或肿大，常见有灰黄坏死小点；胰腺出血、变性、坏死；脾脏在发病早期肿大、充血；产蛋鹅产蛋停止，卵泡破裂于腹腔中，卵泡膜变形、出血，输卵管内有白色分泌物或干酪样。

本病在诊断时要注意与小鹅瘟、鹅副黏病毒病相区别。该病在各种年龄的鹅均可发生，以全身器官出血为主要特征；小鹅瘟1月龄以内鹅较易感，1周龄内雏鹅感染死亡率可100%，以小肠中后段形成“香肠”样栓子为特征；鹅副黏病毒病主要是脾脏肿大，可见大小不一的灰白色坏死灶，肠道见散在黄色或灰白色纤维素性结痂病灶。

（二）防治措施

我国将本病列为一类传染病，不允许对病鹅进行治疗。其预防和控制需采取综合性措施。

第一，控制病原传入。建立规模化鹅场需符合动物防疫条件，实施全进全出饲养方式。散养鹅要限制其活动，避免与易感禽、野鸟及其分泌物、排泄物接触。坚持自繁自养，必须引进种鹅和种蛋时，要严格执行检疫措施，并对当地疾病流行及防治情况进行全面调查，确定无本病后引进。从国外引进时需按国家有关规定执行。

第二，做好免疫预防。本病免疫为国家强制免疫项目，其免疫方案按农业农村部标准执行；种鹅14～21日龄时，应用禽流感灭活疫苗进行初免，每只接种0.5～1.0mL，间隔3～4周加强免疫1次，每只接种1.0～1.5mL，以后每个4～6个月免疫1次，每只1.5～2.0mL；肉鹅7～10日龄时，用禽流感灭活疫苗进行初免，0.5～1.0mL，3～4周后，加强免疫1次，每只接种1.0～1.5mL。

第三，严格执行卫生消毒制度。鹅舍每7～10日清扫1次，并应用氯制剂等进行全面消毒。饲养器具用2%氢氧化钠水溶液消毒，清水冲洗晒干后使用，并经常保持清洁。育雏期水槽、饲槽每天须清洗消毒1～3次。地面要保持干燥，定期更换垫草、垫料等。对一切可能污染的场所和设备要定期消毒。

第四，加强饲养管理。饲喂全价料，定期对鹅舍进行通风换气，加强保暖，尤其是对1月龄以内的小鹅要注意保暖。鹅舍内要有充足的光照，温度、湿度要适宜，同时减少应激因素，为鹅群创造良好生长环境。

第五，发生疑似本病时，要向当地动物防疫监督机构报告，进行确诊，确诊后采取隔离、封锁等措施进行疫情扑灭，防止扩散。对未发病鹅应用禽流感灭活苗做全面紧急接种。

四、鸭瘟病毒病

本病是由鸭瘟病毒引起的一种急性、热性、败血性传染病。鹅与患病鸭密切接触时可感染发病，以高温、头肿流泪、泄殖腔溃烂、排绿色稀便及两脚麻痹无力为主要特征。近年来本病已在鹅群中普遍存在，给养鹅业带来了巨大的损失。

（一）诊断要点

1. 流行特点

春、秋季节，在鸭、鹅混养或与患鸭瘟病鸭接触的情况下较易发生，多呈地方性流行，少数呈散发流行。各种日龄、品种、性别的鹅均易感，以 15～50 日龄的鹅易感性最高。雏鹅发病多表现为急性死亡，迅速波及全群；成鹅发病率和死亡率依环境而定，通常发病率为 20%～50%，死亡率 90%以上。母鹅以产蛋母鹅发病率和死亡率最高。

2. 临床症状

体温高达 42℃～44℃，精神沉郁，眼睑水肿、流泪，眼结膜充血、出血；部分鹅头、颈肿大，流鼻液，不断摇头，呼吸困难；泄殖腔水肿，肠黏膜充血、水肿，后期泄殖腔溃烂外翻，排乳白色或淡绿色稀便，个别粪混血；两脚麻痹无力，步态不稳；卧地不愿走动；病程较短，发病后一般 2～3 天死亡。死前从嘴角流出淡黄色发臭液体；雏鹅多死于败血症，产蛋鹅发病时死亡率较低，产蛋率下降，肉鹅感染后一般散发，呈慢性经过。

3. 病理变化

病鹅的头、颈、颌下、翅膀等处皮下，胸腔和腹腔的浆膜，有黄色胶冻样渗出物；肠黏膜充血、出血，尤其是十二指肠及直肠黏膜广泛的弥漫性充血、出血，呈条状出血带；咽和食管黏膜上有散在坏死点；法氏囊黏膜水肿，有小出血点，慢性病例可见溃疡坏死；食管黏膜有灰黄色坏死假膜覆盖条状出血带；泄殖腔黏膜有出血点，并覆盖黄绿色坏死结痂或溃疡；肝肿大质脆，早期有出血点，后期出现大小不等的灰黄色坏死灶；胆囊肿大，胆汁浓稠；脾脏、胰脏肿大，心外膜出血，心包积液；气管黏膜充血，有时可见肺充血、出血和水肿。

根据临床和病理变化可做初步诊断，确诊需进行实验室诊断。一般可采集病鹅肝、脾、脑等样品送往当地动物疫病防疫机构等进行病毒分离与鉴定。本病临床上易与小鹅瘟、鹅巴氏杆菌病和鹅副黏病毒病相混淆，应与之区别。小鹅瘟主要病变为小肠中后段有香肠样变。鹅巴氏杆菌病病鹅血液、肝、脾经涂片碱性亚美蓝染色可呈现典型的巴氏杆菌。鹅副黏病毒病的病料经复染后，电镜下可呈现典型的副黏病毒。病变以脾脏肿大，表面有大小不一灰白色坏死灶，肠道见散在黄色或灰白色纤维素性结痂病灶为主。

(二)防治措施

本病无特效治疗药物，做好综合防疫是控制本病发生的关键。

第一，搞好引种、引蛋检疫。尽量不要从鸭瘟疫区引进，引进时要严格执行检疫制度，引进后进行隔离饲养，确定无隐性感染或病鹅，方可混群饲养。

第二，搞好鹅舍内外环境卫生。建立严格消毒制度，定期应用 5%漂白粉混悬液等对鹅舍、饲养用具等实施消毒处理。加强饲养管理，提高鹅机体抗病能力。不要将鹅、鸭混群饲养或混群放养。

第三，应用鸭瘟疫苗对雏鹅进行免疫。20 日龄首免，每只肌肉注射 0.2mL，5 个月后加强免疫 1 次，种鹅在开产前 15 天三免，成鹅以后每年免疫

2次。

第四,发病鹅可肌肉注射抗鸭瘟高免血清,每只0.5～1.0mL;或鸭瘟卵黄抗体,每只1.5～2mL,效果较好。肌肉注射黄芪多糖,每只2～4mL,每天2次,连用3天,可提高鹅体抗病力。

此外,在饲料中适当添加抗生素,或肌肉注射恩诺沙星、卡那霉素等,可预防继发感染。

五、鹅出血性肾炎肠炎

鹅出血性肾炎肠炎,又称幼鹅病或迟发型小鹅瘟、鹅多瘤病毒病,是由多瘤病毒科、多瘤病毒属的鹅出血性多瘤病毒引起育成鹅的一种疾病。目前已成为严重危害法国养鹅业的疾病之一,虽然尚未在我国流行,但已经在匈牙利、德国和法国以外其他国家有过报道,应予以重视,一旦在我国流行,将对养鹅业造成巨大经济损失。

(一)诊断要点

1. 流行特点

该病最早发生于匈牙利,之后在德国和法国出现散发病例,20世纪80年代后期和1997年之后呈规模化流行。本病仅发生于育成鹅。野鸭和番鸭对其有抵抗力。1日龄雏鹅接种该病毒后6～7天死亡,3周龄的鹅潜伏期达15天后发病,4周龄以上的无症状,携带病毒。

2. 临床症状

潜伏期与年龄无关。多发于4～10周龄,仅临死前出现离群趴卧、昏迷和死亡,部分鹅出现急性腹泻。实验感染等情况下可见角弓反张。慢性病例出现跛行。以上症状可持续到12周龄,零星死亡。

3. 病理变化

结缔组织水肿,胶冻样腹水,偶见出血性肠炎。慢性死亡的内脏和关节有尿酸盐沉积。间质性肾炎,肾小管上皮细胞坏死;法氏囊滤泡皮质和髓质区淋巴滤泡增多。其他组织多数可见出血性病灶。

(二)防治措施

1. 预防

搞好环境卫生和消毒工作对控制本病暴发有一定的效果。鹅舍要定期清除粪便,并应用氯制剂等做严格的消毒处理,废弃物应进行无害化处理。

2. 治疗

无特效治疗药物。可通过注射本场未发病鹅血清进行缓解治疗。

六、鸭病毒性肝炎病毒病

鹅也可以感染鸭病毒性肝炎病毒,3周龄内的雏鹅对鸭病毒性肝炎病毒有感染迹象，其症状与鸭病毒性肝炎相似，以神经症状、运动失调和角弓反张为主要特征。

（一）诊断要点

1. 流行特点

本病一年四季均可发生。3 周龄以内的雏鹅可感染，主要通过与患鸭病毒性肝炎的病鸭或隐性感染鸭接触，经消化道和呼吸道感染。也可通过接触病鸭的粪便或被该病毒污染的食具和饮水而感染。近几年在我国重庆的一些地区出现了雏鹅感染的有关报道，感染情况有扩增趋势。

2. 临床症状

最急性型无明显症状，病雏鹅突然倒地死亡，少数病例仅见仰头、抽搐，很快死亡。大多数病例表现为精神沉郁，闭眼，缩颈拱背，离群，呆立或行动迟缓，食欲降低或废绝。发病 12～24h 出现全身抽搐，运动失调，倒向一侧，头、颈后仰，呈角弓反张状态，两腿向后踢蹬或呈阵发性痉挛，或出现在地上翻滚、旋转等神经症状。

3. 病理变化

主要病变在肝脏。肝脏质脆，色泽发黄，表面有散在性或弥漫性大小不一的紫红色或鲜红色出血斑点，部分病例可见淡黄色或灰黄色坏死灶；肾脏肿大，充血，出血，有弥漫性针头大的灰白色坏死灶；胆囊肿大，充满褐色胆汁；脾脏微肿，质硬，呈斑驳状；腹腔内有大量纤维素性渗出物，腹壁粘连；气囊见米粒大、乳白色的纤维素性渗出物。

（二）防治措施

1. 预防

对本病的预防一般可从以下几方面入手。

第一，从无鸭病毒性肝炎地区引进雏鹅，并进行严格隔离观察。对于自家育雏的，要搞好种蛋、孵化室、育雏器的消毒工作。

第二，鸭、鹅进行分群饲养。

第三，种鹅于产蛋前 8 周和 4 周分别注射鸭病毒性肝炎弱毒疫苗，使雏鹅获得母源抗体。对于受威胁地区的雏鹅，可在颈部皮下注射鸭病毒性肝炎高免卵黄抗体 1mL，进行免疫预防。

第四，做好养鹅场、活动场所的清扫消毒及饲槽、水槽的清洗和消毒工作。

2. 治疗

鹅群发病时可采取以下方法进行治疗：

① 鸭病毒性肝炎高免卵黄抗体与庆大霉素混匀，肌肉注射，每只 2mL。

② 饮水中添加 2.5%阿莫西林和禽用复合维生素，让鹅群自由饮用，防止继发感染和增强鹅体抵抗力。

七、雏鹅新型病毒性肠炎

本病于1997年首次被发现，是雏鹅的一种急性传染病。特征性病变以卡他性、出血性肠炎为主，其他临床和病理变化与小鹅瘟类似，但用抗小鹅瘟血清进行治疗无效。

（一）诊断要点

1. 流行特点

本病主要发生于3～30日龄的雏鹅，发病率高达50%，10～18日龄时死亡率可达90%。除鹅外，鸡、鸭、火鸡、鸽子等也可感染。本病可经水平和垂直传播，也可通过排出的粪便感染，接触病鹅和污染的鹅舍可引起发病。鹅感染后长期带毒，间歇性排毒。感染后继发大肠杆菌或沙门氏菌，可使发病率和死亡率增高。

2. 临床症状

3～7日龄雏鹅发病呈最急性，无明显症状，突然死亡。10～18日龄患病雏鹅精神沉郁，少食或食欲废绝、叫声嘶哑，离群呆立，羽毛蓬松，行走摇晃，间歇性倒地、抽搐，两脚划动，最后因脱水呈角弓反张姿势死亡。排水样粪便，呈黄绿色、灰白色或蛋清色；病鹅贫血，脸部苍白，治愈鹅无饲养价值，常被淘汰。

3. 病理变化

皮下组织和肌肉水肿，骨髓呈灰白色或黄色，血液稀薄。特征性病变为直肠、盲肠肿大、肝脏肿大，边缘钝圆，增厚质脆，表面和切面有大小不一的出血点，脾、肾轻度肿大且色淡。亚急性死亡鹅的肠道、泄殖腔膨胀，充满白色稀薄内容物，小肠内有黄色假膜包裹内容物形成的凝固性栓子。临床上以病鹅腹泻，贫血，肝脏肿大、质脆、黄染，表面及包膜下有出血斑和血肿，肝实质内黄白色的坏死灶，骨髓呈黄色和胶冻样变化做初步诊断。实验室以肝脏病理组织学检查，肝细胞核内见包涵体确诊。

（二）防治措施

本病尚无特效治疗药物。搞好本病的预防工作，可有效降低损失。预防本病关键是控制从疫区或疫区附近引进种鹅、雏鹅及种蛋，对引进后的鹅可应用药物和疫苗进行预防，同时还要做好饲养管理、消毒等工作。目前，国外应用肝组织及细胞培养的无毒力疫苗株制备的油乳剂苗效果较好。我国研制的弱毒苗及高免卵黄抗体免疫保护效果也不错，也可用病鹅肠道等病料及其细胞培养制备的高免多联血清进行免疫预防。

第一，饲料中添加抗生素和维生素C、维生素K，可降低损失，其配比为维生素C针剂、维生素K_3、维生素K_4针剂、庆大霉素各1支，用冷水1000mL稀释，让鹅自由饮水，连饮3天。

第二，种鹅于开产前应用新型病毒性肠炎——小鹅瘟二联弱毒疫苗进行2次免疫，可使雏鹅获得较好的保护。1日龄雏鹅应用弱毒苗口服免疫，可100%获得保护。对刚出壳雏鹅皮下注射高免血清或新型病毒性肠炎——小鹅瘟二联高免血清，保护效果也比较好。

第三，病鹅要进行隔离饲养，搞好环境卫生，定期应用次氯酸钠、优氯净等对鹅舍进行消毒处理。鹅群饲养密度要合理，避免因过热、拥挤等应激因素引起本病发生。

第四节　鹅的细菌病

一、鹅大肠杆菌病

鹅大肠杆菌病是由致病性大肠杆菌引起鹅的一种急性传染病。母鹅感染出现卵巢、卵子和输卵管炎症，发生卵黄性腹膜炎，故称“蛋子瘟”。产蛋鹅发病后，产蛋率急剧下降，并发死亡，死亡率在10%以上，可造成较大的经济损失。

(一)诊断要点

1. 流行特点

本病多发于春季产蛋旺盛时期，各品种的鹅均易感，产蛋母鹅感染时，产蛋高峰期病情最为严重，产蛋停止病情也停止。主要通过交配感染发病，公鹅感染后很少死亡，但可传播疾病。该病发病率为10%～60%，死亡率为10%以上。饲养管理不当，天气寒冷、气候骤变、青饲料不足、维生素A缺乏、鹅群过于拥挤、鹅舍闷热、长途运输等因素，均能促进本病的发生和流行。雏鹅感染发病，多与种蛋污染有关。

鹅群感染后可发生大肠杆菌性败血症、大肠杆菌性肉芽肿、大肠杆菌性蜂窝织炎、气囊炎、肿头综合征、大肠杆菌性腹膜炎、大肠杆菌性输卵管炎、大肠杆菌性骨髓炎、大肠杆菌性全眼球炎及大肠杆菌性卵黄囊感染。但以大肠杆菌性卵黄囊感染较为多见，发病后须立即采取措施，控制病原在鹅群中的扩散和蔓延，可降低发病率和死亡率。

2. 临床症状

病鹅精神沉郁，不愿走动，蹲伏地面，两脚紧缩，行走时呈企鹅步态，下水后常漂浮水面；食欲减少或废绝，呼吸困难，头向下弯曲，嘴角触地，腹部膨大；腹泻，粪便腥臭并混有凝固的蛋白、蛋清和小块卵黄，肛门周围有污物，产蛋率下降，产软壳蛋，腹部胀大下垂，病死率达10%～47%。病鹅眼球下陷，喙、蹼干燥，发绀，消瘦，呈脱水症状，后期因衰竭而死亡。公鹅感染症状较轻，阴茎外露、红肿、有结节，化脓或溃疡，失去交配能力。雏鹅感染后特征性症状为肿头。严重的头部和眼睑水肿，下颌部最为明显，触摸有波动感。

3. 病理变化

腹腔内有腥臭液体及破碎的卵黄；纤维素性心包炎，心包内积有大量恶臭黄色液体；气囊浑浊、增厚；腹膜、肠系膜发生粘连，肠黏膜有出血点；卵巢萎缩变形、变色、变性；肝肿大，呈灰白色，被膜增厚并附有纤维素样物。

(二)防治措施

1. 预防

本病诱因较多，预防时需针对不同原因采取不同的措施。①保持鹅舍清洁卫生，及时清理粪便并做无害化处理，饲养密度要合理，注意舍内通风保暖，搞好消毒工作。②饲喂全价无污染的饲料，禁止饲喂发霉变质的饲料，更换饲料时要逐步进行，不要突然更换，必要时可在饲料中加入适量的抗生素。③种蛋入孵前须经熏蒸消毒，孵化场地及用具应彻底消毒，避免通过孵化传播。④做好繁殖产蛋前的鹅群检查工作，淘汰生殖系统有炎症的鹅。⑤应用大肠杆菌灭活菌苗进行预防接种：10～15 日龄雏鹅，肌肉或皮下注射 0.3mL；120 日龄种鹅注射 0.5mL 进行二免，开产前 20 天三免；母鹅产蛋前 15 天，肌肉注射 1mL。

2. 治疗

发病鹅应进行隔离饲养，并应用丁胺卡那霉素、环丙沙星、庆大霉素或链霉素等进行治疗，也可选用恩诺沙星、氟苯尼考和复合维生素 B，进行饮水治疗。

(1)丁胺卡那霉素 5000 单位，肌肉注射，每天 2 次。

(2)恩诺沙星，每 100L 水有原粉 20g，与多西环素交替使用，连用 5～6 天。

(3)环丙沙星，混饲浓度 0.005%～0.01%，连喂 3～5 天。

二、鹅巴氏杆菌病

鹅巴氏杆菌病又称鹅霍乱或鹅出血性败血病，简称“鹅出败”，是由巴氏杆菌引起的一种接触性传染病。急性型呈现败血症和剧烈腹泻，慢性病例鹅表现关节炎性肿胀跛行。发病率和死亡率都很高，常给养鹅业造成重大经济损失。

(一)诊断要点

1. 流行特点

本病一年四季都可发生，雏鹅、仔鹅和开产鹅均可感染，但主要危害种鹅和育成鹅，在鹅群中多以散发形式存在，很少呈地方性流行。常因饲养管理不当、营养缺乏、长途运输、天气骤变等原因而引起发病。

2. 临床症状

(1)最急性型。常无明显症状而突然死亡。多发生于流行的初期。

(2)急性型。体温达 41℃～43℃，精神沉郁，闭目呆立，两翅下垂，不敢下水，渴欲增加，食欲减少或废绝，排出黄色、灰白色或绿色的稀便，呼吸加快，气喘，频频摇头，故又有“摇头瘟”之称。病鹅口、鼻分泌物增加，产蛋鹅停止产蛋，病程2～3天。最后发生痉挛昏迷死亡。

(3)慢性型。多发生于流行的后期。病鹅持续性消瘦，精神委顿，食欲废绝，腹泻，喉头有黏稠的分泌物。喙和蹼发紫，翻开眼结膜有出血斑点，病程1～2周后多数死亡。

3. 病理变化

(1)最急性型。病变不明显。

(2)急性型。心外膜、肺、心脏冠状沟处有出血点。肝、脾表面有灰白色坏死点，肠黏膜充血、出血，肠内容物混有血液，肌胃和十二指肠卡他性炎症，出血明显，黏膜上有黄色纤维素性渗出物，肺脏充血，表面有出血点。

(3)慢性型。当呼吸道症状明显时，可见鼻腔和鼻窦内有多量黏性分泌物，关节肿大变形，有炎性渗出物和干酪样坏死。肝脏脂肪变性或坏死。

(二)防治措施

1. 预防

对本病的预防可采取以下几种方法。

第一，加强饲养管理。定期对鹅舍内外环境进行消毒，可用5%石灰乳或10%漂白粉混悬液对鹅舍及用具进行全面消毒。饲喂全价料，注意鹅舍通风保暖。不要从疫情地区(场)引进雏鹅、仔鹅和种鹅，引进后要搞好隔离饲养。

第二，应用鹅霍乱氢氧化铝灭活苗、鹅霍乱组织灭活苗进行预防接种，也可应用鹅霍乱弱毒菌苗进行免疫接种。3个月以上的鹅可肌肉注射0.5mL，小鹅可酌情减量，10日龄左右首免，首免后2～3周二免，种鹅可于开产前2周免疫。注意用苗前后1周不要使用抗生素。肥育鹅群或不便接种的，可应用抗菌药物做定期预防治疗。

第三，可用氟哌酸、环丙沙星进行药物预防。氟哌酸预防量为0.1克/千克饲料，混饲，连用7天。环丙沙星混饲浓度为50毫克/千克饲料，连用3～5天。也可应用青霉素、链霉素、土霉素等抗生素类药物进行预防。

2. 治疗

发现病鹅立即隔离饲养，并对鹅舍进行全面消毒，未发病鹅每只可皮下注射3～5mL高免血清做紧急接种，对病鹅实施治疗。①磺胺二甲基嘧啶钠，浓度20%，肌肉注射，0.5毫升/千克体重，每天2次，连用2～3天。或口服磺胺二甲基嘧啶0.2克/只；②皮下注射抗鹅霍乱高免血清10～15毫升/只。③青霉素，3万单位/千克体重，肌肉注射，每天1次，连用2天。

三、鹅沙门氏菌病

鹅沙门氏菌病又称鹅副伤寒，是由沙门氏菌引起的一种传染病。各年龄鹅都可感染，主要危害雏鹅，尤其是3周龄之内的雏鹅更易感染，呈急性或亚急性经过。以腹泻、结膜炎和消瘦等症状为主要特征。成年鹅多呈慢性或隐性经过。被该菌污染的种蛋孵出的雏鹅多发病死亡。

(一)诊断要点

1. 流行特点

本病主要通过消化道传染，常因粪便中排出的病原菌污染了周围环境而传染。也可以通过种蛋垂直传染。自然条件下多发生于雏鹅，大多数是由带菌的鹅蛋所引起，1～3周龄雏鹅的易感性最高。污染的饲料和饮水，天气和环境剧变，都会促使发病。

2. 临床症状

经蛋垂直传染的雏鹅，在出壳后数日内很快死亡，无明显症状。30日龄内的生病雏鹅精神萎靡，羽毛松乱，缩颈不动，饮水量增加，腹泻，粪便呈稀粥样，肛门周围被粪便污染，干涸后封闭泄殖腔；眼结膜发炎，流泪，眼睑水肿，半开半闭；鼻流浆液性或黏液性分泌物；腿软，呆立，嗜睡，翅膀下垂；呼吸困难，常张口呼吸。多于病后2～5天内死亡。成年鹅无明显症状，呈隐性经过。

3. 病理变化

主要病变在肝脏。肝肿大，充血，表面色不均，呈红色或古铜色，表面也常有灰白色的小坏死点。肝实质内有细小灰黄色坏死灶(副伤寒结节)。胆囊肿大，充满胆汁。肠黏膜充血、出血，盲肠内有干酪样物质形成的栓子，直肠扩张增大，充满内容物。肺淤血、出血，气囊膜混浊不透明，常附着黄色纤维素性渗出物。肾脏苍白；脑膜增厚、充血、出血；部分母鹅卵巢、输卵管、腹膜发生炎性变化。

(二)防治措施

1. 预防

预防本病需采取综合措施。

(1)做好饲养管理工作。雏鹅和成鹅要分群饲养，避免相互传染。鹅群饲喂全价料，保持种鹅健康，及时淘汰病鹅。定期对鹅舍进行消毒处理，保持育雏舍垫草清洁干燥，舍内温度1周龄时要控制在28℃～30℃，此后每周降低2℃。冬季要做好舍内防寒保暖，夏季要做好通风工作。

(2)搞好种蛋的消毒工作。污染的种蛋是造成本病发生的主要原因之一，做好种蛋的保管工作十分重要。种蛋入库前要使用福尔马林进行熏蒸消毒，蛋库内温度应控制在12℃，相对湿度控制在75%为宜。孵化前种蛋再进行一次消毒处理，孵化器具及孵化室可使用福尔马林和高锰酸钾进行熏蒸消毒20min，之后打开门窗进行通风换气。

(3)防止雏鹅感染。接运雏鹅的箱具和车辆使用前后要严格消毒，防止污染。雏鹅饲料中可加入适量土霉素等抗菌药，预防雏鹅感染。

2．治疗

土霉素、氟苯尼考对本病治疗效果较好。

①土霉素，按0.06％～0.1％浓度拌料，连用5～7天。②氟苯尼考，100mL/200升水，自由饮用，每天1次，连用3天可痊愈。

四、葡萄球菌病

鹅葡萄球菌感染，又称鹅传染性关节炎，是由致病性葡萄球菌引起鹅的一种传染病。临床上以化脓性关节炎、皮炎、龙骨黏液囊炎及滑膜炎为主要特征。病理上主要表现为渗出性素质、出血、溶血和化脓性炎症。雏鹅感染后，常呈急性败血症经过，死亡率可达50％。

（一）诊断要点

1．流行特点

本病一年四季均可发生，以多雨、潮湿的季节多发。各日龄鹅都易感染，长毛期幼鹅最易感染，常呈散发。雏鹅密度过大，环境卫生不良，饲养管理不当，消毒不彻底等，均可诱发本病。

2．临床症状

（1）急性型。精神沉郁，食欲不振，小鹅常出现败血症症状，病程3～6天。

（2）慢性型。精神沉郁，嗉囊积食，跖、趾、肘关节处发炎肿胀，跛行，不愿活动。出现结膜炎。有时在胸部龙骨上发生浆液性滑膜炎，胸、翅、腿部皮下有出血斑点。病程2～3周，最后因极度衰弱而死亡。常呈败血症经过，病鹅的皮肤、黏膜、浆膜发生水肿、充血和出血。

3．病理变化

（1）急性型。全身肌肉、皮肤、黏膜和浆膜水肿、充血与出血，脾脏充血、肿大，呈淡紫红色花纹样变化。关节内有浆液性或纤维素性渗出物，随病程发展，后期变成干酪样。

（2）慢性型。关节肿胀，关节囊中有脓性、干酪样渗出物；关节软骨糜烂，易脱落。肌肉萎缩，脐炎，腹膜炎。

（二）防治措施

1．预防

因葡萄球菌为条件性致病菌，所以对本病的预防应根据不同原因采取不同的防治措施。

第一，消除因外伤引发的感染，不定期清除运动场和鹅舍内的碎玻璃、铁丝等尖锐杂物，以免划伤。

第二，搞好鹅舍环境卫生和通风保暖工作，光照要适当，饲养密度要合理，饲喂全价料，定期进行消毒。

第三，发现病鹅及时隔离饲养及治疗，并对鹅舍做全面消毒。

2. 治疗

一般抗生素对本病都有很好的疗效，但葡萄球菌易产生耐药性，用药时要交替使用，最好进行药敏实验。下列药物可用于本病的治疗。

(1)青霉素。按每只雏鹅 1 万单位，青年鹅 3 万～5 万单位，肌肉注射，每 4h1 次，连用 3 天。

(2)磺胺间二甲氧嘧啶或磺胺间甲氧嘧啶。混饲用量为 0.4%～0.5%，混饮浓度为 0.1%～0.2%，连用 5 天。

(3)氟哌酸或环丙沙星。按 0.05%～0.1%浓度饮水，连饮 7～10 天。

五、鹅口疮

鹅口疮又称念珠菌口炎、霉菌性口炎、念珠菌病、碘霉菌病、酸嗉囊病，是由念珠菌属的白色念珠菌感染而引起的一种真菌性疾病。

(一)诊断要点

1. 流行特点

念珠菌是人和动物消化系统的常住微生物区系的组成部分，是一种条件性病原菌。鸡、火鸡、鹅、鸽、珍珠鸡、雉等也可发病。鹅常呈散发，一旦暴发，可造成巨大经济损失。本病常由于机体免疫平衡遭到破坏或菌群紊乱而引起发病。此外，营养不良、维生素缺乏和长期使用抗生素等，亦可发病。

2. 临床症状

本病症状不是很典型，常表现生长不良，倦怠无神，羽毛松乱。幼鹅比大龄鹅更易发病，3 月龄的鹅暴发本病时，康复率很高。

3. 病理变化

典型症状为嗉囊黏膜增厚，黏膜上有白色圆形隆起的溃疡灶，溃疡表面有剥离的倾向。口和食管见溃疡斑。肝、肾变红，肾脏上出现粟粒状的脓肿。

(二)防治措施

本病发生多与环境有关，搞好环境卫生及药物预防，可极大地降低发病发生，一般可采取以下方法进行防治。

第一，搞好鹅舍环境卫生，加强鹅群的饲养管理，饲养密度不要过大，做好鹅舍通风保暖工作，种蛋入孵前要实施严格消毒，对病鹅进行隔离饲养，治疗时不要长期使用抗生素类药物。

第二，在每千克饲料中添加 220mg 制霉菌素能够有效地防治白色念珠菌病。也可在嗉囊中灌入 2%硼酸，或饮用 0.05%硫酸铜溶液，进行治疗。

第三，应用克霉唑进行混饲内服，其浓度为 1 克/100 只鹅。也可使用

0.02%龙胆紫溶液进行饮水，3天为1个疗程，连用2个疗程，中间停用2天。或用0.05%硫酸铜溶液饮水，即2000mL水中加硫酸铜1g。

第四，口腔发生病变的，可将假膜剥去，用碘甘油或1%～5%克霉唑软膏涂搽。

第五，定期更换垫料，鹅舍用0.4%过氧乙酸溶液进行消毒，每天1次，连用7天。

六、鹅传染性气囊炎

鹅传染性气囊炎，又称鹅流行性感冒、鹅渗出性败血症，是由败血志贺氏杆菌引起的一种雏鹅急性传染病。以摇头、呼吸困难和鼻腔不断排出大量浆液为主要特征。

(一)诊断要点

1. 流行特点

本病除鹅外，其他禽类不感染。1月龄以内的雏鹅最易感染，成鹅也可感染，多发生于春、冬季，秋季也可流行。常由病原污染的饲料和饮水经消化道传染，也可经呼吸道感染。长途运输、温差变化大、饲养管理不良等原因，可促使本病发生和流行。自然流行一般要持续2～4周。

2. 临床症状

食欲不振，精神沉郁，羽毛蓬乱，缩颈闭目，喜蹲伏，怕冷，常挤成一堆；呼吸困难，呼吸频率增加，张口呼吸并伴有鼾声；鼻孔中不断流出清鼻液，有时亦有眼泪流出，患雏频频摇头，常把颈部向后弯，把鼻腔黏液甩出，并在身躯前部两侧羽毛上擦拭鼻液，致使羽毛脏湿。重症者出现腹泻，不能站立。病程一般为2～5天。

3. 病理变化

鼻窦、喉头、气管和支气管内有明显的纤维薄膜增生，伴有黄色半透明的黏液，肺淤血。心内外膜出血或淤血，浆液性、纤维素性心包炎。肠黏膜充血、出血，肝、脾、肾脏淤血或肿大，有灰黄色坏死灶。皮下、肌肉有出血点。

(二)防治措施

1. 预防

预防本病，除了育雏期要加强饲养管理，饲喂全价配合料，有条件的应供给新鲜的青绿饲料，做好环境卫生工作，保温、防潮、通风及消毒工作以外，还应该采取药物预防。

(1)氟苯尼考1∶40拌料，每天1次，连用3～5天。

(2)复方磺胺嘧啶混悬液。肌肉注射25毫克/千克体重，连用3天，效果也较好。

(3)环丙沙星。拌料 250g/100 千克饲料。

(4)诺氟沙星。混饲浓度为 0.05%～0.1%,连喂 2～4 天。

2. 治疗

可选用上述药物进行治疗,用药后应补充微生态制剂和多种维生素。

第五节　鹅寄生虫病

一、球虫病

鹅球虫病是由艾美耳属和泰泽属球虫寄生于鹅的肠道以及肾脏引起的一种原虫性疾病。多发于 15～70 日龄雏鹅,成鹅多为隐性带虫者。每年 5～8 月份为发病高峰期。感染率 60%～95%,死亡率 80%以上。

鹅球虫分属于艾美耳和泰泽两个属,共 15 种,其中 14 种寄生于肠道,1 种寄生于肾脏。以寄生于肾小管上皮的截形艾美耳球虫致病力最强,可使鹅肾脏发生功能障碍而死亡。截形艾美耳球虫卵囊呈卵圆形,囊壁平滑,有卵膜孔和极帽;鹅艾美耳球虫卵囊呈梨形,无色,每个卵囊内的胚孢子形成 4 个孢子囊,每个孢子囊内含有 2 个子孢子。

(一)诊断要点

1. 临床症状

(1)肠型球虫病。精神萎靡,缩头垂翅,食欲缺乏,饮欲增强,饮水后频频甩头,喜卧,不愿活动,羽毛蓬乱下水极易浸湿。腹泻,粪便中常混有红色黏液,肛门周围的羽毛黏有红色或棕色排泄物,重者可因衰竭而死亡。

(2)肾型球虫病。行动缓慢无力,精神沉郁,目光呆滞,眼球凹陷,食欲减少,翅下垂,腹泻,排白色稀便,消瘦,最后衰弱而死。

2. 病理变化

肠球虫病可见小肠肿胀,出血性卡他性炎症,主要发生于小肠中后段,肠内充满稀薄的红褐色液体,肠壁上有白色结节或纤维素性物质。肝肿大,胆囊充盈,部分鹅膜腺肿大充血,腔上囊水肿、黏膜充血。肾肿大,呈淡灰黑色或红色,有出血斑和针尖大小的灰白色病灶或条纹,内含卵囊、崩解的宿主细胞和尿酸盐。

(二)防治措施

1. 预防

搞好鹅舍环境卫生,及时清除粪便及垫草并做无害化处理,保持鹅舍清洁和干燥,定期进行消毒。雏鹅、成鹅分群饲养,饲喂添加抗球虫药物的饲料。

2. 治疗

用于治疗鹅球虫病的药物较多，在选择药物时要注意交替使用，可选用下列药物进行治疗。

(1)氯苯胍。按 80 毫克/千克饲料混饲，连用 10 天。

(2)磺胺间二甲氧嘧啶或磺胺喹噁啉。预防及治疗用量参照说明书使用。

(3)磺胺甲基异噁唑。按每千克饲料添加 100mg 混合，连喂 4～5 天。

(4)氯羟吡啶(克球粉)。按每千克饲料添加 125mg 混饲。宰前 7 天停止用药。

(5)氨丙啉。按 150～200 毫克/千克饲料混饲；或 80～120 毫克/升浓度饮水，连用 7 天。

二、鹅绦虫病

鹅绦虫病是由矛形剑带绦虫引起的雏鹅和育成鹅的一种寄生虫病。15～20 日龄雏鹅多发，成虫主要寄生在小肠内，以肠阻塞为主要特征。本病多发于南方的夏季和晚秋放牧季节，因鹅食入被虫卵污染的青草、饲料而发病。发病程度与鹅的年龄、体质有关。

(一)诊断要点

1. 临床症状

精神不振，羽毛无光泽，离群，呆立，采食量减少，渴欲增加，生长迟缓，消瘦，腹泻，消化不良，粪便混有消化不全的食物，排淡绿色稀臭粪便，粪中带血及白色不透明的带状物。病程后期出现神经症状，步态不稳，尾部着地，歪颈仰头，背卧或侧卧，时两脚划地。往往因营养缺乏衰竭而亡。

2. 病理变化

主要病变在肠部。

小肠内积满大量淡黄色或褐色的虫体，造成肠腔阻塞，严重的引起肠破裂。肠壁黏膜受损，水肿出血，有灰黄色结节，肠内容物稀臭，含有大量虫卵。鹅体消瘦，泄殖腔周围黏有稀便，肝肿大，肠黏膜出血，卡他性炎症。

(二)防治措施

1. 预防

定期清除鹅舍粪便，做发酵处理；大、小鹅分群饲养，新引进鹅应先进行隔离饲养；不要在死水池内放养，以免增加鹅与剑水蚤接触的机会；每年入冬和开春时可应用硫双二氯酚、灭绦灵混饲，进行定期驱虫。

2. 治疗

本病可应用下列药物进行治疗。

(1)硫双二氯酚。30～50 毫克/千克体重，或以 1∶30 的比例与饲料混匀饲喂。

(2)丙硫咪唑。20～25 毫克/千克体重,一次性投服。

(3)吡喹酮。10～15 毫克/千克体重,拌料,一次性喂给。

(4)氢溴酸槟榔碱。1～1.5 毫克/千克体重,溶于水中内服,投药前停食16～20h。

三、鹅虱病

鹅虱是寄生于鹅体表的一种寄生虫,同一只鹅可被多种虱寄生。鹅虱寄生处常引起羽毛脱落,并引起鹅只痒感。本病一年四季均可发生,冬季较为严重,主要通过直接接触而传播。患鹅常由于食欲减少、消瘦、产蛋量下降而造成经济损失。鹅羽虱体长 0.5～1.0mm,体形扁而宽短,也有细长的。头端钝圆,头部宽度大于胸部。咀嚼式口器,头部有 3～5 节组成的触角。胸部分前胸、中胸和后胸,中、后胸有不同程度的愈合,每一胸节上长着 1 对足,足粗,爪不甚发达,胸部由 11 节组成,最后数节常变成生殖器。

鹅羽虱的生活史都在鹅体表完成。羽虱交配后产卵,卵常结合成团,粘在羽毛的基部,依靠鹅的体温孵化,经 5～8 天变成幼虫,2～3 周内经几次蜕皮而发育为成虫。

(一)诊断要点

患鹅精神不安,食欲不振,瘙痒,羽毛脱落,消瘦,产蛋母鹅产蛋量下降。

(二)防治措施

鹅舍要经常打扫,消毒,保持通风、干燥;定期更换垫草;应用杀虫剂喷洒鹅只体表。发现有虱,应立即隔离治疗。可用 0.5%敌百虫粉剂,喷洒于羽毛中,轻揉羽毛,使药物分布均匀。

四、鹅裂口线虫病

本病是由裂口线虫引起鹅的一种常见寄生虫病。裂口线虫主要寄生在鹅的肌胃角质层下,形成虫道,引起溃疡。本病多发于夏秋季节,呈地方性流行,以 2 月龄左右的幼鹅感染后发病较为严重,可造成雏鹅大批死亡。成鹅多为慢性经过。

裂口线虫为线虫纲、圆形目、毛圆科裂口属成员。虫体细长,表面有横纹,呈粉红色,尖端无叶冠,口囊短而宽,底部有 3 个尖齿。雄虫长 10～17mm,宽 0.25～0.35mm。发育无须中间宿主,虫卵内形成幼虫并蜕皮 2 次,经 5～6 天的卵内发育,感染性幼虫破壳而出,能在水中游泳,爬到水草上。鹅吞食含有受感染性幼虫的水草或水时而遭受感染。幼虫在鹅体内约经 3 周发育为成虫,其寿命为 3 个月。

（一）诊断要点

1. 临床症状

雏鹅精神委顿，羽毛松乱，无光泽，消瘦，生长发育缓慢，贫血，腹泻，严重者排出带血的粪便。眼球轻度下陷，皮肤及脚、蹼外皮干燥。成年鹅往往无明显症状而成为带虫者。

2. 病理变化

剖检可见肌胃出血和溃疡，肌胃角质膜呈暗棕色或黑色，易脱落，角质层下见肌胃有出血斑或溃疡灶，幽门处黏膜可见虫体积聚，坏死脱落，肠道黏膜呈卡他性炎症，严重者多有暗红色血黏液。

（二）防治措施

1. 预防

预防本病的关键是搞好环境卫生和消毒，消灭感染性虫卵和幼虫。定期清除鹅舍粪便并做无害化处理。大、小鹅分群饲养，避免使用同一场地，发现病鹅及时隔离。本病流行的地方，每批鹅应进行两次预防性驱虫，通常在20～30日龄、3～4月龄各1次。投药后3天内，彻底清除鹅粪，进行生物发酵处理。常用的驱虫药有左旋咪唑，按20毫克/千克体重，混饮给药；四咪唑（驱虫净），30毫克/千克体重，一次性口服或皮下注射，每天1次，连用3天，效果也较好。

2. 治疗

本病常用的治疗药物主要有以下几种。

① 盐酸左旋咪唑。25毫克/千克体重，口服，间隔3～7天驱虫1次。

② 甲苯咪唑。50毫克/千克体重，或浓度0.0125%，混饲，每天1次，连用2天。

③ 丙硫咪唑。30毫克/千克体重，混饲。

④ 驱虫净。50毫克/千克体重，混饲，或按浓度0.01%混水饮用，连用7天。

五、鹅毛滴虫病

本病是由毛滴虫引起的一种寄生虫病，可造成鹅的大批死亡。以呼吸困难，口腔黏膜溃疡、坏死，肠道后段溃疡，肝脏等脏器肿大为特征。5～8月龄鹅易感性较高，春秋两季多发。常因食入被毛滴虫污染的饲料或饮水而引起发病，也可通过鼠类传播本病。

虫体为卵圆形，前端有4根活动鞭毛，1个波动薄膜，鞭毛长度超过虫体2～3倍。滴虫具有活泼的运动性。

（一）诊断要点

1. 临床症状

（1）急性型，多发于幼鹅。精神沉郁，食欲减少或废绝，跛行，喜卧，活动困难，身体蜷缩成团，吞咽、呼吸困难。排淡黄色稀便，消瘦。口腔及喉头黏膜充血，并有绿豆大小的淡黄色小结节。少数病例有结膜炎，流泪。病鹅常因败血症而死亡。

（2）慢性型，成鹅多呈慢性型，表现为消瘦，绒毛脱落，生长发育缓慢，常在头、颈、腹部出现秃毛区。一般口腔黏膜有干酪样物质积聚，难以张嘴，出现采食困难。

2. 病理变化

急性病例口腔和喉头有淡黄色小结节，食管溃疡而引起穿孔；盲肠乳头突黏膜肿胀、充血，并有凝血块；肝肿大，呈褐色或黄色。母鹅输卵管发炎，蛋滞留，蛋壳表面呈黑色，其内容物腐败变质；输卵管黏膜坏死，管腔内积液，呈暗灰色粥状，卵泡变形。

（二）防治措施

1. 预防。保持鹅舍通风、清洁卫生、干燥，定期对鹅舍、用具、周围环境进行严格消毒。雏鹅、成鹅分群饲养，防止交叉感染。在饲料中适当增加蛋白质和维生素，可提高鹅的抗病能力。保证饲料和饮水的卫生，并且常年做好灭鼠工作。

2. 治疗。可选用下列药物治疗。①阿的平或氨基阿的平 0.05 克/千克体重，或雷佛奴尔 0.01 克/千克体重，将药物按剂量溶于水中，逐只灌服，24h 后重复灌服 1 次。②硫酸铜溶液按 0.5 克/升浓度饮水有一定疗效，但要慎重，饮用过量会引起中毒。

第十章　鹅场的环境保护与废弃物利用

第一节　鹅场环境保护的内容和原则

一、鹅场环境保护的内容

工业生产产生的废水、废气、废渣和农业用化肥、农药等都可对鹅场环境造成危害。同时，养鹅的生产过程产生的恶臭气体，粪尿、污水等废弃物又会影响其自身和周围环境。所以鹅场环境保护应包括两方面的内容：

① 防止鹅场产生的废水、废气和粪便对周围环境产生污染。

② 避免周围环境污染物对养鹅生产造成危害，以保证鹅的健康。

《畜禽规模养殖污染防治条例》与国家标准《畜禽养殖业污染物排放标准》(GB 18596－2001)是鹅场环境保护的重要依据。

《畜禽规模养殖污染防治条例》(2014 年 1 月 1 日起施行)规定：畜禽养殖场、养殖小区应当根据养殖规模和污染防治需要，建设相应的畜禽粪便、污水与雨水分流设施，畜禽粪便、污水的贮存设施，粪污厌氧消化和堆沤、有机肥加工、制取沼气、沼渣沼液分离和输送、污水处理、畜禽尸体处理等综合利用和无害化处理设施。已经委托他人对畜禽养殖废弃物代为综合利用和无害化处理的，可以不自行建设综合利用和无害化处理设施。

二、鹅场废弃物的处理利用原则

鹅场的废弃物指鹅场外排的鹅粪尿、鹅舍垫料、废饲料及落的羽毛等固体废物和鹅舍冲洗废水等。鹅场产生的废弃物，有大量的有机物质，如果不妥善处理会引起环境污染，危害人类的健康。同时粪尿和污水中含有大量的营养物质，是农业可持续发展的生物质资源，是可再生利用的宝贵资源(肥源和能源)，它有农作物土壤需要的丰富的营养成分，是联结养殖业和种植业的纽带，使生态链中物质形成循环利用。如何充分合理地利用禽粪便中的有机质和氮、磷、钾成分，又消除粪便污染，是解决粪便污染的重要内容。

鹅场废弃物的处理利用应按照《畜禽规模养殖污染防治条例》执行。条例规定：

国家鼓励和支持采取粪肥还田、制取沼气、制造有机肥等方法，对畜禽养殖废弃物进行综合利用。

国家鼓励和支持采取种植和养殖相结合的方式消纳利用畜禽养殖废弃物，促进畜禽粪便、污水等废弃物就地、就近利用。

国家鼓励和支持沼气制取、有机肥生产等废弃物综合利用以及沼渣沼液输送和施用、沼气发电等相关配套设施建设。

将粪便、污水、沼渣、沼液等用作肥料的，应当与土地的消纳能力相适应，并采取有效措施，消除可能引起传染病的微生物，防止污染环境和传播疫病。

从事畜禽养殖活动和畜禽养殖废弃物处理活动，应当及时对畜禽粪便、畜禽尸体、污水等进行收集、贮存、清运，防止恶臭和畜禽养殖废弃物渗出、泄漏。

向大气中排放经处理的畜禽废弃物，应当符合国家和地方制定的污染物排放标准和总量控制指标。向大气排放经过处理的畜禽养殖废弃物，畜禽养殖废弃物未经处理，不得直接向大气排放。

第二节　鹅粪资源化利用技术

一、鹅粪的性质

鹅粪是指由泄殖腔排出的粪尿。粪由饲料中未被消化吸收的营养物质及其代谢物，体内代谢产物、消化系统黏膜脱落物、分泌物、微生物及其代谢物组成；尿由水、尿酸盐、尿素等组成，排出后又混有饲料、羽毛、灰尘、垫料等。新鲜的鹅粪的养分平均含量为：水分 77.1%、有机物 23.4%、氮 0.55%、磷（五氧化二磷）0.50%、钾（氧化钾）0.95%。鹅粪中的氮素以尿酸态为主，不能被作物直接吸收，而且对根系的正常生长有害，因此需经腐熟后方可使用。

二、鹅粪的利用

1. 放牧鹅粪尿和洗浴池鹅粪尿的利用

由于放牧面积大，洗浴池的过水量大，单位面积或水体上的鹅粪尿不是很大。自然排入的鹅粪尿绝大部分被微生物、浮游植物利用，后再作肥料或浮游动物的饲料。

2. 鹅粪喂鱼

鹅鱼混养、鹅粪喂鱼是利用生物链进行生态养殖的模式，也是鹅粪再利用中最简便有效的出路之一。如每只中型鹅在填饲期间消耗玉米15～20kg,所排泄的鹅粪烘干后达6kg左右。如果能将鹅粪充分利用,每只鹅的粪可产1.7～2.6kg鱼。

罗非鱼、鲢鱼等利用鹅粪的能力很强,可以充分有效地利用鱼塘中的鹅粪。水中的各种微生物能够大量利用鹅粪,这些微生物以及水中的浮游植物均可被浮游动物食用,使水体中的浮游动物量增加,浮游动物又成为鱼的优质食物。鹅粪进入鱼塘后,丰富的养分被水中的水生植物吸收利用,这些植物迅速生长茂盛后,可被鱼食用。但鹅粪进入水体后鹅粪中的有机物质会使水中的氧含量降低,必须控制好鹅粪的使用量,同时在鱼池中配备增氧泵增氧。

3. 用作饲料

通过青贮作为牛、羊的饲料。把新鲜的鹅粪与麦麸、青饲料或秸秆相混合,使总含水率在40%左右,装入密封的塑料袋或青贮窖,经一个月至数月发酵后,可以用来喂牛、羊。

4. 用作肥料

(1)好氧(腐熟)堆肥的概念

把粪便与其他有机物如秸秆、杂草及垃圾混合、堆积,在人工控制下,在一定的温度、湿度、碳氮比和通风条件下,利用自然界广泛分布的细菌、放线菌、真菌等微生物的发酵作用,把家畜粪便及垫草中的各种有机物转化为植物能够吸收的无机物和腐殖质,转化的过程就是腐熟堆肥。高温堆肥的基本条件是通风供氧、控制水分和碳氮比,一般是在鲜粪(含水率70%以上)中加入干燥含碳高的调理剂(秸秆、草炭、锯末、稻壳等),调整水分,调节碳氨比,提高物料的空隙率,有利于通风供氧。

堆肥过程中产生的高温(达50℃～70℃),能杀灭病原微生物及寄生虫卵(表10-1),达到无害化处理的目的,从而获得优质肥料。腐熟后的肥料可用作基肥和追肥。腐熟堆肥具有温度高、基质分解比较彻底、堆制周期短、异味小、可以大规模采用机械处理等优点。

表10-1　常见的病原致死温度和时间

病原物	温度/℃	时间/min
沙门伤寒菌	55～60	30
沙门菌	55	60
志贺杆菌	55	60
内阿米巴组织的孢子	45	很短
绦虫	55	很短

（续表）

病原物	温度/℃	时间/min
螺旋状的毛线虫幼虫	55	很短
微球菌属化脓菌	50	10
链球菌属化脓菌	54	10
结核分枝杆菌	66	15～20
蛔虫卵	50	60
埃希杆菌属大肠杆菌	55	60

(2)好氧堆肥原理

好氧堆肥是在有氧条件下，利用好氧微生物的作用来进行的。在堆肥过程中，畜禽粪便中的可溶性物质通过微生物的细胞膜被微生物直接吸收：而不溶的胶体有机物质，先被吸附在微生物体外，依靠微生物分泌的胞外酶分解为可溶性物质，再渗入细胞，堆肥发酵分为如下三个阶段。

① 温度上升期。一般 3～5 天。需氧微生物大量繁殖，使简单的有机物分解，放出热量，使堆肥增温。

② 高温持续期。温度达 50℃以上后，便维持在一定的范围内。此时，复杂的有机物（如纤维素、蛋白质等），在大量嗜热菌作用下，开始形成稳定的腐殖质，使病原菌、其他嗜中温的微生物和蠕虫卵死亡。温度持续 1～2 周，可杀死绝大部分病原菌、寄生虫卵和害虫。

③ 温度下降期。随着有机物被分解，放出热量减少，温度开始下降到 50℃以下，嗜热菌逐渐减少，堆肥的体积减小，堆内形成厌氧环境，厌氧微生物的繁殖，使有机物转变成腐殖质。

(3)影响堆肥的因素

影响堆肥的因素有碳氮比、含水率、温度、通风供氧、pH 值和接种剂等。由于好氧发酵的最佳工艺参数为含水率 45%～60%，环境温度 15℃以上；碳氮比 25∶1～35∶1，因此无论采用哪种堆肥方法，都必须掌握适宜的控制方法。影响堆肥的因素和堆肥控制方法，见表 10－2 所列。

表 10－2　堆肥的控制因素及方法

控制因素	适宜的数值	控制方法
碳氮比	25∶1～35∶1	通过补加含碳量高的物料（如秸秆等）来调整碳氮比
含水率	50%～60%	畜禽粪便的含水率一般在 75%～80%之间，可采用秸秆来调节

（续表）

控制因素	适宜的数值	控制方法
温度	堆肥初期，堆体温度一般与环境温度相一致，经过中温菌1～2天的作用，堆肥温度能达到高温菌的理想温度50℃～65℃，在这样的高温下，一般堆肥只要5～6天即可达到无害化要求。温度降低将大大延长堆肥达到腐熟的时间。温度高于70℃也能抑制微生物的活动	在气候寒冷的地区，为了保证发酵过程正常进行，需采用加温保温措施。目前比较经济可行的办法是利用太阳能对物料加温与保温，可利用温室大棚的原理设计发酵设施。发酵设施应采用透光性能好、结实耐用的PVC或玻璃钢等屋面与墙体材料。发酵设施冬天应封闭良好，具有良好的保温性能；同时应通风方便，以提供发酵所需要的充足氧气
通风供氧	堆肥过程中合适的氧浓度为18%，低于18%，好养堆肥中微生物生命活动受限，容易使堆肥进入厌氧状态而产生恶臭	翻堆可改善堆内通气条件，散发废气，促进高温有益微生物的繁殖，使堆温达到60℃～70℃，加速发酵物料的转化，从而达到混合均匀、受热一致、腐熟一致。可采用人工翻堆，也可采用装载机、深槽好氧翻堆机等机械来翻动物料，调控堆肥温度，并补充发酵所需氧气。发酵过程中，每天翻动1～2次
pH值	一般微生物最适宜的pH值是中性或弱碱性，pH值太高或太低都会使堆肥处理遇到困难	一般情况下粪便的pH值能满足发酵的要求
接种剂	加快发酵速度	向堆料中加入接种剂（微生物菌剂）可以加快堆腐物料的发酵速度。向堆肥中加入分解较好的厩肥或加入占原始物料10%～20%的腐熟堆肥，能加快发酵速度

（4）堆肥质量的评价

堆肥粪便经腐熟处理后，其无害化程度通常用肥料质量和卫生指标两项指标来评定。

肥料质量。堆肥温度下降并趋于环境温度；基本无臭味；外观呈褐色，团粒结构疏松，堆内物料带有白色菌丝。如测定其中总氯、磷和钾的含量，肥效好的，速效氮有所增加，总氮和磷、钾不应过多减少。

卫生指标。首先是观察苍蝇滋生情况，如成蝇的密度、蝇蛆死亡率和蝇蛹羽化率。其次是大肠杆菌值及蛔虫卵死亡率，此外还需定期检查堆肥的温度（表10－3）。

表 10-3　高温堆肥法卫生评价标准

项目	卫生标准
堆肥湿度	最高堆温达 50℃～55℃以上持续 5～7 天
蛔虫卵死亡率	95%～100%
大肠菌值	10^{-2}～10^{-1}
苍蝇	有效地控制苍蝇滋生

(5)堆肥方法

传统的自然堆腐,将家畜粪便及垫料等清除至堆肥场上,堆成条垛或条堆,定期翻堆、倒垛,以通风供氧,控制堆温不致过高,如在平地铺秸秆、将玉米秸捆或带小孔的竹竿,在堆肥过程中插入粪堆,给堆内提供氧气,可提高腐熟效率和肥料质量。

堆肥场地的大小应根据粪便的多少来确定,露天堆放场或带盖堆放场应根据堆放高度确定堆放场的实际面积。场内应建收集堆肥渗滤液和雨水的排水系统和贮存池。堆肥场地必须考虑防渗漏措施,严禁对地下水造成污染。还应配置防日晒雨淋设施。

① 在水泥地或铺有塑料膜的地上将鹅粪堆成长条状,高不超过 1.5～2m,宽度控制在 1.5～3m,长度视场地大小和粪便多少而定。鹅粪中最好掺入少量马粪或牛粪或羊粪,无垫草的鹅粪则要加入杂草。

② 先较为疏松地堆一层,待堆温达 60℃～70℃,保持 3～5 天,或待堆温自然稍降后,将粪堆压实,在上面再疏松地堆加新鲜鹅粪层,如此层层堆积至 1.5～2m为止,用泥浆或塑料薄膜密封。为了可在肥堆中竖插或横插若干通气管,以使肥堆中有足够的氧。

③ 粪和垫草的含水率以 60%左右为好。

④ 密封后一般热季 1～2 个月,冷季 2～6 个月后即腐熟为堆肥。

现代堆肥,原理与自然堆腐相同,只是采用设施和设备,更好地提供了堆肥所需多种多样的条件,使腐熟更快、效果更好。堆肥设施和有槽式发酵机、发酵塔、发酵滚筒等。

处理后的鹅粪是一种优质肥料和土壤调节剂。制成的肥料,不但松软、易拌,而且无臭味,不含任何病原体,特别适于盆栽花卉和无土栽培。在大田中施用,可以提高植物有机物含量的水平,改善土壤的结构。

5. 粪便的生物能利用——生产沼气

鹅粪通过厌氧发酵等处理后产生沼气(主要是甲烷气体),沼气是一种可再生的燃料,可以为生产或生活提供清洁能源,甲烷燃烧产生的热能还可进行发电。将鹅粪和草或秸秆按一定比例混合进行发酵,或与其他家畜的粪便(如猪粪)混合发酵产生沼气。在沼气的生产过程中，可以消除粪臭、杀灭有害微生物、阻断寄生虫的生长周期，实现畜禽废物的无害化。沼液和沼渣中含有丰富的氮、磷、钾以及各种微量元素，还含有多种生物活性物质，是优质的有机肥料和土壤改良剂，沼渣还可用作饲料饲喂家畜以及养殖水生生物和蚯蚓等。以大型鹅场产生的高浓度有机废水和有机含量高的废弃物为原料，建立沼气发酵工程，得到清洁能源，发酵残留物可多级利用，可大大改善生态环境，是未来的发展趋势。

(1)沼气的性质

沼气是一种无色，略带臭味的混合气体，可以与氧气混合进行燃烧，并产生大量热能，每立方米沼气的发热量为 20～27MJ。沼气的主要成分是一种简单的碳氢化合物，其中甲烷(CH_4)占总体积的 60%～75%，二氧化碳占 25%～40%，还含有少量的氧气、氢气、一氧化碳、硫化氢等气体。1 份甲烷与 2 份氧气混合燃烧，可产生大量热能，甲烷燃烧时最高温度可达 1400℃。空气中甲烷含量达 25%～30%时，对人、畜有一定麻醉作用。如在理想状态下，10kg 的干燥有机物能产生 $3m^3$ 的气体，这些气体能提供 3h 的饮煮、3h 照明。

(2)沼气产生的过程

甲烷的生产是一个复杂的过程，有若干种厌氧菌混合参与该反应过程。在发酵的初期，粪尿等含有的丰富有机物可被沼气池中的好气性微生物分解，在氧气不足的环境中，厌气性菌开始活动。其过程大体上分为两个阶段：第一阶段为成酸阶段，由成酸细菌将脂肪、多糖，蛋白质等类化合物分解为短链脂肪酸(己酸、乳酸、丙酸)、氨气和二氧化碳；第二阶段是沼气和二氧化碳的生成过程。大约有 60%的碳素转为沼气，从水中冒出，积累到一定程度后产生压力，通过管道即可使用。

(3)粪便产生沼气的条件

① 无氧环境。可以建造四壁不透气的沼气池，上面加盖密封。

② 充足的有机物。需要有充足的有机物，以保证沼气菌等各种微生物正常生长和大量繁殖，一般认为每立方米发酵池容积每天加入 1.6～4.8kg 固形物为宜。

③ 适当的碳氮比。在发酵原料中，有机物碳氮比一般以 25∶1 时产气系数较高，在进料时须注意适当搭配、综合进料。

④ 适宜的温度。沼气菌的活动温度以 35℃最活跃，此时产气快且多，发酵期约为 1 个月，如池温在 15℃时，则产生沼气少，发酵期约为 1 年，沼气菌生存温度范围为 8℃～70℃。

⑤ 适宜的 pH 值。沼气池保持在 pH 值为 6.4～7.2 时产气量最高，酸碱度可用 pH 值试纸测试。一般情况下发酵液可能过酸，可用石灰水或草木灰中和。

由以上产生沼气的条件可以看出，大规模甲烷生产要对发酵过程中的温度、pH 值、湿度、振荡、发酵原料的输入及输出和平行等参数进行严格控制和需要较高深的生物技术，才能获得最大的甲烷生产量。

(4)注意事项

发酵连续时间一般为 10～20 天，然后清除废料。在发酵时粪便应进行稀释，稀释不足会增加有害气体(如氨气等)或积聚有机酸而抑制发酵，过稀耗水量增加并增大发酵池容积。通常发酵池干物质与水的比例以 1∶10 为宜。在发酵过程中，对发酵液进行搅拌，能大大促进发酵过程，增加能量回收率和缩短发酵时间，搅拌可连续或间歇进行。

(5)沼气发酵残渣的综合利用

畜禽粪经沼气发酵，其残渣中约 95％的寄生虫卵被杀死，钩端螺旋体、大肠杆菌全部或大部分被杀死。同时残渣中还保留了大部分养分。沼气发酵残渣作反刍家畜饲料效果良好，也可直接作鱼的饵料，同时还可促进水中浮游生物的繁殖，增加鱼饵，使淡水养鱼增产 25％～50％。发酵残渣还可作蚯蚓的饲料。禽粪发酵分解后，约 60％的碳素转变为沼气，而氮素损失很少，且转化为速效养分，肥效高。

(6)沼气利用的意义

目前，沼气的生产已发展为废弃物处理和生物质能多层次综合利用的产业，通过与养殖业、种植业广泛结合，对实现生态农业有重要作用。沼气的主要作用如下：

① 节能增效。家庭煮饭、点灯、洗澡，经济发达地区目前正在发展沼气发电工程技术。

② 农业增收。如沼液沼渣是优质有机肥，可作农作物的基肥和追肥，沼液还可作根外追肥，生产无公害农产品。沼渣种菇、沼液养鱼技术效果明显，不仅可以降低生产成本，还可以改善水果蔬菜等农副产品的品质，提高市场竞争力，增加农民的经济收入。沼气是连接养殖业和种植业的资源循环链条，是一种可再生循环利用、环境友好型的绿色能源，它与生产、生态紧密联系。将粪便沼气发酵从单纯的能源利用转入综合利用是解决环境污染，构建生态平衡，保持良性循环、可持续发展的农业生产体系的发展方向。

修建沼气池，将鹅粪便放入沼气池中，厌氧发酵产生沼气。沼气是清洁廉价的能源，沼渣、沼液是非常好的有机肥。

第三节　鹅场污水的处理技术

鹅场的污水主要是鹅舍冲洗废水和设备冲洗水，污水不能任其排放，一般须先经物理处理(机械处理)，再进行生物处理后排放或循环使用。物理处理是使用沉淀、分离等方法，将污水中的固形物分离出来，固形物能成堆放置，便于贮存，可作堆肥处理。液体中有机物含量较低时，可用于灌溉农田或排入鱼塘，有机物含量仍很高时，应再进行生物处理。生物处理是将污水输入氧化池、生物塘等，利用污水中微生物的作用，通过需氧或厌氧发酵来分解其中的有机物，使水质达到排放要求。

一、物理处理

物理处理法是通过物理作用，分离回收水中不溶解的悬浮状污染物质，达到固液分离的目的，主要包括重力沉淀、离心沉淀、过滤等方法。过滤、沉淀等固液分离技术的实现是通过采用相应的设备处理以达到浓缩、脱水目的。畜禽养殖业多采用筛滤、过滤和沉淀等固液分离技术进行污水的一级处理，常用的设备有沉淀池、固液分离机等。

1. 沉淀池

沉淀法利用污水中部分悬浮固体的密度大于水密度的原理，使其在重力作用下自然下沉，实现与污水分离的目的。沉淀法可将粪水中的大部分固形物除去，是一种净化污水的有效手段。

污水中的固形物一般只占1/6～1/5，将这些固形物分出后，一般能成堆，便于贮存，可作堆肥处理。施于农田，无难闻的气味，剩下的稀薄液体，水泵易于抽送，也可延长水泵的使用年限。

液体中的有机物含量下降，可用于灌溉农田或排入鱼塘。如粪水中有机物含量仍高，有条件时，可再进行生物处理，经沉淀后澄清的水减轻了生物降解的负担，便于下一步处理。沉淀一段时间后，在沉淀池的底部，会有一些直径小于10μm的较细小的固形颗粒沉降而成淤泥。这些淤泥无法过筛，可以用沥水柜再沥去一部分水。沥水柜底部的孔径为50mm的焊接金属网，上面铺以草捆，淤泥在此柜沥干需1～2周，剩下的固形物也可以堆起，便于贮存和运输。

沉淀池是畜禽污水处理中应用最广的设施之一，一般畜禽养殖场在固液分离机前会串联多个沉淀池，通过重力沉降和过滤作用对粪水进行固液分离。为减少成本，可由养殖场自行建设多级沉淀、隔渣设施，最大限度地去除污水中的固体物质，这种方式简单易行，设施维护简便。

2. 固液分离机

使用固液分离机将粪便固形物与液体分离，对分离机的要求是：粪水可直接流入进料口，筛孔不易堵塞，省电，管理简便，易于维修，能长期正常运转。

二、生物处理

1. 厌氧处理

畜禽场污水生物降解性强，因此可以采用厌氧技术（设施）对污水进行厌氧发酵，不仅可以将污水中的不溶性大分子有机物变为可溶性的小分子有机物，为后续处理技术提供重要的前提；而且在厌氧处理过程中，微生物所需营养成分减少，可杀死寄生虫及杀死或抑制各种病原菌；通过厌氧发酵，还可产生有用的沼气，开发生物能源。但厌氧发酵处理也存在缺点，由于规模化畜禽场排放出污水量大，在建造厌氧发酵池和配套设备时投资大；处理后污水中的氨、氮含量仍然很高，需要其他处理工艺；厌氧产生沼气并利用其作为燃料、照明时，稳定性受气温变化的影响。

2. 有氧处理

有氧处理是利用污水中微生物的作用来分解其中的有机物，使水质达到排放要求。净化污水的微生物大多数是细菌，还有真菌、藻类、原生动物、多细胞动物如轮虫、线虫、甲壳虫等。高浓度的有机废水必须先进行酸化水解厌氧处理之后方可进行好氧或其他处理。

根据处理过程分，好氧生物处理方法有天然好氧生物处理法和人工好氧处理法。天然条件下好氧处理法一般不设人工曝气装置，主要利用自然生态系统的自净能力进行污水净化，如河流、水库、湖泊等天然水体和土地处理。人工条件下的好氧处理方法采取在向装有好氧微生物的容器或构筑物不断供给充足氧气的条件下，利用好氧微生物来净化污水。该方法主要有氧化塘法、活性污泥法、生物转盘和生物膜法等。

(1)氧化塘

氧化塘又叫稳定塘，指污水中的污染物在池塘处理过程中反应速率和去除效果达到稳定的水平。氧化塘可以是天然的或经过一定人工修整的有机污水处理池塘。稳定塘是粪液的一种简单易行的生物处理方法，可用于各种规模的畜牧场。稳定塘可以分为兼性塘、厌氧塘、好氧高效塘、曝气塘等。去污原理是污水或废水进入塘内后，在细菌、藻类等多种生物的作用下发生物质转化反应，如分解反应、硝化反应和光合反应等，达到降低有机污染成分的目的。稳定塘的深度从十几厘米至数米，水力停留时间一般不超过 2 个月，能较好地去除有机污染成分。通常是将数个稳定塘结合起来使用，作为污水的一、二级处理。

氧化塘处理污水、废水技术难度低、操作简便、维持运行费用少，可利用天然湖泊、池塘、机械设备的耗能少，有利于废水综合利用。但占地面积大，也受气温、光照等的影响，管理不当可滋生蚊蝇，散发臭味而污染环境。

在塘内播种水生高等植物，同样也能达到净化污水或废水的能力。这种塘称为水生植物塘。常用的水生植物有水葫芦、灯芯草等。

近年来，氧化塘技术在畜牧业废水处理中被广泛地应用，根据畜禽场污水氮高、磷高、溶解氧低的特点，可采用比前面三个环节占地更大的氧化塘，如水生植物塘、鱼塘。

浮水植物净化塘是目前研究的应用最广泛的水生植物净化系统，经常作为畜禽粪污水厌氧消化排出液的接纳塘，或是厌氧＋好氧处理出水的接纳塘，其中最常用的浮水植物是水葫芦，其次是水浮莲和水花生。鱼塘是畜禽场最常用的氧化塘处理系统，通常也是畜禽场污水处理工艺的最后一个环节，它不仅简单、经济、实用，而且有一定经济回报，在我国南方地区应用非常普遍。

(2)活性污泥法

由细菌、真菌、原生动物和其他微生物与吸附的有机物、无机物组成的絮凝体称活性污泥。其表面有一层黏质层，对污水中的悬浮态和胶态有机颗粒有强烈的吸附和絮凝作用。活性泥法是指在人工湿地上模仿自然生态系统中的湿地，经人为设计、建造的，在处理床上种有水生植物或蔓生植物用于处理污水的一种工艺。通过人工湿地的处理床，湿地植物以及微生物的相互作用，不仅可以去除污水中的相当大部分浮游物和部分有机物，而且对畜禽场污水中氮、磷、重金属、病原体的去除有良好效果，并具有运行维护方便等优点。

水中加入活性污泥，经均匀混合、曝气，使污水中的有机物质被活性污泥吸附和氧化。一般需建初级沉淀池、曝气池和二级沉淀池。可采用表面曝气沉淀池，把沉淀池的曝气区和沉淀区合建在一个建筑物内，设在曝气区表面的叶轮剧烈转动翻动水面时，使空气充入水中。该法设备简单、占地少、造价低、充氧率高，不需污泥回流设备。

第四节　鹅尸体的处理

在鹅生长过程中，由于各种原因使鹅死亡的情况时有发生。在正常情况下，鹅的死亡率每月为1%～2%。一个万只鹅场中，每日可捡出几只死鹅。如果鹅群暴发某种传染病，则死鹅数会成倍增加。这些死鹅若不加处理或处理不当，尸体能很快分解腐败，散发臭气。特别应该注意的是患传染病死亡的鹅，其病原微生物会污染大气、水源和土壤，造成疾病的传播与蔓延。因此，必须正确而及时地处理死鹅。鹅尸的处理方法主要有以下几种。

(一)高温处理法

此法是将鹅尸体放入特设的高温锅(5个标准大气压，150℃)内熬煮，达到彻底消毒的目的。鹅场也可用普通大锅，经100℃的高温熬煮处理。此法可保留一部分有价值的产品，使死鹅饲料化，但要注意熬煮的温度和时间必须达到消毒的要求。

(二)焚烧法

这是一种较完善的方法。因为不能利用产品，且成本高，故不常用。但对一些危害人、畜健康且因患烈性传染病死亡的鹅，仍有必要采用此法进行处理。焚烧时，先在地上挖一个“十”字形沟（沟长约 2.6m、宽 0.6m、深 0.5m），在沟的底部放置木柴和干草作引火用，于“十”字沟交叉处铺上横木，其上放置鹅尸，鹅尸四周用木柴围好，然后洒上煤（汽）油焚烧。经济发达国家对这类畜禽尸体常用专门的焚烧炉加以焚烧。

（三）土埋法

这是利用土壤的自净作用使死鹅无害化。此法虽然简单，但并不理想，因其无害化过程很缓慢，某些病原微生物能长期生存，条件掌握不好就会污染土壤和地下水，造成二次污染。因此，对土质的要求是不能选用沙质土（有些国家规定畜禽尸体不能直接埋入土壤）。采用土埋法，必须遵守卫生防疫要求，即尸坑应远离畜禽场、畜禽舍、居民点和水源，地势要高；掩埋深度不小于 2m；必要时尸坑内四周应用水泥板等不透水材料砌严；鹅尸四周应撒上生石灰等消毒药剂；尸坑四周最好设栅栏并做上标记。较大的尸坑盖板上还可预留几个孔道，套上 PVC 管，以便不断向坑内投放鹅尸。

（四）堆肥法

鹅尸因体积较小，可以与粪便的堆肥处理同时进行。这是一种需氧性堆肥法。死鹅与鹅粪进行混合堆肥处理时，一般按 1 份（重量）死鹅配 2 份鹅粪和 0.1 份秸秆的比例较为合适。这些成分要按一定规律分层码放。在发酵室的水泥地面上，先铺上 30cm 厚的鹅粪，然后加上一层厚约 20cm 厚的秸秆，然后再按死鹅、鹅粪、秸秆的规律逐层堆放，死鹅层还要加适量的水，最后要在顶部加上双层鹅粪。堆肥前，有时还要把鹅尸再分成小块，以便在堆制过程中更加彻底地得到分解。需要注意的是，对患传染病死亡的鹅尸一般不用此法处理，以保证防疫上的安全。

参考文献

著作

[1] 杨宁．家禽生产学[M]．北京：中国农业出版社，2010.

[2] 白亚民，张杰．现代养鹅疫病防治手册[M]．北京：科学技术文献出版社，2011.

[3] 曹宵．鹅的养殖及加工[M]．南京：江苏科学技术出版社，1992.

[4] 曹宵．肉用仔鹅高产饲养新技术[M]．上海：上海科学技术出版社，1995.

[5] 陈伯伦，陈伟斌．鹅病诊断与策略防治[M]．北京：中国农业出版社，2004.

[6] 陈国宏，王克华，王金玉．中国禽类遗传资源（精）[M]．上海：上海科技出版社，2004.

[7] 陈国宏．养鹅配套技术手册[M]．北京：中国农业出版社，2012.

[8] 陈国宏．中国禽类遗传资源[M]．上海：上海科学技术出版社，2004.

[9] 陈国宏．中国养鹅学[M]．北京：中国农业出版社，2013.

[10] 陈耀王．鹅肥肝生产[M]．北京：科学技术文献出版社，2005.

[11] 陈耀王．实用养鹅技术[M]．北京：中国农业出版社，1990.

[12] 陈杖榴，曾振灵．兽医药理学（第四版）[M]．北京：中国农业出版社，2017.

[13] 陈杖榴．兽医药理学[M]．北京：中国农业出版社，2009.

[14] 程安春．养鹅与鹅病防治[M]．北京：中国农业大学出版社，2004.

[15] 段修军．养鹅日程管理及应急技巧[M]．北京：中国农业出版社，2014.

[16] 高本刚，黄仁术，李耀亭．养鹅高产技术与鹅产品加工[M]．北京：中国林业出版社，2006.

[17] 龚道清．工厂化养鹅新技术[M]．北京：中国农业出版社，2004.

[18] 郭晓红，刘青．鸡鸭鹅饲料的配制[M]．北京：中国社会出版

社,2005.

[19] 何大乾．鹅高效生产技术手册(第2版)(精)[M]．上海:上海科技出版社,2009.

[20] 何家惠,陈桂银．鸭鹅生产关键技术[M]．南京:江苏科学技术出版社,2006.

[21] 黄艳群,韩瑞丽．鸭鹅标准化生产[M]．郑州:河南科学技术出版社,2012.

[22] 黄运茂,施振旦．高效养鹅技术[M]．广州:广东科技出版社,2010.

[23] 姜顺权．鹅现代高效规模养殖技术[M]．南京:江苏科学技术出版社,2011.

[24] 李景泉．养鹅实用技术400问[M]．长春:吉林科学技术出版社,2001.

[25] 李玉保．鸭鹅标准化饲养新技术[M]．北京:中国农业出版社,2005.

[26] 凌明亮．种草养鹅实用手册[M]．北京:科学技术文献出版社,2005.

[27] 刘春喜．高效益养鹅技术精要[M]．北京:中国农业科学技术出版社,2000.

[28] 刘立文,吴占福．规模化生态养鹅技术[M]．北京:中国农业大学出版社,2013.

[29] 刘长忠,冯长松．鹅饲料配方手册[M]．北京:化学工业出版社,2015.

[30] 彭祥伟,梁青春．新编鸭鹅饲料配方600例[M]．北京:化学工业出版社,2009.

[31] 乔海云,张鹤平．生态高效养鹅实用技术[M]．北京:化学工业出版社,2014.

[32] 田允波,黄运茂,许丹宁．鹅反季节饲养繁殖技术[M]．广州:中山大学出版社,2010.

[33] 王金玉,陈国宏．数量遗传与动物育种[M]．南京:东南大学出版社,2004.

[34] 王恬．鹅饲料配制及饲料配方(第2版)[M]．北京:中国农业出版社,2006.

[35] 王恬．鹅饲料配制及饲料配方[M]．北京:中国农业出版社,2002.

[36] 王恬．鸭鹅饲料调制加工与配方集萃(饮料配方集萃科普系列丛书)[M]．北京:农业科学技术出版社,2014.

[37] 吴开宪,郭予强．肉鸡肉鸭肉鹅快速饲养法[M]．北京:金盾出版社,1989.

[38] 吴素琴．养鹅生产指南[M]．北京:中国农业出版社,1992.

[39] 吴伟．高效养鹅新技术[M]．长春:吉林科学技术出版社,2000.

[40] 夏树立．实用养鹅技术[M]．天津:天津科技翻译出版公司,2010.

[41] 肖冠华．养鹅高手谈经验[M]．北京:化学工业出版社,2015.

[42] 邢军．怎样办好家庭养鹅场[M]．北京:科学技术文献出版社,2008.

[43] 熊家军,唐晓惠,梁爱心．高效养鹅关键技术[M]．北京:化学工业出版社,2011.

[44] 尹兆正．简明养鹅手册[M]．北京:中国农业大学出版社,2002.

[45] 袁日进,王勇．鹅高效饲养与疫病监控[M]．北京:中国农业大学出版社,2011.

[46] 袁维峰．鸭鹅常见病特征与防控知识集要[M]．北京:中国农业科学技术出版社,2016.

[47] 张海彬．绿色养鹅新技术[M]．北京:中国农业出版社,2007.

[48] 张喜春．鹅[M]．北京:经济管理出版社,1998.

[49] 张泽黎,郭健颐,张让钧．鸡鸭鹅病防治:第 3 版[M]．北京:金盾出版社,1990.

[50] 周新民,戴亚斌．常见鹅病防治 300 问[M]．北京:中国农业出版社,2008.

[51] 朱淑玲．高效养鹅及鹅病防治[M]．北京:金盾出版社,2013.

[52] 郑光美,鸟类学[M]．北京:北京师范大学出版社,1996.

其他

[1] 艾云航．加强农业综合开发增强农业发展后劲[J]．资源科学,1994,17(6):12－15.

[2] 白海臣．皖西白鹅毛囊发育规律及羽绒再生调节关键基因分析[D]．合肥:安徽农业大学,2012.

[3] 宝维．鹅肥肝生产与质量调控关键技术研究[C]．第六届中国水禽发展大会,2015.

[4] 曹淑华．安徽省特色农产品资源及其产业化发展思考[J]．中国农业资源与区划,2003,24(5):12－14.

[5] 陈斌．皖西白鹅强制换羽(拔毛)技术要点[J]．猪业观察,2008(15):20.

[6] 陈黎洪,肖朝耿．鹅肥肝生产技术[J]．中国家禽,2003,25(22):51－52.

[7] 陈双梅,杜先锋．皖西白鹅腌制优化工艺设计及对鹅肉品质影响[J]．

广东农业科学,2013,40(11):84-87.

[8] 陈兴勇,白海臣,周丽,等. 皖西白鹅坯胎期毛囊发育组织学特性研究[C]//中国畜牧兽医学会家禽学分会第九次代表会议暨第十六次全国家禽学术讨论会论文集,2013.

[9] 陈耀王,刘峰. 中国鹅肥肝产业需要"填肥"——中国鹅肥肝产业的现状和对策[J]. 中国禽业导刊,2007(9):2-4.

[10] 陈泽. 生鹅皮的制取[J]. 农业工程技术:温室园艺,1992,(2):24.

[11] 陈增乐. 鹅鸭活拔毛绒后的饲养管理[J]. 养殖技术顾问,2002(3):11.

[12] 杜青林. 推进农业信息化构建和谐社会[J]. 信息化建设,2005(12):1.

[13] 方勃. 皖西白鹅种鹅选择及产蛋期饲养管理技术[J]. 安徽农学通报,2009,15(3):155-156.

[14] 方弟安. 皖西白鹅就巢的内分泌机制及其调控的研究[D]. 合肥:安徽农业大学,2005.

[15] 方富贵,丁淑荃,李福宝,等. 产蛋期皖西白鹅生殖系统的形态学观察[J]. 中国家禽,2006,28(16):15-18.

[16] 方富贵,吴金节,李福宝,等. 皖西白鹅消化管的组织学结构[J]. 安徽农业大学学报,2005,32(3):306-308.

[17] 盖凌云,陶飞. 农业信息化研究分析[J]. 农业网络信息,2007,2007(2):42.

[18] 高纪文. 以人为本管理之我见[J]. 中南林业科技大学学报(社会科学版),2004,15(3):37-38.

[19] 高志光. 鹅皮鞣制技术[J]. 特种经济动植物,1999,2(5):37.

[20] 葛凯,卢玫,左瑞华,等. 皖西白鹅球虫种类及感染情况调查[J]. 动物医学进展,2008,29(11):8-11.

[21] 耿照玉,汤洋,吴兵. 安徽省皖西白鹅的生产现状与发展对策[J]. 安徽畜牧兽医,2004(6):3-4.

[22] 耿照玉. 养鹅业发展路径的思考[J]. 中国禽业导刊,2017(19):19-20.

[23] 郭凤莲. 为农民专业合作经济组织立法——圆了我们农民多年的心愿[J]. 中国人大,2006(14):41.

[24] 韩文宝. 我国鹅养殖业的现状及未来发展方向[J]. 家禽科学,2017(8):42-44.

[25] 韩占兵,黄炎坤,苏忱. 初生雏鹅雌雄鉴别法[J]. 郑州牧业工程高等

专科学校学报,2004,24(3):192.

[26] 郝大丽,朱开育,孙长鸿. 皖西白鹅最佳首次拔羽日龄与多次拔羽间隔时间的探索[J]. 中国家禽,2009,31(19):56.

[27] 何鲁丽. 促进农民专业合作经济组织发展[J]. 江苏农村经济,2005(8):7-8.

[28] 何世宝. 皖西白鹅生产现状及产业化发展策略[D]. 合肥:安徽农业大学,2008.

[29] 侯培耀. 加强农业综合开发 推进农业现代化进程[J]. 农场经济管理,2001(1):11-12.

[30] 黄玉琳. 雏鹅的雌雄鉴别方法[J]. 安徽农业科学,1998(10):31.

[31] 黄蓁. 加快农业信息化建设的思考[J]. 计算机与农业,2001(11):1-3.

[32] 姜长云. 农业综合开发的实践经验[J]. 经济研究参考,2001(40):30-35.

[33] 金光明,关正祖. 皖西白鹅淋巴器官的解剖观察[J]. 中国兽医学报,1998(3):307-308.

[34] 金光明,关正祖. 皖西白鹅内分泌器官的形态学研究[J]. 安徽科技学院学报,1993(1):71-73.

[35] 金光明,关正祖. 皖西白鹅消化系统的解剖学研究:Ⅱ消化腺的形态特征[J]. 安徽科技学院学报,1996,10(2):7-9.

[36] 金光明,王珏,王永荣,等. 皖西白鹅公鹅生殖器官的解剖观察[J]. 安徽科技学院学报,2000(1):25-28.

[37] 金光明,王珏,王永荣,等. 皖西白鹅泌尿器官的解剖观察[J]. 安徽科技学院学报,1998(1):23-26.

[38] 金光明,王珏,玉永荣,等. 皖西白鹅消化系统的解剖学研究(Ⅰ消化管的形态特征)[J]. 安徽科技学院学报,1994,8(1):54-56.

[39] 金光明,王珏,朱茂英,等. 皖西白鹅母鹅生殖器官的解剖观察[J]. 畜牧兽医学报,1995,26(1):93-96.

[40] 金光明,王珏,朱茂英,等. 皖西白鹅内脏器官正常值的测定[J]. 安徽科技学院学报,1993(3):80-83.

[41] 金光明,王珏,王永荣,等. 皖西白鹅骨骼的形态结构特征[J]. 安徽科技学院学报,1999,(1):1-5.

[42] 琚兆成. 对农业产业化的思考[J]. 农村经济与科技,2000(12):8.

[43] 李芳,高峰. 发展农业产业化是新农村建设的重要举措[J]. 现代农业科技,2006(17):202-203.

[44] 李建鑫．鹅绒裘皮的开发利用[J]．中国乳业,1997(5):23.

[45] 李景林．雏鹅性别简易鉴别法[J]．中学生物教学,1996(2):32.

[46] 李培英,傅豫华．皖西白鹅球虫种类的调查[J]．上海畜牧兽医通讯,1994(1):36－37.

[47] 李升和,王珏,王永荣,等．皖西白鹅呼吸器官的解剖观察[J]．安徽科技学院学报,2002,16(3):27－28.

[48] 李文海．慎重发展鹅肥肝生产[J]．今日畜牧兽医,2001(3):13.

[49] 李新光．江苏省建成微波新干线[J]．广播与电视技术,1987(6):74.

[50] 梁丽霞．鹅肥肝生产技术[J]．四川畜牧兽医,2011,38(5):43－44.

[51] 梁棋,辜新贵．新型氯烟熏剂与福尔马林对种蛋的消毒效果比对试验[J]．广东畜牧兽医科技,2011,36(1):35－38.

[52] 林国梁,肖森华．种蛋消毒新方法——臭氧消毒法[J]．福建农业科技,1998,(S1):19.

[53] 刘建国,南储宏,陈书亮,等．皖西白鹅品种提纯的研究[J]．中国家禽,1999(2):10－11.

[54] 刘胜军,周瑞进,季华,等．利用计算机辅助精液质量分析方法分析鹅精子运动参数[J]．中国家禽,2017,39(3):66－67.

[55] 刘旭光,孙冬冬,耿照玉．成年皖西白鹅传统短期育肥方式育肥效果测定[J]．中国草食动物科学,2005,25(1):24－25.

[56] 龙家豪．鹅肥肝生产技术[J]．中小企业管理与科技(上旬刊),2005(7):45.

[57] 陆天水,陈杰,张绍崇,等．控制皖西白鹅赖抱提高产蛋率的试验[J]．畜牧与兽医,1992(3):111.

[58] 吕绪满．皖西白鹅种鹅活拔羽绒技术[J]．现代农业科技,2009(21):269－270.

[59] 马琼．试谈新农村建设与宁夏农业综合开发[J]．宁夏农林科技,2006(5):44－45.

[60] 潘琦,陈伟．皖西白鹅生态习性和行为的研究[J]．家畜生态学报,1994(4):26－28.

[61] 潘琦,周建强．不同相对湿度对皖西白鹅孵化率的影响[J]．畜牧与兽医,2004,36(9):23－24.

[62] 彭克森,张学道．皖西白鹅的保护与综合开发[C]//首届中国水禽发展大会会刊,2005.

[63] 秦四海．提高鹅肥肝生产水平的技术要求[J]．中国畜牧兽医,2003,30(3):28－29.

[64] 秦兴俊．试论农业产业化经营[J]．山西财经大学学报，1999(1)：10-12.

[65] 饶兴兵，徐加波，李艳中，等．鹅副黏病毒病的诊断与综合防控[J]．畜牧与饲料科学，2010，31(9)：175-178.

[66] 山西省政府办公厅发出关于进一步鼓励和支持农民专业合作经济组织发展的若干意见[J]．山西农业：市场信息版，2006(4)：4-5.

[67] 史若星，姚婕．我国鹅肥肝的生产现状、存在的问题及对策[J]．猪业观察，2005(6)：9-10.

[68] 宋伟．农民专业合作经济组织将有法可依 财政应予扶持[J]．农村实用技术，2006(9)：22.

[69] 苏德伟，宋飞飞，罗海凌，等．优质高产皖西白鹅饲养管理关键技术[J]．中国家禽，2012，34(17)：54-55.

[70] 苏世广，张朝霞，许月英，等．皖西白鹅不同饲养方式采食量及生长速度测定[J]．安徽农业科学，2001，29(3)：398.

[71] 孙志强．政府出台新政策推进农业信息化建设[J]．信息技术与信息化，2006(2)：8.

[72] 唐漪灵，卢玲，郁庆福，等．臭氧用于种蛋消毒的研究[J]．中国卫生检验杂志，1995(1)：16-17.

[73] 唐自华．农业信息化成为重中之重[J]．中国数据通信，2005(10)：7.

[74] 屠云洁，耿照玉，苏一军，等．急性冷应激对皖西白鹅某些神经内分泌活动的影响[J]．江西农业学报，2009，21(9)：150-152.

[75] 屠云洁，耿照玉，苏一军，等．冷应激对皖西白鹅血相常规指标变化的影响[J]．家畜生态学报，2009，30(6)：66-68.

[76] 屠云洁，安徽地方鹅种遗传多样性和羽绒性状的研究[D]．合肥：安徽农业大学，2003.

[77] 王成忠，宁维颖，盛玉凤．鹅肥肝的生产技术[J]．黑龙江畜牧兽医，2005(5)：86-88.

[78] 王成忠．鹅肥肝生产技术[J]．中国农村科技，2006(6)：25-26.

[79] 王春燕，张伟．安徽皖西白鹅产业发展现状与存在问题及对策建议[J]．当代畜牧，2017(6)：86-89.

[80] 王建国．大力推进农业综合开发，积极支持新农村建设[J]．当代农村财经，2007(1)：26-28.

[81] 王珏，金光明，朱茂英，等．皖西白鹅羽区皮肤组织结构的研究及其绒被分析[J]．畜牧与兽医，1995(4)：159-160.

[82] 王珏，金光明．皖西白鹅消化管内淋巴组织分布特点的研究[J]．安

徽科技学院学报,2000(1):29－31.

[83] 王珏,王政富. 不同日龄皖西白鹅淋巴组织结构观察[J]. 中国兽医科学,1996(1):47－48.

[84] 王俊帮,余贵成,王延林,等. 提高皖西白鹅公鹅养殖效益的关键技术研究[J]. 安徽农业科学,2012(30):14734－14736.

[85] 王志耕,季学枫,吴广全,等. 皖西白鹅血液生化参数和肌肉组织形态的测定[J]. 畜牧与兽医,2001,33(6):10－12.

[86] 王志耕,吴广全,李绍全,等. 皖西白鹅的屠宰性能与肉品物性参数[J]. 中国家禽,2001,23(3):16.

[87] 王志耕,吴广全. 皖西白鹅肉脂特性研究[J]. 畜牧兽医学报,2002,33(4):332－335.

[88] 肖智远,林敏. 鹅肥肝的生产技术[J]. 当代畜禽养殖业,2004(8):43－44.

[89] 谢珊珊. 羽绒再生候选基因 SNPs 及其与皖西白鹅羽绒性状的关联分析[D]. 合肥:安徽农业大学,2013.

[90] 新华社. 我国立法支持农民专业合作经济组织[J]. 现代农业科学,2006(8):6.

[91] 徐前明,彭克森,张学道,等. 朗德鹅与皖西白鹅肌肉品质比较研究[J]. 安徽农业科学,2007,35(21):6445－6446.

[92] 许行贯. 农业产业化是实现两个根本转变的必由之路——对有中国特色的农业产业化的一些思考[J]. 中国农村经济,1997(7):9－16.

[93] 杨崇岭,赵耀明,天然纺织材料—羽毛纤维的形态结构. 纺织导报,2005.3:56－59.

[94] 杨广德,傅启宏,张胜山. 优良鹅新品种——洪泽湖鹅[J]. 中国农业信息,2005(10):30.

[95] 杨涛,耿照玉,姜润深,等. 温度对皖西白鹅种蛋孵化率的影响[J]. 家禽科学,2006(12):15－16.

[96] 尤明立,刘友荣. 财政部门支持农业产业化发展的对策与建议[J]. 农村经济与科技,2000(4):19.

[97] 余培英. 安徽水禽羽绒理化性状的研究[J]. 安徽农学院学报,1989(2):101－110.

[98] 袁绍有,胡厚如,杨道权. 皖西白鹅孵化技术要点[J]. 猪业观察,2009(5):25－26.

[99] 袁绍有,左瑞华,饶兴彬. 日粮能量水平对皖西白鹅种鹅产蛋量的影响[J]. 养殖与饲料,2007(5):50－51.

[100] 岳理，姜润深，耿照玉，等．皖西白鹅产蛋特性研究[J]．河北农业科学，2008，12(5)：81－82.

[101] 张宝良．鹅肥肝的生产技术[J]．江苏农业科学，1985.

[102] 张华建．新形势下农业结构调整的基本取向与对策[J]．安徽农学通报，1999(1)：10－13.

[103] 张丽霞，蒋书东，李福宝，等．皖西白鹅产蛋期卵巢的显微与超微结构[J]．安徽农业科学，2008，36(11)：4526－4527.

[104] 张是．规模养鹅的饲养管理技术[J]．新农村，2008(9)：38.

[105] 张秀芳．新阶段农业综合开发定位问题研究[J]．调研世界，2005(4)：14－16.

[106] 郑文凯．全面提高农业产业化工作水平[J]．农村经营管理，2005(6)：11－13.

[107] 衷隆．加快农业产业化重在“四新”[J]．中国禽业导刊，2005(11)：3－3.

[108] 周锦玉．吉林白鹅 IGF－Ⅰ基因的 SNP 与产绒性状的相关性研究[D]．吉林：吉林农业大学，2007.

[109] 周景明，刘国君，李辉．鹅肥肝生产技术[J]．中国禽业导刊，2007(12)：35－36.

[110] 周敏，潘健存，王士长．鹅肥肝的营养作用及其生产技术[J]．广西农学报，2004(5)：40－43.

[111] 左瑞华，薄全水，袁绍有，等．皖西白鹅常蛋鹅的选育[J]．中国草食动物科学，2008，28(6)：32－35.

[112] 左瑞华，胡孝东．对六安市皖西白鹅发展的思考[J]．黑龙江畜牧兽医，2004(6)：87－88.

[113] 左瑞华，黄仁术，闵长莉，等．皖西白鹅仔鹅日粮配合与饲喂技术的研究[J]．中国草食动物，2004，24(4)：25－26.

[114] 左瑞华，刘建国，闵长莉．杂交对皖西白鹅繁殖性能的影响[J]．畜禽业，2003(11)：16－17.

[115] 左瑞华，彭兴军，佘德勇，等．日粮蛋氨酸水平对皖西白鹅仔鹅生长的影响[J]．中国草食动物科学，2008，28(4)：39－41.

[116] 左瑞华．活拔毛绒对皖西白鹅繁殖力的影响[J]．安徽科技学院学报，2001，15(2)：36－38.

国家、地方或行业标准、规划、网络资料等

[1] GB/T 29388—2012，肉鹅生产性能测定技术规范．

[2] GB/T 26617—2011,皖西白鹅.

[3] NY 5265—2004,无公害食品.鹅肉.

[4] NY/T 5267—2004,无公害食品.鹅饲养管理技术规范.

[5] SN/T 0428—1995,出口冻鸭、冻鹅检验规程.

[6] QB/T 1609—1992,香炸鹅罐头.

[7] LS/T 3406—1992,食用仔鹅精料补充料.

[8] SB/T 10080—1992,肉用仔鹅精料补充料.

[9] QB/T 1371—1991,烤鹅罐头.

[10] GB 10148—1988,鲜(冻)鸭、鹅肉卫生标准.

[11] NY/T 3182—2018,鹅肥肝生产技术规范.

[12] 安徽省六安市皖西白鹅产业十三五规划,http://www.huoqiu.gov.cn/tmp/News_gongkaiwenzhang.shtml? d_ID=2016101158530.

图书在版编目(CIP)数据

皖西白鹅高效养殖技术/左瑞华主编．—合肥:合肥工业大学出版社,2023.2
ISBN 978－7－5650－4696－4

Ⅰ.①皖…　Ⅱ.①左…　Ⅲ.①鹅—饲养管理　Ⅳ.①S835.4

中国版本图书馆 CIP 数据核字(2019)第 253555 号

皖西白鹅高效养殖技术

左瑞华　主　编　　　　责任编辑　马成勋

出　版	合肥工业大学出版社	版　次	2023 年 2 月第 1 版
地　址	合肥市屯溪路 193 号	印　次	2023 年 2 月第 1 次印刷
邮　编	230009	开　本	710 毫米×1010 毫米　1/16
电　话	理工图书出版中心:0551－62903204	印　张	20.75
	市场营销与储运管理中心:0551－62903198	字　数	390 千字
网　址	www.hfutpress.com.cn	印　刷	安徽昶颉包装印务有限责任公司
E-mail	hfutpress@163.com	发　行	全国新华书店

ISBN 978－7－5650－4696－4　　　　定价：62.00 元

如果有影响阅读的印装质量问题,请与出版社市场营销与储运管理中心联系调换。

图书在版编目(CIP)数据